수학 좀 한다면

디딤돌 초등수학 기본 2-2

펴낸날 [초판 1쇄] 2024년 2월 28일 | **펴낸이** 이기열 | **펴낸곳** (주)디딤돌 교육 | **주소** (03972) 서울특별시 마포구 월드컵북로 122 청원선와이즈타워 | **대표전화** 02-3142-9000 | **구입문의** 02-322-8451 | **내용문의** 02-323-9166 | **팩시밀리** 02-338-3231 | **홈페이지** www.didimdol.co.kr | **등록번호** 제10-718호 | 구입한 후에는 철회되지 않으며 잘못 인쇄된 책은 바꾸어 드립니다.

내 실력에 딱!
최상위로 가는 '맞춤 학습 플랜'

STEP 1 On-line

나에게 맞는 공부법은?
맞춤 학습 가이드를 만나요.

교재 선택부터 공부법까지! 디딤돌에서 제공하는 시기별 맞춤 학습 가이드를 통해 아이에게 맞는 학습 계획을 세워 주세요. (학습 가이드는 디딤돌 학부모카페 '맘이가'를 통해 상시 공지합니다. cafe.naver.com/didimdolmom)

STEP 2 Book

맞춤 학습 스케줄표
계획에 따라 공부해요.

교재에 첨부된 '맞춤 학습 스케줄표'에 맞춰 공부 목표를 달성합니다.

STEP 3 On-line

이럴 땐 이렇게!
'맞춤 Q&A'로 해결해요.

궁금하거나 모르는 문제가 있다면, '맘이가' 카페를 통해 질문을 남겨 주세요. 디딤돌 수학쌤 및 선배맘님들이 친절히 답변해 드립니다.

STEP 4 Book

다음에는 뭐 풀지?
다음 교재를 추천받아요.

학습 결과에 따라 후속 학습에 사용할 교재를 제시해 드립니다. (교재 마지막 페이지 수록)

★ 디딤돌 플래너 만나러 가기

디딤돌 초등수학 기본 2-2

8주 완성 학습 스케줄표

짧은 기간에 집중력 있게 한 학기 과정을 완성할 수 있도록 설계하였습니다.
방학 때 미리 공부하고 싶다면 주 5일 8주 완성 과정을 이용해요.

공부한 날짜를 쓰고 하루 분량 학습을 마친 후, 부모님께 확인 check ☑를 받으세요.

1 네 자리 수

1주					2주	
☐	☐	☐	☐	☐	☐	☐
월 일	월 일	월 일	월 일	월 일	월 일	월 일
8~11쪽	12~15쪽	16~19쪽	20~23쪽	24~27쪽	28~30쪽	31~33쪽

3주					4주	
☐	☐	☐	☐	☐	☐	☐
월 일	월 일	월 일	월 일	월 일	월 일	월 일
48~51쪽	52~55쪽	56~59쪽	60~62쪽	63~65쪽	66~68쪽	69~71쪽

4 시각과 시간

5주					6주	
☐	☐	☐	☐	☐	☐	☐
월 일	월 일	월 일	월 일	월 일	월 일	월 일
87~91쪽	92~94쪽	95~97쪽	100~105쪽	106~111쪽	112~117쪽	118~121쪽

5 표와 그래프 / **6 규칙 찾기**

7주					8주	
☐	☐	☐	☐	☐	☐	☐
월 일	월 일	월 일	월 일	월 일	월 일	월 일
134~139쪽	140~145쪽	146~148쪽	149~151쪽	154~157쪽	158~161쪽	162~165쪽

MEMO

자르는 선 ✂

월 일	월 일	월 일
24~25쪽	26~27쪽	28~30쪽

월 일	월 일	월 일
52~53쪽	54~55쪽	56~57쪽

이 재기

월 일	월 일	월 일
77~79쪽	80~81쪽	82~84쪽

월 일	월 일	월 일
106~108쪽	109~111쪽	112~114쪽

라 그래프

월 일	월 일	월 일
137~139쪽	140~142쪽	143~145쪽

월 일	월 일	월 일
169~171쪽	172~173쪽	174~176쪽

효과적인 수학 공부 비법

X 시켜서 억지로

O 내가 스스로

억지로 하는 일과 즐겁게 하는 일은 결과가 달라요.
목표를 가지고 스스로 즐기면 능률이 배가 돼요.

X 가끔 한꺼번에

O 매일매일 꾸준히

급하게 쌓은 실력은 무너지기 쉬워요.
조금씩이라도 매일매일 단단하게 실력을 쌓아가요.

X 정답을 몰래

O 개념을 꼼꼼히

모든 문제는 개념을 바탕으로 출제돼요.
쉽게 풀리지 않을 땐, 개념을 펼쳐 봐요.

X 채점하면 끝

O 틀린 문제는 다시

왜 틀렸는지 알아야 다시 틀리지 않겠죠?
틀린 문제와 어림짐작으로 맞힌 문제는
꼭 다시 풀어 봐요.

자르는 선

디딤돌 초등수학 기본 2-2

12주 완성 학습 스케줄표

여유를 가지고 깊이 있게 한 학기 과정을 완성할 수 있도록 설계하였습니다.
학기 중 교과서와 함께 공부하고 싶다면 주 5일 12주 완성 과정을 이용해요.

공부한 날짜를 쓰고 하루 분량 학습을 마친 후, 부모님께 확인 check ☑를 받으세요.

1 네 자리 수

1주					2주	
☐	☐	☐	☐	☐	☐	☐
월 일	월 일	월 일	월 일	월 일	월 일	월 일
8~10쪽	11~13쪽	14~15쪽	16~17쪽	18~19쪽	20~21쪽	22~23쪽

2 곱셈구구

3주					4주	
☐	☐	☐	☐	☐	☐	☐
월 일	월 일	월 일	월 일	월 일	월 일	월 일
31~33쪽	36~39쪽	40~41쪽	42~43쪽	44~45쪽	46~49쪽	50~51쪽

3 길

5주					6주	
☐	☐	☐	☐	☐	☐	☐
월 일	월 일	월 일	월 일	월 일	월 일	월 일
58~59쪽	60~61쪽	62~63쪽	64~65쪽	66~68쪽	69~71쪽	74~76쪽

4 시각과 시간

7주					8주	
☐	☐	☐	☐	☐	☐	☐
월 일	월 일	월 일	월 일	월 일	월 일	월 일
85~87쪽	88~89쪽	90~91쪽	92~94쪽	95~97쪽	100~102쪽	103~105쪽

5 표

9주					10주	
☐	☐	☐	☐	☐	☐	☐
월 일	월 일	월 일	월 일	월 일	월 일	월 일
115~117쪽	118~120쪽	121~123쪽	124~125쪽	126~128쪽	129~131쪽	134~136쪽

6 규칙 찾기

11주					12주	
☐	☐	☐	☐	☐	☐	☐
월 일	월 일	월 일	월 일	월 일	월 일	월 일
146~148쪽	149~151쪽	154~157쪽	158~159쪽	160~161쪽	162~165쪽	166~168쪽

2 곱셈구구		
☐ 월 일 36~39쪽	☐ 월 일 40~43쪽	☐ 월 일 44~47쪽

3 길이 재기		
☐ 월 일 74~77쪽	☐ 월 일 78~81쪽	☐ 월 일 82~86쪽

☐ 월 일 122~125쪽	☐ 월 일 126~128쪽	☐ 월 일 129~131쪽

☐ 월 일 166~171쪽	☐ 월 일 172~173쪽	☐ 월 일 174~176쪽

효과적인 수학 공부 비법

시켜서 억지로 / 내가 스스로

억지로 하는 일과 즐겁게 하는 일은 결과가 달라요.
목표를 가지고 스스로 즐기면 능률이 배가 돼요.

가끔 한꺼번에 / 매일매일 꾸준히

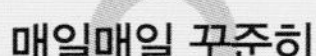

급하게 쌓은 실력은 무너지기 쉬워요.
조금씩이라도 매일매일 단단하게 실력을 쌓아가요.

정답을 몰래 / 개념을 꼼꼼히

모든 문제는 개념을 바탕으로 출제돼요.
쉽게 풀리지 않을 땐, 개념을 펼쳐 봐요.

채점하면 끝 / 틀린 문제는 다시

왜 틀렸는지 알아야 다시 틀리지 않겠죠?
틀린 문제와 어림짐작으로 맞힌 문제는
꼭 다시 풀어 봐요.

수학 좀 한다면

초등수학 기본

상위권으로 가는 기본기

2-2

HELP!
공부했는데도
중요한 개념을 몰라요.

1 이 단원에서 꼭 알아야 할 핵심 개념!

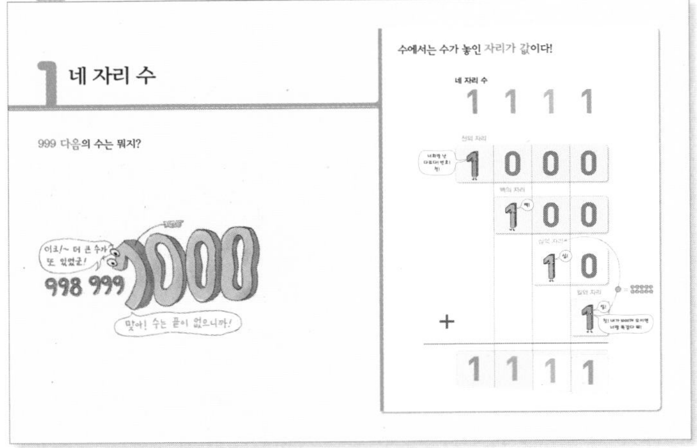

이 단원의 핵심 개념이 한 장의 사진처럼 뇌에 남습니다.

HELP!
개념을 생각하지 않고
외워서 풀어요.

2 한눈에 보이는 개념 정리!

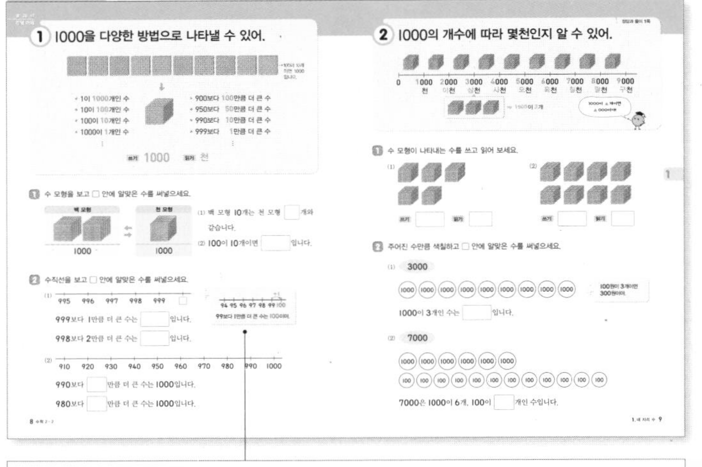

글만 줄줄 적혀 있는 개념은 이제 그만! 외우지 않아도 개념이 한눈에 이해됩니다.

2 수직선을 보고 □ 안에 알맞은 수를 써넣으세요.

(1) 995 996 997 998 999 □

999보다 1만큼 더 큰 수는 □입니다.

998보다 2만큼 더 큰 수는 □입니다.

94 95 96 97 98 99 100
99보다 1만큼 더 큰 수는 100이야.

(2) 910 920 930 940 950 960 970 980 990 1000

990보다 □만큼 더 큰 수는 1000입니다.

980보다 □만큼 더 큰 수는 1000입니다.

문제를 외우지 않아도 배운 개념들이 떠올라요.

HELP!
같은 개념인데 학년이 바뀌면 어려워해요.

3 개념으로 문제 해결!

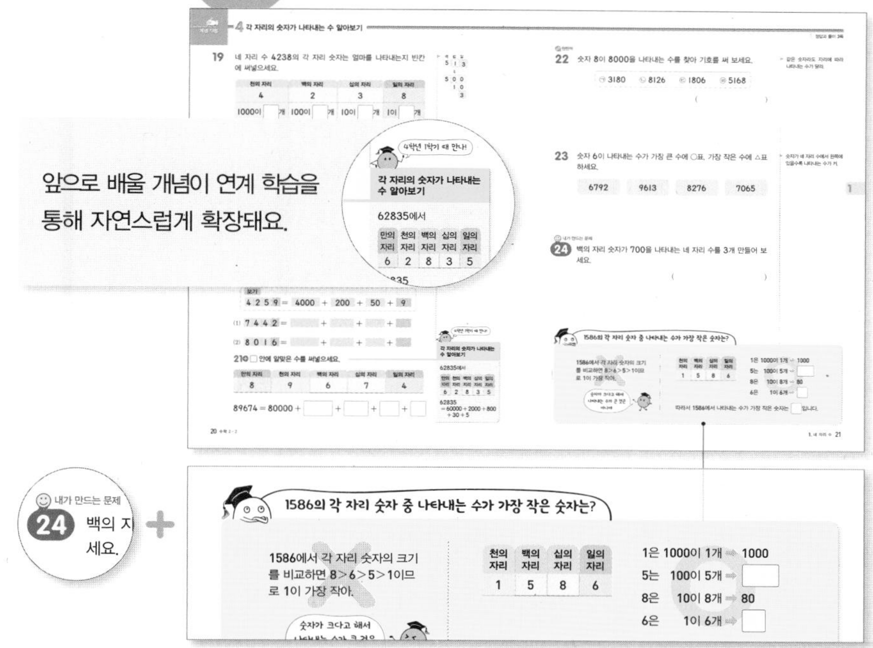

앞으로 배울 개념이 연계 학습을 통해 자연스럽게 확장돼요.

치밀하게 짜인 연계 학습 문제들을 풀다 보면 이미 배운 내용과 앞으로 배울 내용이 쉽게 이해돼요.

내가 만드는 문제
24 백의 자... 세요.

1586의 각 자리 숫자 중 나타내는 수가 가장 작은 숫자는?

1586에서 각 자리 숫자의 크기를 비교하면 8>6>5>1이므로 1이 가장 작아.

천의 자리	백의 자리	십의 자리	일의 자리
1	5	8	6

1은 1000이 1개 ⇒ 1000
5는 100이 5개 ⇒ □
8은 10이 8개 ⇒ 80
6은 1이 6개 ⇒ □

개념 이해가 완벽한지 확인하는 방법! 문제로 확인해 보기!

HELP!
어려운 문제는 풀기 싫어해요.

4 발전 문제로 개념 완성!

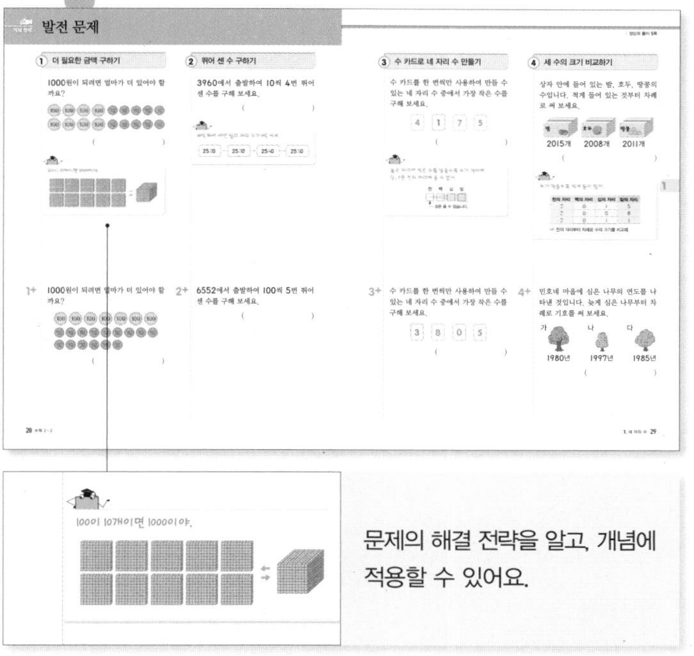

핵심 개념을 알면 어려운 문제는 없습니다.

100이 10개이면 1000이야.

문제의 해결 전략을 알고, 개념에 적용할 수 있어요.

이 책의 **차례**

1 네 자리 수

999 다음의 수는 뭐지?

수에서는 수가 놓인 자리가 값이다!

네 자리 수

1 1 1 1

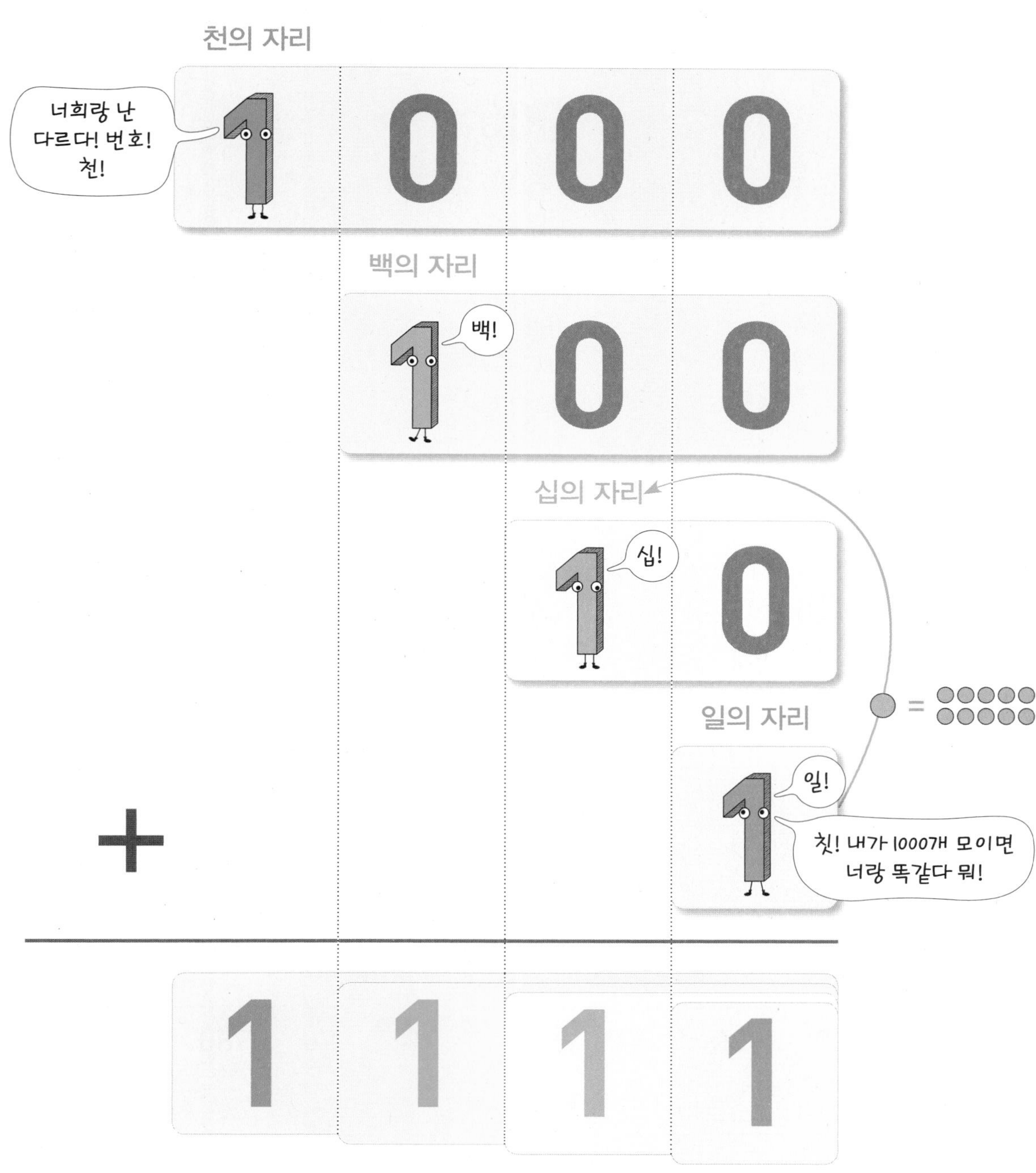

1 1000을 다양한 방법으로 나타낼 수 있어.

100이 10개이면 1000입니다.
• 1이 1000개인 수
• 10이 100개인 수
• 100이 10개인 수
• 1000이 1개인 수
⋮
• 900보다 100만큼 더 큰 수
• 950보다 50만큼 더 큰 수
• 990보다 10만큼 더 큰 수
• 999보다 1만큼 더 큰 수
⋮
쓰기 1000 읽기 천

1 수 모형을 보고 □ 안에 알맞은 수를 써넣으세요.

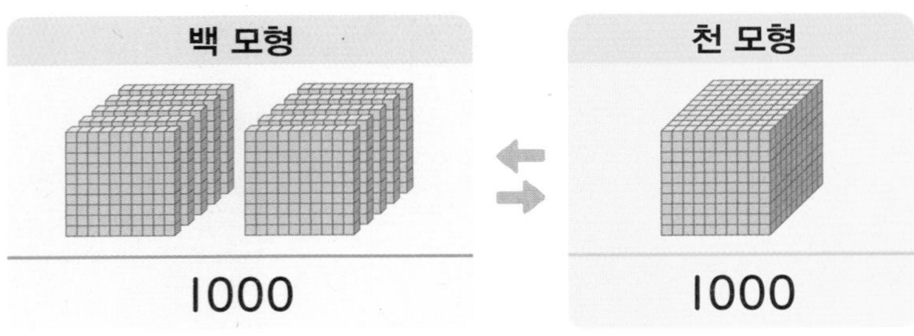

(1) 백 모형 10개는 천 모형 □개와 같습니다.

(2) 100이 10개이면 □입니다.

2 수직선을 보고 □ 안에 알맞은 수를 써넣으세요.

(1)

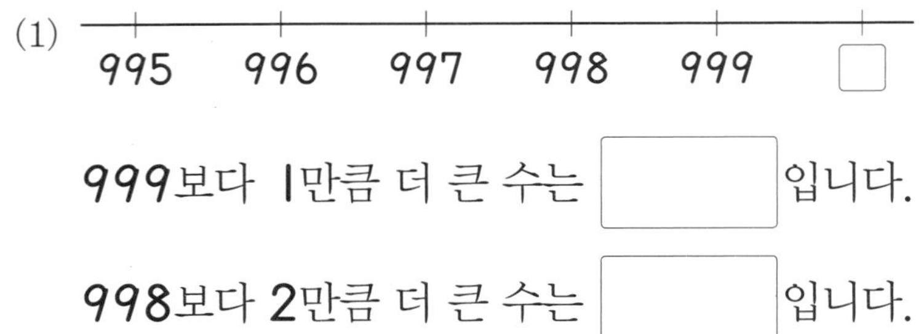

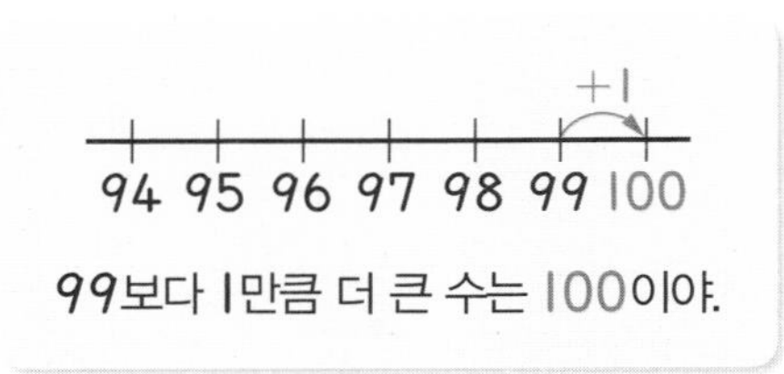

999보다 1만큼 더 큰 수는 □입니다.

998보다 2만큼 더 큰 수는 □입니다.

(2) 910 920 930 940 950 960 970 980 990 1000

990보다 □만큼 더 큰 수는 1000입니다.

980보다 □만큼 더 큰 수는 1000입니다.

정답과 풀이 1쪽

2 1000의 개수에 따라 몇천인지 알 수 있어.

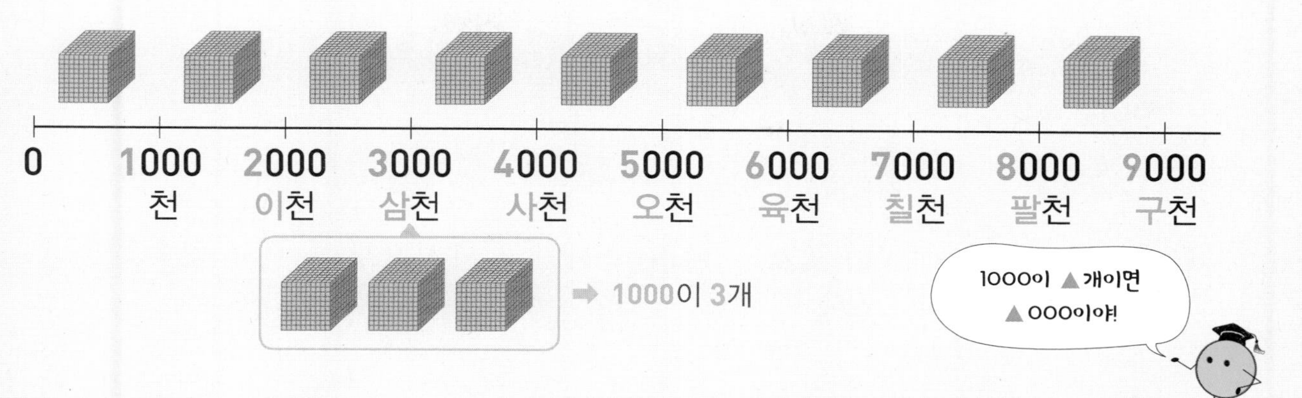

1 수 모형이 나타내는 수를 쓰고 읽어 보세요.

(1)

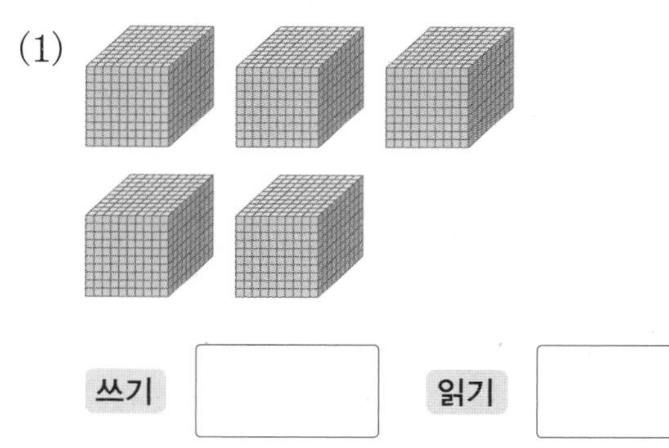

쓰기 ☐ 읽기 ☐

(2)

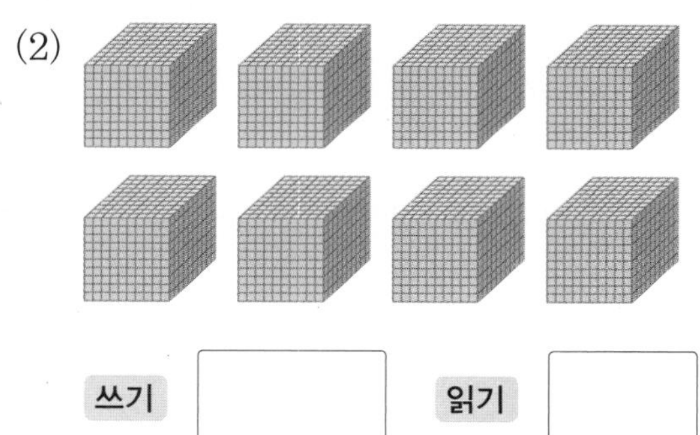

쓰기 ☐ 읽기 ☐

2 주어진 수만큼 색칠하고 ☐ 안에 알맞은 수를 써넣으세요.

(1) 3000

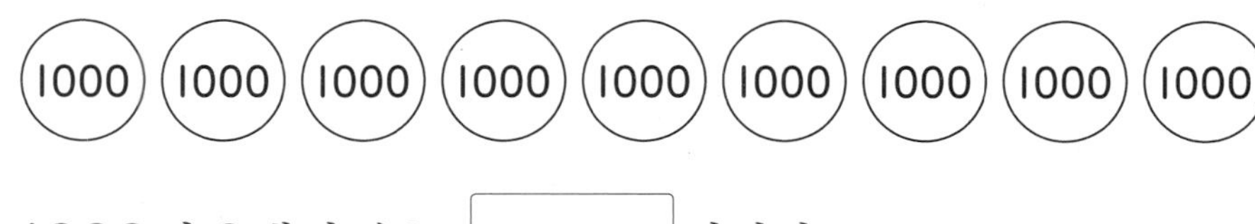

100원이 3개이면 300원이야.

1000이 3개인 수는 ☐ 입니다.

(2) 7000

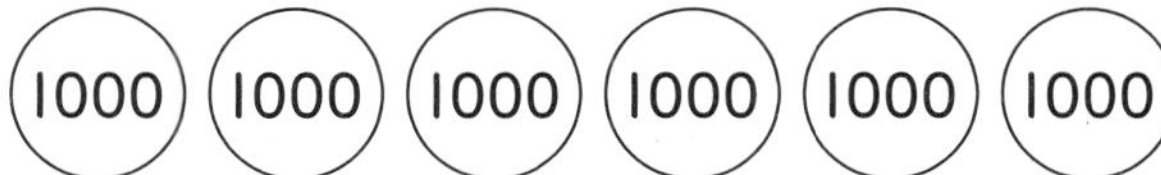

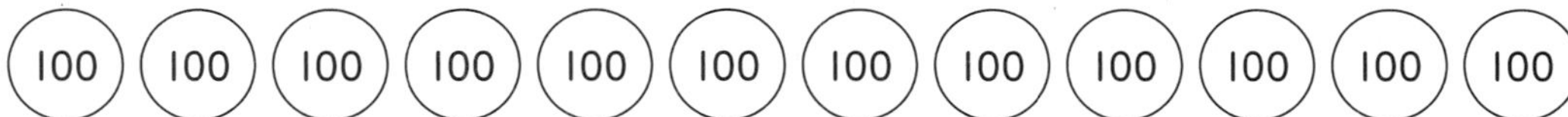

7000은 1000이 6개, 100이 ☐ 개인 수입니다.

3 네 개의 숫자로 이루어진 수가 네 자리 수야.

천 모형	백 모형	십 모형	일 모형
1000이 **2**개	100이 **4**개	10이 **5**개	1이 **8**개
이천	사백	오십	팔

쓰기 2458 읽기 이천사백오십팔

천 모형	백 모형	십 모형	일 모형
1000이 **3**개		10이 **4**개	1이 **6**개
삼천		사십	육

0인 자리는 읽지 않습니다.

쓰기 3046 읽기 삼천사십육

천의 자리 빼고 0은
어느 자리에나 다 올 수 있어.
0123 1023
1203 1230

1 수 모형을 보고 □ 안에 알맞은 수나 말을 써넣으세요.

천 모형	백 모형	십 모형	일 모형
1000이 □개	100이 □개	10이 □개	1이 □개

쓰기 □

읽기 □

백 모형	십 모형	일 모형
100이 1개	10이 4개	1이 7개

쓰기 147

읽기 백사십칠

2 그림이 나타내는 수를 쓰고 읽어 보세요.

(1)

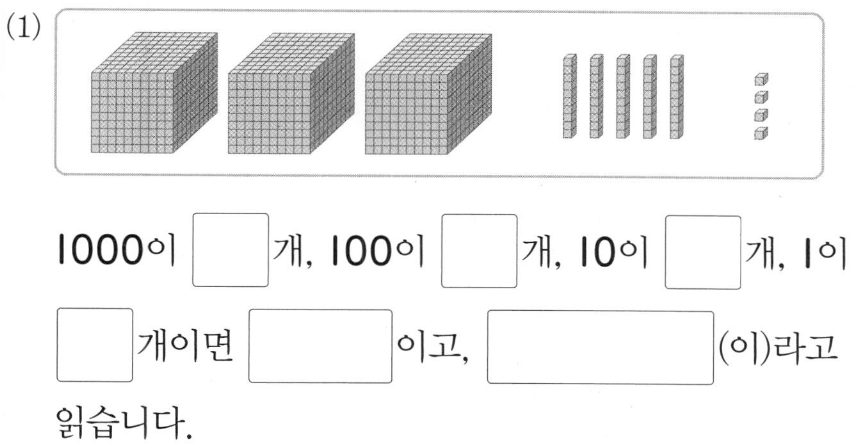

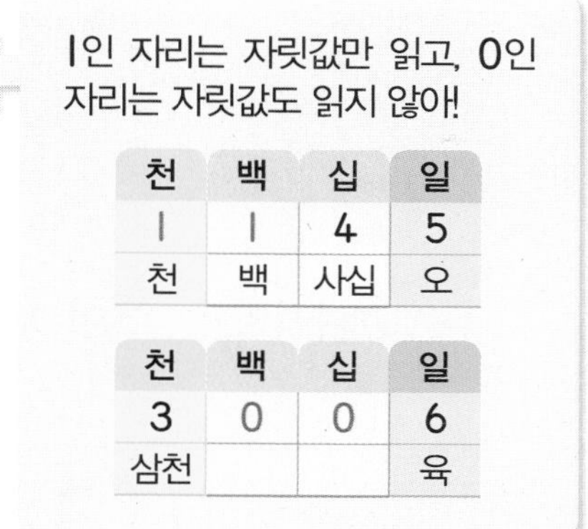

1인 자리는 자릿값만 읽고, 0인 자리는 자릿값도 읽지 않아!
천 백 십 일
1 1 4 5
천 백 사십 오
천 백 십 일
3 0 0 6
삼천 육

1000이 □개, 100이 □개, 10이 □개, 1이 □개이면 □이고, □(이)라고 읽습니다.

(2)

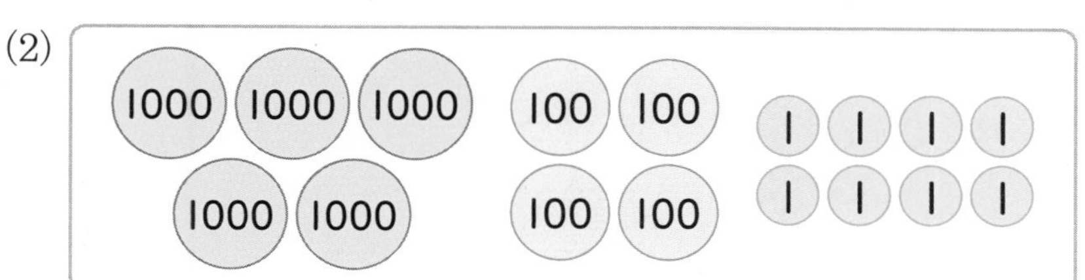

1000이 □개, 100이 □개, 10이 □개, 1이 □개이면 □이고, □(이)라고 읽습니다.

3 □ 안에 알맞은 수를 써넣으세요.

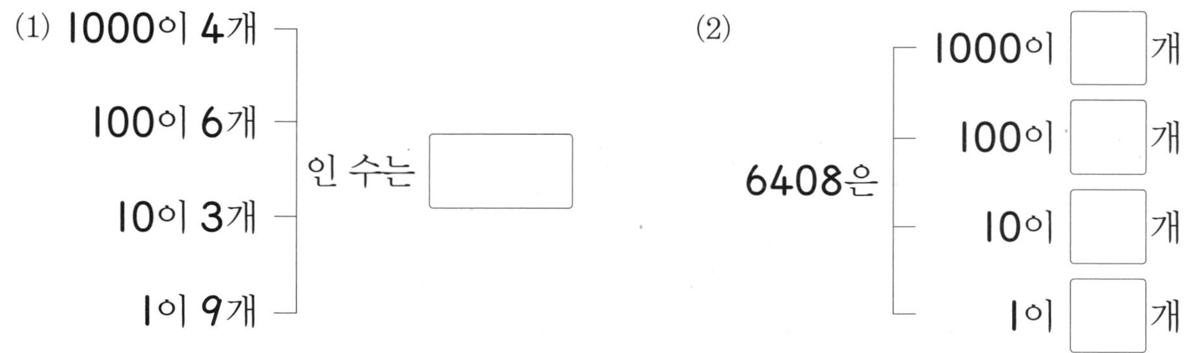

(1) 1000이 4개, 100이 6개, 10이 3개, 1이 9개인 수는 □

(2) 6408은 1000이 □개, 100이 □개, 10이 □개, 1이 □개

4 빈칸에 알맞은 말이나 수를 써넣으세요.

1826	천팔백이십육	5648		4080	
7052			육천오백구		팔천육십삼

1

4 숫자는 자리에 따라 나타내는 수가 달라.

천 모형	백 모형	십 모형	일 모형
천의 자리	백의 자리	십의 자리	일의 자리
2	2	2	2

↓

2	0	0	0
	2	0	0
		2	0
			2

2222 = 2000 + 200 + 20 + 2

1 □ 안에 알맞은 수를 써넣으세요.

(1) 3333 ➡

1000이 3개	100이 3개	10이 3개	1이 3개
3000	□	□	□

3333 = 3000 + □ + □ + □

(2) 4568 ➡

1000이 4개	100이 5개	10이 6개	1이 8개
□	□	□	□

4568 = □ + □ + □ + □

568 ➡ 100이 5개, 10이 6개, 1이 8개
➡ 500 + 60 + 8

2 □ 안에 알맞은 수나 말을 써넣으세요.

(1) 4359

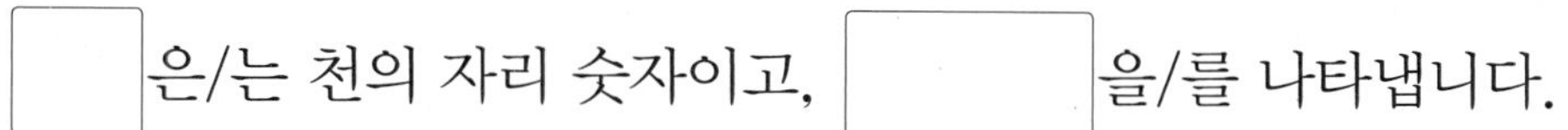

□은/는 천의 자리 숫자이고, □을/를 나타냅니다.

□은/는 백의 자리 숫자이고, □을/를 나타냅니다.

□은/는 십의 자리 숫자이고, □을/를 나타냅니다.

□은/는 일의 자리 숫자이고, □을/를 나타냅니다.

(2) 7026

7은 □의 자리 숫자이고, □을/를 나타냅니다.

0은 □의 자리 숫자이고, □을/를 나타냅니다.

2는 □의 자리 숫자이고, □을/를 나타냅니다.

6은 □의 자리 숫자이고, □을/를 나타냅니다.

1

3 □ 안에 알맞은 수를 써넣으세요.

(1) $2000 + 500 + 20 + 7 =$ □

(2) $8000 + 400 + 0 + 9 =$ □

백의 자리	십의 자리	일의 자리
100이 5개	10이 2개	1이 7개
500	20	7

$500 + 20 + 7 = 527$

4 밑줄 친 숫자 6이 나타내는 수를 써 보세요.

(1) <u>6</u>034 ➡ □

(2) 14<u>6</u>2 ➡ □

(3) 710<u>6</u> ➡ □

(4) 3<u>6</u>85 ➡ □

1 천 알아보기

1 수 모형이 나타내는 수를 쓰고 읽어 보세요.

▶ 백 모형이 몇 개 있는지 세어 봐.

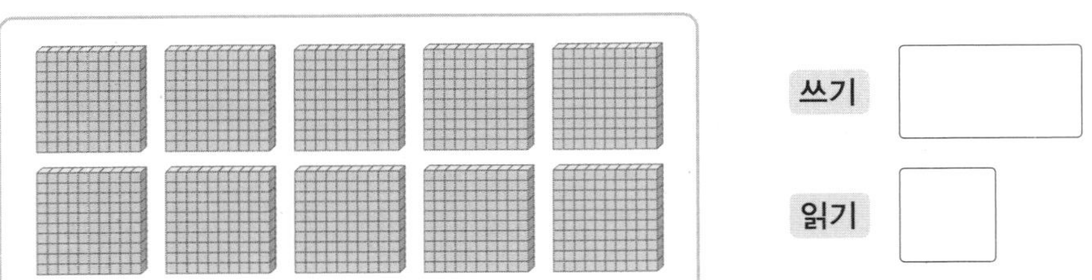

쓰기 ( )

읽기 ( )

2 1000원이 되려면 얼마가 더 있어야 하는지 붙임딱지를 붙여 보세요.

붙임딱지

▶ 100이 10개이면 1000이야.

3 세 사람 중 다른 수를 말한 사람을 찾아 이름을 써 보세요.

900보다 100만큼 더 큰 수야.
100이 10개인 수야.
990보다 1만큼 더 큰 수야.
연우
민지
지우

( )

탄탄북

4 수직선을 보고 □ 안에 알맞은 수를 써넣으세요.

▶ 10은 9보다 1만큼 더 큰 수
10은 8보다 2만큼 더 큰 수
10은 7보다 3만큼 더 큰 수
⋮

910 920 930 940 950 960 970 980 990 1000

(1) 1000은 980보다 □만큼 더 큰 수입니다.

(2) □보다 50만큼 더 큰 수는 1000입니다.

5 왼쪽과 오른쪽을 연결하여 1000이 되도록 이어 보세요.

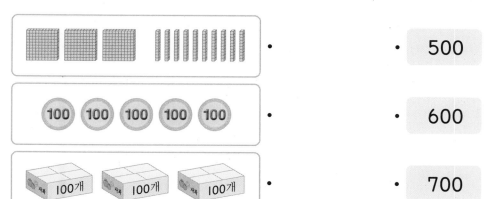

▶ 양쪽의 이은 수끼리 모으기하여 1000이 되어야 해.

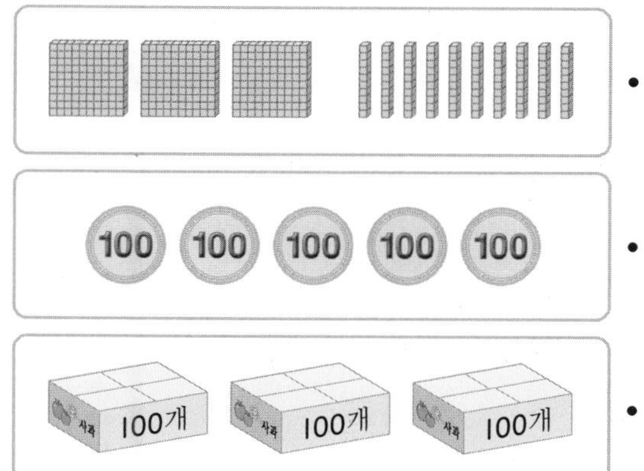

- 500
- 600
- 700

☺ 내가 만드는 문제

6 1000 만들기를 하고 있습니다. 보기 와 같이 빈칸에 알맞은 수를 자유롭게 써넣어 1000을 만들어 보세요.

▶ 두 수를 모으기하여 1000이 되게 만들어야 해.

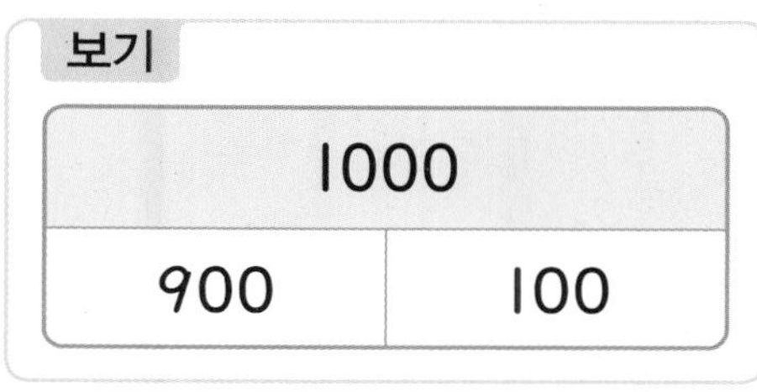

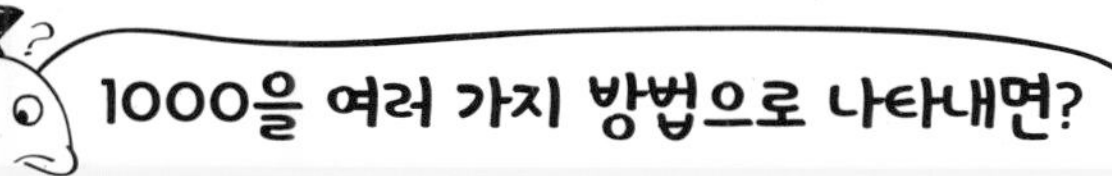

1000을 여러 가지 방법으로 나타내면?

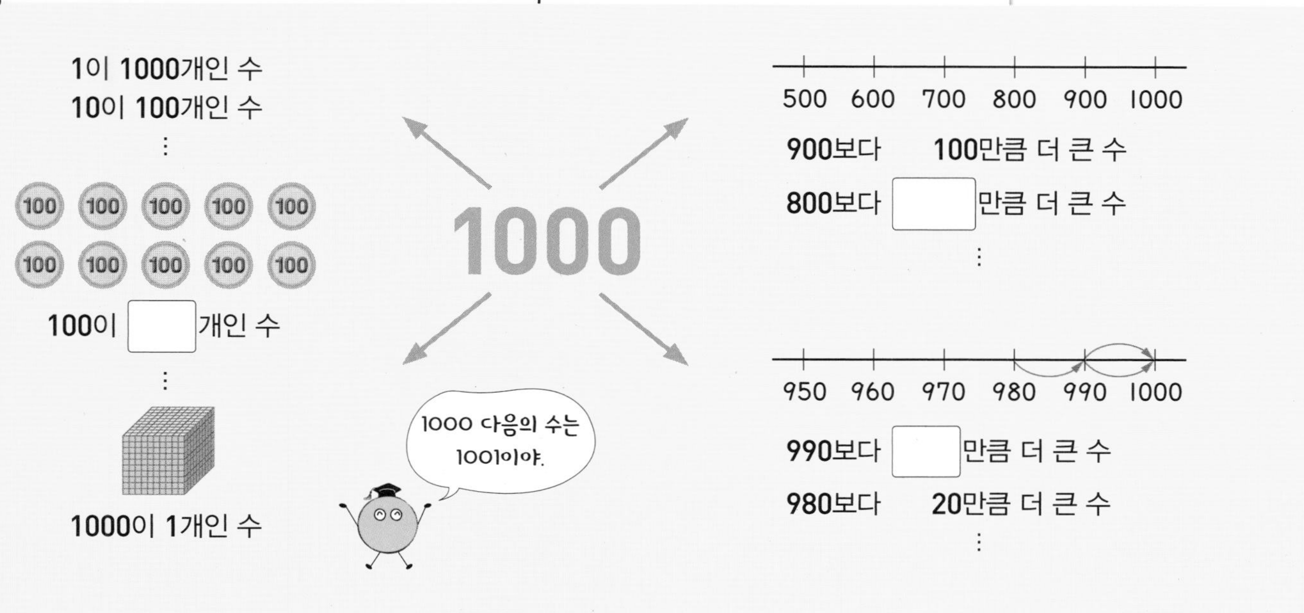

2 몇천 알아보기

7 그림이 나타내는 수를 쓰고 읽어 보세요.

(1) 1000장 1000장 1000장 1000장 1000장 1000장 1000장

쓰기 [ ] 읽기 [ ]

(2) 1000 1000 1000 1000 100 100 100 100 100 100 100 100 100 100

쓰기 [ ] 읽기 [ ]

▶ 몇천일 때 백 모형, 십 모형, 일 모형은 모두 0개야.

천	백	십	일
2	0	0	0

100이 0개
10이 0개
1이 0개

8 (1000) 붙임딱지를 붙여 몇천을 나타내고 □ 안에 알맞은 수를 써넣으세요.

붙임딱지

(1) 3000

3000은 1000이 □개인 수입니다.

(2) 6000

6000은 1000이 □개인 수입니다.

4학년 1학기 때 만나!

몇만 알아보기

20000(이만)
➡ 10000이 2개인 수
30000(삼만)
➡ 10000이 3개인 수

8⊕ □ 안에 알맞은 수를 써넣으세요.

10000 10000 10000 10000

10000이 4개이면 □입니다.

9 □ 안에 알맞은 수를 써넣으세요.

1000 □ 3000 4000 □ 6000 □

10 나타내는 수가 다른 하나를 찾아 기호를 써 보세요.

㉠ 1000이 8개인 수	㉡ 8000	㉢ 10이 80개인 수

( )

11 (100)과 (1000)을 이용하여 4000을 나타내 보세요.

▶ 1000을 100으로 나타내 봐.

내가 만드는 문제

12 인형과 장갑 중에서 사고 싶은 물건을 고른 다음 살 수 있는 방법을 두 가지 써 보세요.

▶ 1000원짜리 지폐만을 사용하는 방법, 1000원짜리 지폐와 100원짜리 동전을 모두 사용하는 방법을 알아봐.

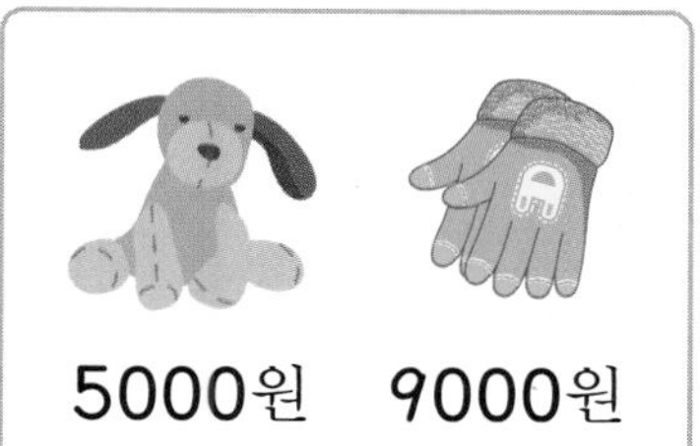

5000원 9000원

사고 싶은 물건: □

- 1000원짜리 지폐 □장으로 살 수 있습니다.
- 1000원짜리 지폐 □장, 100원짜리 동전 □개로 살 수 있습니다.

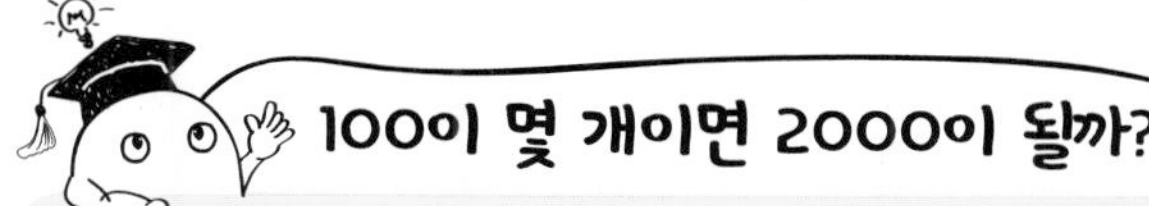
100이 몇 개이면 2000이 될까?

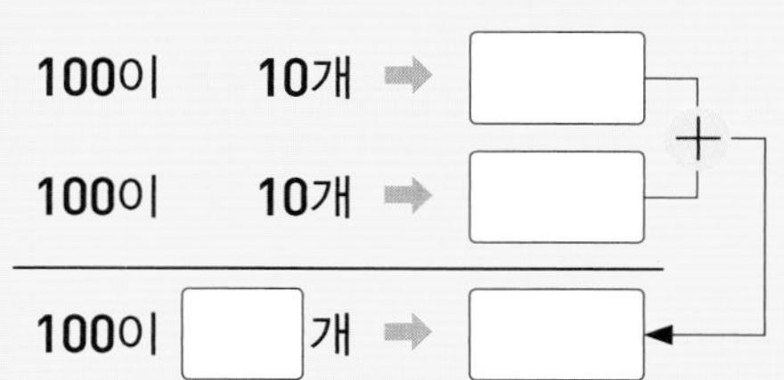
100이 10개 ➡ □
100이 10개 ➡ □
100이 □개 ➡ □

3 네 자리 수 알아보기

13 수 모형을 보고 □ 안에 알맞은 수나 말을 써넣으세요.

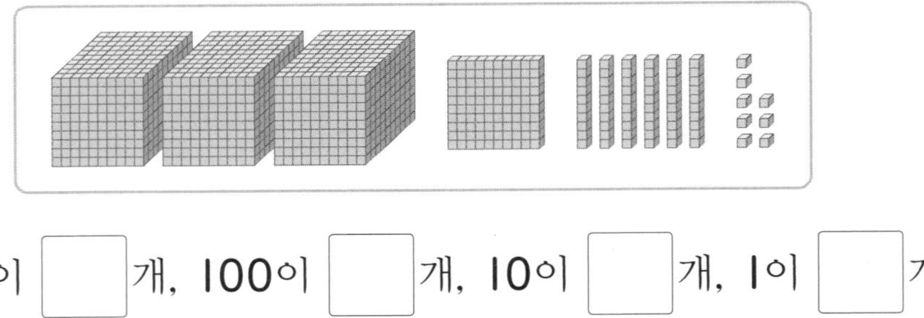

1000이 □개, 100이 □개, 10이 □개, 1이 □개

→ 쓰기 □ 읽기 □

14 순서에 맞게 빈칸에 알맞은 수를 써넣으세요.

▶ 오른쪽으로 갈수록 1씩 커져.

4000	4001		4003	4004	
4006		4008	4009		4011
4012	4013			4016	4017

15 □ 안에 알맞은 수를 써넣으세요.

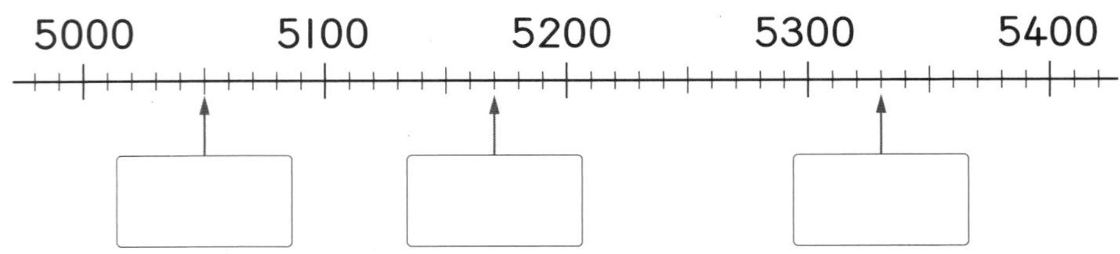

16 설명하는 수 카드를 찾아 ○표 하세요.

▶ 팔천~~팔로 읽는 수를 알아봐.

수 카드의 수를 읽으면 '팔천'으로 시작하고 '팔'로 끝납니다.

8580	1288	8208	9881
( )	( )	( )	( )

탄탄북

17 지아가 마트에서 음료수를 사면서 낸 돈입니다. 지아가 낸 돈은 모두 얼마일까요?

▶ 100이 10개이면 1000이야.

( )

내가 만드는 문제

18 네 자리 수를 만든 후 붙임딱지 (1000), (100), (10), (1)을 붙여서 나타내 보세요.

붙임딱지

▶ 1000, 100, 10, 1을 나타내는 붙임딱지를 순서대로 붙여.

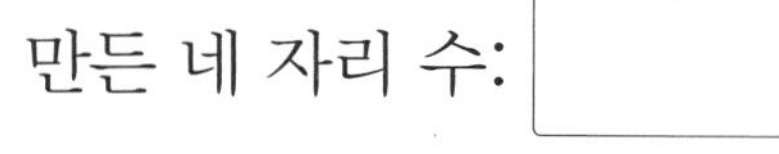

만든 네 자리 수: [ ]

2015를 여러 가지 방법으로 나타내면?

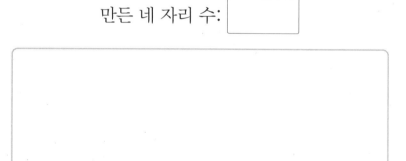

(1000) (1000) (10) (1) (1) (1) (1) (1)

➡ 1000이 2개, 10이 [ ]개, 1이 [ ]개

(1000) (100) (100) (100) (100) (100) (100) (100) (100) (100) (100) (10) (1) (1) (1) (1) (1)

➡ 1000이 1개, 100이 [ ]개, 10이 [ ]개, 1이 [ ]개

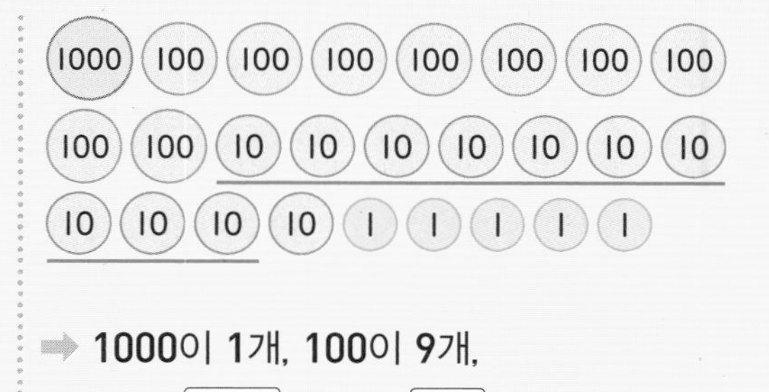

➡ 1000이 1개, 100이 9개, 10이 [ ]개, 1이 [ ]개

4 각 자리의 숫자가 나타내는 수 알아보기

19 네 자리 수 4238의 각 자리 숫자는 얼마를 나타내는지 빈칸에 써넣으세요.

천의 자리	백의 자리	십의 자리	일의 자리
4	2	3	8
1000이 □개	100이 □개	10이 □개	1이 □개
4000	□	□	□

▶ 백 십 일
5 1 3
↓
5 0 0
1 0
3

20 알맞은 것을 모두 찾아 기호를 써 보세요.

㉠ 1307 ㉡ 육천칠십 ㉢ 5024 ㉣ 삼천구백오

(1) 십의 자리 숫자가 0인 수 ( )

(2) 백의 자리 숫자가 0인 수 ( )

▶ 수를 읽을 때 0인 자리는 읽지 않아.

21 보기 와 같이 빈칸에 알맞은 수를 써넣으세요.

보기
4 2 5 9 = 4000 + 200 + 50 + 9

(1) 7 4 4 2 = □ + □ + □ + □

(2) 8 0 1 6 = □ + □ + □ + □

21+ □ 안에 알맞은 수를 써넣으세요.

만의 자리	천의 자리	백의 자리	십의 자리	일의 자리
8	9	6	7	4

89674 = 80000 + □ + □ + □ + □

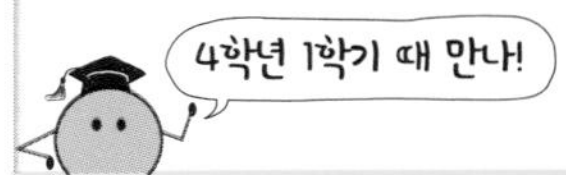

각 자리의 숫자가 나타내는 수 알아보기

62835에서

만의 자리	천의 자리	백의 자리	십의 자리	일의 자리
6	2	8	3	5

62835
= 60000 + 2000 + 800 + 30 + 5

탄탄북

22 숫자 8이 8000을 나타내는 수를 찾아 기호를 써 보세요.

㉠ 3180　㉡ 8126　㉢ 1806　㉣ 5168

(　　　　　　)

▶ 같은 숫자라도 자리에 따라 나타내는 수가 달라.

23 숫자 6이 나타내는 수가 가장 큰 수에 ○표, 가장 작은 수에 △표 하세요.

6792　9613　8276　7065

▶ 숫자가 네 자리 수에서 왼쪽에 있을수록 나타내는 수가 커.

내가 만드는 문제

24 백의 자리 숫자가 700을 나타내는 네 자리 수를 3개 만들어 보세요.

(　　　　　　)

1586의 각 자리 숫자 중 나타내는 수가 가장 작은 숫자는?

1586에서 각 자리 숫자의 크기를 비교하면 8>6>5>1이므로 1이 가장 작아. ✕

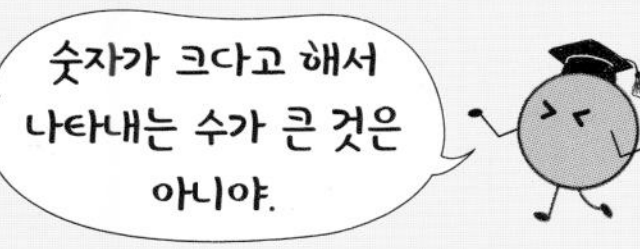
숫자가 크다고 해서
나타내는 수가 큰 것은
아니야.

천의 자리	백의 자리	십의 자리	일의 자리
1	5	8	6

1은 1000이 1개 ➡ 1000
5는 100이 5개 ➡ □
8은 10이 8개 ➡ 80
6은 1이 6개 ➡ □

따라서 1586에서 나타내는 수가 가장 작은 숫자는 □입니다.

5 몇씩 뛰어 세었는지 바뀌는 자리 수를 보자.

• 1000씩 뛰어 세기

➡ 천의 자리 수가 1씩 커집니다.

• 100씩 뛰어 세기

➡ 백의 자리 수가 1씩 커집니다.

• 10씩 뛰어 세기

➡ 십의 자리 수가 1씩 커집니다.

1 수직선에서 1000씩, 100씩, 10씩, 1씩 뛰어 세어 보세요.

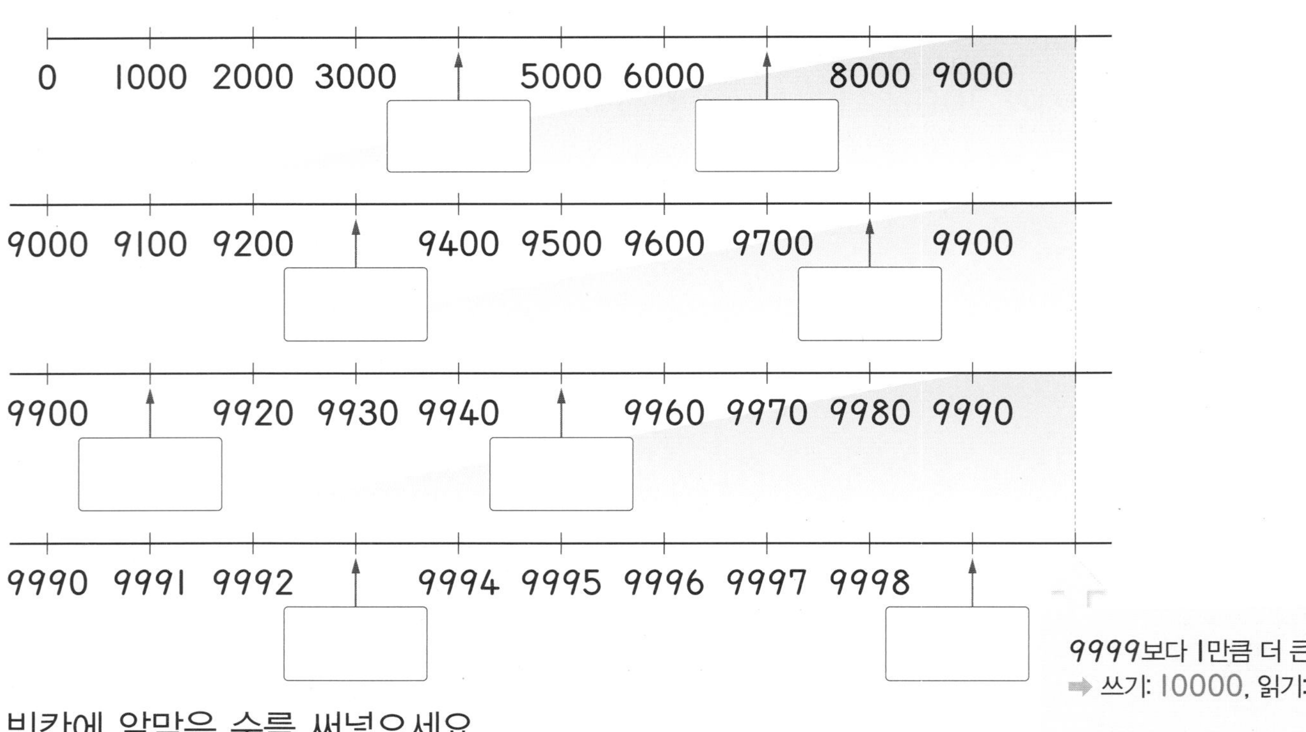

9999보다 1만큼 더 큰 수
➡ 쓰기: 10000, 읽기: 만

2 빈칸에 알맞은 수를 써넣으세요.

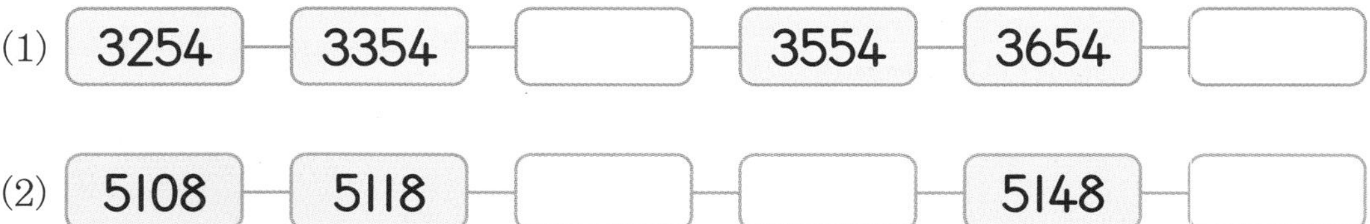

정답과 풀이 3쪽

6 천, 백, 십, 일의 자리 순서로 크기를 비교해.

천의 자리 수부터 비교해 보자.

	천의 자리	백의 자리	십의 자리	일의 자리
3214 ➡	3	2	1	4
2560 ➡	2	5	6	0

3214 > 2560

• 천의 자리 수가 클수록 큰 수입니다.

천의 자리 수가 같으면 백의 자리 수를 비교해 보자.

	천의 자리	백의 자리	십의 자리	일의 자리
5140 ➡	5	1	4	0
5320 ➡	5	3	2	0

5140 < 5320

• 천의 자리 수가 같으므로
백의 자리 수가 클수록 큰 수입니다.

1

1 빈칸에 알맞은 수를 써넣고 두 수의 크기를 비교하여 ○ 안에 >, =, <를 알맞게 써넣으세요.

(1)

	천의 자리	백의 자리	십의 자리	일의 자리
5183 ➡			8	3
4350 ➡		3		0

5183 ○ 4350

(2)

	천의 자리	백의 자리	십의 자리	일의 자리
3708 ➡	3	7		
3725 ➡	3	7		

3708 ○ 3725

2 수직선을 보고 ○ 안에 >, =, <를 알맞게 써넣으세요.

1520 1620 1720 1820 1920 2020 2120 2220 2320

수직선에서는 오른쪽에 있는 수가 더 커.

(1) 1520 ○ 1820　　(2) 2220 ○ 1920

5 뛰어 세기

1 수 배열표를 보고 물음에 답하세요.

3200	3300	3400	3500	3600	3700
4200	4300	4400	(나비)	4600	4700
5200	5300	5400	5500	5600	5700
6200	(무당벌레)	6400	6500	6600	6700

(1) (나비)에 알맞은 수는 얼마일까요?

( )

(2) (무당벌레)에 알맞은 수는 얼마일까요?

( )

(3) →, ↓는 각각 얼마씩 뛰어 센 것일까요?

→ ( ), ↓ ( )

2 다음은 몇씩 뛰어 센 것일까요?

▶ 어느 자리 수가 변하는지 살펴봐.

5648 — 5748 — 5848 — 5948 — 6048

( )

3 동호와 연우의 대화를 읽고 물음에 답하세요.

▶ 거꾸로 뛰어 세면 자리 수가 작아져.

동호: 2750에서 출발하여 1씩 뛰어 세었어.
연우: 2750에서 출발하여 10씩 거꾸로 뛰어 세었어.

(1) 동호의 방법으로 뛰어 세어 보세요.

(2) 연우의 방법으로 뛰어 세어 보세요.

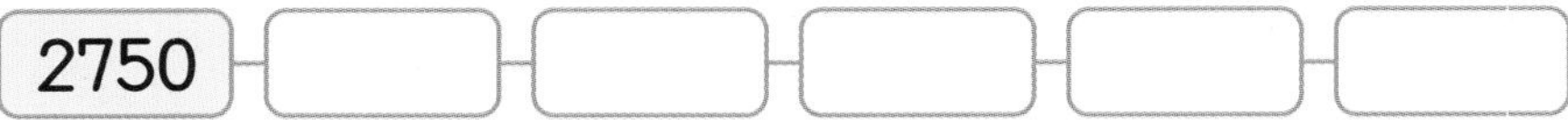

4 4525부터 10씩 커지는 수들을 선으로 이어 보세요.

5 재영이가 뛰어 센 방법으로 민아도 뛰어 세었습니다. ★에 알맞은 수를 구해 보세요.

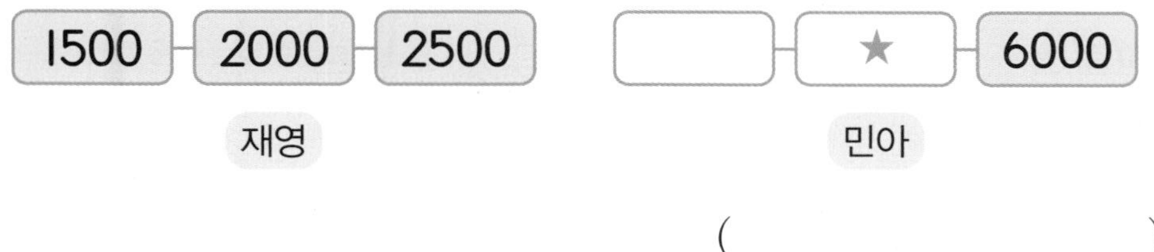

( )

▶ 2000 – 2500에서 어느 자리 수가 변하는지 살펴봐.

내가 만드는 문제

6 주어진 수에서 출발하여 몇씩 거꾸로 뛰어 셀지 정하여 뛰어 세어 보세요.

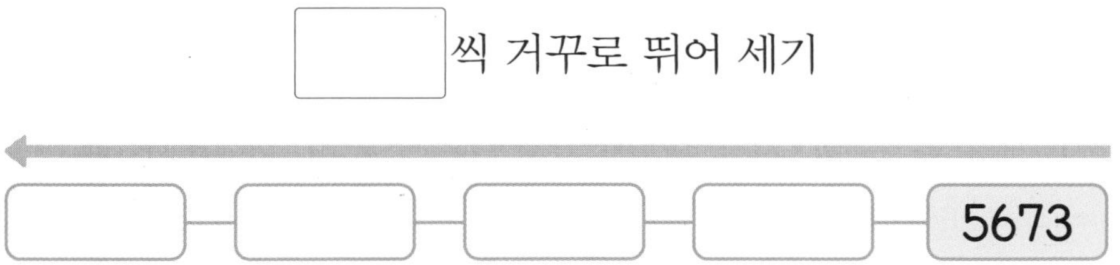

▶ • 1씩 뛰어 세기
10 – 11 – 12
• 1씩 거꾸로 뛰어 세기
12 – 11 – 10

1

7408에서 출발하여 100씩 거꾸로 4번 뛰어 센 수는 얼마일까?

100씩 거꾸로 뛰어 세면 ☐의 자리 수가 1씩 작아집니다.

☐ – 7108 – ☐ – 7308 – 7408

4번 3번 2번 1번

7408–7308은 거꾸로 1번 뛰어 센 거야.

➡ 7408에서 출발하여 100씩 거꾸로 4번 뛰어 센 수는 ☐입니다.

7 수 모형을 보고 □ 안에 알맞은 수를 써넣으세요.

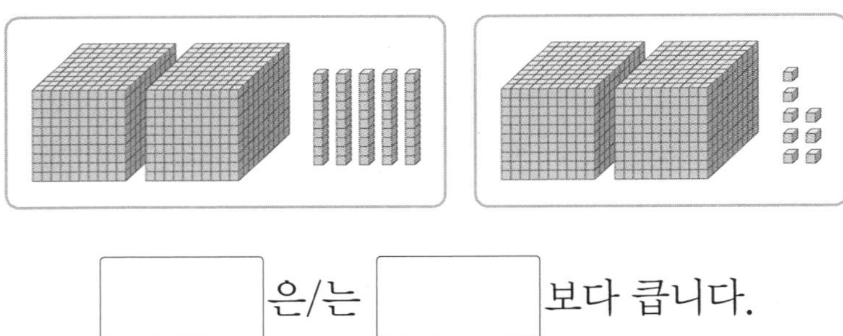

□은/는 □보다 큽니다.

▶ 천 모형, 백 모형, 십 모형, 일 모형의 순서대로 개수를 비교해 봐.

8 두 수의 크기를 비교하여 ○ 안에 >, =, <를 알맞게 써넣으세요.

(1) 5916 ○ 5619　　(2) 8110 ○ 8101

(3) 6315 ○ 6312　　(4) 7436 ○ 7463

▶ 높은 자리부터 비교하는 거야.

9 수의 크기를 비교하여 가장 큰 수에 ○표, 가장 작은 수에 △표 하세요.

4758　　4923　　4790

탄탄북

10 보기 의 수를 한 번씩만 사용하여 □ 안에 알맞게 써넣으세요.

보기

1800　　2000

1752 < □, 1903 < □

▶ 수의 크기를 비교하여 □ 안에 보기 의 수를 써넣어 봐.

11 더 큰 수를 말한 사람의 이름을 써 보세요.

( )

12 주어진 수를 수직선에 ↑로 표시하고 크기를 비교하여 ○ 안에 >, =, <를 알맞게 써넣으세요.

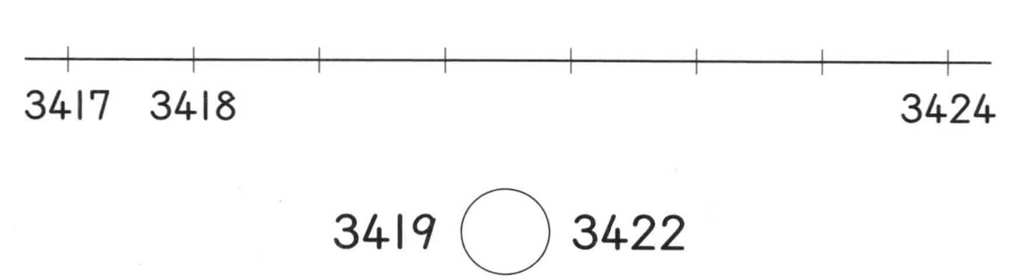

내가 만드는 문제

13 1835보다 크고 3420보다 작은 수를 □ 안에 3개만 써 보세요.

1835		3420

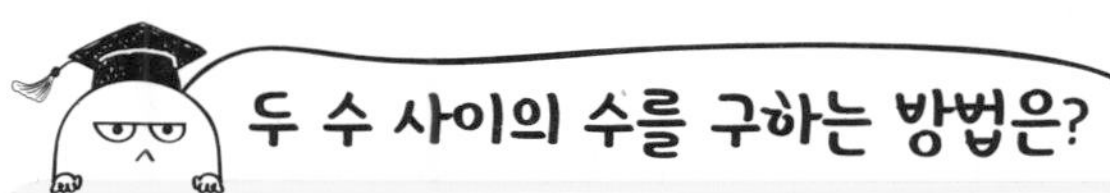

두 수 사이의 수를 알아보고 1개씩 써 봅시다.

➡ 1001부터 3999까지

예 2536

➡ 1101부터 1399까지

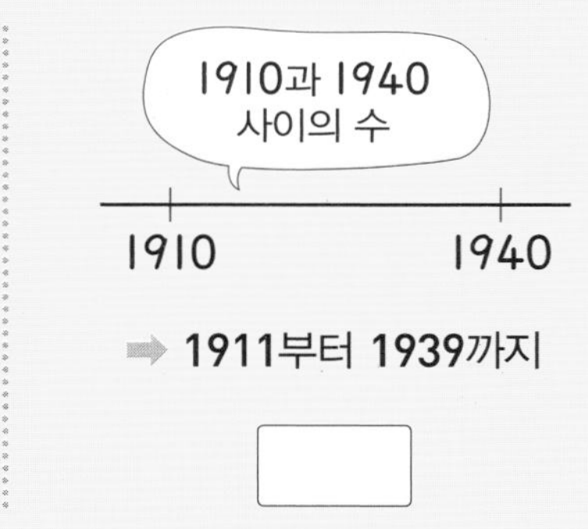

➡ 1911부터 1939까지

발전 문제

1 더 필요한 금액 구하기

1000원이 되려면 얼마가 더 있어야 할까요?

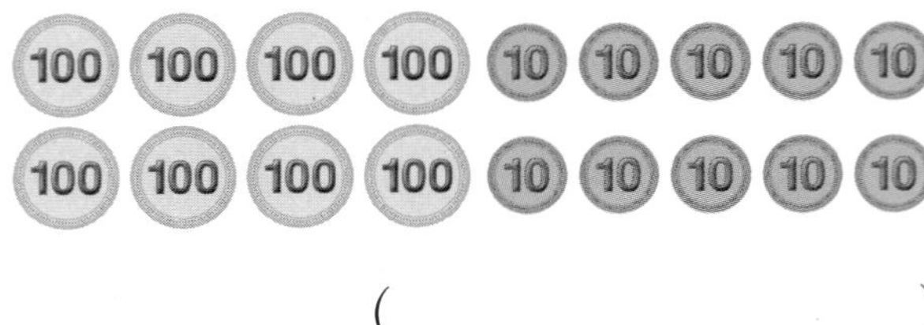

( )

100이 10개이면 1000이야.

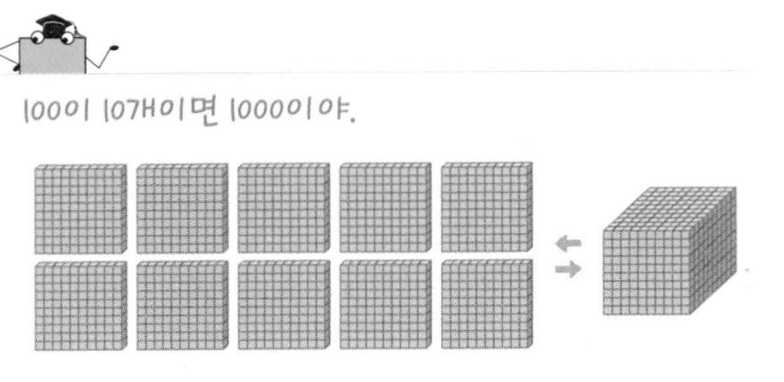

1+ 1000원이 되려면 얼마가 더 있어야 할까요?

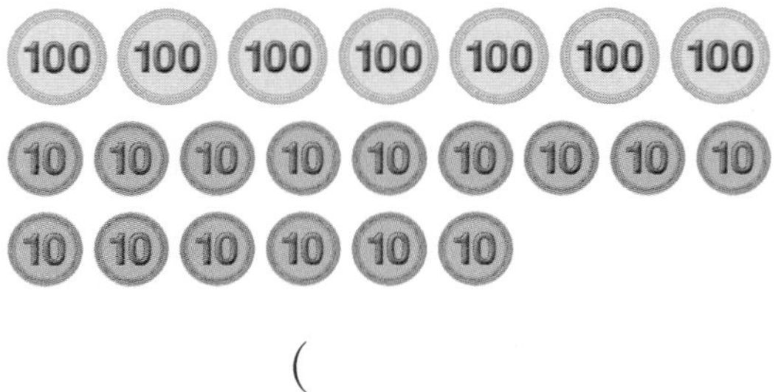

( )

2 뛰어 센 수 구하기

3960에서 출발하여 10씩 4번 뛰어 센 수를 구해 보세요.

( )

10씩 뛰어 세면 십의 자리 수가 1씩 커져.

2520 — 2530 — 2540 — 2550

2+ 6552에서 출발하여 100씩 5번 뛰어 센 수를 구해 보세요.

( )

3 수 카드로 네 자리 수 만들기

수 카드를 한 번씩만 사용하여 만들 수 있는 네 자리 수 중에서 가장 작은 수를 구해 보세요.

( )

높은 자리에 작은 수를 넣을수록 수가 작아져.
단, 0은 천의 자리에 올 수 없어.

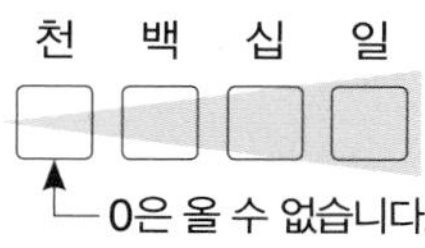

4 세 수의 크기 비교하기

상자 안에 들어 있는 밤, 호두, 땅콩의 수입니다. 적게 들어 있는 것부터 차례로 써 보세요.

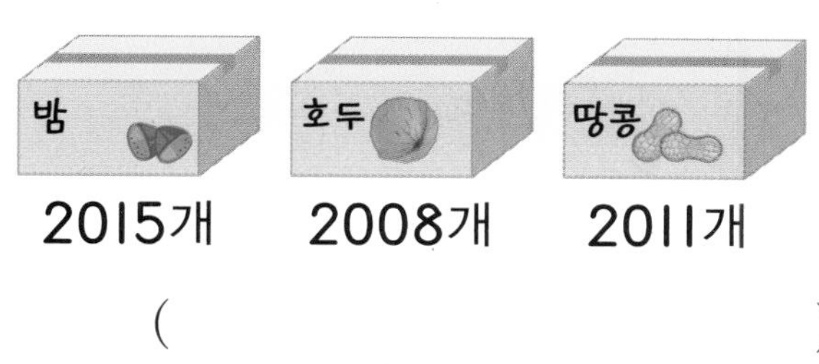

2015개 2008개 2011개

( )

수가 작을수록 적게 들어 있어.

천의 자리	백의 자리	십의 자리	일의 자리
2	0	1	5
2	0	0	8
2	0	1	1

➡ 천의 자리부터 차례로 수의 크기를 비교해.

3+ 수 카드를 한 번씩만 사용하여 만들 수 있는 네 자리 수 중에서 가장 작은 수를 구해 보세요.

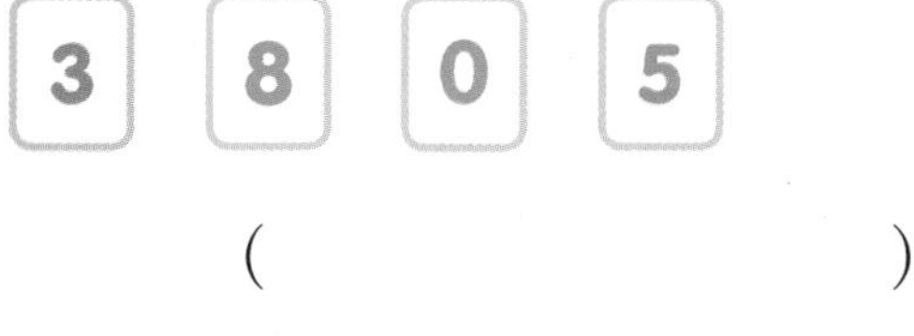

( )

4+ 민호네 마을에 심은 나무의 연도를 나타낸 것입니다. 늦게 심은 나무부터 차례로 기호를 써 보세요.

( )

5 조건을 만족하는 네 자리 수 구하기

천의 자리 숫자가 4, 백의 자리 숫자가 9인 네 자리 수 중에서 4996보다 큰 수를 모두 써 보세요.

( )

천의 자리 숫자가 4, 백의 자리 숫자가 9인 네 자리 수는 항상 5000보다 작아.

4996 5000
천의 자리 숫자가 5인 네 자리 수

6 네 자리 수의 크기 비교

네 자리 수의 크기 비교에서 □ 안에 들어갈 수 있는 수를 모두 써 보세요.

8650<8□99

( )

비교하는 자리의 수가 같으면 그 아랫자리 수를 비교해.

천의 자리	백의 자리	십의 자리	일의 자리
8	6	5	0
||			
8	□	9	9

네 자리 수의 크기 비교를 세 자리 수의 크기 비교로 바꿉니다.
➡ 650 < □99

5+ 천의 자리 숫자가 3, 백의 자리 숫자가 9인 네 자리 수 중에서 3997보다 큰 수를 모두 써 보세요.

( )

6+ 네 자리 수의 크기 비교에서 □ 안에 들어갈 수 있는 수는 모두 몇 개일까요?

4732>47□8

( )

단원 평가

점수 확인

1 돈은 모두 얼마일까요?

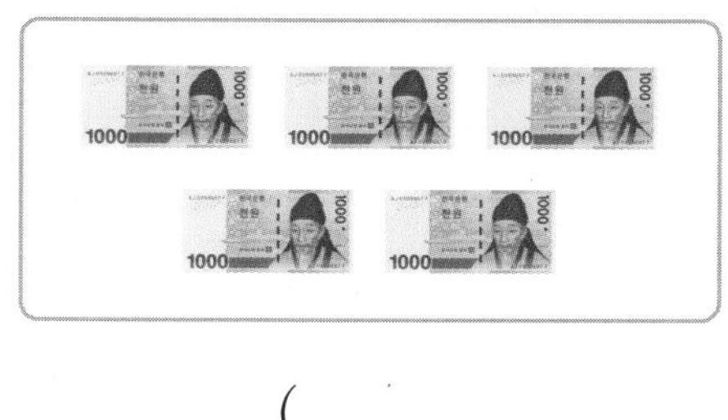

( )

2 □ 안에 알맞은 수를 써넣으세요.

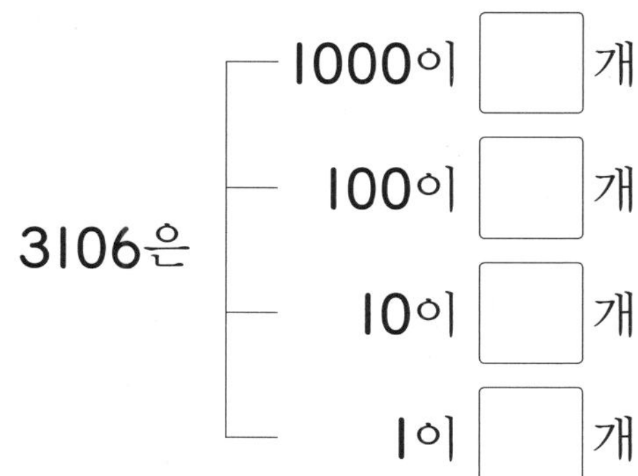
3106은
1000이 □ 개
100이 □ 개
10이 □ 개
1이 □ 개

3 빈칸에 알맞은 숫자를 써넣으세요.

사천오십팔

천의 자리	백의 자리	십의 자리	일의 자리

4 보기 와 같이 덧셈식으로 나타내 보세요.

보기
$6274 = 6000 + 200 + 70 + 4$

$7826 =$ ....

5 2400을 (1000), (100) 을 이용하여 그림으로 나타내 보세요.

6 준서가 말한 수를 쓰고 읽어 보세요.

1000이 4개, 100이 9개,
10이 1개, 1이 6개인 수
준서

쓰기 ( )

읽기 ( )

7 100씩 뛰어 셀 때 ★에 알맞은 수를 구해 보세요.

5408 — □ — □ — ★

( )

8 다음 수를 구해 보세요.

백 모형이 80개 있습니다.

( )

9 숫자 6이 60을 나타내는 수에 모두 ○표 하세요.

2650	8365	6103
4962	7216	6478

10 주어진 수를 수직선에 ↑로 표시하고 크기를 비교하여 ○ 안에 >, =, <를 알맞게 써넣으세요.

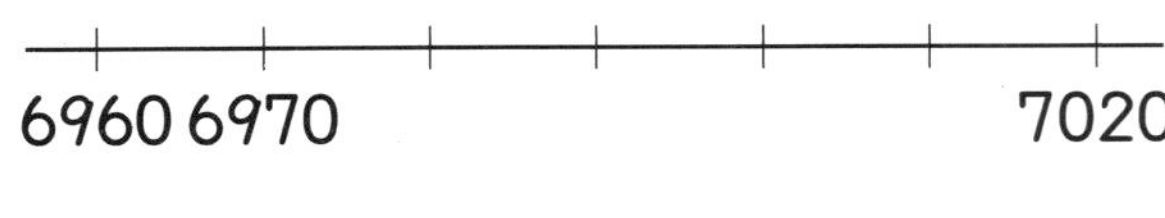

6980 ○ 7010

11 시후의 기부 통장에는 9월에 2780원이 있습니다. 한 달에 1000원씩 계속 저금한다면 10월, 11월, 12월에는 각각 얼마가 되는지 구해 보세요.

10월	11월	12월

12 두 수의 크기를 비교하여 ○ 안에 >, =, <를 알맞게 써넣으세요.

5394 ○ 5401

13 밑줄 친 숫자가 나타내는 수를 표에서 찾아 낱말을 만들어 보세요.

2067 → ①　3985 → ②

4329 → ③

수	200	300	2000	30	2	80
글자	나	개	무	강	리	지

낱말	①	②	③

14 산의 높이입니다. 가장 높은 산과 가장 낮은 산을 써 보세요.

설악산: 1708 m	지리산: 1915 m
치악산: 1288 m	월악산: 1093 m

가장 높은 산 (　　　　　　　)

가장 낮은 산 (　　　　　　　)

15 수 카드 5, 2, 7, 0을 한 번씩만 사용하여 만들 수 있는 가장 큰 네 자리 수를 구해 보세요.

(　　　　　　　)

16 세 사람이 태어난 연도입니다. 먼저 태어난 사람부터 차례로 이름을 써 보세요.

은혜	서윤	준호
2009년	2012년	2010년

( )

17 조건을 만족하는 네 자리 수를 모두 써 보세요.

- 3000보다 크고 4000보다 작은 수입니다.
- 백의 자리 숫자는 500을 나타내고 십의 자리 숫자는 60을 나타냅니다.
- 일의 자리 숫자는 3보다 작습니다.

( )

18 □ 안에 들어갈 수 있는 수를 모두 찾아 ○표 하세요.

6527<□593

(1, 2, 3, 4, 5, 6, 7, 8, 9)

정답과 풀이 5쪽 술술 서술형

19 세빈이는 우유와 쿠키를 각각 한 개씩 사고 오른쪽과 같이 돈을 냈습니다. 쿠키의 가격은 얼마인지 풀이 과정을 쓰고 답을 구해 보세요.

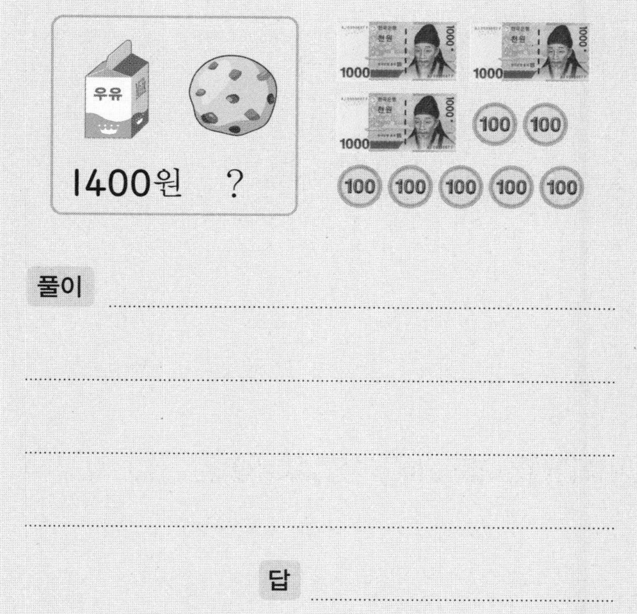

풀이

답

20 어떤 수에서 출발하여 100씩 5번 뛰어 세었더니 4750이 되었습니다. 어떤 수는 얼마인지 풀이 과정을 쓰고 답을 구해 보세요.

풀이

답

2 곱셈구구

■단 곱셈구구는 ■씩 더해가는 거야!

	2 × 1 = 2
	2 × 2 = 4
	2 × 3 = 6
	2 × 4 = 8
	2 × 5 = 10
	2 × 6 = 12
	2 × 7 = 14
	2 × 8 = 16
	2 × 9 = 18

- 2단 곱셈구구는 2씩 더해가는 거야!

×	1	2	3	4	5	6	7	8	9
2	2	4	6	8	10	12	14	16	18

+2 +2 +2 +2 +2 +2 +2 +2

1 2단 곱셈구구에서는 곱이 2씩 커져.

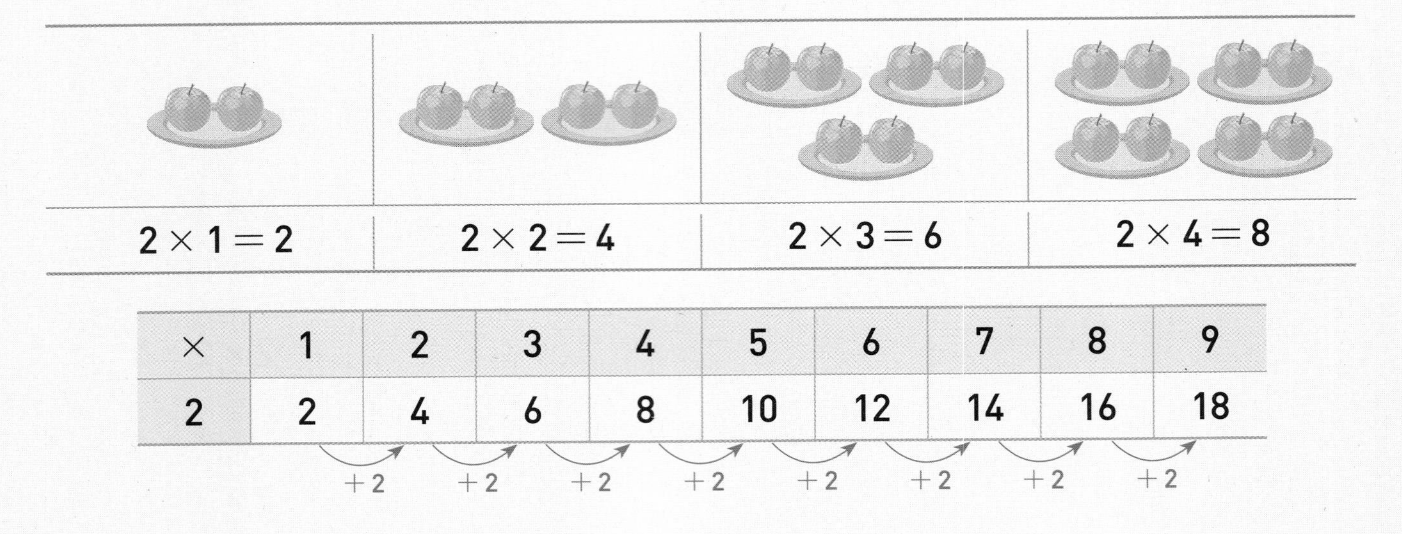

×	1	2	3	4	5	6	7	8	9
2	2	4	6	8	10	12	14	16	18

+2 +2 +2 +2 +2 +2 +2 +2

1 그림을 보고 □ 안에 알맞은 수를 써넣으세요.

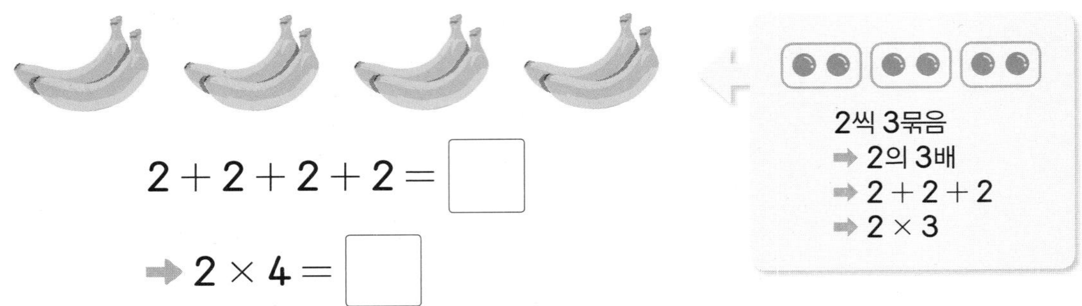

$2 + 2 + 2 + 2 = \square$

➡ $2 \times 4 = \square$

2 그림을 보고 □ 안에 알맞은 수를 써넣으세요.

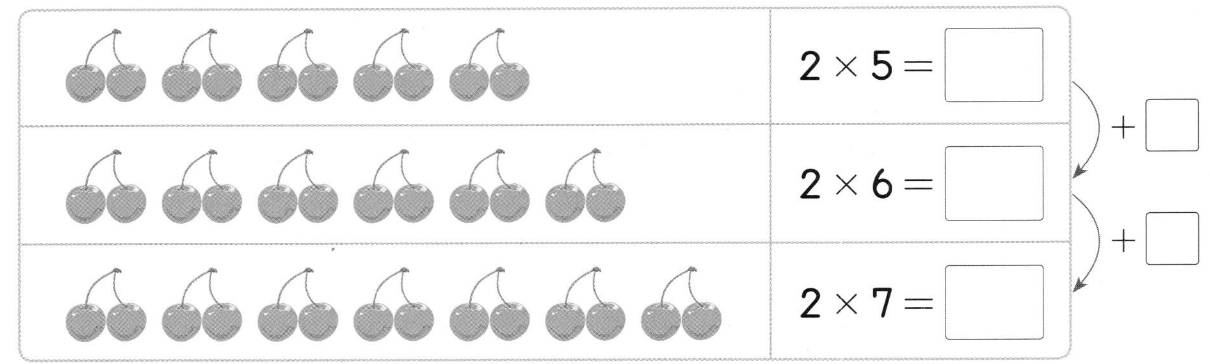

$2 \times 5 = \square$ (+□)

$2 \times 6 = \square$ (+□)

$2 \times 7 = \square$

➡ 2단 곱셈구구에서 곱하는 수가 1씩 커지면 곱은 □씩 커집니다.

정답과 풀이 7쪽

2 5단 곱셈구구에서는 곱이 5씩 커져.

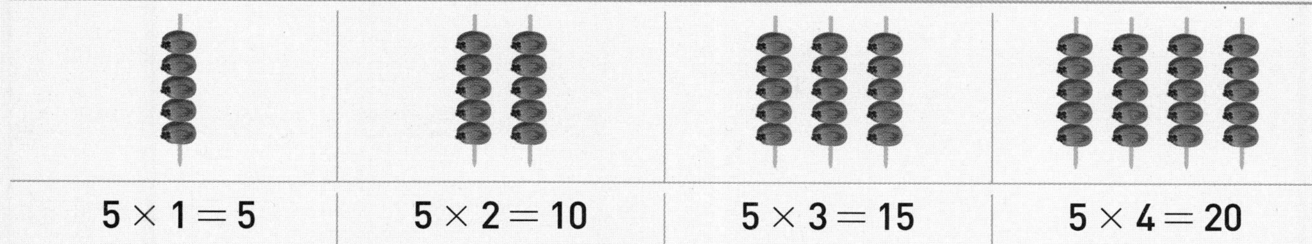

$5 \times 1 = 5$	$5 \times 2 = 10$	$5 \times 3 = 15$	$5 \times 4 = 20$

×	1	2	3	4	5	6	7	8	9
5	5	10	15	20	25	30	35	40	45

+5 +5 +5 +5 +5 +5 +5 +5

1 □ 안에 알맞은 수를 써넣으세요.

5×2 ●●●●● ●●●●●

5×3 ●●●●● ●●●●● ●●●●●

5 × 3은 5 × 2보다 5개씩 몇 묶음이 더 많은지 알아봐.

➡ 5×3은 5×2보다 □만큼 더 큽니다.

2 □ 안에 알맞은 수를 써넣으세요.

(1) $5+5+5+5=$ □ ➡ $5 \times$ □ $=$ □

(2) $5+5+5+5+5+5+5=$ □ ➡ $5 \times$ □ $=$ □

3 그림을 보고 □ 안에 알맞은 수를 써넣으세요.

(1)

$5 \times 5 =$ □

(2)

$5 \times 6 =$ □

3 3단, 6단 곱셈구구에서는 곱이 각각 3, 6씩 커져.

● 3단 곱셈구구

$3 \times 1 = 3$	$3 \times 2 = 6$	$3 \times 3 = 9$	$3 \times 4 = 12$

×	1	2	3	4	5	6	7	8	9
3	3	6	9	12	15	18	21	24	27

+3 +3 +3 +3 +3 +3 +3 +3

● 6단 곱셈구구

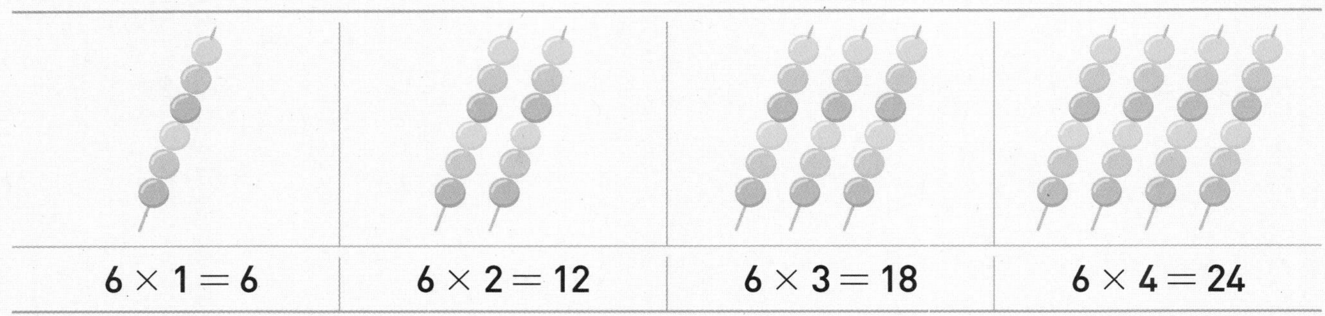

$6 \times 1 = 6$	$6 \times 2 = 12$	$6 \times 3 = 18$	$6 \times 4 = 24$

×	1	2	3	4	5	6	7	8	9
6	6	12	18	24	30	36	42	48	54

+6 +6 +6 +6 +6 +6 +6 +6

1 그림을 보고 □ 안에 알맞은 수를 써넣으세요.

(1) 

$3 \times 3 = \square$

(2) 

$3 \times 4 = \square$

2 3×6을 계산하는 방법입니다. □ 안에 알맞은 수를 써넣으세요.

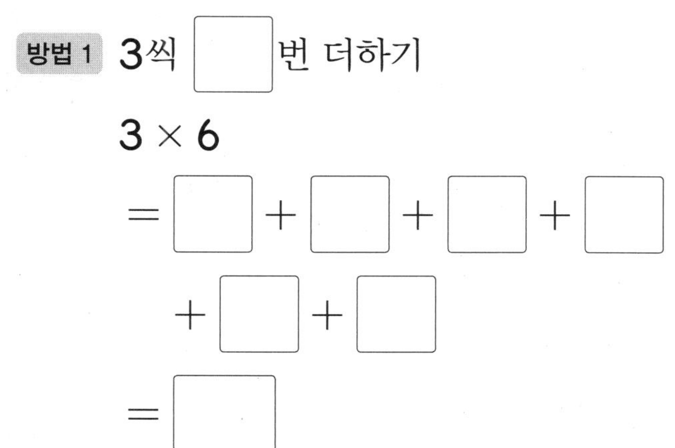

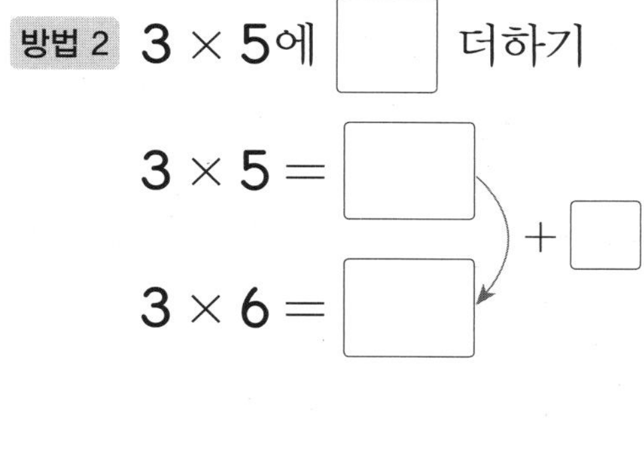

3 그림을 보고 □ 안에 알맞은 수를 써넣으세요.

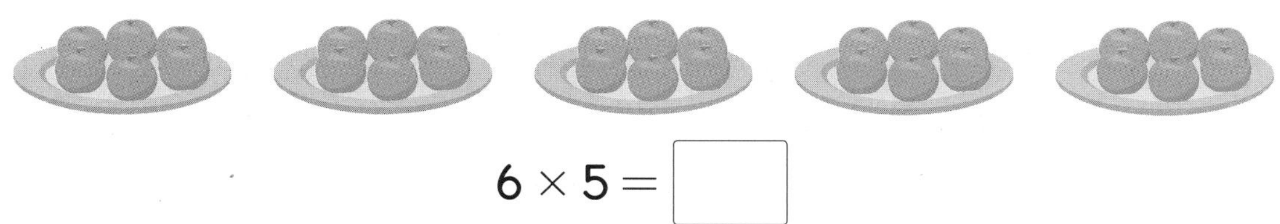

$6 \times 5 =$ □

4 □ 안에 알맞은 수를 써넣으세요.

(1) $3 \times 6 =$ □ (+ □)
$3 \times 7 =$ □ (+ □)
$3 \times 8 =$ □

(2) $6 \times 7 =$ □ (+ □)
$6 \times 8 =$ □ (+ □)
$6 \times 9 =$ □

5 수직선을 보고 □ 안에 알맞은 수를 써넣으세요.

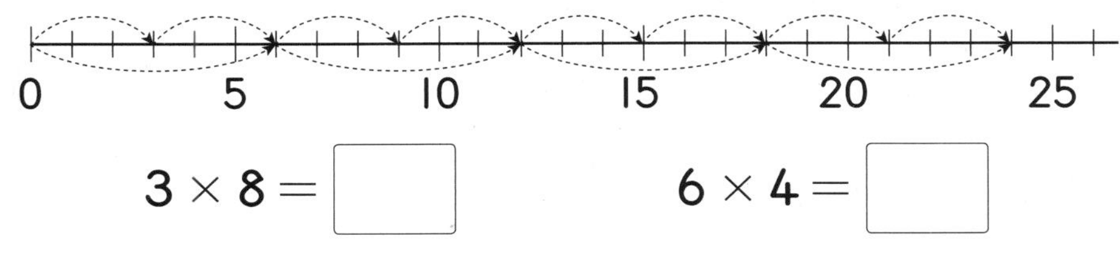

$3 \times 8 =$ □　　$6 \times 4 =$ □

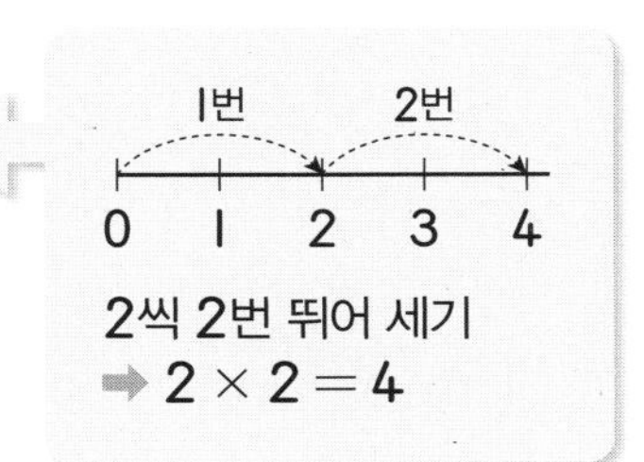

2

1 2단 곱셈구구 알아보기

1 그림을 보고 □ 안에 알맞은 수를 써넣으세요.

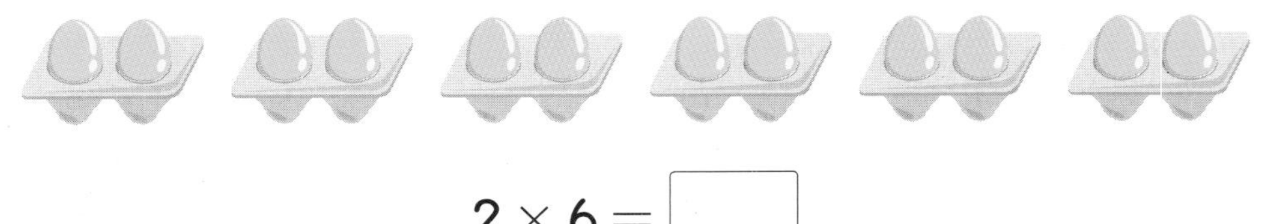

$2 \times 6 =$ □

2 □ 안에 알맞은 수를 써넣으세요.

▶ 2단 곱셈구구에서 곱은 2씩 커져.

$2 \times 1 = 2$	$2 \times 2 = 4$	$2 \times 3 =$ □
$2 \times 4 = 8$	$2 \times 5 =$ □	$2 \times 6 =$ □
$2 \times 7 =$ □	$2 \times 8 =$ □	$2 \times 9 =$ □

3 2단 곱셈구구의 값을 찾아 이어 보세요.

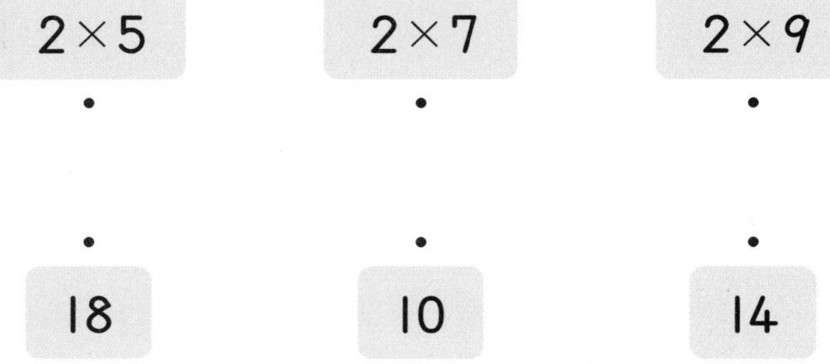

탄탄북

4 2 × 7은 2 × 5보다 얼마나 더 큰지 ○를 그려서 나타내고, □ 안에 알맞은 수를 써넣으세요.

▶ 2 × 1 ●●
2 × 2 ●●●●
2 × 3 ●●●●●●

$2 \times 5 =$ □이고 2×7은 2×5보다 □씩 □묶음이 더 많으므로 □만큼 더 큽니다. ➡ $2 \times 7 =$ □

5 곱셈식을 수직선에 나타내고 □ 안에 알맞은 수를 써넣으세요.

▶ 2씩 8번 뛰어 세어 봐.

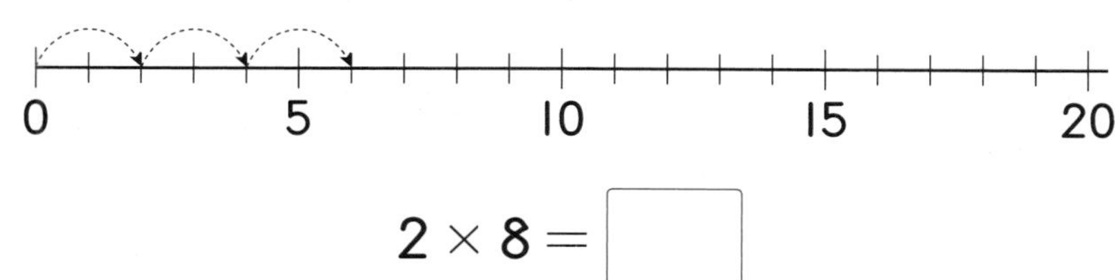

6 병아리 한 마리의 다리는 2개입니다. 병아리 5마리의 다리는 모두 몇 개인지 구해 보세요.

▶ 2씩 1묶음 ➡ 2 × 1
2씩 2묶음 ➡ 2 × 2

곱셈식 .... 답 ....

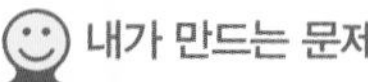

7 ○ 안에 2부터 9까지의 수 중 하나를 써넣어 계산하고, 계산에 알맞게 ★ 붙임딱지를 붙여 보세요.

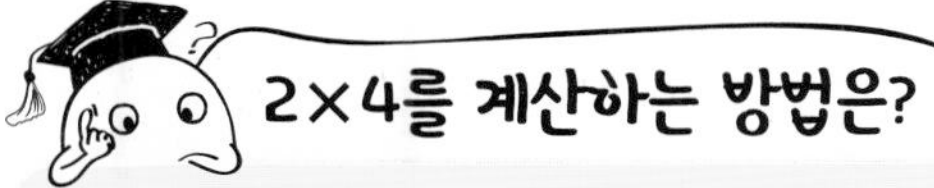

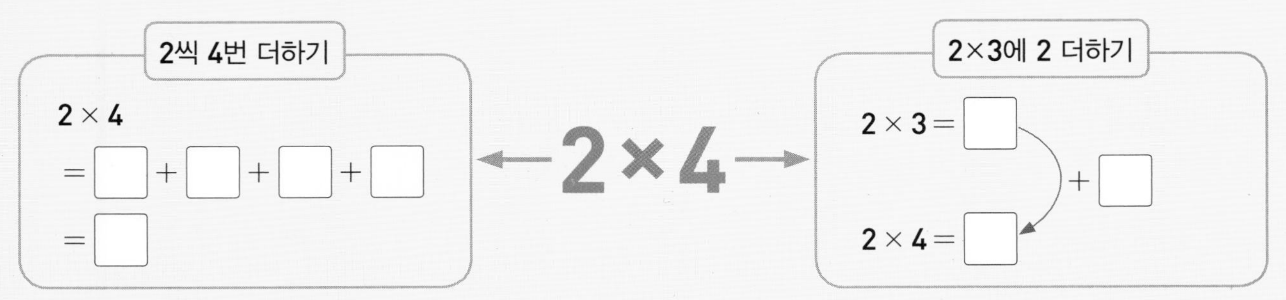

8 구슬은 모두 몇 개인지 곱셈식으로 나타내 보세요.

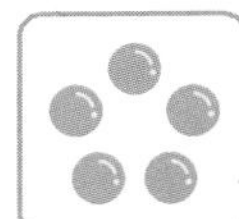 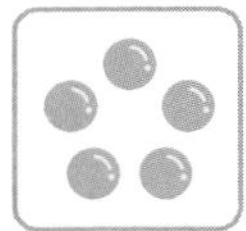 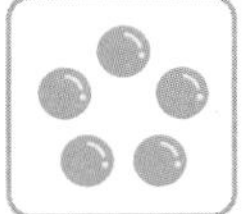 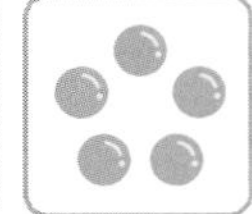

$5 \times \square = \square$

9 곱셈식에 알맞은 주사위 붙임딱지를 붙이고 □ 안에 알맞은 수를 써넣으세요.

붙임딱지

▸ 5단 곱셈구구에서 곱은 5씩 커져.

⁙ ⁙ ⁙ ⁙ ⁙	$5 \times 5 = \square$
	$5 \times 6 = \square$
	$5 \times 7 = \square$

10 블록 한 개의 길이는 5 cm입니다. 블록 8개의 길이는 몇 cm일까요?

▸ 5 cm 8개의 길이는 5의 8배와 같아.

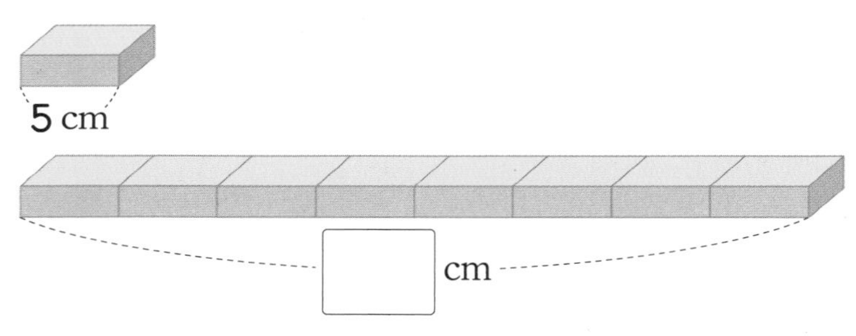

10+ 보기 와 같이 사각형의 넓이를 구해 보세요.

보기

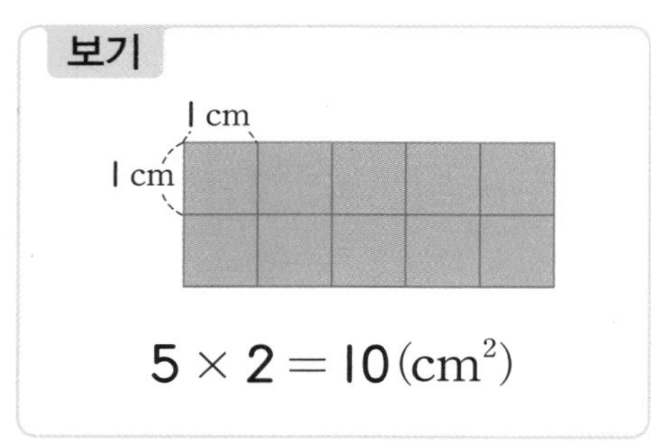

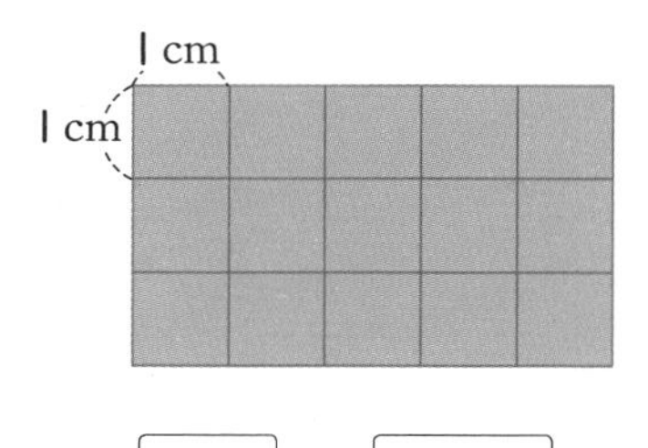

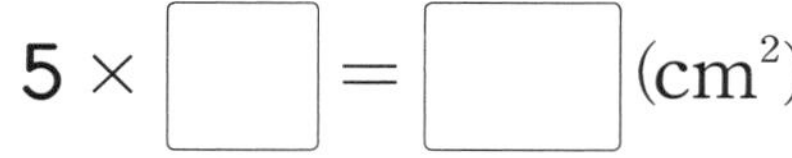

$5 \times \square = \square (cm^2)$

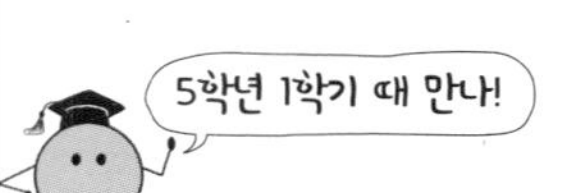

직사각형의 넓이 구하기

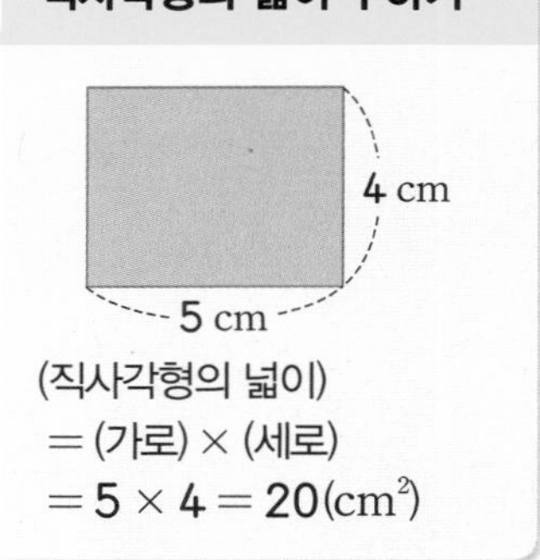

(직사각형의 넓이)
$=$ (가로) $\times$ (세로)
$= 5 \times 4 = 20 (cm^2)$

11 5단 곱셈구구의 값을 모두 찾아 ○표 하세요.

1	2	3	4	5	6	7	8	9	10
11	12	13	14	15	16	17	18	19	20
21	22	23	24	25	26	27	28	29	30
31	32	33	34	35	36	37	38	39	40

12 빵이 한 봉지에 5개씩 9봉지 있습니다. □ 안에 알맞은 수를 써넣으세요.

▶ 빵이 한 봉지에 5개씩 들어 있으므로 5단 곱셈구구를 이용해.

(1) 빵의 수는 5씩 □번 더하면 구할 수 있습니다.

(2) 빵의 수는 5 × 8에 □을/를 더해서 구할 수 있습니다.

(3) 빵의 수는 5 × □ = □(이)라서 모두 □개입니다.

내가 만드는 문제

13 40보다 작은 5단 곱셈구구의 값을 3개 써 보세요.

▶ 먼저 5 × ● = 40에서 ●를 알아봐.

□ < 40, □ < 40, □ < 40

5단 곱셈구구에서 곱의 일의 자리는 어떤 숫자가 반복될까?

×	1	2	3	4	5	6	7	8	9
5	5	10	15	20	25	30	35	40	45

5단 곱셈구구의 곱의 일의 자리 숫자는 □, □이/가 반복돼.

14 그림을 보고 □ 안에 알맞은 수를 써넣으세요.

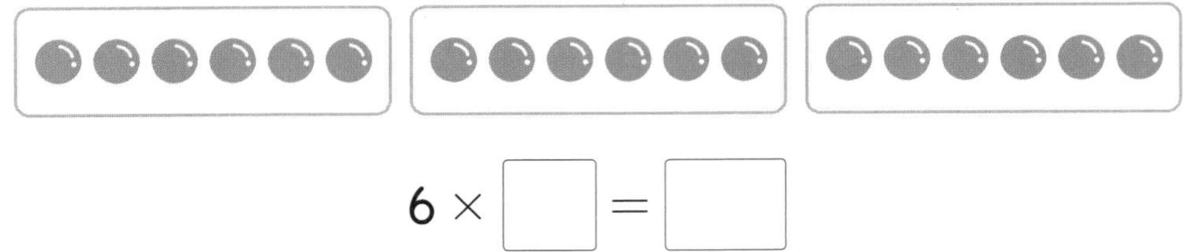

6 × □ = □

15 3 × 6은 3 × 4보다 얼마나 더 큰지 ○를 그려서 나타내고, □ 안에 알맞은 수를 써넣으세요.

▶ 3단 곱셈구구에서 곱은 3씩 커져.

3×4 ●●● ●●● ●●● ●●●

3×6 ●●● ●●● ●●● ●●●

3 × 6은 3 × 4보다 □만큼 더 큽니다.

16 공깃돌은 모두 몇 개인지 알아보려고 합니다. 바른 방법을 모두 찾아 ○표 하세요.

▶ 공깃돌은 6씩 2묶음 또는 3씩 4묶음이야.

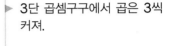

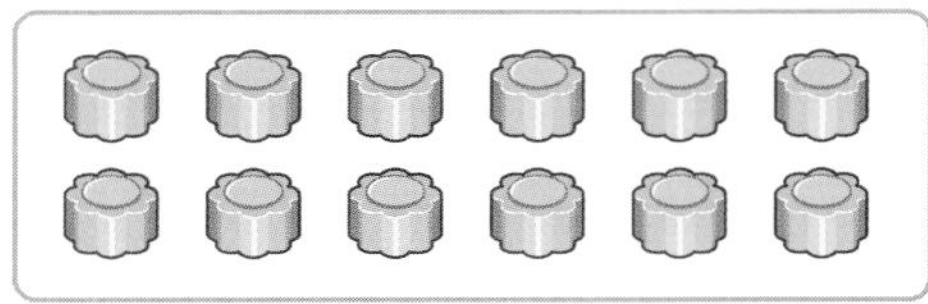

- 6씩 3번 더해서 구합니다. (　　)
- 6 × 2의 곱으로 구합니다. (　　)
- 3 × 6의 곱으로 구합니다. (　　)
- 3 × 3에 3을 더해서 구합니다. (　　)

17 3단 곱셈구구의 값에는 ○표, 6단 곱셈구구의 값에는 △표 하세요.

▶ 3단 곱셈구구의 값은 3씩 커지고, 6단 곱셈구구의 값은 6씩 커져.

1	2	3	4	5	6	7	8	9
10	11	12	13	14	15	16	17	18
19	20	21	22	23	24	25	26	27

탄탄북

18 피망이 24개 있습니다. □ 안에 알맞은 수를 써넣으세요.

▶ 몇 개씩 묶느냐에 따라 여러 가지 곱셈식으로 나타낼 수 있어.

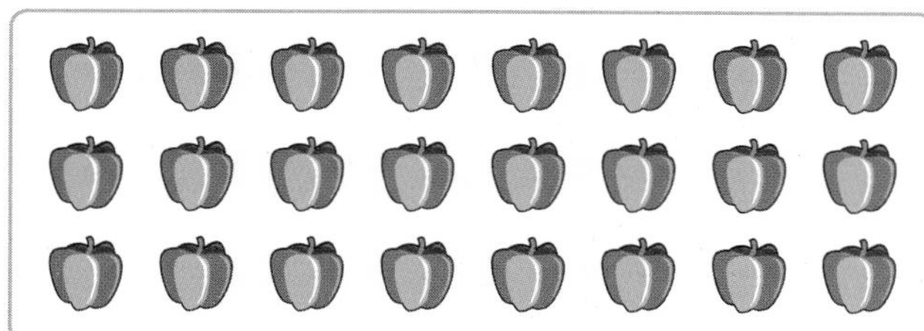

3단 곱셈구구 이용하기	6단 곱셈구구 이용하기
3 × □ = □	6 × □ = □

내가 만드는 문제

19 세발자전거 한 대의 바퀴는 3개입니다. □ 안에 1부터 9까지의 수 중 하나를 써넣고 식을 세워 답을 구해 보세요.

▶ 세발자전거 ●대의 바퀴 수는 3 × ●야.

세발자전거가 □대 있습니다. 바퀴는 모두 몇 개인지 곱셈식으로 구해 보세요.

곱셈식 ………………………… 답 …………………

●×▲와 ▲×●는 어떤 관계가 있을까?

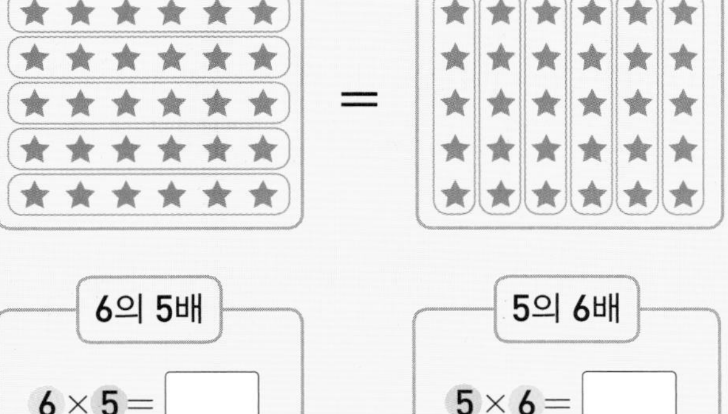

●의 ▲배와 ▲의 ●배는 같아.

6의 5배	5의 6배
6 × 5 = □	5 × 6 = □

같습니다.

2

4 4단, 8단 곱셈구구에서는 곱이 각각 4, 8씩 커져.

4단 곱셈구구

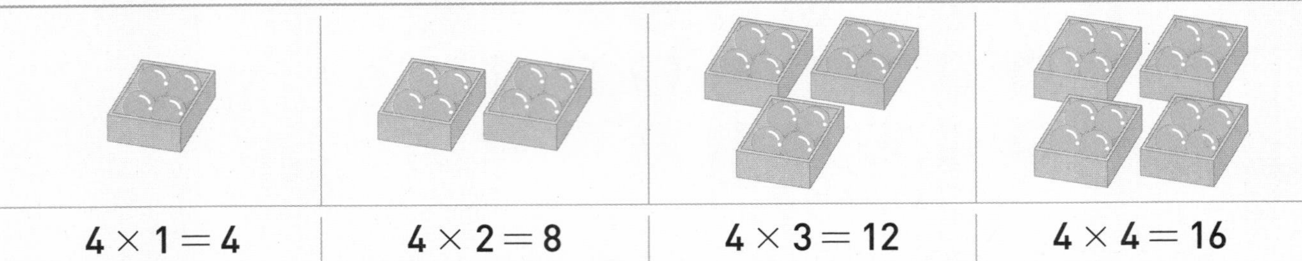

$4 \times 1 = 4$	$4 \times 2 = 8$	$4 \times 3 = 12$	$4 \times 4 = 16$

×	1	2	3	4	5	6	7	8	9
4	4	8	12	16	20	24	28	32	36

+4 +4 +4 +4 +4 +4 +4 +4

8단 곱셈구구

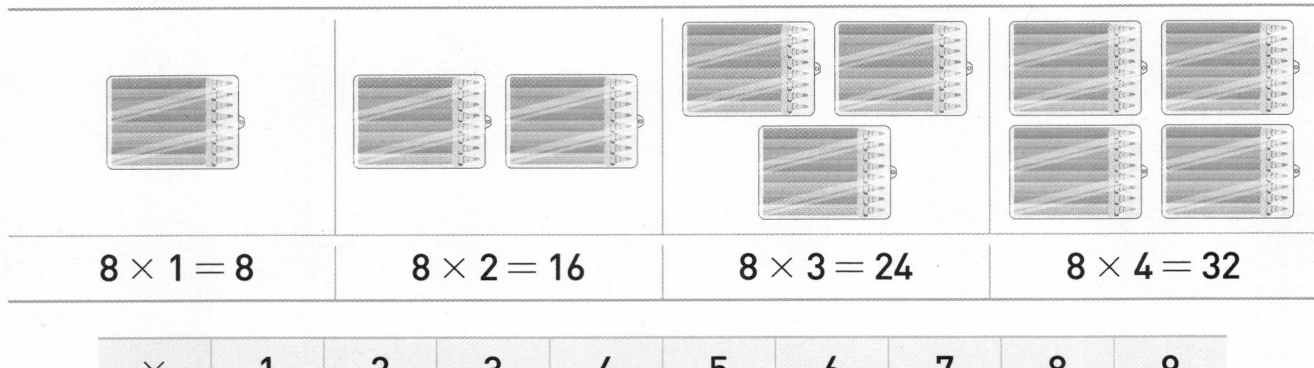

$8 \times 1 = 8$	$8 \times 2 = 16$	$8 \times 3 = 24$	$8 \times 4 = 32$

×	1	2	3	4	5	6	7	8	9
8	8	16	24	32	40	48	56	64	72

+8 +8 +8 +8 +8 +8 +8 +8

1 그림을 보고 □ 안에 알맞은 수를 써넣으세요.

(1)

$4 \times 4 =$ □

(2)

$4 \times 6 =$ □

2 8 × 5를 계산하는 방법입니다. □ 안에 알맞은 수를 써넣으세요.

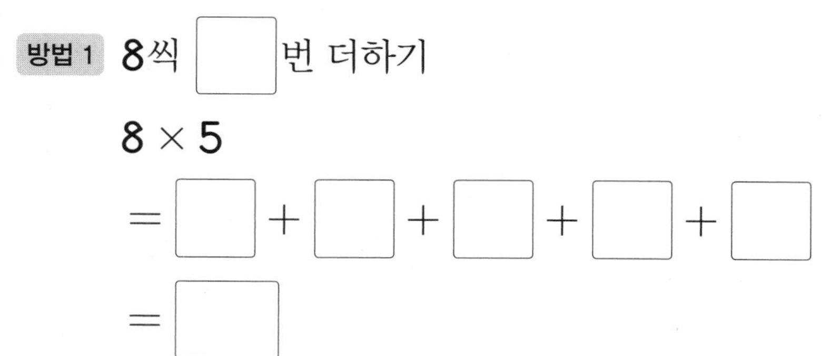

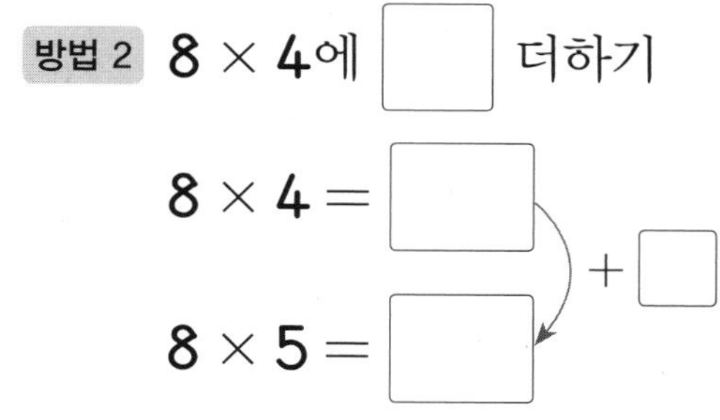

3 그림을 보고 □ 안에 알맞은 수를 써넣으세요.

$8 \times 6 =$ □

4 □ 안에 알맞은 수를 써넣으세요.

(1) $4 \times 3 =$ □ (+□)
$4 \times 4 =$ □ (+□)
$4 \times 5 =$ □

(2) $8 \times 7 =$ □ (+□)
$8 \times 8 =$ □ (+□)
$8 \times 9 =$ □

5 밤의 수를 알아보려고 합니다. 물음에 답하세요.

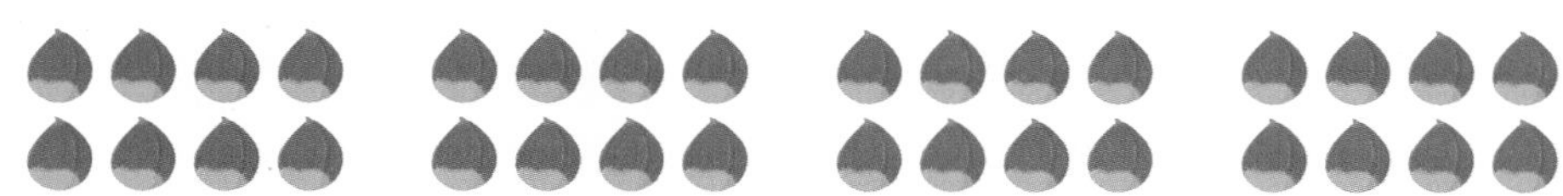

(1) 4단 곱셈구구를 이용하여 밤의 수를 구해 보세요.

$4 \times$ □ $=$ □(개)

(2) 8단 곱셈구구를 이용하여 밤의 수를 구해 보세요.

$8 \times$ □ $=$ □(개)

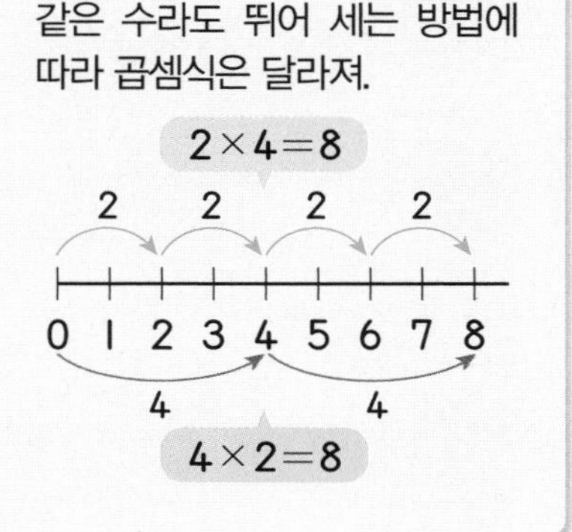

5 7단 곱셈구구에서는 곱이 7씩 커져.

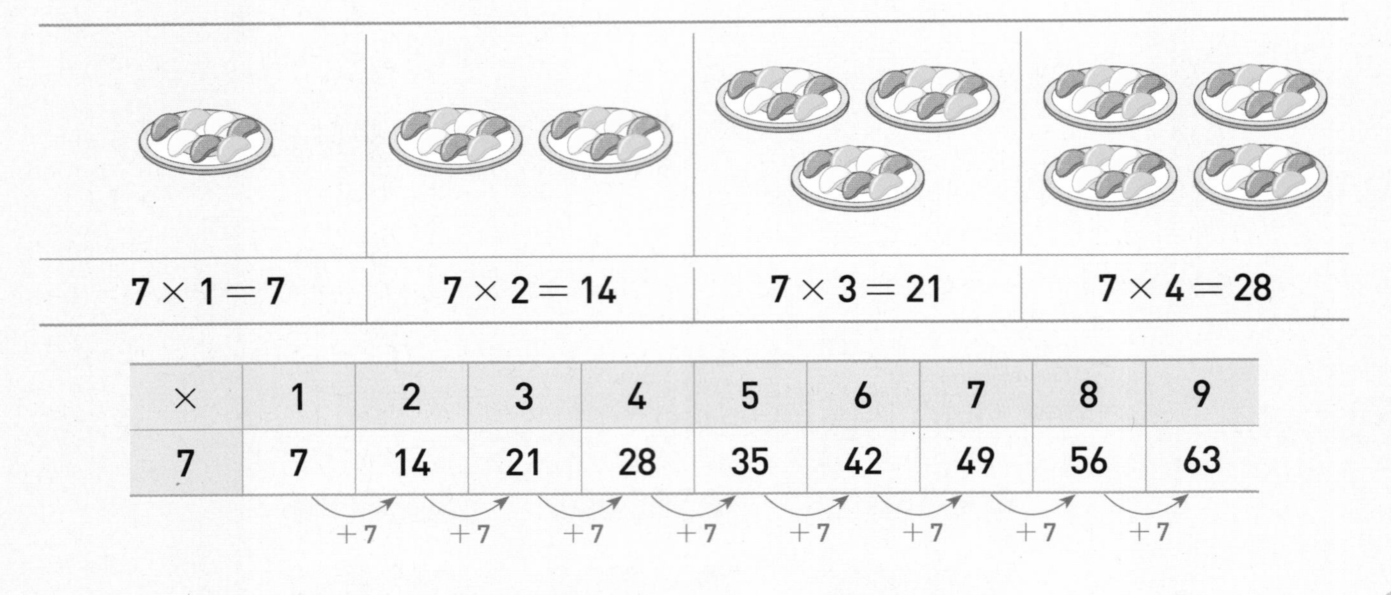

×	1	2	3	4	5	6	7	8	9
7	7	14	21	28	35	42	49	56	63

1 그림을 보고 □ 안에 알맞은 수를 써넣으세요.

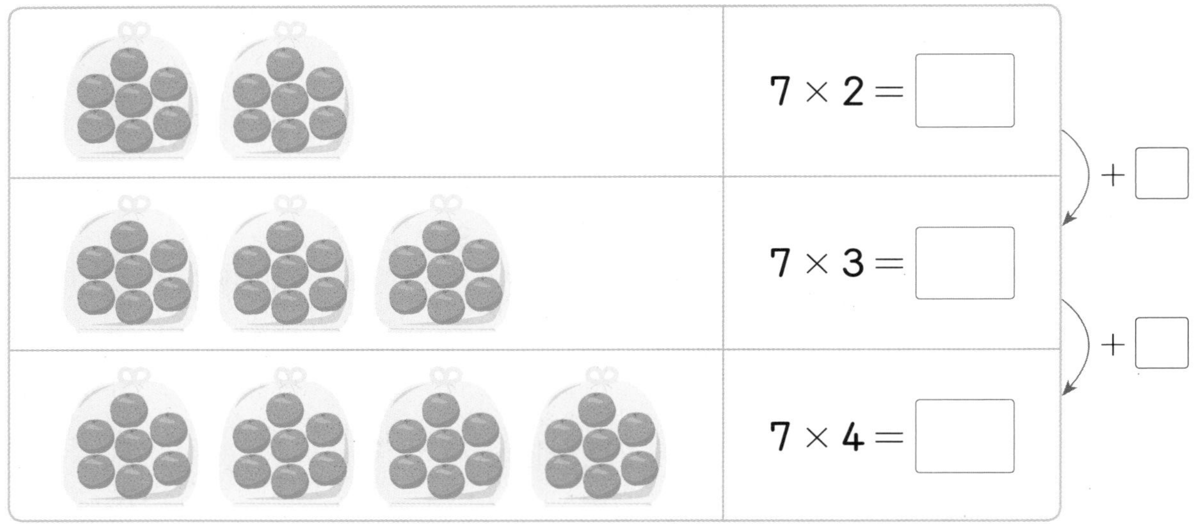

2 7 × 5를 계산하는 방법을 알아보려고 합니다. □ 안에 알맞은 수를 써넣으세요.

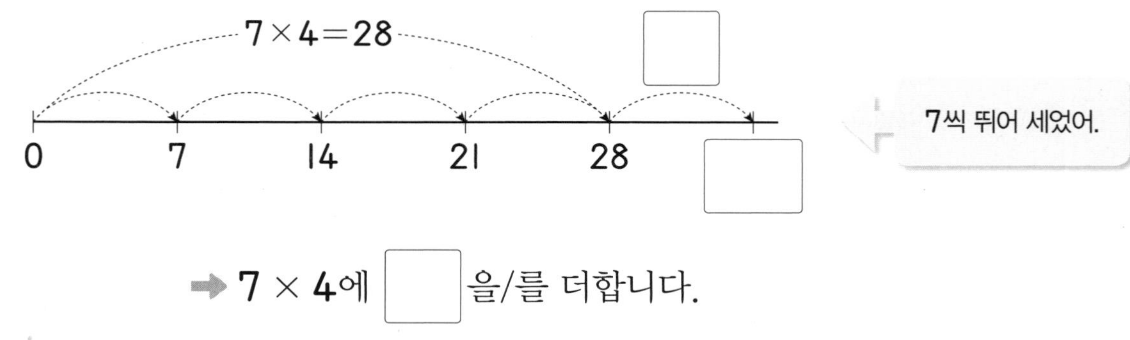

➡ 7 × 4에 □ 을/를 더합니다.

정답과 풀이 9쪽

6 9단 곱셈구구에서는 곱이 9씩 커져.

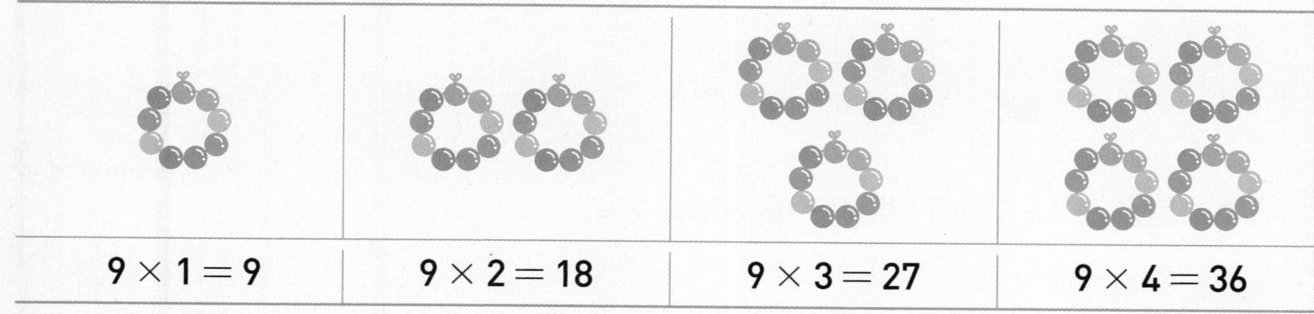

$9 \times 1 = 9$	$9 \times 2 = 18$	$9 \times 3 = 27$	$9 \times 4 = 36$

×	1	2	3	4	5	6	7	8	9
9	9	18	27	36	45	54	63	72	81

+9 +9 +9 +9 +9 +9 +9 +9

1 그림을 보고 □ 안에 알맞은 수를 써넣으세요.

$9 \times 5 = \square$

2 수직선의 □ 안에 알맞은 수를 써넣으세요.

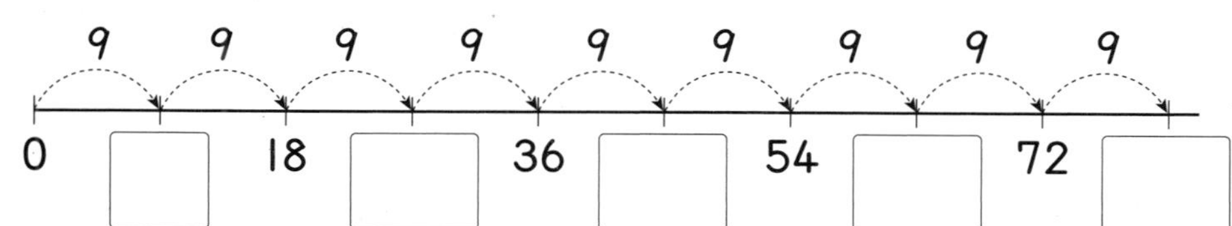

몇씩 커지는지 생각하며 9단 곱셈구구를 써 봐.

3 □ 안에 알맞은 수를 써넣으세요.

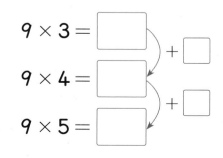

$9 \times 3 = \square$
+□
$9 \times 4 = \square$
+□
$9 \times 5 = \square$

2

개념 적용

4 4단, 8단 곱셈구구 알아보기

1 그림을 보고 □ 안에 알맞은 수를 써넣으세요.

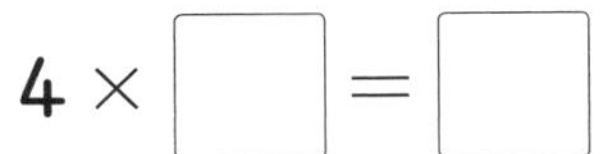

4 × □ = □

1+ 그림을 보고 □ 안에 알맞은 수를 써넣으세요.

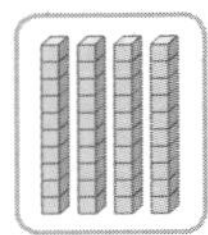 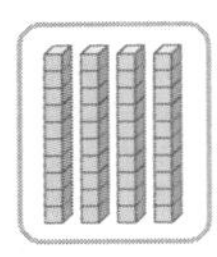

40 × 2 = □0

(몇십)×(몇)의 계산

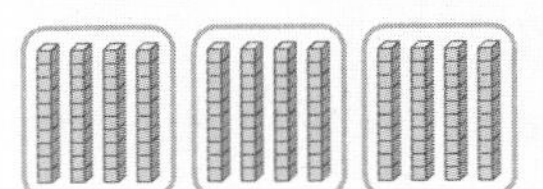

40 + 40 + 40
➡ 40씩 3묶음
➡ 40 × 3 = 120

2 4단 곱셈구구의 값을 찾아 이어 보세요.

4×3	4×6	4×5	4×8
32	12	24	20

3 빈칸에 알맞은 수를 써넣으세요.

×	1	3	5	6	8
4					
8					

▶ 4단과 8단의 곱에서 규칙을 찾아봐.

4 □ 안에 알맞은 수를 써넣어 딸기의 수를 구해 보세요.

• 4 × □ = □ 이므로 모두 □ 개입니다.

• 8 × □ = □ 이므로 모두 □ 개입니다.

▶ 딸기를 4개씩, 8개씩 묶어 봐.

탄탄북

5 보기 와 같이 수 카드를 한 번씩만 사용하여 □ 안에 알맞은 수를 써넣으세요.

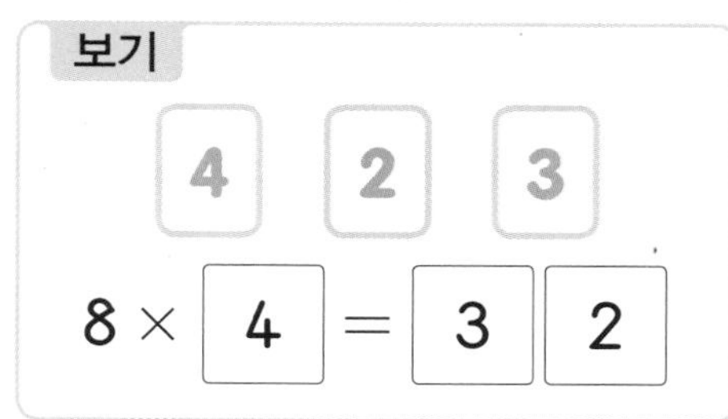

5 7 6

8 × □ = □□

▶ 먼저 곱하는 수에 수 카드를 넣어 봐.

내가 만드는 문제

6 □ 안에 알맞은 수를 써넣고, 내 생각을 완성해 보세요.

• ㉠에 알맞은 수는 □ 입니다. □ 단 곱셈구구를 생각하면

....

• ㉡에 알맞은 수는 □ 입니다. □ 단 곱셈구구를 생각하면

....

▶ 두 가지 방법으로 뛰어 세어 봐.

8×5를 계산하는 여러 가지 방법은?

• 8 × 4에 8 더하기

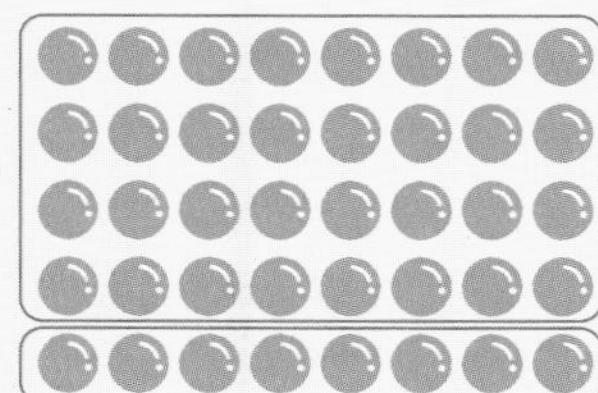

8 × 4 = □
+8
8 × 5 = □

• 5 × 8 계산하기

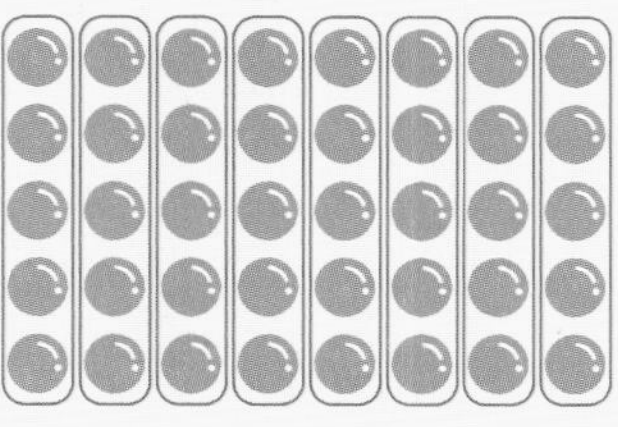

5의 8배

5 × 8 = □

• 8 × 3과 8 × 2 더하기

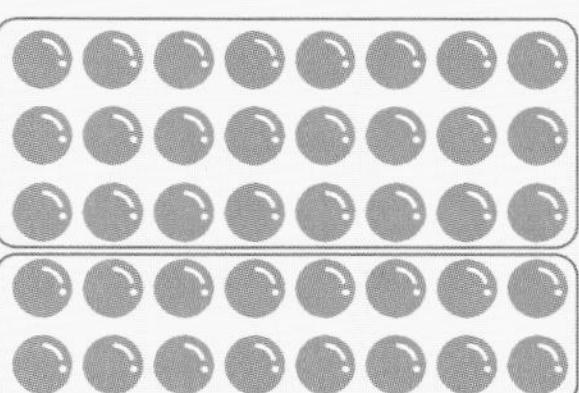

8 × 3 = □
+
8 × 2 = □

8 × 5 = □

7 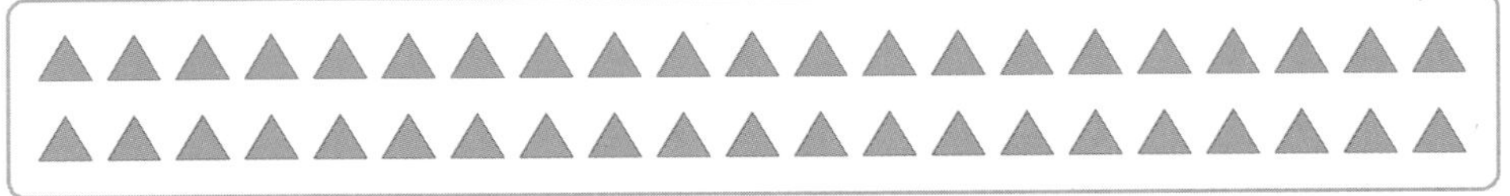는 모두 몇 개인지 7씩 묶어 세어 보고 곱셈식으로 나타내 보세요.

$7 \times \square = \square$

8 곱셈식을 수직선에 나타내고 □ 안에 알맞은 수를 써넣으세요.

▶ 7씩 5번 뛰어 세어 봐.

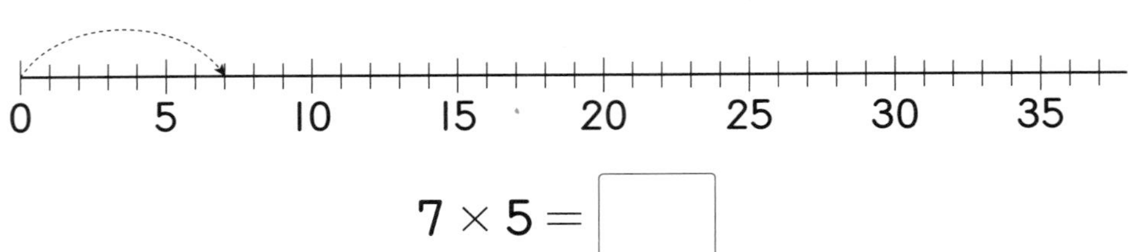

$7 \times 5 = \square$

9 세 친구가 곶감의 수를 구하는 방법을 말한 것입니다. □ 안에 알맞은 수를 써넣으세요.

▶ 곶감이 7개씩 8묶음이야.

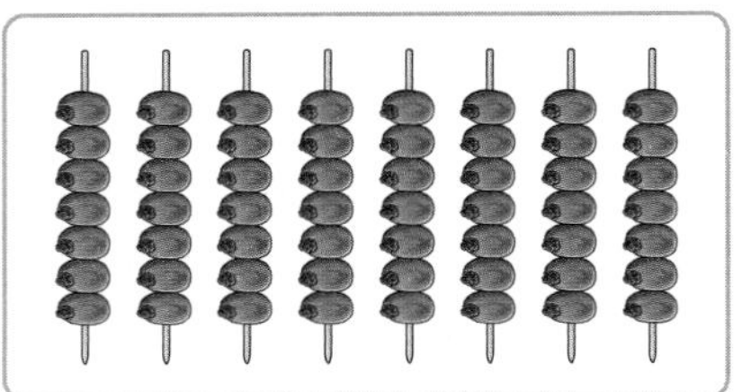

서우: 곶감의 수는 7씩 □번 더하면 구할 수 있어.

유린: 곶감의 수는 7 × □에 7을 더해서 구할 수 있어.

정빈: 곶감의 수는 7 × 8 = □(이)라서 모두 □개야.

10 7단 곱셈구구의 값에 모두 색칠해 보세요.

14	8	63	40	32
20	49	18	54	60
36	27	28	48	56

11 세 수를 골라 7단 곱셈식으로 써 보세요.

6	7	4	35	28

곱셈식 ....

▶ 5단 곱셈식
➡ 5 × □ = ○
6단 곱셈식
➡ 6 × □ = ○

내가 만드는 문제

12 보기 와 같이 □ 안에 수를 써넣어 곱셈식을 완성해 보세요.

보기

7 × 2 = 14
7 × 3 = 21 (+)
7 × 5 = 35

7 × □ = □
7 × □ = □ (+)
7 × □ = □

▶ 7씩 2 묶음
7씩 3 묶음
7씩 5 묶음

7씩 1 묶음
7씩 4 묶음
7씩 5 묶음

2

7×6을 곱셈식의 합으로 나타내는 방법은?

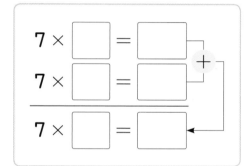

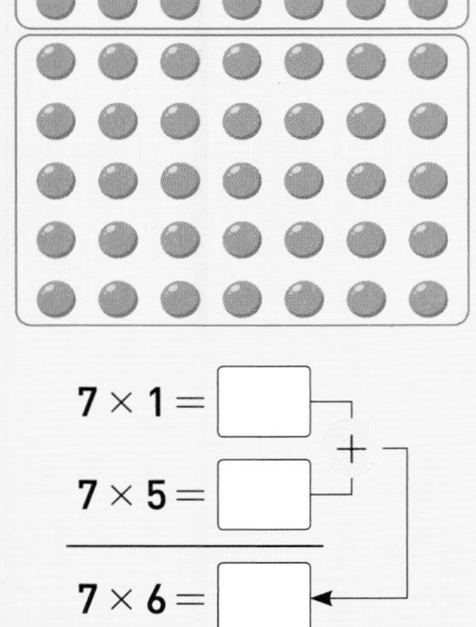

7 × 1 = □
7 × 5 = □ (+)
7 × 6 = □

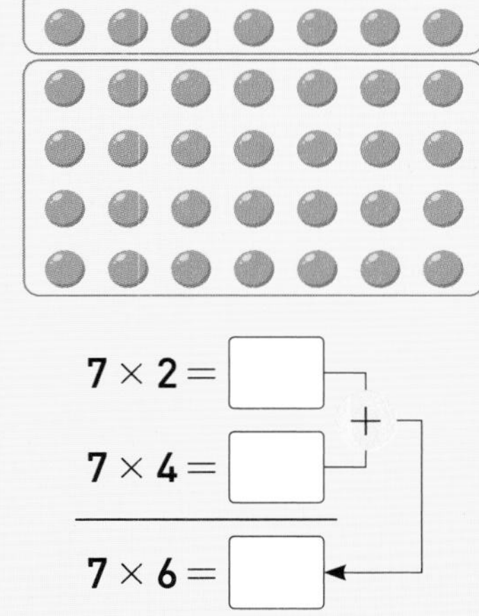

7 × 2 = □
7 × 4 = □ (+)
7 × 6 = □

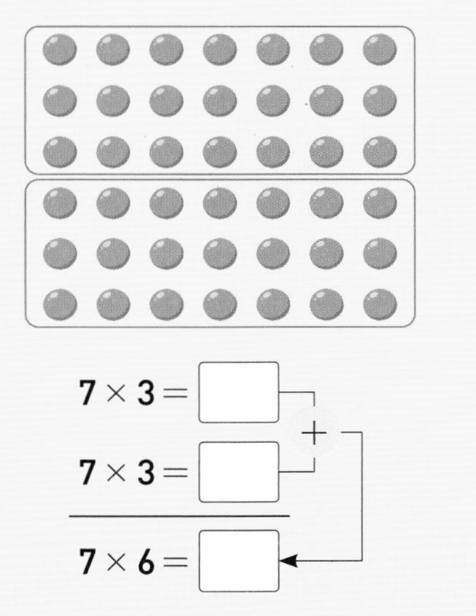

7 × 3 = □
7 × 3 = □ (+)
7 × 6 = □

6 9단 곱셈구구 알아보기

13 막대의 길이를 구해 보세요.

(1) 9 cm 9 cm 9 cm 9 cm

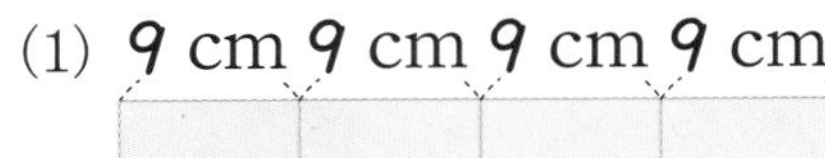

$9 \times 4 = \square$ (cm)

(2) 9 cm 9 cm 9 cm 9 cm 9 cm 9 cm

$9 \times 6 = \square$ (cm)

▶ 손가락으로 9단 곱셈구구하기

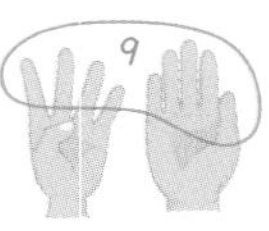

$9 \times 1 = 9$

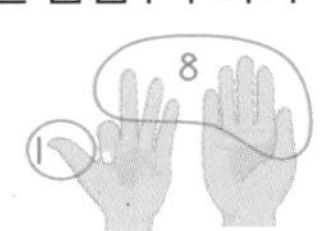

$9 \times 2 = 18$

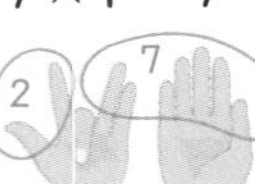

$9 \times 3 = 27$

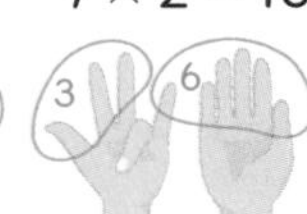

$9 \times 4 = 36$

14 9단 곱셈구구의 값을 찾아 선으로 이어 보세요.

출발 →

9	19	66	25	52	64
18	27	30	63	72	81
10	36	45	54	16	49

→ 도착

15 보기 와 같이 □ 안에 알맞은 수를 써넣으세요.

보기

$9 \times 2 = 2 \times 9 = 18$

(1) $9 \times 6 = \square \times \square = \square$

(2) $9 \times 7 = \square \times \square = \square$

▶ 곱하는 두 수의 순서를 서로 바꾸어도 곱은 같아.

● × ▲ = ▲ × ●

16 크기를 비교하여 ○ 안에 $>$, $=$, $<$를 알맞게 써넣으세요.

(1) 9×5 ○ 46

(2) 75 ○ 9×8

17 운동장에 학생들이 한 줄에 9명씩 3줄로 서 있습니다. 운동장에 서 있는 학생들은 모두 몇 명일까요?

곱셈식 .... 답 ....

내가 만드는 문제

18 팽이는 모두 몇 개인지 나만의 여러 가지 방법으로 알아보세요.

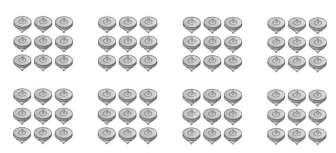

▶ 9개씩 묶을 수 있지만 6개씩 묶을 수도 있고, 묶음의 수를 나누어 생각해도 돼.

방법 1

방법 2

곱셈구구에서 일의 자리 숫자는 어떤 규칙이 있을까?

0부터 시작하여 각 단 곱셈구구의 일의 자리 숫자를 선으로 이어 봅니다.

2단 8단

3단 7단

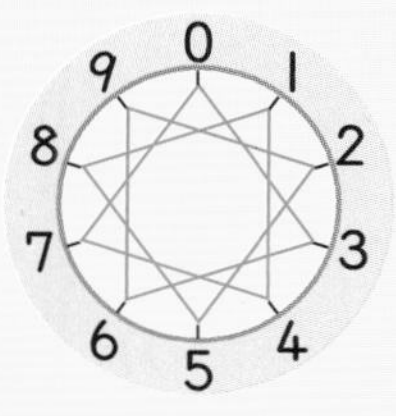

5단

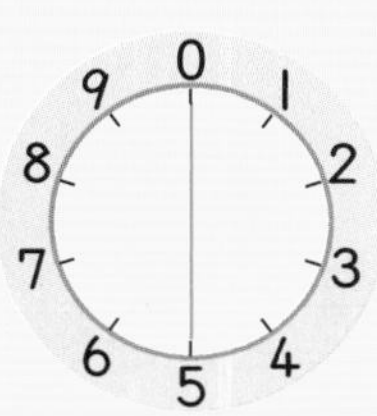

4단 6단

9단

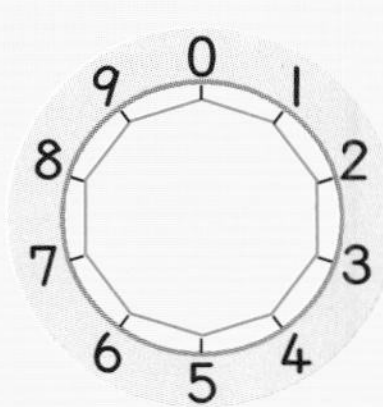

➡ 2단, 4단, ☐단, ☐단 곱셈구구의 일의 자리 숫자는 모두 짝수입니다.

➡ 9단 곱셈구구는 곱의 일의 자리 숫자가 모두 다르고 ☐씩 줄어듭니다.

7 1과 어떤 수의 곱은 항상 어떤 수이고, 0과 어떤 수의 곱은 항상 0이야.

● 1단 곱셈구구

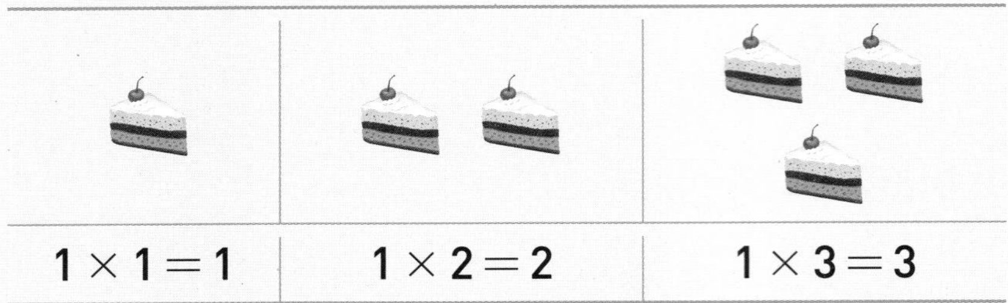

1 × 1 = 1	1 × 2 = 2	1 × 3 = 3

1×(어떤 수)=(어떤 수)

(어떤 수)×1=(어떤 수)

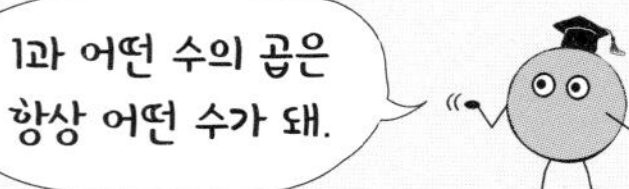

×	1	2	3	4	5	6	7	8	9
1	1	2	3	4	5	6	7	8	9

+1 +1 +1 +1 +1 +1 +1 +1

● 0과 어떤 수의 곱

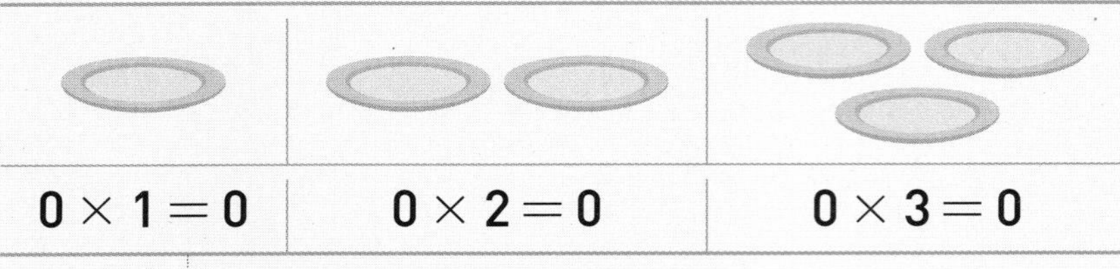

0 × 1 = 0	0 × 2 = 0	0 × 3 = 0

접시에 담긴 것이 하나도 없습니다.

0×(어떤 수)=0

(어떤 수)×0=0

1 그림을 보고 □ 안에 알맞은 수를 써넣으세요.

(1) 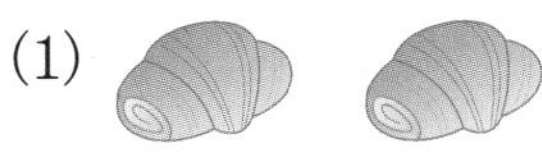

1 × 2 = □

(2) 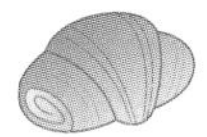  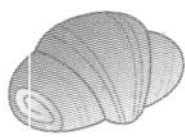

1 × 4 = □

2 꽃병에 꽂혀 있는 꽃의 수를 구해 보세요.

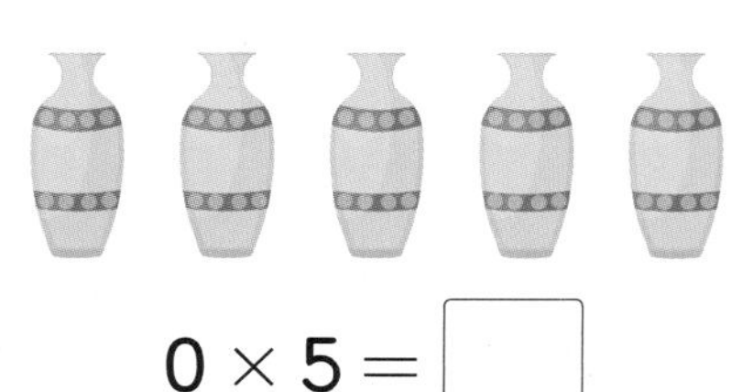

0 × 5 = □

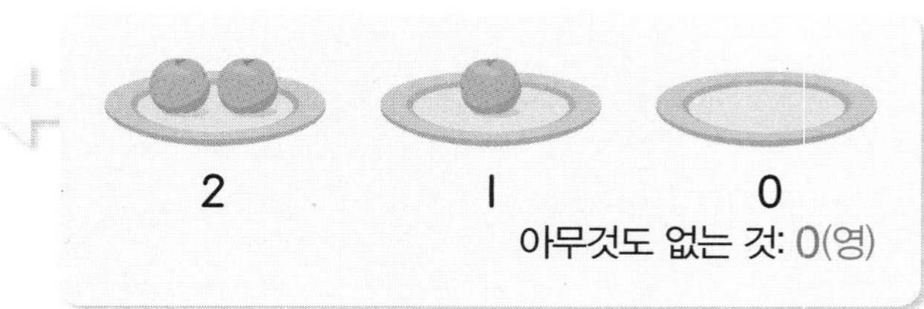

아무것도 없는 것: 0(영)

3 상자의 수를 구하려고 합니다. □ 안에 알맞은 수를 써넣으세요.

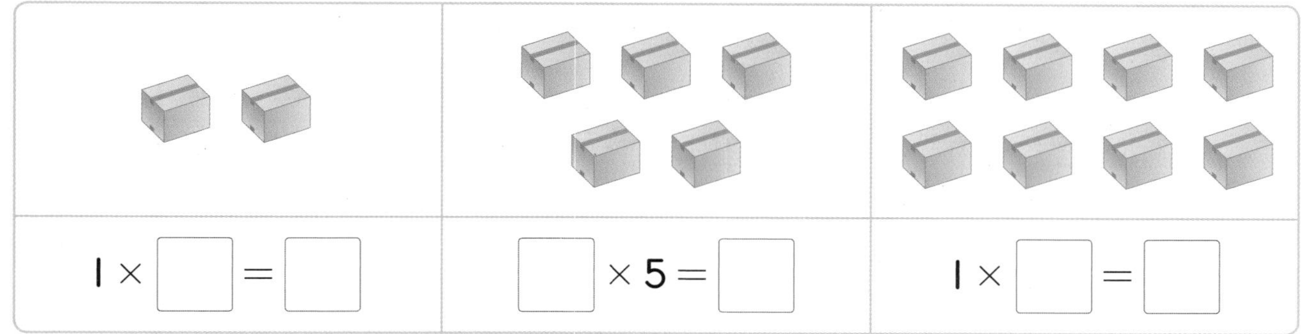

1씩 ●묶음이면 ●
➡ 1 × ● = ●

4 어항에 있는 금붕어는 몇 마리인지 알맞은 곱셈식을 찾아 이어 보세요.

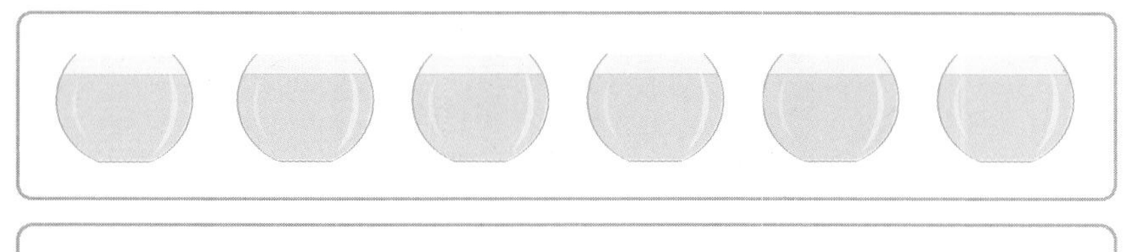

• $1\times6=6$

• $0\times6=0$

5 원판을 돌려 멈췄을 때 가 가리키는 수만큼 점수를 얻는 놀이를 했습니다. 재윤이가 원판을 4번 돌려서 얻은 점수를 알아보세요.

(1) □ 안에 알맞은 수를 써넣으세요.

원판에 적힌 수	0	1	2
멈춘 횟수(번)	1	3	0
점수(점)	0 × □ = □	1 × □ = □	2 × □ = □

(2) 재윤이가 얻은 점수는 모두 몇 점일까요?

( )

8 곱셈표를 보고 ■단 곱셈구구에서는 곱이 ■씩 커짐을 알 수 있어.

×	0	1	2	3	4	5	6	7	8	9
0	0	0	0	0	0	0	0	0	0	0
1	0	1	2	3	4	5	6	7	8	9
2	0	2	4	6	8	10	12	14	16	18
3	0	3	6	9	12	15	18	21	24	27
4	0	4	8	12	16	20	24	28	32	36
5	0	5	10	15	20	25	30	35	40	45
6	0	6	12	18	24	30	36	42	48	54
7	0	7	14	21	28	35	42	49	56	63
8	0	8	16	24	32	40	48	56	64	72
9	0	9	18	27	36	45	54	63	72	81

곱하는 수

곱해지는 수

• 2단 곱셈구구는 곱이 2씩 커집니다.

• 곱하는 두 수의 순서를 바꾸어도 곱은 같습니다. ➡ $4 \times 7 = 7 \times 4 = 28$

• 곱셈표를 점선을 따라 접었을 때 만나는 수는 같습니다.

세로줄과 가로줄의 수가 만나는 칸에 두 수의 곱을 써넣어.

1 곱셈표를 보고 물음에 답하세요.

×	2	3	4	5	6	7
2	4	6	8	10	12	14
3	6	9	12	15		21
4	8	12		20	24	28
5	10	15	20		30	
6	12	18	24	30	36	42
7		21	28	35		49

(1) 빈칸에 알맞은 수를 써넣어 곱셈표를 완성해 보세요.

(2) □ 안에 알맞은 수를 써넣으세요.

3단 곱셈구구는 곱이 □씩 커지고,
5단 곱셈구구는 곱이 □씩 커집니다.

(3) 알맞은 말에 ○표 하세요.

4×5와 5×4의 곱은 (같습니다 , 다릅니다).

정답과 풀이 11쪽

9 여러 가지 곱셈구구를 이용하여 개수를 구할 수 있어.

• **마카롱의 수 구하기**

2단 곱셈구구 이용하기

➡ $2 \times 6 = 12$(개)

2개씩 6묶음

3단 곱셈구구 이용하기

➡ $3 \times 4 = 12$(개)

3개씩 4묶음

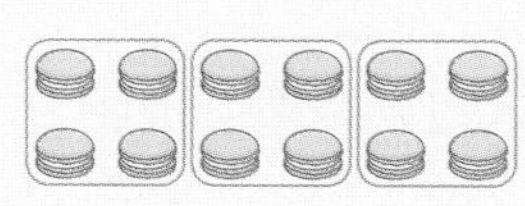

4단 곱셈구구 이용하기

➡ $4 \times 3 = 12$(개)

4개씩 3묶음

6단 곱셈구구 이용하기

➡ $6 \times 2 = 12$(개)

6개씩 2묶음

1 사탕이 한 봉지에 7개씩 들어 있습니다. 3봉지에 들어 있는 사탕은 모두 몇 개일까요?

7씩 3묶음은 3씩 7묶음으로 바꾸어 생각할 수 있어.

(한 봉지에 있는 사탕의 수) × (봉지의 수)

□ × □ = □(개)

2 연결 모형의 수를 연결 모형을 나누고 곱셈구구를 이용하여 알아보세요.

(1)

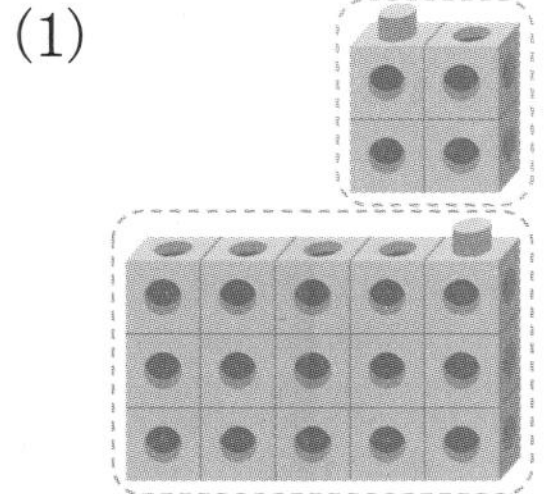

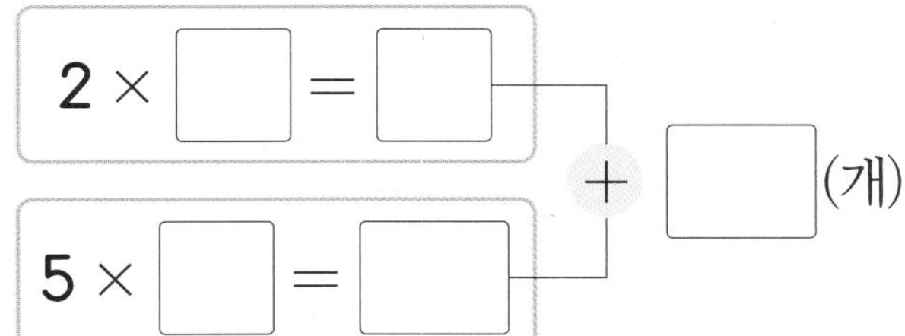

(2)

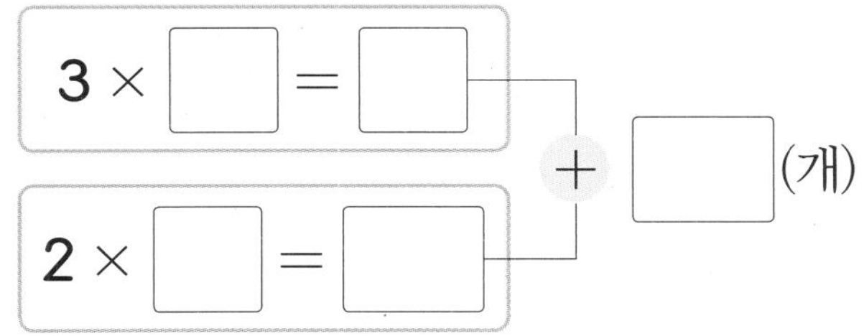

7 1단 곱셈구구와 0의 곱 알아보기

1 상자에 들어 있는 인형의 수를 나타내는 곱셈식을 써 보세요.

> ▶ 0 × (어떤 수) = 0
> 1 × (어떤 수) = (어떤 수)

(1) 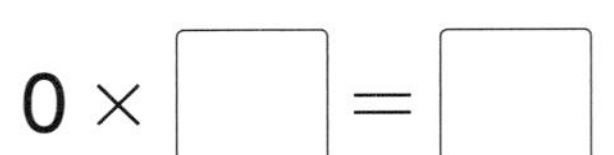

0 × □ = □

(2) 1 × □ = □

2 □ 안에 알맞은 수를 써넣으세요.

> ▶ 두 수를 바꾸어 곱해 봐.

(1) 1 × 4 = □ × 1 = □

(2) 1 × 8 = □ × 1 = □

3 곱의 값을 찾아 이어 보세요.

> ▶ 하나의 수에 2개의 곱셈식을 이을 수도 있어.

1×4	6×0	7×1	0×9

7	0	4

탄탄북

4 ○ 안에 +, −, × 중에서 알맞은 기호를 써넣으세요.

(1) 5 ○ 1 = 5 (2) 5 ○ 5 = 0 (3) 5 ○ 0 = 0

5 공을 꺼내어 공에 적힌 수만큼 점수를 얻는 놀이를 하였습니다. 표를 완성하고 총점이 몇 점인지 구해 보세요.

▶ 총점은 두 점수를 합한 값이야.

공	꺼낸 횟수(번)	곱셈식	점수(점)
0	5	$0 \times 5 = \square$	$\square$
1	3	$1 \times 3 = \square$	$\square$

(　　　　　　　　)

☺ 내가 만드는 문제

6 보기 와 같이 ＝의 양쪽이 같게 되도록 □ 안에 알맞은 수를 자유롭게 써넣으세요.

▶ ＝는 '양쪽의 값이 같다'는 뜻이야.

보기
$0 \times 1 = 2 \times 0$,　$1 \times 8 = 1 + 7$

(1) $0 \times \square = \square \times 0$　(2) $1 \times \square = 1 + \square$

1×1, 1+0, 0×1 중에서 계산 결과가 다른 식은?

$1 \times 1 = \square$

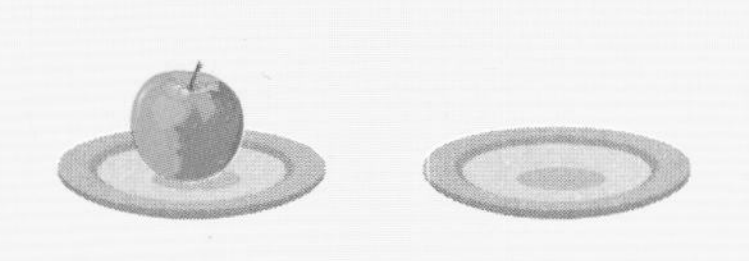

$1 + 0 = \square$

$0 \times 1 = \square$

1×(어떤 수)=(어떤 수), 0×(어떤 수)=0이야.

➡ 계산 결과가 다른 식은 (1×1 , 1＋0 , 0×1)입니다.

[7~10] 곱셈표를 보고 물음에 답하세요.

×	0	1	2	3	4	5	6	7	8	9
0	0	0	0	0	0	0	0	0	0	0
1	0	1	2	3	4	5	6	7		9
2	0	2	4	6	8	10	12	14	16	18
3	0	3	6	9	12	15	18	21		27
4	0	4	8	12	16	20		28	32	36
5	0	5	10	15	20	25	30		40	45
6	0	6		18	24	30	36	42	48	
7	0	7	14	21	28			49	56	63
8	0	8		24	32	40	48		64	
9	0	9	18	27		45	54	63		

7 빈칸에 알맞은 수를 써넣어 곱셈표를 완성해 보세요.

8 곱의 일의 자리 숫자가 0, 5로 반복되는 단은 몇 단 곱셈구구일까요?

( )

9 곱셈표에서 4 × 9와 곱이 같은 곱셈구구를 모두 찾아 써 보세요.

( )

▶ 먼저 4 × 9의 값을 알아봐.

10 곱셈표에서 세 친구가 말하는 수를 모두 찾아 써 보세요.

하준: 3단 곱셈구구에 있어.
종석: 7 × 2보다 커.
윤아: 6단 곱셈구구에도 있어.

( )

▶ 먼저 하준이가 말하는 수 중에서 종석이가 말하는 수를 찾아봐.

11 곱셈표에서 ♥와 곱이 같은 곱셈구구를 찾아 ○표 하세요.

×	2	3	4	5
2				
3				
4				
5		♥		

▶ 점선을 따라 접어 봐.

내가 만드는 문제

12 곱셈표를 만들어 보세요.

×	3	4	5	6	7	8

▶ 색칠된 칸에 0부터 9까지의 수를 골라 써넣어 곱셈표를 완성해 봐.

곱셈표에서 찾을 수 있는 규칙은?

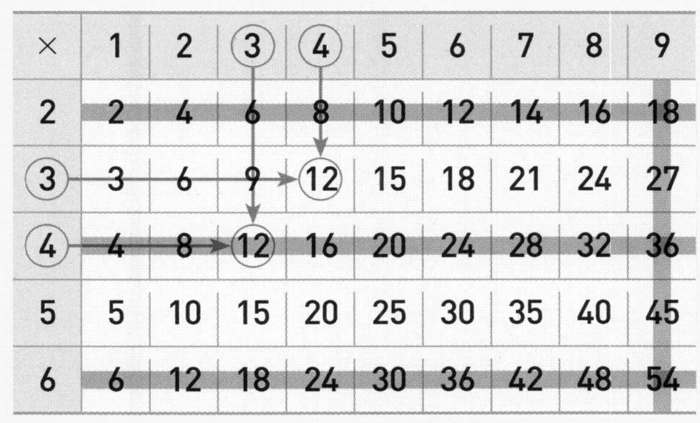

×	1	2	③	④	5	6	7	8	9
2	2	4	6	8	10	12	14	16	18
③	3	6	9	⑫	15	18	21	24	27
④	4	8	⑫	16	20	24	28	32	36
5	5	10	15	20	25	30	35	40	45
6	6	12	18	24	30	36	42	48	54

- 곱셈에서 곱하는 두 수의 순서를 서로 바꾸어도 곱은 같습니다.
  ➡ 3 × ☐ = 4 × ☐ = 12
- ▬으로 색칠한 수는 모두 (짝수 , 홀수)입니다.
  ➡ 짝수단 곱셈구구의 곱은 모두 (짝수 , 홀수) 입니다.
- ▬으로 색칠한 수의 일의 자리 숫자는 1씩 작아지고 (9단 곱셈구구의 곱) 십의 자리 숫자는 ☐씩 커집니다.

2

13 개미 한 마리의 다리는 6개입니다. 개미 5마리의 다리는 모두 몇 개일까요?

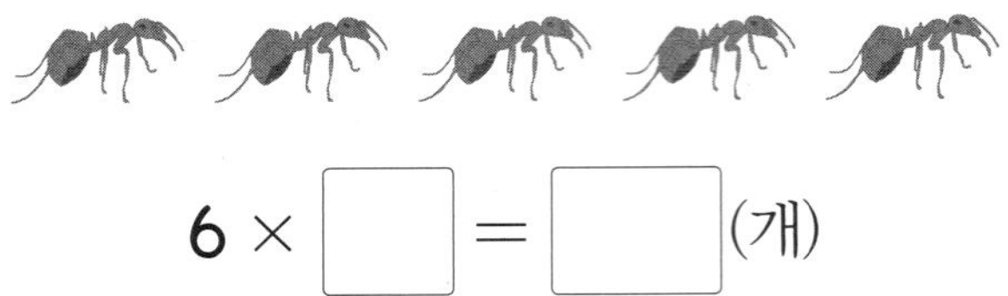

$6 \times \square = \square$(개)

14 머리핀 한 개의 길이는 9 cm입니다. 머리핀 3개의 길이는 얼마일까요?

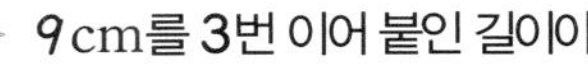
▸ 9 cm를 3번 이어 붙인 길이야.

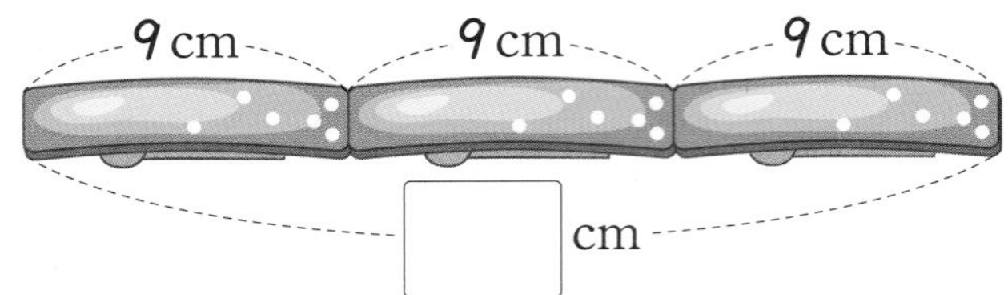

15 그림과 같이 수수깡으로 삼각형 모양을 만들었습니다. 삼각형 모양 4개를 만들려면 수수깡은 모두 몇 개 필요할까요?

▸ 삼각형 모양을 한 개 만드는 데 필요한 수수깡은 3개야.

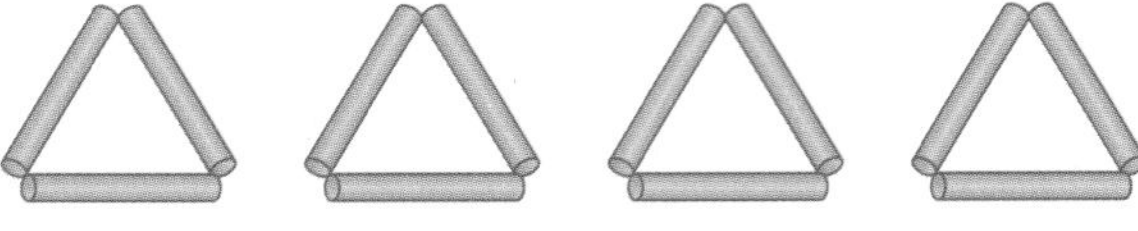

곱셈식 ______________ 답 ______________

16 한 칸에 8권씩 꽂을 수 있는 책꽂이가 있습니다. 책꽂이 6칸에 꽂을 수 있는 책은 모두 몇 권일까요?

곱셈식 ______________ 답 ______________

17 농장에 닭이 5마리, 돼지가 6마리 있습니다. 농장에 있는 닭과 돼지의 다리는 모두 몇 개일까요?

▸ 닭 한 마리의 다리는 2개이고 돼지 한 마리의 다리는 4개야.

(　　　　　　　　)

18 곱셈구구를 이용하여 밤의 수를 구해 보세요.

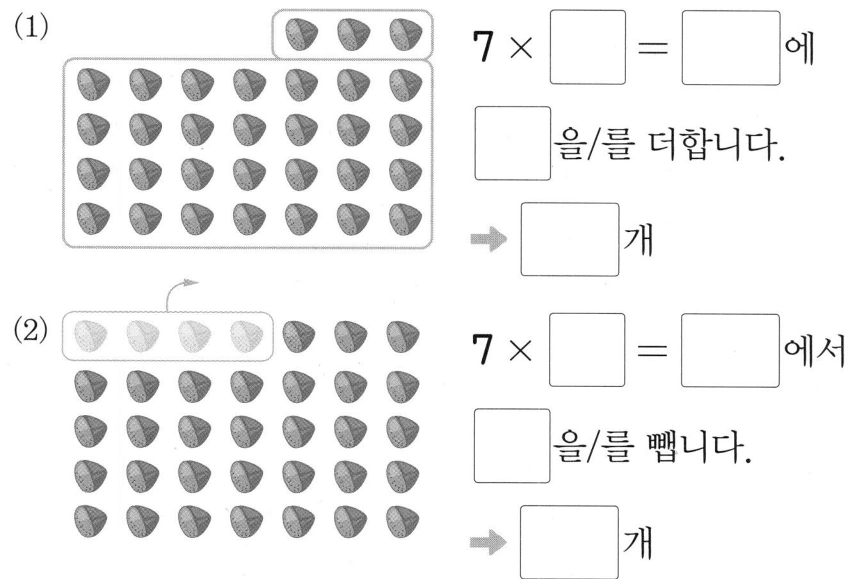

(1) 7 × □ = □에

□을/를 더합니다.

➡ □개

(2) 7 × □ = □에서

□을/를 뺍니다.

➡ □개

▶ 비어 있는 부분에 밤이 있다고 생각해.

내가 만드는 문제

19 제과점에서 컵케이크는 한 상자에 4개씩, 쿠키는 한 상자에 8개씩 담아서 팔고 있습니다. 1부터 9까지의 수 중에서 사고 싶은 컵케이크와 쿠키의 상자 수를 정하여 곱셈식으로 나타내 구해 보세요.

▶ 사고 싶은 상자의 수를 10상자가 넘지 않도록 각각 정해 봐.

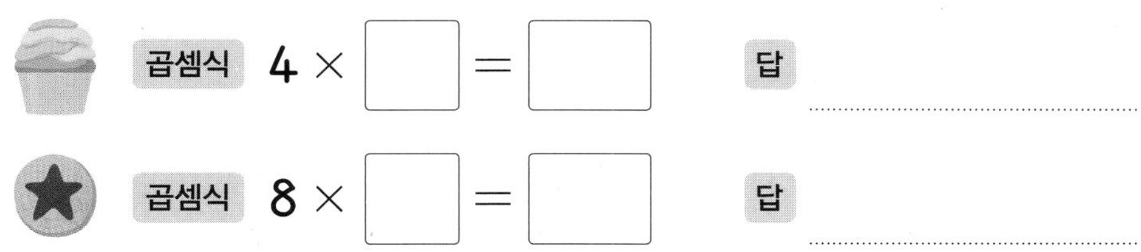

곱셈식 4 × □ = □ 답 ____________

곱셈식 8 × □ = □ 답 ____________

2

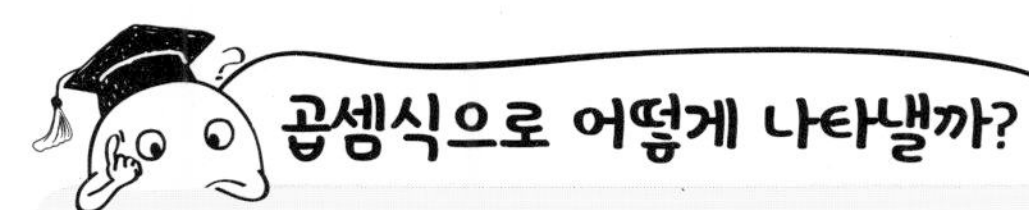

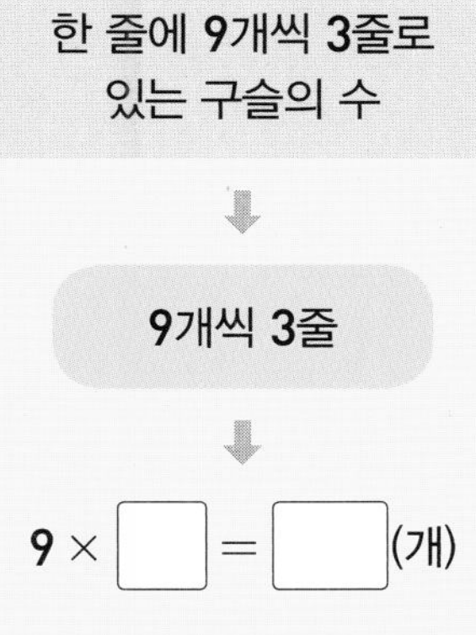

한 줄에 9개씩 3줄로 있는 구슬의 수
9개씩 3줄
9 × □ = □(개)

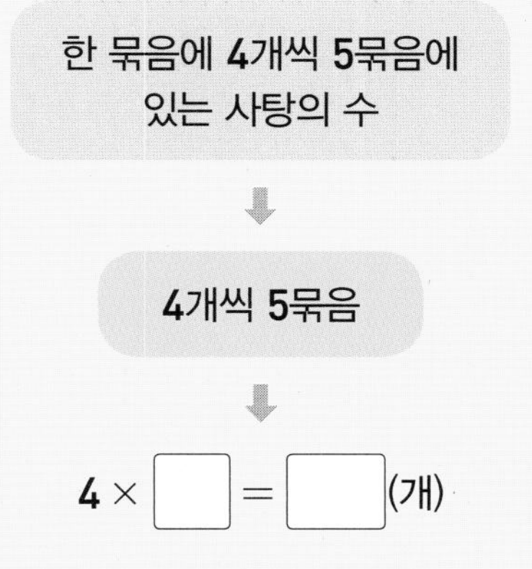

한 묶음에 4개씩 5묶음에 있는 사탕의 수
4개씩 5묶음
4 × □ = □(개)

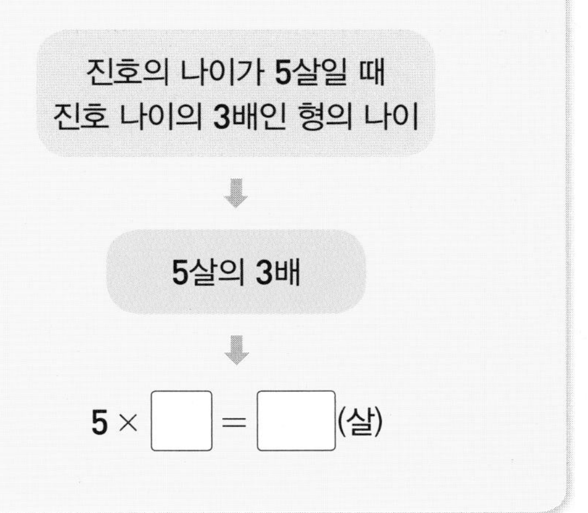

진호의 나이가 5살일 때 진호 나이의 3배인 형의 나이
5살의 3배
5 × □ = □(살)

발전 문제

1 곱이 같은 식 구하기

□ 안에 알맞은 수를 써넣으세요.

$6 \times 3 = 9 \times \square$

그림으로 나타내 알아봐.

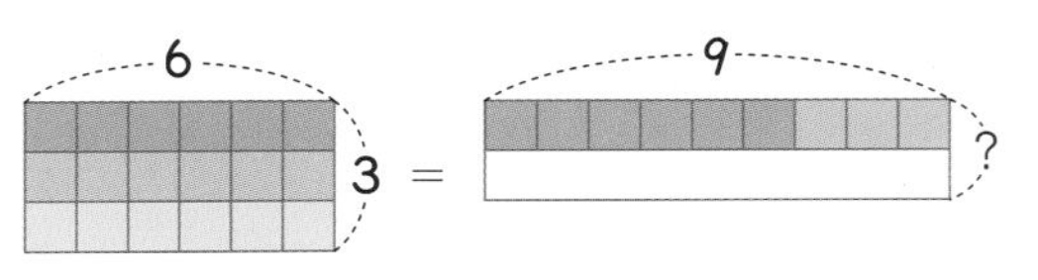

1+ □ 안에 알맞은 수를 써넣으세요.

$4 \times \square = 8 \times 2$

2 □ 안에 알맞은 수 구하기

1부터 9까지의 수 중에서 □ 안에 들어갈 수 있는 가장 큰 수를 구해 보세요.

$9 \times 4 > 7 \times \square$

(　　　　　　　　)

7단 곱셈구구에서 9×4의 값보다 작은 곱을 찾아봐.

×	1	2	3	4	5	6
7	7	14	21	28	35	42

2+ 1부터 9까지의 수 중에서 □ 안에 들어갈 수 있는 가장 큰 수를 구해 보세요.

$6 \times \square < 5 \times 8$

(　　　　　　　　)

3 색 테이프 한 장의 길이 구하기

길이가 같은 색 테이프 4장을 겹치는 부분 없이 이어 붙였더니 24 cm가 되었습니다. 색 테이프 한 장의 길이는 몇 cm일까요?

( )

그림을 그린 후 곱셈식을 세워 구해 봐.

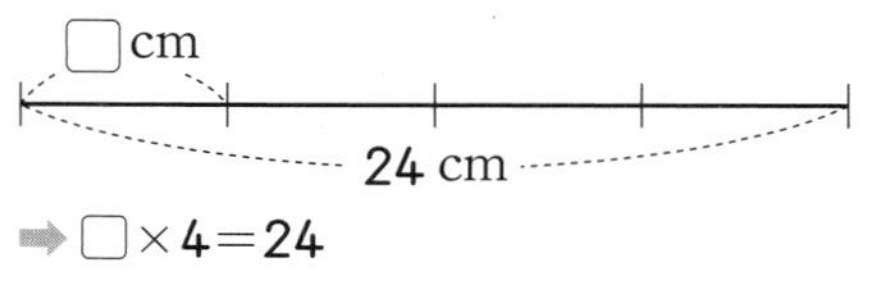

4 ●을 옮겨 곱셈식으로 나타내기

●을 옮겨 ●의 수를 곱셈식으로 나타내 보세요.

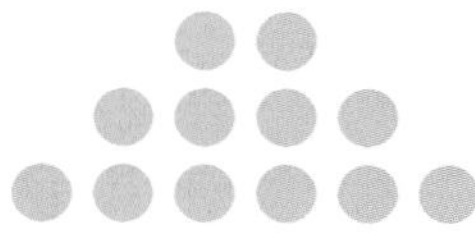

곱셈식 ....

●을 옮겨 사각형 모양으로 나타내 봐.

2

3+ 길이가 같은 색 테이프 6장을 겹치는 부분 없이 이어 붙였더니 42 cm가 되었습니다. 색 테이프 한 장의 길이는 몇 cm일까요?

( )

4+ ●을 옮겨 ●의 수를 곱셈식으로 나타내 보세요.

곱셈식 ....

5 어떤 수인지 구하기

어떤 수인지 구해 보세요.

- 7단 곱셈구구의 수입니다.
- 3단 곱셈구구에도 있습니다.
- 5 × 4보다 큽니다.

( )

곱셈표를 이용해.

×	1	2	3	4	5	6
2	2	4	6	8	10	12
3	3	6	9	12	15	18

➡ 2단과 3단 곱셈구구에 모두 나오는 수는 6, 12, ...입니다.

6 점수의 합 구하기

주사위를 굴려서 나온 눈의 수만큼 점수를 얻습니다. ⚄의 눈이 3번, ⚅의 눈이 2번 나왔다면 얻은 점수는 모두 몇 점일까요?

( )

각 점수를 구한 후 모두 더해 봐.

주사위의 눈	⚄ 눈의 수: 5	⚅ 눈의 수: 6
나온 횟수(번)	3	2

5+ 어떤 수인지 구해 보세요.

- 5단 곱셈구구의 수입니다.
- 6 × 5보다 작습니다.
- 4단 곱셈구구에도 있습니다.

( )

6+ 민주는 화살 6개를 쏘았습니다. 민주가 얻은 점수를 구해 보세요.

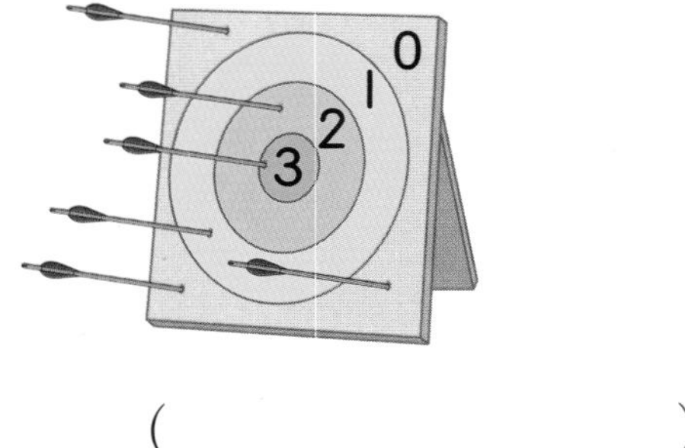

( )

단원 평가

|점수 |확인

1 그림을 보고 □ 안에 알맞은 수를 써넣으세요.

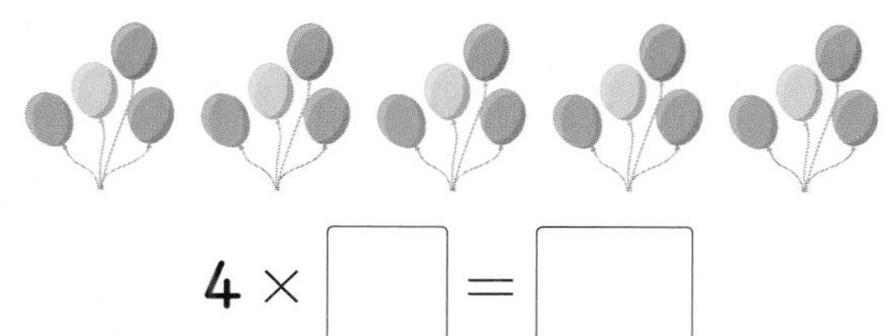

4 × □ = □

2 □ 안에 알맞은 수를 써넣으세요.

(1) 2 × 5 = □

(2) 6 × 4 = □

(3) 9 × 8 = □

3 5단 곱셈구구에 나오는 값이 아닌 것은 어느 것일까요? (　　　)

① 15　② 10　③ 24
④ 45　⑤ 30

4 수직선을 보고 알맞은 곱셈식을 써 보세요.

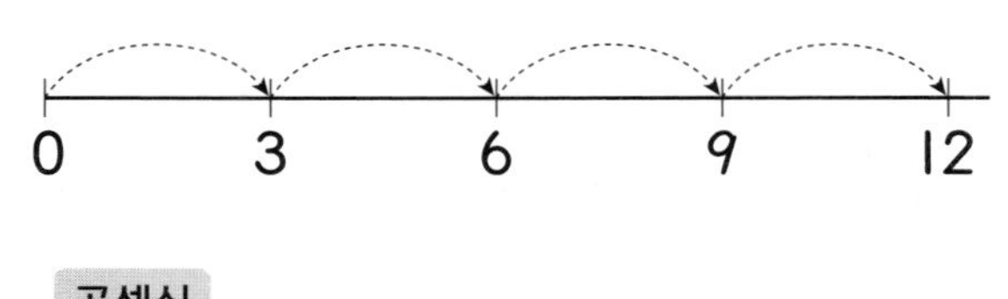

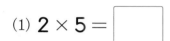

곱셈식 ....

[5~7] 곱셈표를 보고 물음에 답하세요.

×	2	3	4	5	6
2	4	6	8		12
3	6	9	12	15	
4	8	12		20	24
5	10		20	25	30
6		18	24	30	36

5 빈칸에 알맞은 수를 써넣어 곱셈표를 완성해 보세요.

6 곱셈표에서 5 × 4와 곱이 같은 곱셈구구를 찾아 써 보세요.

(　　　　　　　　　)

7 ▬ 으로 둘러싸인 곳에 있는 수의 규칙을 써 보세요.

규칙 ....

8 ○ 안에 +, −, × 중에서 알맞은 기호를 써넣으세요.

(1) 8 ○ 1 = 8

(2) 0 ○ 8 = 0

2

9 7단 곱셈구구의 값을 모두 찾아 색칠하여 완성되는 숫자를 써 보세요.

24	7	21	63	5
18	42	48	14	3
16	35	12	49	50
40	45	64	28	78
32	10	44	56	36

( )

10 참외의 수를 알아보려고 합니다. □ 안에 알맞은 수를 써넣으세요.

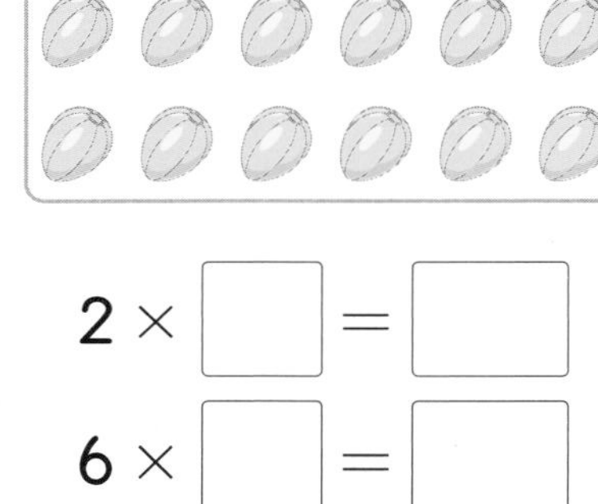

2 × □ = □

6 × □ = □

11 4 × 4는 4 × 2보다 얼마나 더 큰지 ○를 그려서 나타내고, □ 안에 알맞은 수를 써넣으세요.

4 × 4는 4 × 2보다 □ 만큼 더 큽니다.

12 □ 안에 알맞은 수를 써넣으세요.

6 × 4 = □

6 × 5 = □ (+)

6 × 9 = □

13 블록 한 개의 길이는 7 cm입니다. 블록 5개의 길이는 얼마일까요?

7 cm

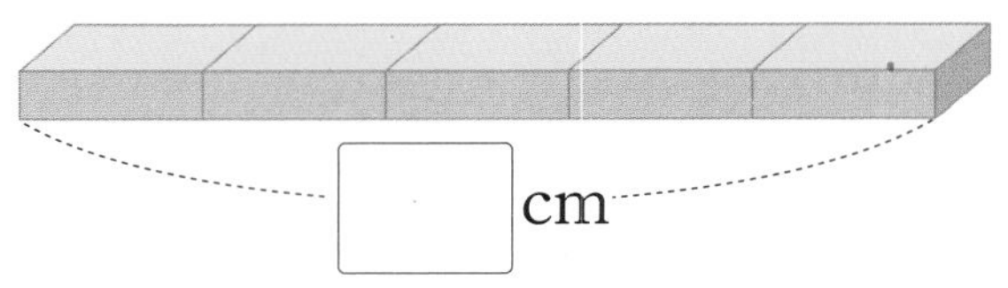

□ cm

14 9 × 8을 계산하는 방법으로 알맞은 것을 모두 찾아 기호를 써 보세요.

㉠ 9 × 7에 9를 더합니다.
㉡ 9 × 4를 두 번 더합니다.
㉢ 9 × 2에 9 × 5를 더합니다.

( )

15 승호의 나이는 8살입니다. 승호 아버지의 나이는 승호 나이의 6배입니다. 승호 아버지의 나이는 몇 살일까요?

( )

16 동하가 고리 던지기 놀이를 했습니다. 고리를 걸면 1점, 걸지 못하면 0점입니다. 동하가 받은 점수는 모두 몇 점일까요?

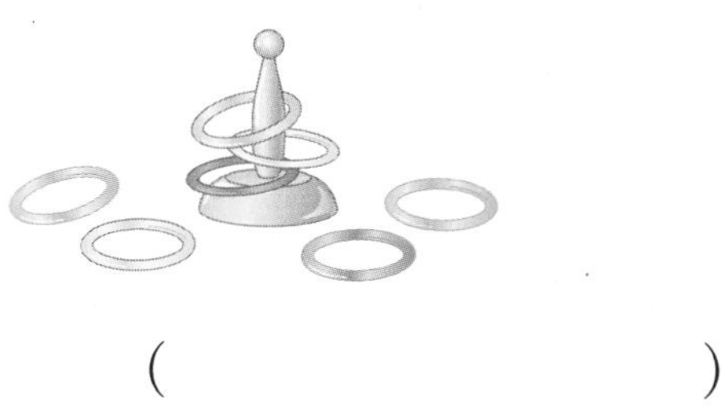

( )

17 수 카드를 한 번씩만 사용하여 곱셈식을 만들어 보세요.

2 4 7

6 × □ = □□

18 혜선이는 종이학을 7개 접었고 영호는 혜선이의 3배보다 4개 더 많이 접었습니다. 영호가 접은 종이학은 몇 개일까요?

( )

정답과 풀이 13쪽 술술 서술형

19 설명하는 수는 어떤 수인지 풀이 과정을 쓰고 답을 구해 보세요.

- 3단 곱셈구구의 수입니다.
- 짝수입니다.
- 십의 자리 숫자는 20을 나타냅니다.

풀이

답

20 □ 안에 알맞은 수는 얼마인지 풀이 과정을 쓰고 답을 구해 보세요.

□ × 4 = 6 × 6

풀이

답

3 길이 재기

큰 단위를 쓰면 수가 간단해져!

집에서 놀이터까지의 거리를 m를 사용하여 다른 방법으로 나타낼 수 있어.

10000 cm = 100 m

● 1 m 약속하기

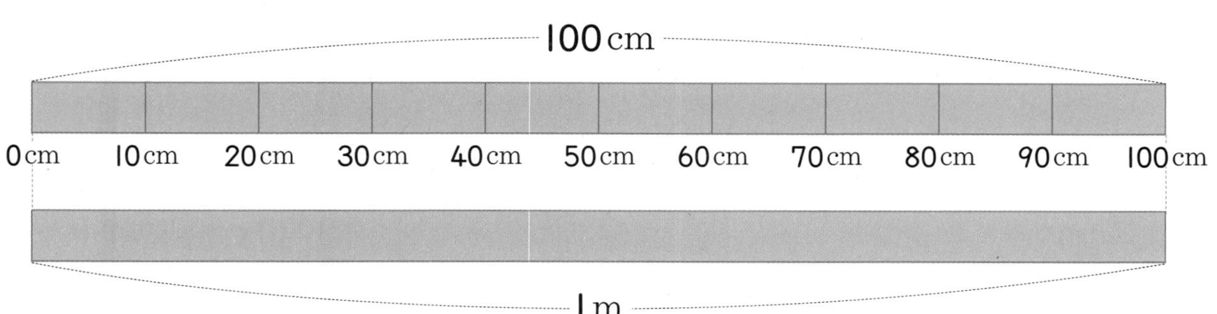

100 cm = 1 m

→ 1 미터

1 cm로 재기 힘든 긴 길이는 m를 사용해서 나타내.

• 1m 알아보기

100cm는 1m와 같습니다. 1m는 1미터라고 읽습니다.

	m	cm		쓰기	읽기
	일	십	일		
100cm	1	0	0	1m	1미터

• 1m보다 긴 길이 알아보기

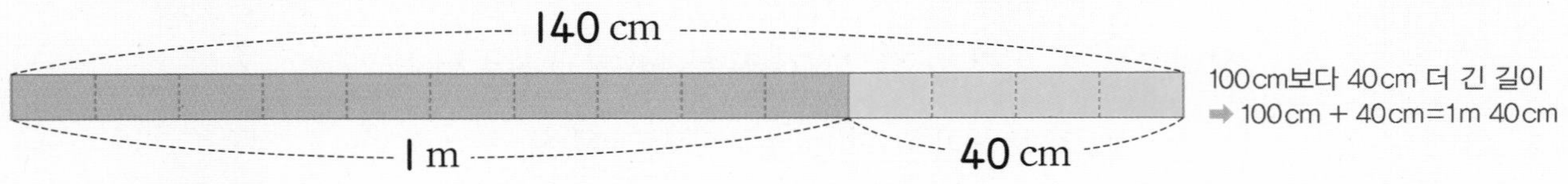

	m	cm		쓰기	읽기
	일	십	일		
140cm	1	4	0	1m 40cm	1미터 40센티미터

• 140cm는 1m보다 40cm 더 깁니다.

1 길이를 바르게 읽어 보세요.

(1) 3m ➡ ....

(2) 8m 7cm ➡ ....

• 1cm 1칸 ➡ 1cm
• 1cm 10칸 ➡ 10cm
• 1cm 100칸 ➡ 100cm = 1m

2 빈칸에 알맞은 수를 써넣으세요.

(1)

	m	cm	
	일	십	일
260cm	2		

(2)

	m	cm	
	일	십	일
645cm			

(3)

	m	cm	
	일	십	일
187cm			

(4)

	m	cm	
	일	십	일
905cm			

정답과 풀이 15쪽

2 자를 사용하여 여러 가지 물건의 길이를 잴 수 있어.

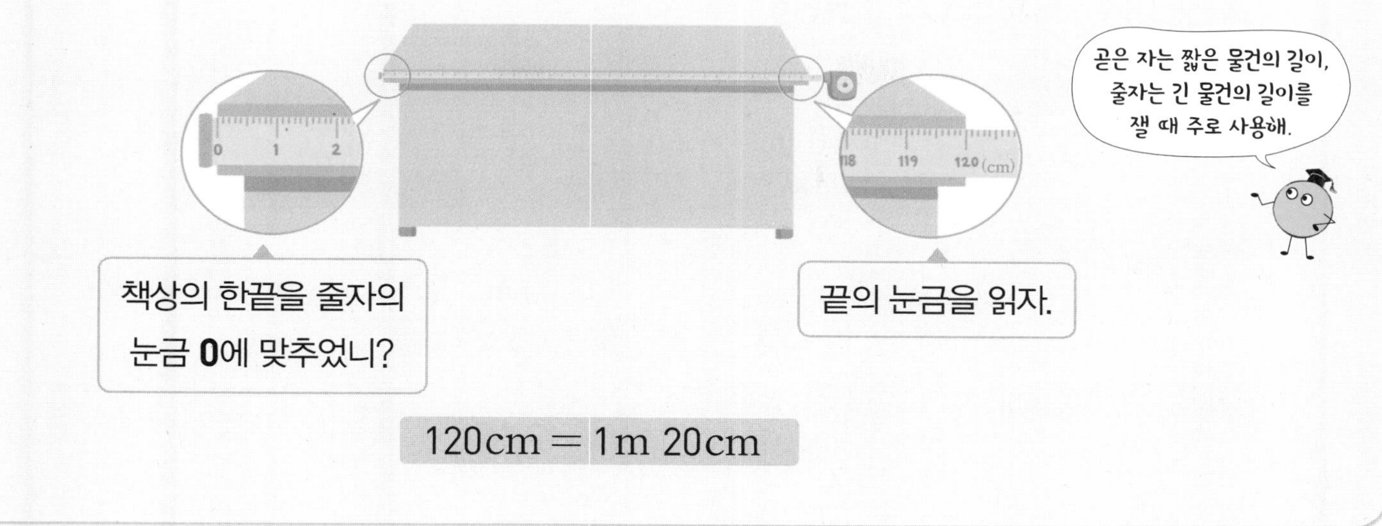

0
1
2
118
119
120(cm)
곧은 자는 짧은 물건의 길이,
줄자는 긴 물건의 길이를
잴 때 주로 사용해.
책상의 한끝을 줄자의
눈금 0에 맞추었니?
끝의 눈금을 읽자.

120cm = 1m 20cm

1 자의 눈금을 읽어 보세요.

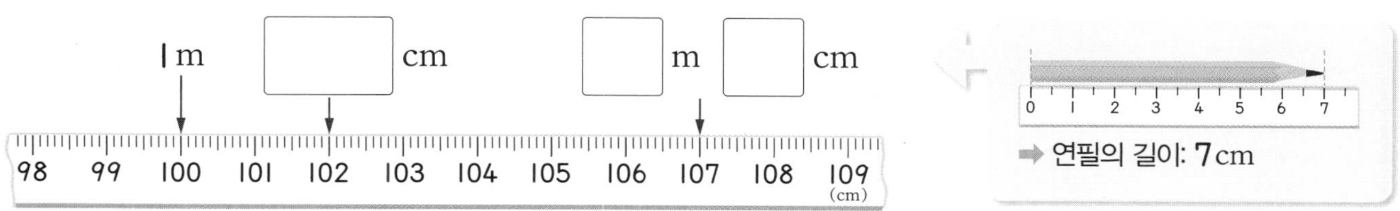

0 1 2 3 4 5 6 7

➡ 연필의 길이: 7cm

2 막대의 길이를 두 가지 방법으로 나타내 보세요.

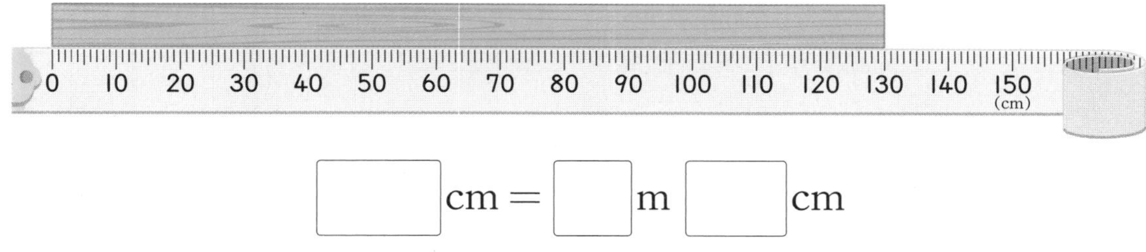

□cm = □m □cm

3 줄자로 나무의 둘레를 잰 것입니다. 나무의 둘레는 몇 m 몇 cm일까요?

□m □cm

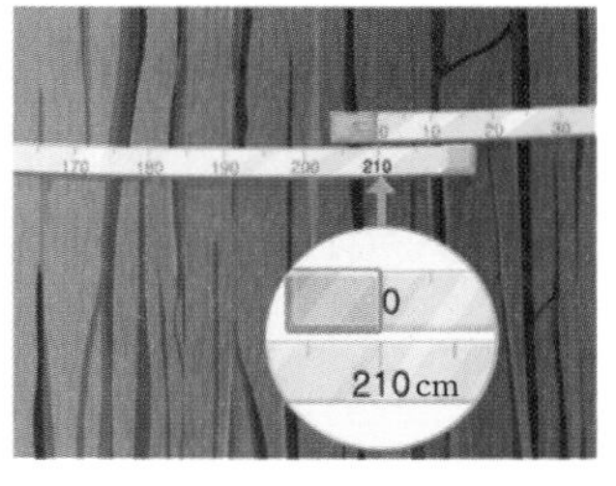

나무의 둘레는 나무 겉을 한 바퀴 돈 길이야. 줄자는 접히거나 휘어지므로 굽은 길이도 잴 수 있어.

3 길이의 합은 자연수의 덧셈과 같은 방법으로 자리를 맞추어 더해.

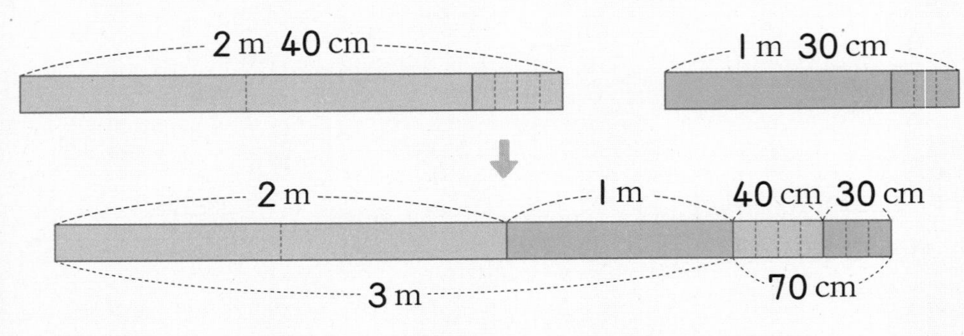

	m	cm	
	일	십	일
	2	4	0
+	1	3	0
		7	0

➡

	m	cm	
	일	십	일
	2	4	0
+	1	3	0
	3	7	0

2m 40cm + 1m 30cm
= 3m 70cm

1 그림을 보고 □ 안에 알맞은 수를 써넣으세요.

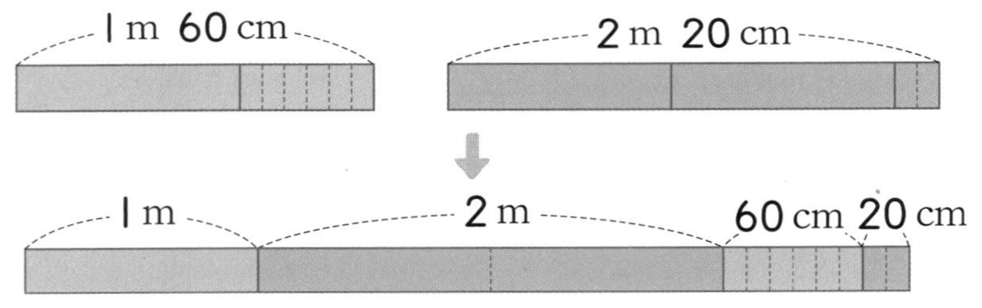

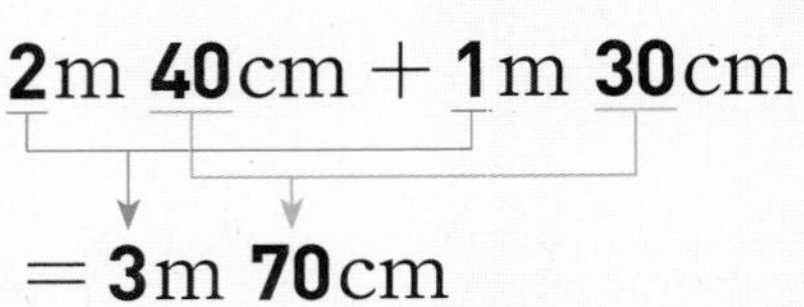

	m	cm	
	일	십	일
	1	6	0
+	2	2	0
		□	□

➡

	m	cm	
	일	십	일
	1	6	0
+	2	2	0
	□	□	□

1m 60cm + 2m 20cm = □m □cm

2 □ 안에 알맞은 수를 써넣으세요.

(1)

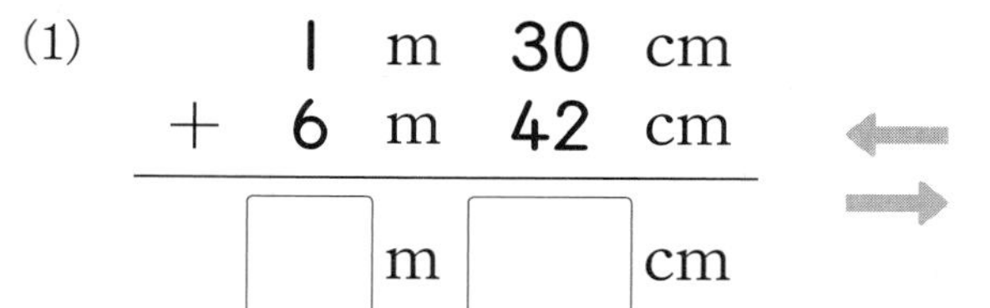

$$\begin{array}{r} 1\text{ m } 30\text{ cm} \\ +\ 6\text{ m } 42\text{ cm} \\ \hline \square\text{ m } \square\text{ cm} \end{array} \quad \rightleftarrows \quad \begin{array}{r} 130\text{ cm} \\ +\ 642\text{ cm} \\ \hline \square\text{ cm} \end{array}$$

	m	cm
	1	30
+	2	30
	3	60

단위를 생각하지 않고 숫자만 보면 자연수의 덧셈과 같아.

(2)

$$\begin{array}{r} 3\text{ m } 24\text{ cm} \\ +\ 2\text{ m } 60\text{ cm} \\ \hline \square\text{ m } \square\text{ cm} \end{array}$$

(3)

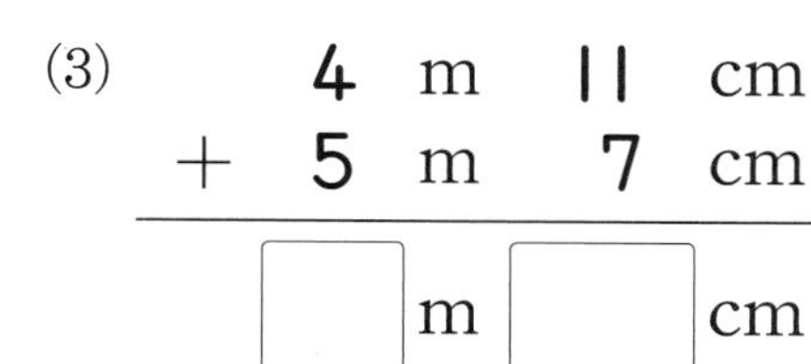

$$\begin{array}{r} 4\text{ m } 11\text{ cm} \\ +\ 5\text{ m } 7\text{ cm} \\ \hline \square\text{ m } \square\text{ cm} \end{array}$$

3 □ 안에 알맞은 수를 써넣으세요.

(1) 5 m 27 cm + 1 m 51 cm = □ m □ cm

(2) 3 m 15 cm + 3 m 36 cm = □ m □ cm

4 두 막대의 길이의 합을 구해 보세요.

(1)

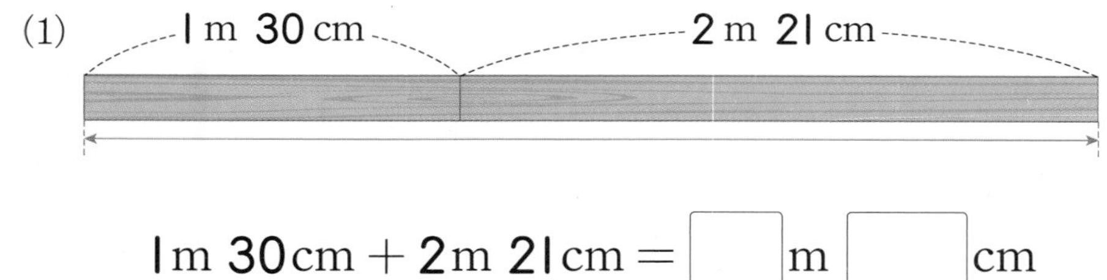

1 m 30 cm + 2 m 21 cm = □ m □ cm

두 길이의 합은 두 길이를 이었을 때 전체 길이야.

(2) 2 m 38 cm / 1 m 35 cm

2 m 38 cm + 1 m 35 cm = □ m □ cm

4 길이의 차는 자연수의 뺄셈과 같은 방법으로 자리를 맞추어 빼.

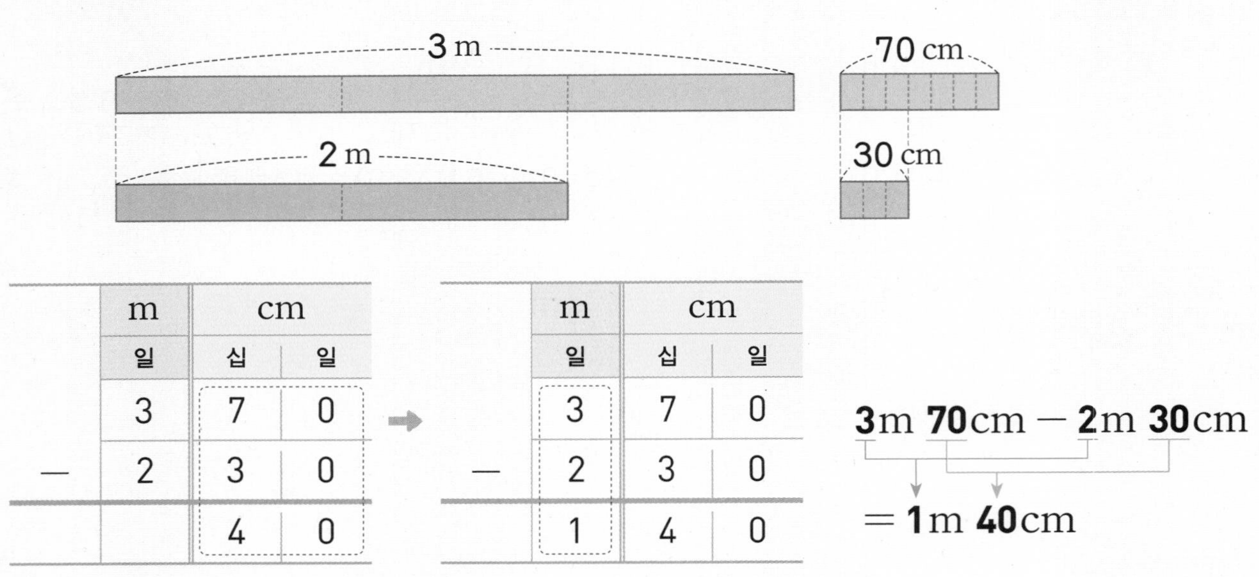

	m	cm	
	일	십	일
	3	7	0
−	2	3	0
		4	0

➡

	m	cm	
	일	십	일
	3	7	0
−	2	3	0
	1	4	0

3m 70cm − 2m 30cm
= 1m 40cm

1 그림을 보고 □ 안에 알맞은 수를 써넣으세요.

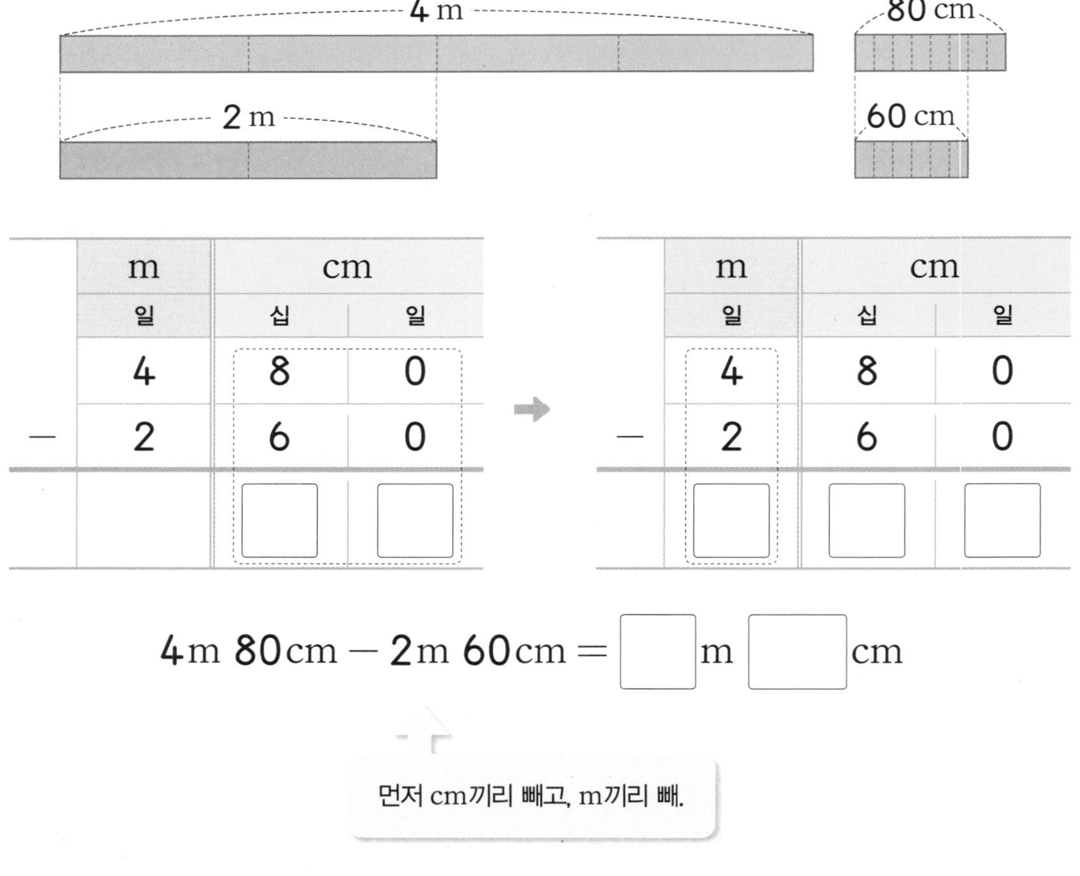

	m	cm	
	일	십	일
	4	8	0
−	2	6	0
		□	□

➡

	m	cm	
	일	십	일
	4	8	0
−	2	6	0
	□	□	□

4m 80cm − 2m 60cm = □m □cm

먼저 cm끼리 빼고, m끼리 빼.

2 □ 안에 알맞은 수를 써넣으세요.

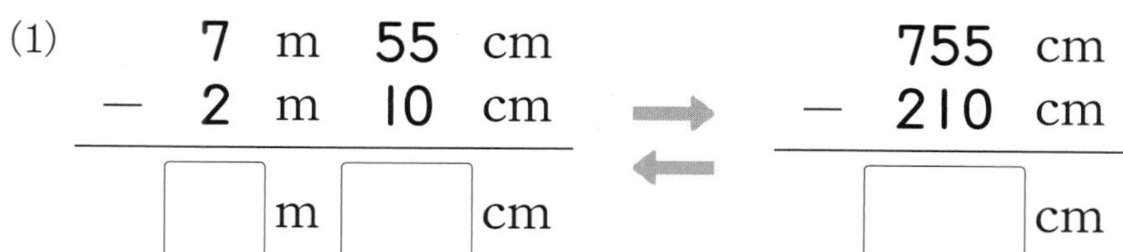

m	cm
5	79
− 2	24
3	55

단위를 생각하지 않고 숫자만 보면 자연수의 뺄셈과 같아.

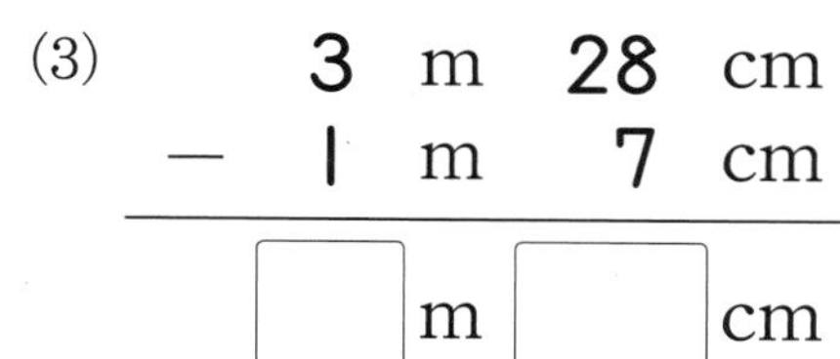

(2)
5 m 66 cm
− 4 m 32 cm
□ m □ cm

3 □ 안에 알맞은 수를 써넣으세요.

(1) 8 m 49 cm − 6 m 25 cm
= □ m □ cm

(2) 7 m 50 cm − 3 m 24 cm
= □ m □ cm

4 두 막대의 길이의 차를 구해 보세요.

길이의 차는 긴 길이에서 짧은 길이를 빼면 돼.

(1) 4 m 78 cm

3 m 36 cm

4 m 78 cm − 3 m 36 cm = □ m □ cm

(2) 6 m 60 cm

4 m 13 cm

6 m 60 cm − 4 m 13 cm = □ m □ cm

5 몸의 부분이나 도구로 길이를 어림할 수 있어.

• **우리 몸에서 약 1 m 찾기**

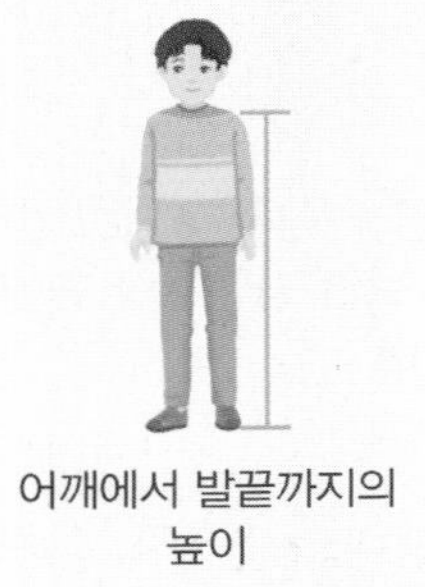
어깨에서 발끝까지의 높이

양팔을 벌린 길이

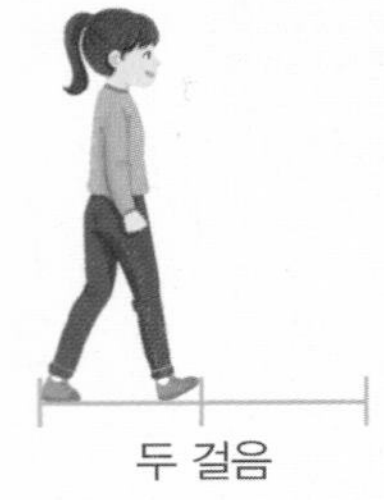
두 걸음

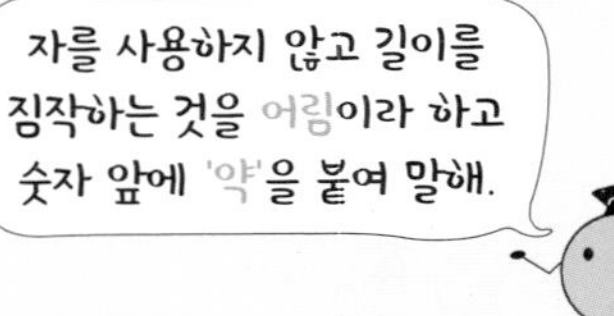

자를 사용하지 않고 길이를
짐작하는 것을 어림이라 하고
숫자 앞에 '약'을 붙여 말해.

• **버스의 길이 어림하기**

버스의 길이는 양팔을 벌린 길이로 4번쯤 잰 길이와 비슷하므로 약 1 m의 4배 정도입니다.

버스의 길이 ➡ 약 4 m

1 약 1 m가 되는 부분을 찾아 ○표 하세요.

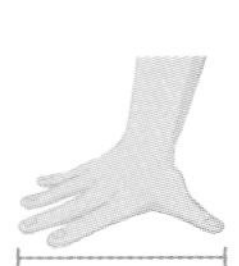

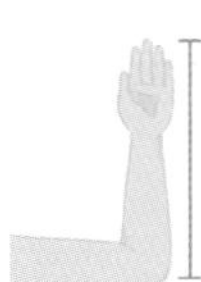

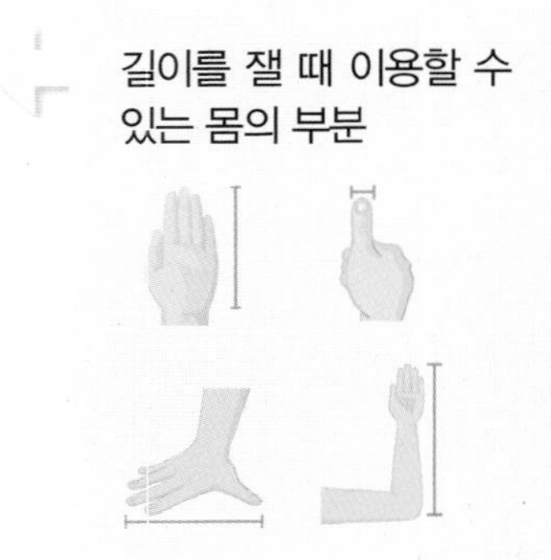

2 막대의 길이를 어림하고 자로 잰 길이를 알아보세요.

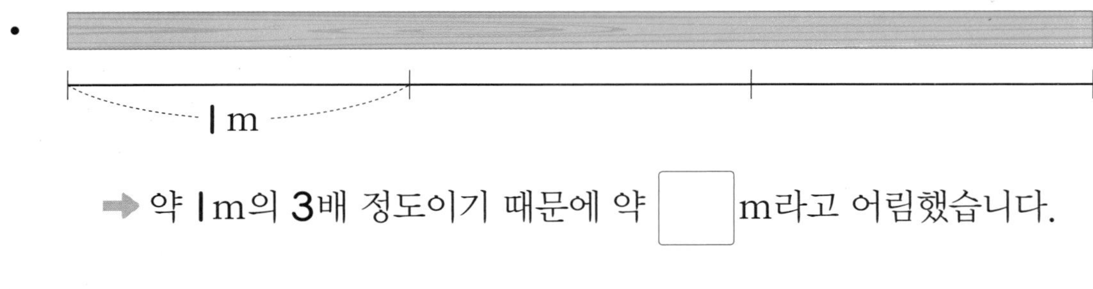

➡ 약 1 m의 3배 정도이기 때문에 약 ☐ m라고 어림했습니다.

➡ 자로 재어 보면 ☐ m입니다.

3 시훈이가 양팔을 벌린 길이가 약 1 m일 때 칠판의 길이는 약 몇 m인지 어림해 보세요.

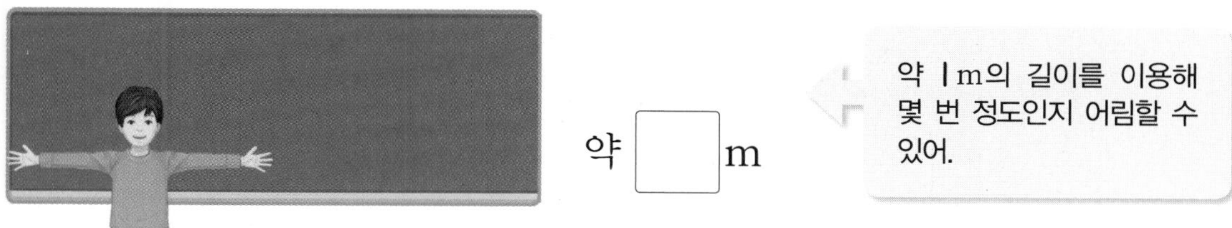

약 ☐ m

약 1 m의 길이를 이용해 몇 번 정도인지 어림할 수 있어.

4 길이가 1 m인 색 테이프로 밧줄의 길이를 어림하였습니다. 밧줄의 길이는 약 몇 m일까요?

(1) 약 ☐ m

1 m인 색 테이프

(2) 약 ☐ m

1 m인 색 테이프

5 실제 길이에 가장 가까운 것을 찾아 이어 보세요.

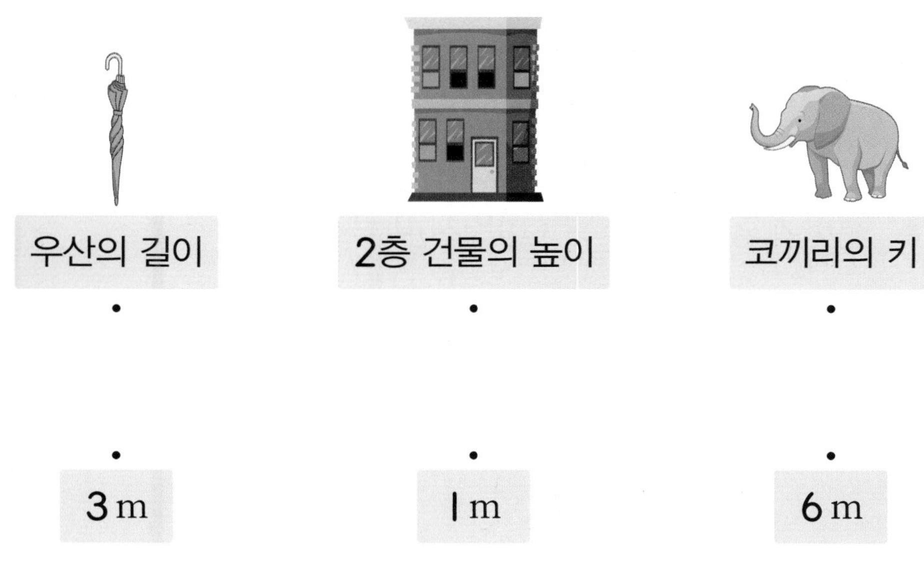

→ 10 cm

→ 20 cm

1 cm보다 더 큰 단위 알아보기

1 □ 안에 알맞은 수를 써넣으세요.

(1) 4 m = □ cm (2) 380 cm = □ m □ cm

(3) 600 cm = □ m (4) 1 m 24 cm = □ cm

1+ 1 cm = 10 mm입니다. □ 안에 알맞은 수를 써넣으세요.

(1) 2 cm = □ mm (2) 60 mm = □ cm

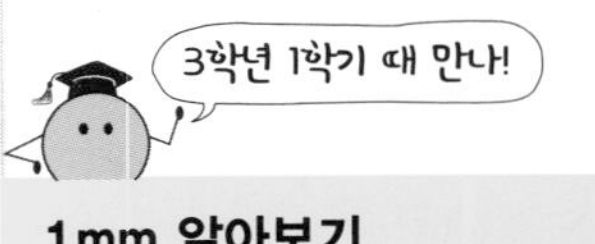

1 mm 알아보기

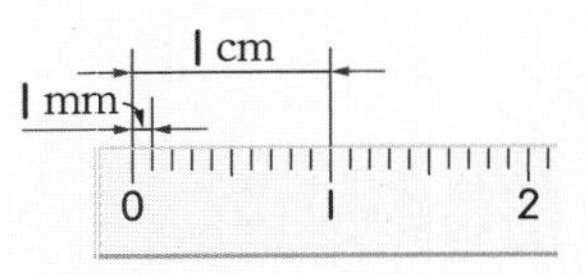

1 mm: 1 cm를 10칸으로 똑같이 나누었을 때 작은 눈금 한 칸의 길이

2 같은 길이끼리 이어 보세요.

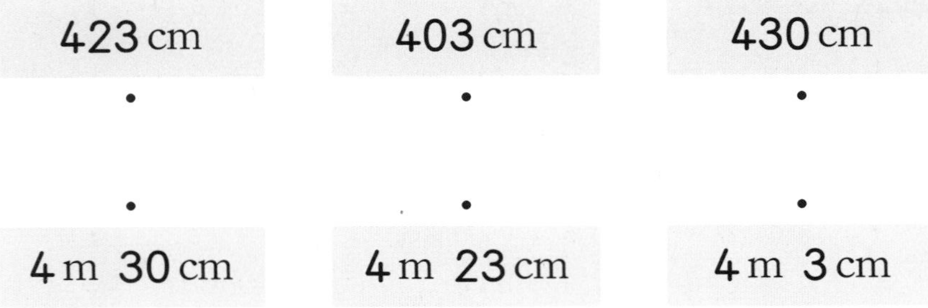

423 cm	403 cm	430 cm
4 m 30 cm	4 m 23 cm	4 m 3 cm

3 □ 안에 cm와 m 중 알맞은 단위를 써넣으세요.

cm —100배→ m

100 cm = 1 m

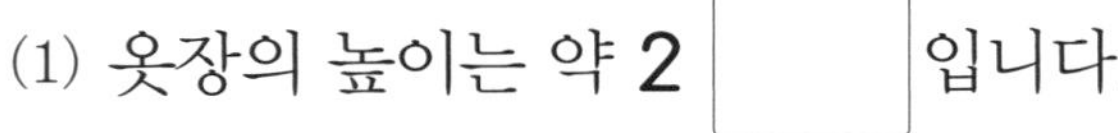

(1) 옷장의 높이는 약 2 □ 입니다.

(2) 자동차의 길이는 약 320 □ 입니다.

탄탄북

4 길이를 잘못 나타낸 것을 찾아 기호를 쓰고, 몇 cm인지 바르게 써 보세요.

㉠ 7 m = 700 cm	㉡ 3 m 64 cm = 364 cm
㉢ 5 m 30 cm = 530 cm	㉣ 2 m 8 cm = 28 cm

( ), ( )

5 유리의 키는 1m보다 32cm 더 큽니다. 유리의 키는 몇 cm일까요?

(　　　　　　　　)

▶ 1m보다 50cm 더 긴 길이
➡ 1m + 50cm = 150cm

6 수 카드 3장을 한 번씩만 사용하여 가장 긴 길이를 써 보세요.

▶ m가 클수록 긴 길이야.

7 보기 와 같이 모으기하여 1m가 되는 두 길이를 자유롭게 써 보세요.

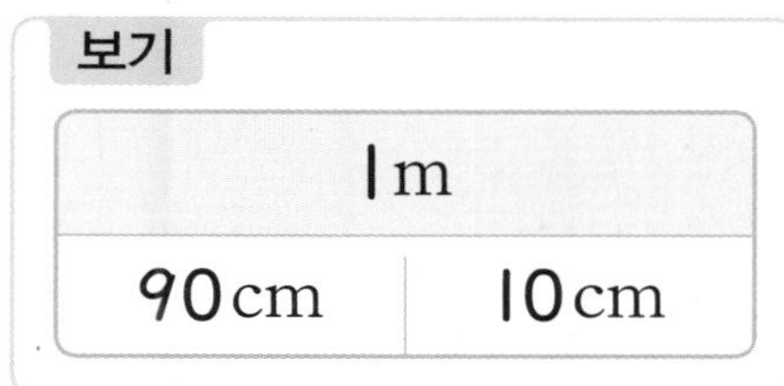

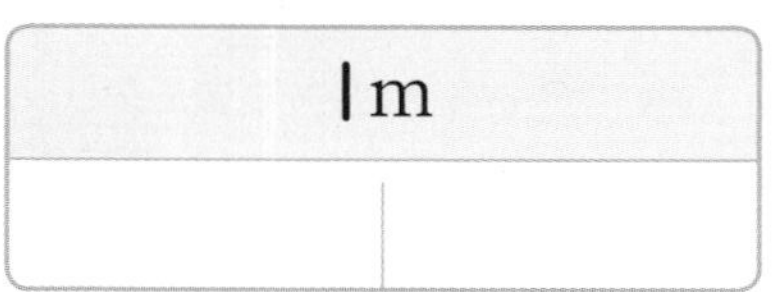

▶ 1m는 100cm이므로 100cm가 되는 두 길이를 찾아봐.

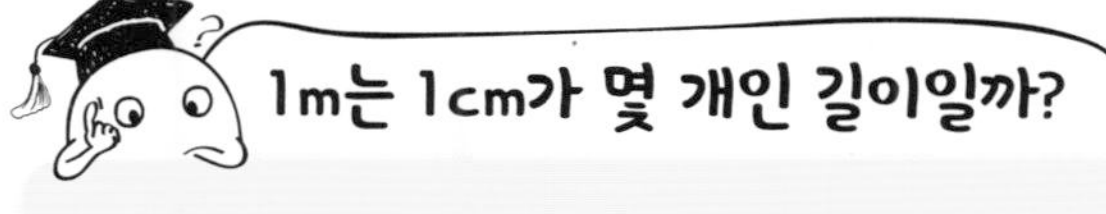

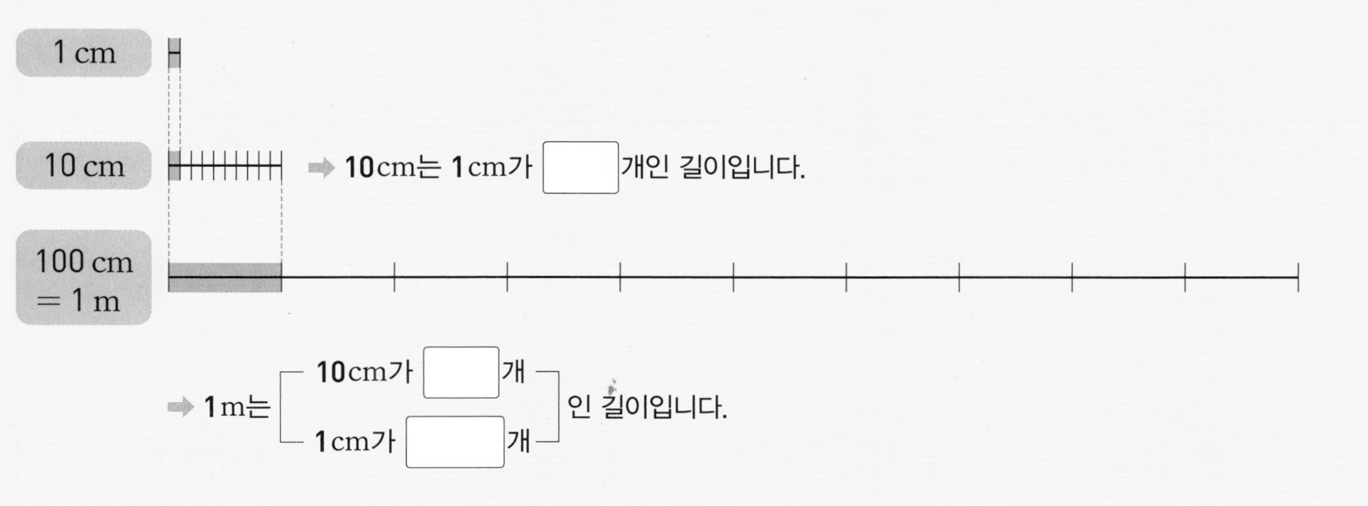

8 키를 잰 것을 보고 길이를 써 보세요.

▶ 자의 숫자가 가리키는 단위는 cm야.

(1)

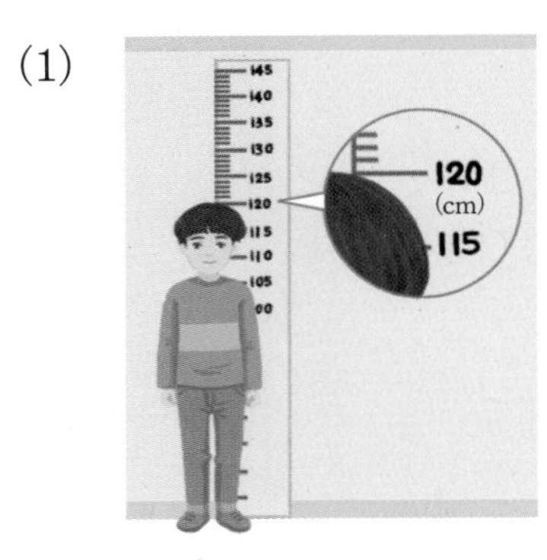

☐ cm

(2)

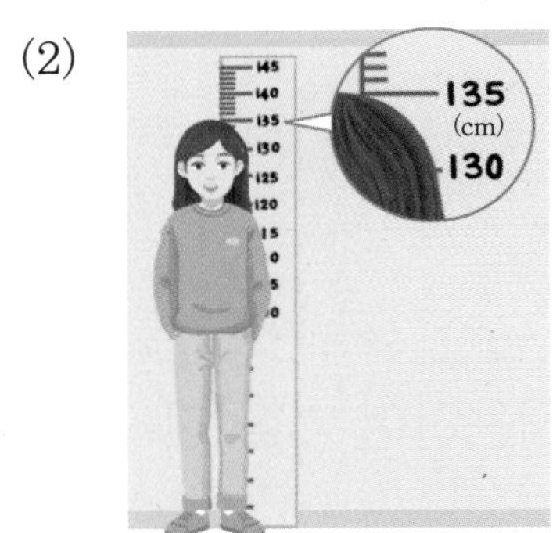

☐ m ☐ cm

9 침대의 긴 쪽의 길이를 두 가지 방법으로 나타내 보세요.

▶ 반드시 시작 눈금을 확인한 다음 끝의 눈금을 읽어.

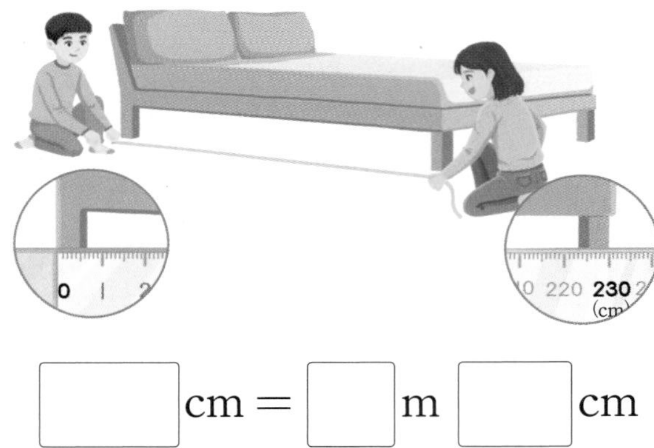

☐ cm = ☐ m ☐ cm

10 한 줄로 놓인 물건들의 길이를 자로 재었습니다. 전체 길이는 얼마일까요?

☐ m ☐ cm

탄탄북

11 정민이는 밧줄의 길이를 줄자로 재어 150 cm라고 말했습니다. 길이 재기가 잘못된 까닭을 써 보세요.

▶ 시작 눈금이 0이 아닌 경우 끝의 눈금을 그대로 쓰면 안 돼.

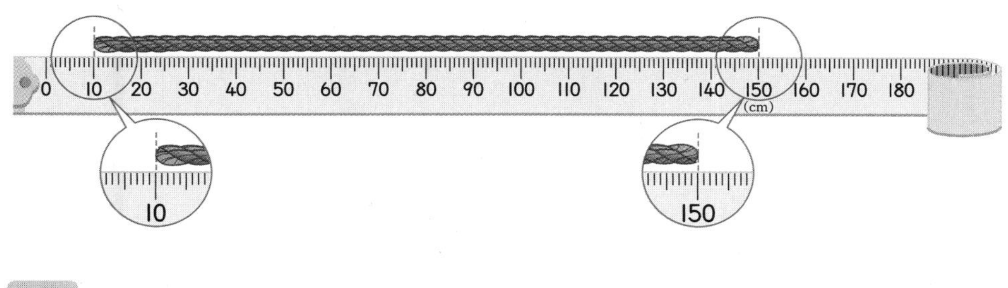

까닭 ....

내가 만드는 문제

12 줄자에 1 m가 넘는 선을 그어 보고 두 가지 방법으로 길이를 나타내 보세요.

▶ 선을 반드시 0부터 그을 필요는 없어.

0 10 20 30 40 50 60 70 80 90 100 110 120 130 140 150 160 170 180 (cm)

$\square$ cm $=$ $\square$ m $\square$ cm

줄자로 물건의 길이를 재는 방법은?

• 물건의 한끝을 눈금 0에 맞춘 경우

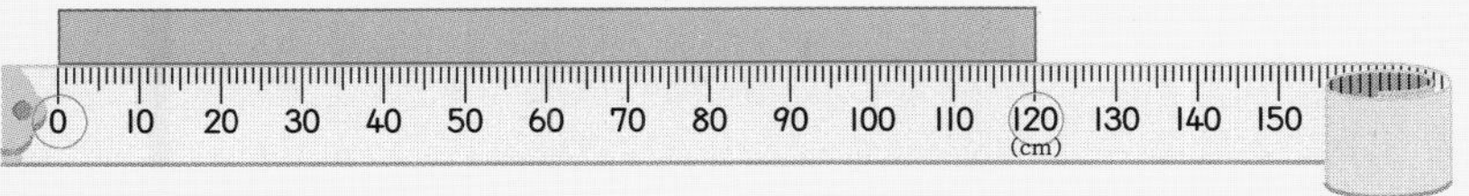

➡ 끝에 있는 눈금을 읽으면 색 테이프의 길이는 $\square$ cm입니다.

• 물건의 한끝을 눈금 0에 맞추지 않은 경우

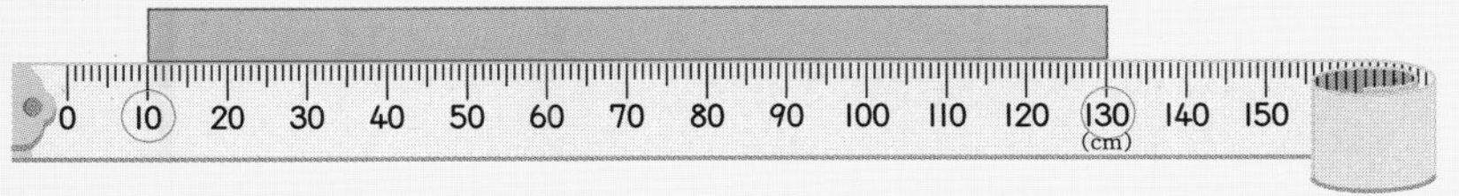

130에서 10을 빼거나 10 cm가 몇 번 들어가는지 세어 봐.

➡ 한끝을 눈금 10에 맞추었으므로 색 테이프의 길이는 $\square$ cm입니다.

13 길이의 합을 구해 보세요.

▶ m는 m끼리, cm는 cm끼리 더해야 해.

(1)
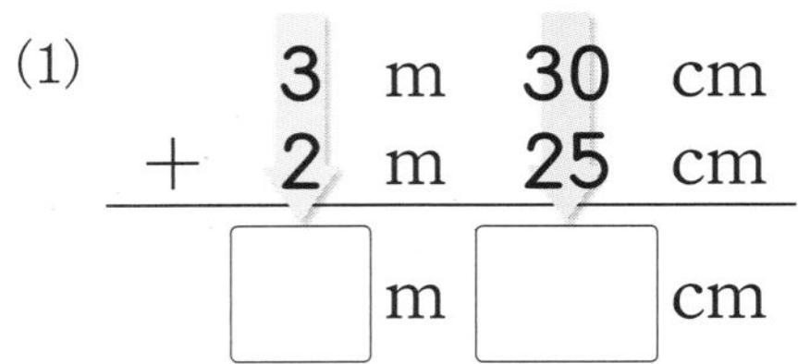

(2)
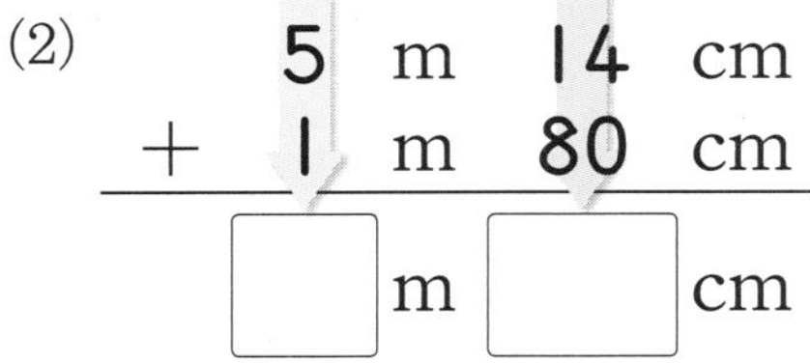

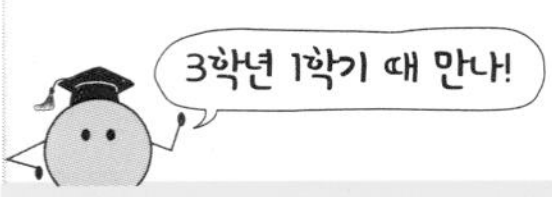

길이의 합

cm는 cm끼리, mm는 mm끼리 더합니다.

$$\begin{array}{r} 1\text{ cm } 4\text{ mm} \\ +\ 2\text{ cm } 3\text{ mm} \\ \hline 3\text{ cm } 7\text{ mm} \end{array}$$

13+ 길이의 합을 구해 보세요.

(1)

$$\begin{array}{r} 5\text{ cm } 6\text{ mm} \\ +\ 2\text{ cm } 3\text{ mm} \\ \hline \square\text{ cm } \square\text{ mm} \end{array}$$

(2)

$$\begin{array}{r} 4\text{ cm } 5\text{ mm} \\ +\ 4\text{ cm } 2\text{ mm} \\ \hline \square\text{ cm } \square\text{ mm} \end{array}$$

14 □ 안에 알맞은 수를 써넣으세요.

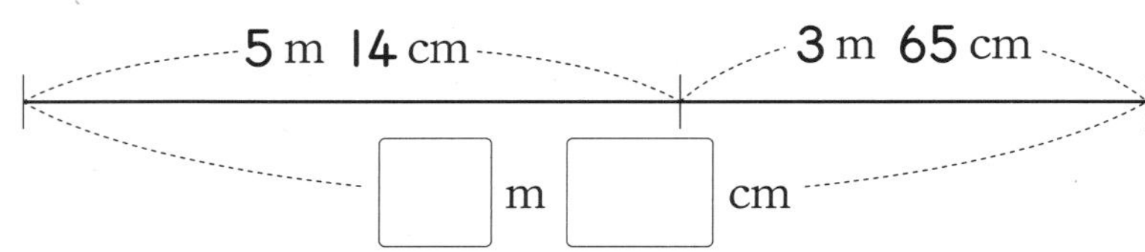

탄탄북

15 두 길이의 합은 몇 m 몇 cm일까요?

419 cm   3 m 6 cm

(   )

▶ 같은 단위로 바꾼 후에 계산해야 해.

m	cm	
일	십	일
4	1	9
3	0	6

16 집에서 문구점을 거쳐 은행까지 가는 거리는 몇 m 몇 cm일까요?

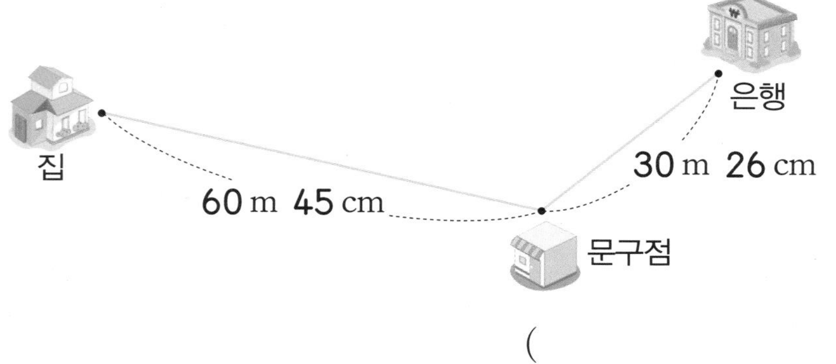

(   )

17 민우가 가진 색 테이프는 세하가 가진 색 테이프보다 5 m 45 cm 더 깁니다. 민우가 가진 색 테이프의 길이는 몇 m 몇 cm일까요?

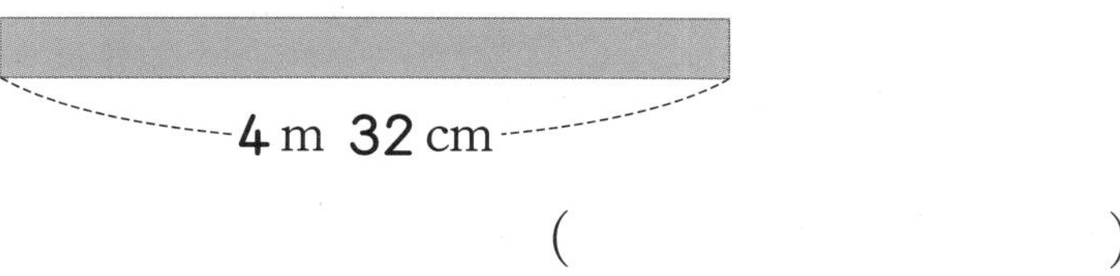

( )

내가 만드는 문제

18 3 m인 벽에 그림 2개를 골라 겹치지 않게 붙이려고 합니다. 붙일 수 있는 두 그림을 고르고 두 길이의 합을 구해 보세요.

▸ 두 그림의 길이의 합이 3 m가 넘으면 벽에 붙일 수 없어.

가	나	다	라	마
				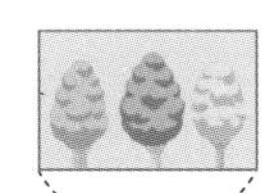
150 cm	2 m 5 cm	1 m 35 cm	120 cm	1 m 45 cm

두 그림 ( )

길이의 합 ( )

2 m 5 cm+120 cm를 계산하는 방법은?

m는 m끼리, cm는 cm끼리 계산합니다.

$$\begin{array}{rrr} & 2\text{ m} & 5\text{ cm} \\ + & & 120\text{ cm} \\ \hline & 2\text{ m} & 125\text{ cm} \end{array}$$ (X)

➡ 1 m = 100 cm이므로 120 cm를 몇 m 몇 cm로 나타낸 후 같은 단위끼리 계산해야 합니다.

120 cm를 1 m 20 cm로 바꿔 계산합니다.

$$\begin{array}{rrr} & 2\text{ m} & 5\text{ cm} \\ + & 1\text{ m} & 20\text{ cm} \\ \hline & \square\text{ m} & \square\text{ cm} \end{array}$$ (O)

➡ m는 m끼리, cm는 cm끼리 계산합니다.

몇 m 몇 cm로 나타낼 때 cm 앞의 수는 반드시 100보다 작아.

19 길이의 차를 구해 보세요.

▶ m는 m끼리, cm는 cm끼리 빼야 해.

(1)

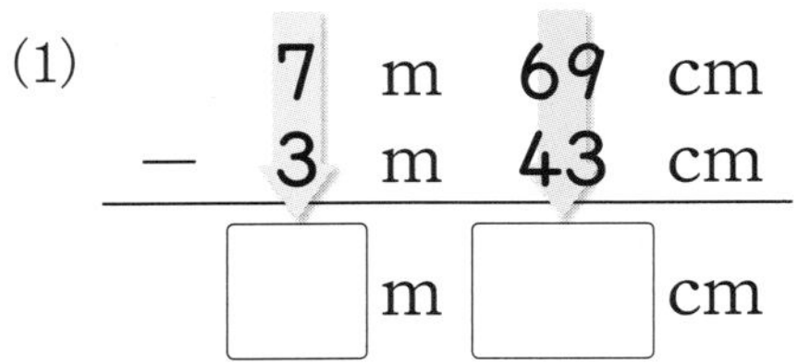

$$\begin{array}{rlrl} & 7\text{ m} & 69 & \text{cm} \\ - & 3\text{ m} & 43 & \text{cm} \\ \hline & \square\text{ m} & \square & \text{cm} \end{array}$$

(2)

$$\begin{array}{rlrl} & 5\text{ m} & 80 & \text{cm} \\ - & 2\text{ m} & 15 & \text{cm} \\ \hline & \square\text{ m} & \square & \text{cm} \end{array}$$

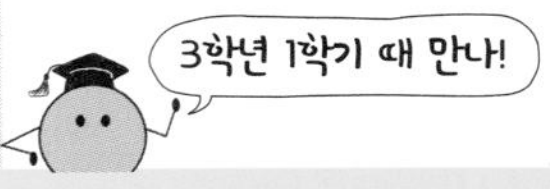

길이의 차

cm는 cm끼리, mm는 mm끼리 뺍니다.

$$\begin{array}{rl} & 5\text{ cm } 8\text{ mm} \\ - & 2\text{ cm } 2\text{ mm} \\ \hline & 3\text{ cm } 6\text{ mm} \end{array}$$

19+ 길이의 차를 구해 보세요.

(1)

$$\begin{array}{rlrl} & 4\text{ cm} & 6 & \text{mm} \\ - & 1\text{ cm} & 3 & \text{mm} \\ \hline & \square\text{ cm} & \square & \text{mm} \end{array}$$

(2)

$$\begin{array}{rlrl} & 8\text{ cm} & 7 & \text{mm} \\ - & 7\text{ cm} & 2 & \text{mm} \\ \hline & \square\text{ cm} & \square & \text{mm} \end{array}$$

탄탄북

20 동우는 길이가 8 m 52 cm인 색 테이프를 가지고 있고, 세빈이는 길이가 3 m 18 cm인 색 테이프를 가지고 있습니다. 두 사람이 가지고 있는 색 테이프의 길이의 차는 몇 m 몇 cm일까요?

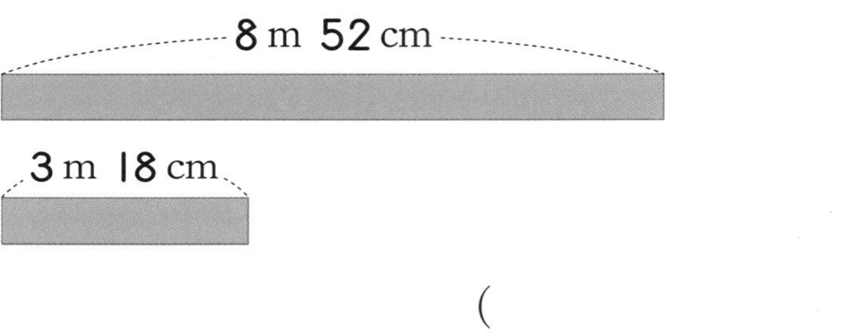

( )

21 연재는 길이가 8 m 67 cm인 털실 중 4 m 5 cm를 사용하였습니다. 연재가 사용하고 남은 털실의 길이는 몇 m 몇 cm일까요?

( )

▶ 세로셈으로 자리를 맞춰 나타내야 해.

m	cm	
일	십	일
8	6	7
4	0	5

22 길이를 비교하여 ○ 안에 >, =, <를 알맞게 써넣으세요.

7 m 49 cm − 3 m 23 cm ○ 12 m 60 cm − 8 m 24 cm

23 소방서와 도서관 중에서 어느 곳이 학교에서 몇 m 몇 cm 더 가까운지 구해 보세요.

▶ 거리가 더 짧은 곳이 더 가까워.

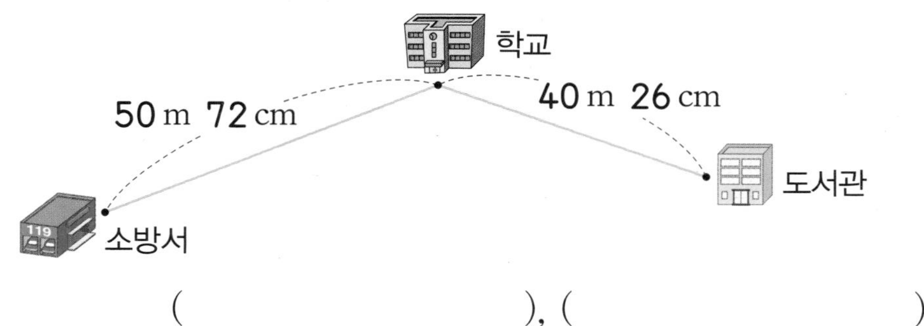

( ), ( )

24 길이가 154 cm인 고무줄이 있습니다. 이 고무줄을 양쪽에서 잡아당겼더니 2 m 68 cm가 되었습니다. 처음보다 더 늘어난 길이는 몇 m 몇 cm일까요?

▶ 같은 단위로 바꾼 후에 계산해야 해.

( )

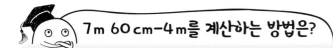

내가 만드는 문제

25 두 길이를 골라 ○표 하고 두 길이의 차를 구해 보세요.

▶ 길이의 차는 긴 길이에서 짧은 길이를 빼야 해.

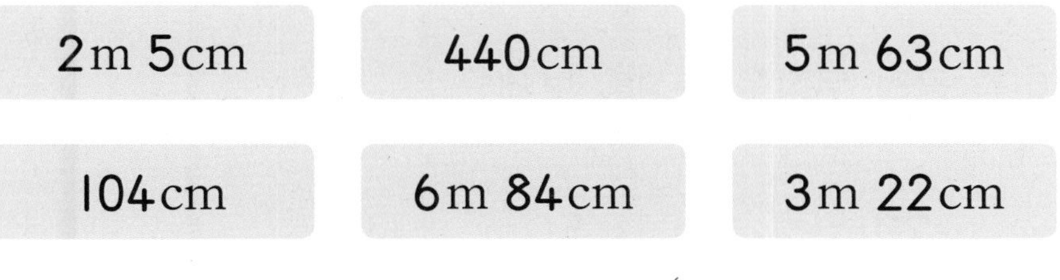

( )

3

7 m 60 cm−4 m를 계산하는 방법은?

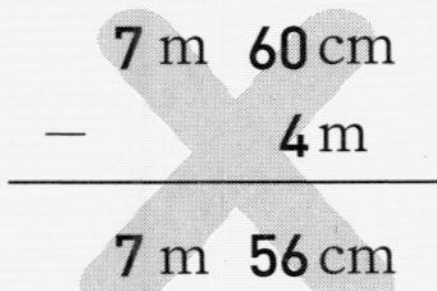

➡ m가 cm보다 큰 단위이기 때문에 cm에서 뺄 수 없습니다.

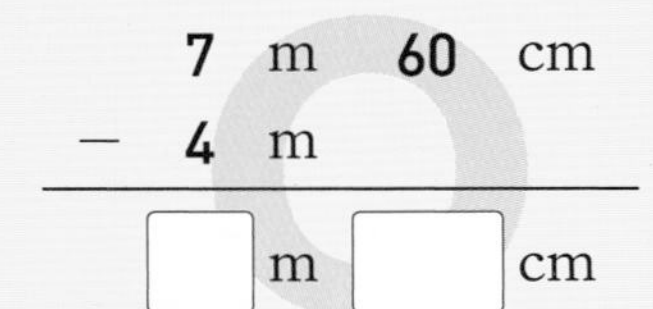

➡ m는 m끼리, cm는 cm끼리 계산합니다.

26 붙임딱지

나무의 높이가 1m일 때 동물의 키는 약 몇 m인지 붙임딱지를 붙여 구해 보세요.

▶ 타조와 기린의 키가 약 1m의 몇 배 정도인지 어림해 봐.

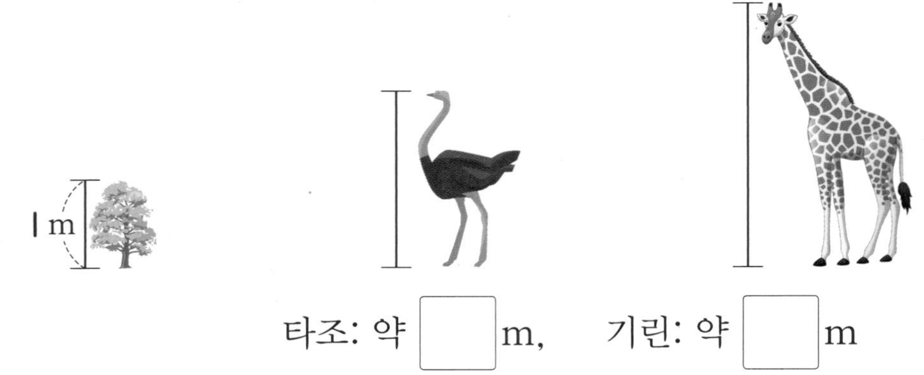

타조: 약 ☐ m, 기린: 약 ☐ m

27 주어진 1m로 끈의 길이를 어림하였습니다. 어림한 끈의 길이는 약 몇 m일까요?

▶ 끈을 약 1m씩 나누어 봐.

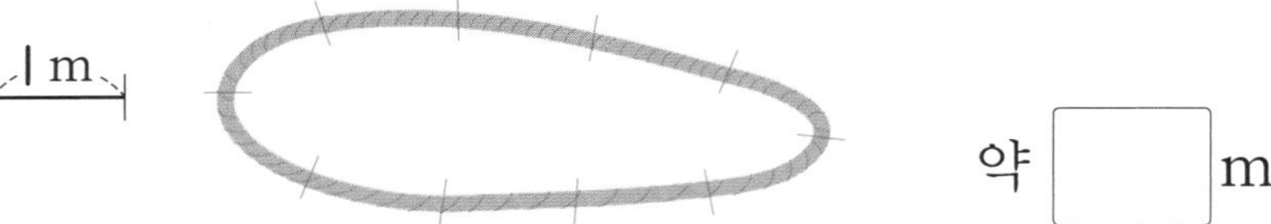

약 ☐ m

28 보기 에서 알맞은 길이를 골라 문장을 완성해 보세요.

보기
5m 20m 3m 50m

(1) 지하철 한 칸의 길이는 약 ☐ 입니다.

(2) 농구대의 높이는 약 ☐ 입니다.

29 길이가 10m보다 짧은 것을 모두 찾아 ○표 하세요.

▶ 약 1m의 10배 정도인 길이보다 짧은 것을 찾아봐.

- 2학년 학생 5명이 나란히 서서 팔을 벌린 길이 (   )
- 10층짜리 건물의 높이 (   )
- 침대의 긴 쪽의 길이 (   )

30 수영장의 긴 쪽의 길이는 약 몇 m일까요?

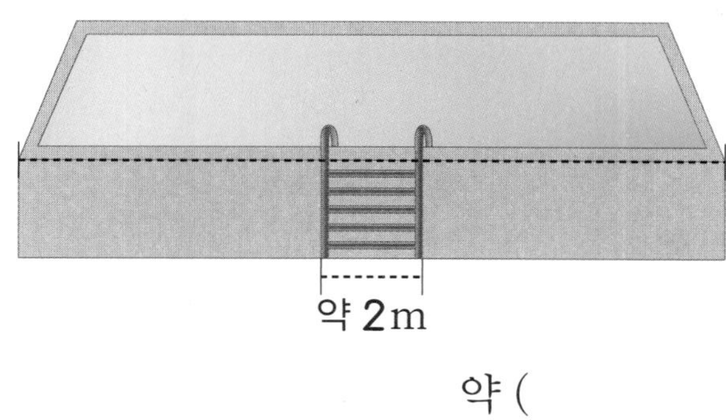

약 (   )

▶ 수영장의 긴 쪽의 길이에 약 2m가 몇 번쯤 들어가는지 알아봐.

31 민주의 한 걸음의 길이는 40cm이고 사물함의 긴 쪽의 길이는 민주의 한 걸음의 약 10배입니다. 사물함의 긴 쪽의 길이는 약 몇 m일까요?

약 (   )

▶ 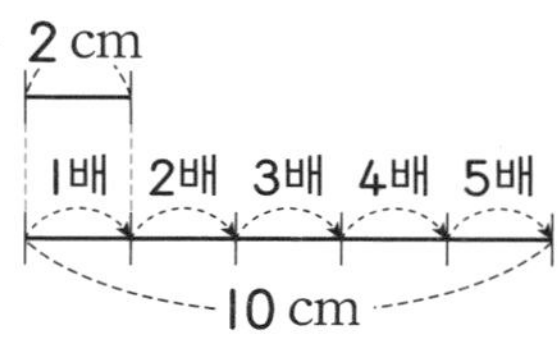

내가 만드는 문제

32 내 키를 이용하여 물건의 길이를 어림하고 각각에 해당하는 물건을 2개씩 써 보세요.

	내 키보다 짧은 물건		내 키보다 긴 물건

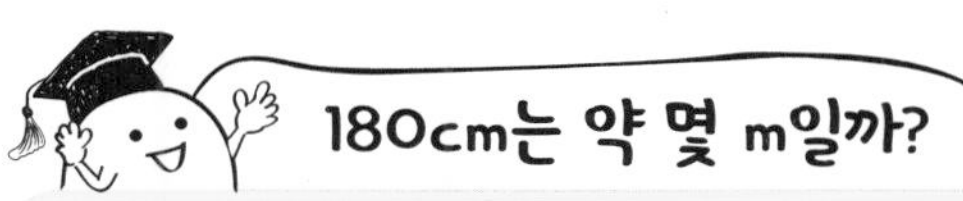

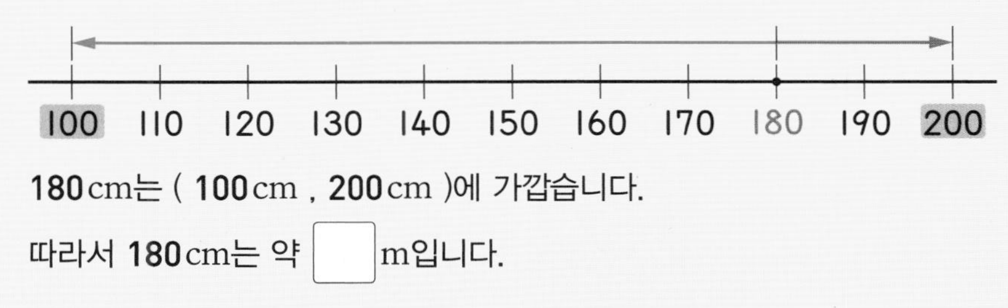

180cm는 (100cm , 200cm)에 가깝습니다.

따라서 180cm는 약 ☐m입니다.

3

발전 문제

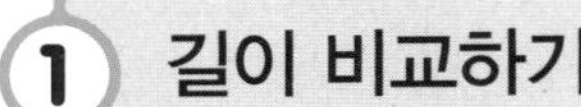

1 길이 비교하기

긴 길이부터 순서대로 기호를 써 보세요.

㉠	㉡	㉢
1m 13cm	131cm	1m 3cm

(　　　　　　　　)

같은 단위로 나타낸 후 길이를 비교해 봐.

1m 13cm와 131cm의 길이 비교

131cm = 1m 31cm ➡ 1m 13cm < 1m 31cm

1+ 긴 길이부터 순서대로 기호를 써 보세요.

㉠ 202cm　　㉡ 2m 20cm

㉢ 225cm　　㉣ 2m 22cm

(　　　　　　　　)

2 그림을 보고 길이 계산하기

㉠에서 ㉡까지의 거리는 몇 m 몇 cm 일까요?

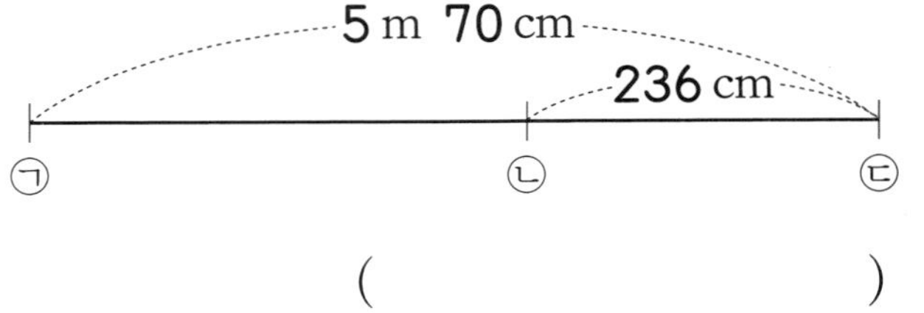

(　　　　　　　　)

길이의 합인지, 차인지 생각해 봐.

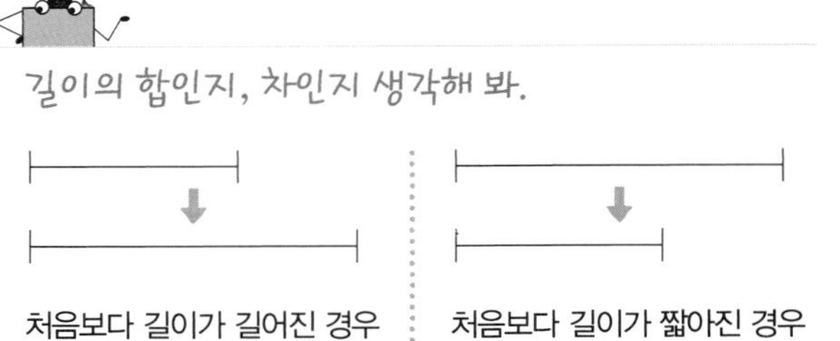

처음보다 길이가 길어진 경우 ➡ 길이의 합 이용

처음보다 길이가 짧아진 경우 ➡ 길이의 차 이용

2+ ㉡에서 ㉢까지의 거리는 몇 m 몇 cm 일까요?

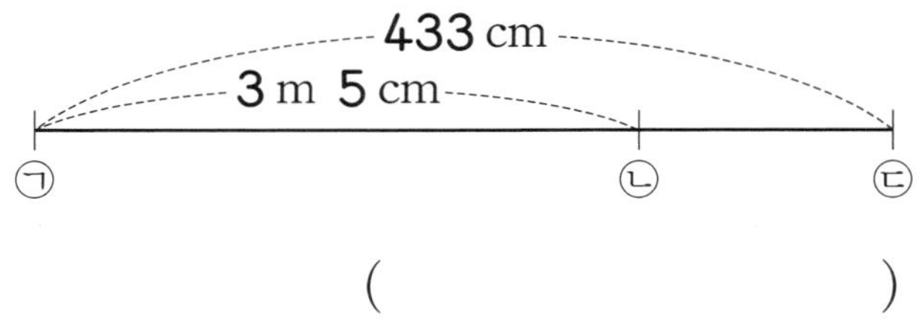

(　　　　　　　　)

3 몸의 부분으로 길이 어림하기

은희의 3걸음이 약 1m라면 화단의 길이는 약 몇 m일까요?

약 (   )

걸음을 수직선으로 나타내 봐.

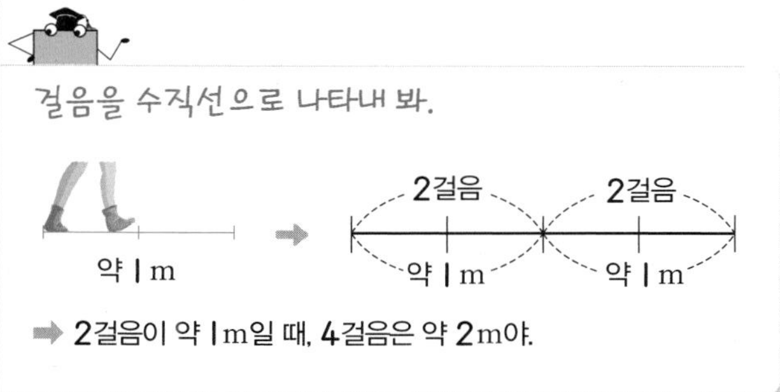

➡ 2걸음이 약 1m일 때, 4걸음은 약 2m야.

4 더 가까운 길이 알아보기

재희와 승주가 가지고 있는 철사의 길이입니다. 길이가 3m 50cm에 더 가까운 철사를 가진 사람을 찾아 이름을 써 보세요.

재희	승주
3m 40cm	3m 65cm

(   )

길이의 차를 이용해 봐.

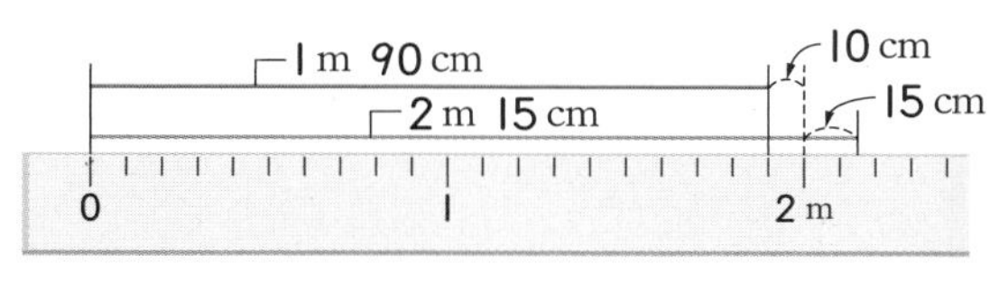

➡ 2m에 더 가까운 길이는 1m 90cm입니다.

3+ 준서의 5뼘이 약 1m라면 소파의 긴 쪽의 길이는 약 몇 m일까요?

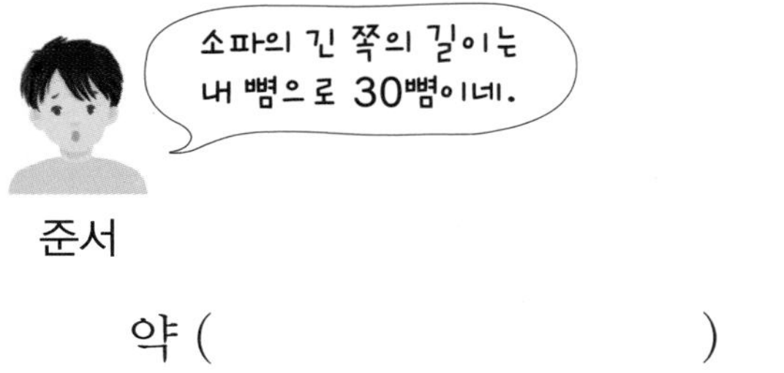

약 (   )

4+ 3m에 가장 가까운 길이의 줄을 가진 사람을 찾아 이름을 써 보세요.

현수: 내 줄은 3m 30cm야.
정민: 내 줄은 310cm야.
준호: 내 줄은 3m 25cm야.

(   )

3

5 색 테이프의 길이 구하기

노란색 테이프의 길이는 빨간색 테이프의 길이의 2배입니다. 두 색 테이프의 길이의 합이 3 m일 때 노란색 테이프의 길이는 몇 m일까요?

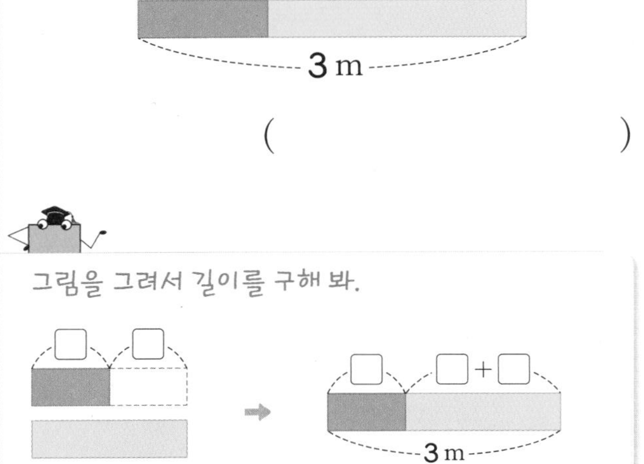

5+ 초록색 테이프의 길이는 파란색 테이프의 길이의 3배입니다. 두 색 테이프의 길이의 합이 8 m일 때 초록색 테이프의 길이는 몇 m일까요?

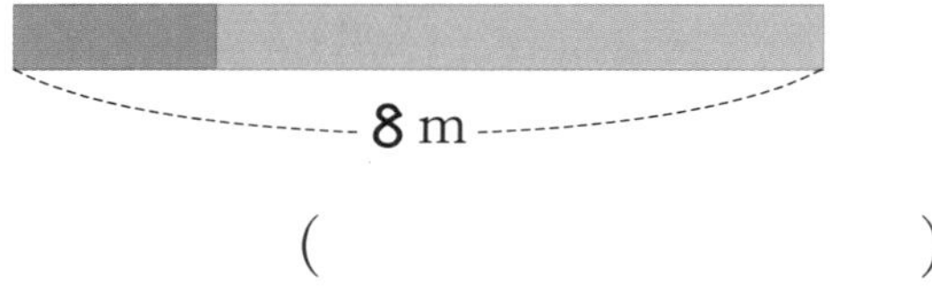

(　　　　　　　)

6 수 카드를 사용하여 길이 계산하기

수 카드 6장을 한 번씩만 사용하여 가장 긴 길이와 가장 짧은 길이를 만들고 그 합을 구해 보세요.

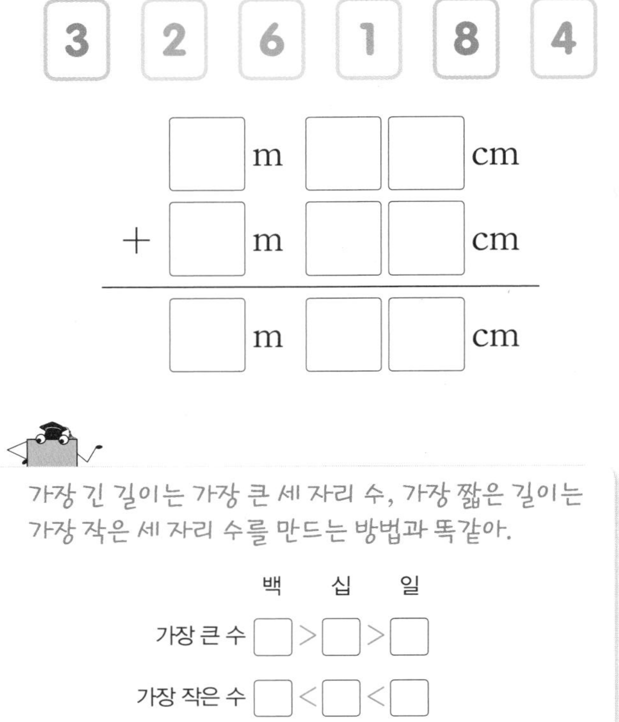

3 2 6 1 8 4
□ m □□ cm
+ □ m □□ cm
□ m □□ cm
가장 긴 길이는 가장 큰 세 자리 수, 가장 짧은 길이는 가장 작은 세 자리 수를 만드는 방법과 똑같아.
백 십 일
가장 큰 수 □ > □ > □
가장 작은 수 □ < □ < □

6+ 수 카드 6장을 한 번씩만 사용하여 가장 긴 길이와 가장 짧은 길이를 만들고 그 차를 구해 보세요.

7 6 3 9 5 2

□ m □□ cm
− □ m □□ cm
□ m □□ cm

단원 평가

점수 확인

1 □ 안에 알맞은 수를 써넣으세요.

(1) 1 cm를 겹치지 않게 □번 이으면 1 m가 됩니다.

(2) 10 cm를 겹치지 않게 □번 이으면 1 m가 됩니다.

2 다음 길이는 몇 m 몇 cm인지 쓰고 읽어 보세요.

1 m보다 30 cm 더 긴 길이

쓰기 ....

읽기 ....

3 □ 안에 알맞은 수를 써넣으세요.

(1) 604 cm = □ m □ cm

(2) 7 m 53 cm = □ cm

4 털실의 길이는 몇 m 몇 cm일까요?

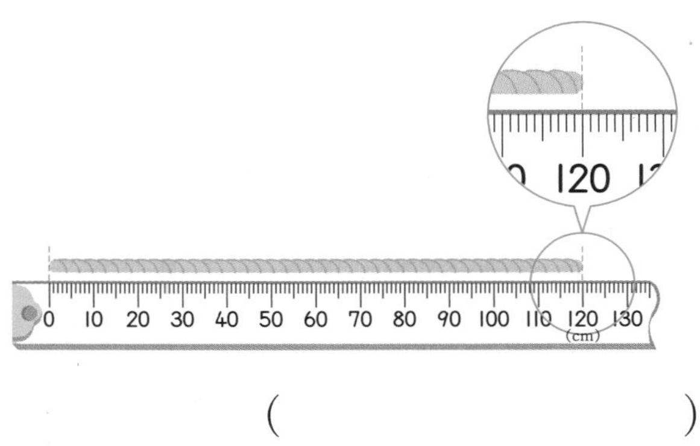

( )

5 cm와 m 중 알맞은 단위를 써넣으세요.

(1) 트럭의 길이는 약 5 □입니다.

(2) 책상의 길이는 약 170 □입니다.

6 계산해 보세요.

(1)
$$\begin{array}{r} 3\,\text{m}\ 46\,\text{cm} \\ +\ 2\,\text{m}\ 40\,\text{cm} \\ \hline \end{array}$$

(2)
$$\begin{array}{r} 7\,\text{m}\ 47\,\text{cm} \\ -\ 5\,\text{m}\ 22\,\text{cm} \\ \hline \end{array}$$

7 잘못된 것을 찾아 기호를 써 보세요.

㉠ 200 cm = 2 m
㉡ 230 cm = 2 m 30 cm
㉢ 2 m 50 m = 205 cm

( )

8 나무를 한 줄로 심었습니다. 나무 사이의 간격이 1 m씩 되게 심었다면 가장 왼쪽에 있는 나무와 가장 오른쪽에 있는 나무의 거리는 약 몇 m일까요?

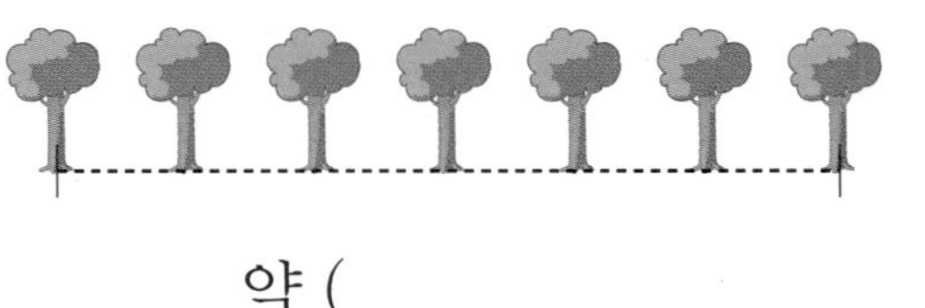

약 ( )

3

9 코끼리의 키는 1m 92cm이고, 기린의 키는 210cm입니다. 누구의 키가 더 클까요?

( )

10 □ 안에 알맞은 수를 써넣으세요.

7m 27cm　3m 15cm

□m □cm

11 길이가 1m보다 긴 것을 모두 고르세요. ( )

① 내 신발의 길이　② 교실 문의 높이
③ 연필의 길이　④ 리코더의 길이
⑤ 어른 2명이 나란히 서서 팔을 벌린 길이

12 발 길이가 약 20cm일 때 나무 막대의 길이는 약 몇 m일까요?

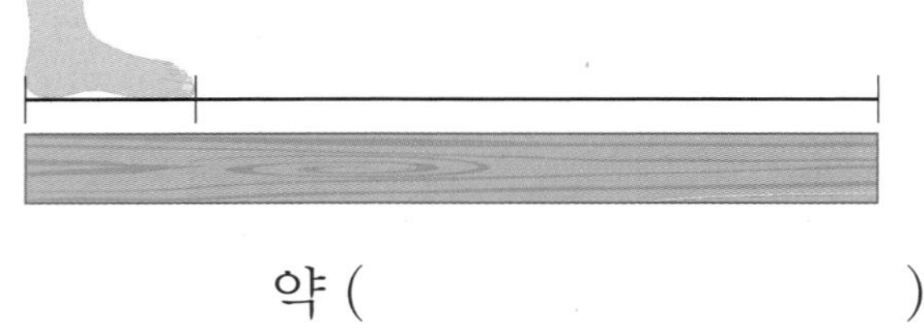

약 ( )

13 놀이터에서 집을 거쳐 도서관까지 가는 거리는 몇 m 몇 cm일까요?

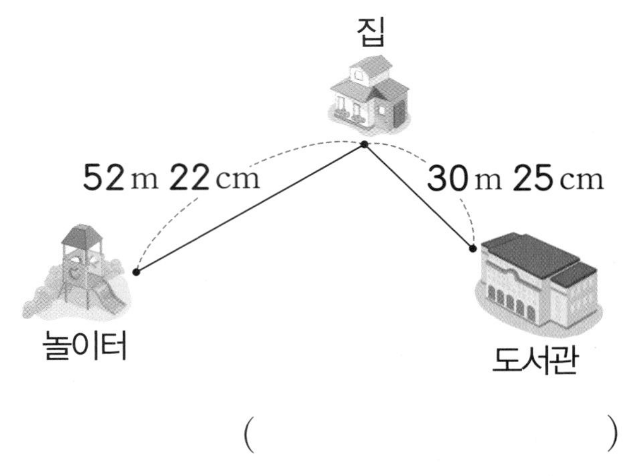

( )

14 삼촌과 채은이가 멀리뛰기를 하였습니다. 삼촌은 2m 57cm를 뛰었고, 채은이는 1m 55cm를 뛰었습니다. 누가 몇 m 몇 cm 더 멀리 뛰었을까요?

( ), ( )

15 가장 긴 길이와 가장 짧은 길이의 합은 몇 m 몇 cm일까요?

3m 90cm	2m 9cm	319cm

( )

16 민호와 연주가 가지고 있는 철사의 길이입니다. 길이가 3m에 더 가까운 철사를 가진 사람의 이름을 써 보세요.

민호: 2m 50cm
연주: 3m 5cm

(　　　　　　　　)

17 빨간색 테이프의 길이는 초록색 테이프의 길이의 2배입니다. 두 색 테이프의 길이의 합이 9m일 때 빨간색 테이프의 길이는 몇 m일까요?

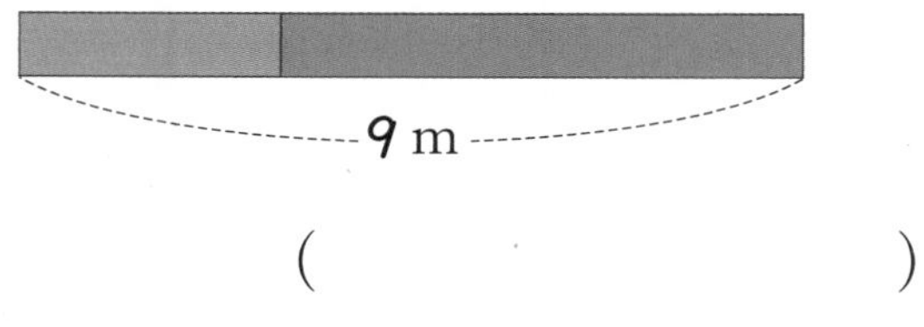

(　　　　　　　　)

18 수 카드를 한 번씩만 사용하여 지우가 말하는 알맞은 길이는 몇 m 몇 cm인지 모두 만들어 보세요.

4　5　6

7m 95cm와 2m 60cm의 차보다 짧은 길이를 말해 봐.
지우

(　　　　　　　　)

정답과 풀이 19쪽

술술 서술형

19 택시 긴 쪽의 길이를 재는 데 알맞은 자의 기호를 쓰고 그 까닭을 써 보세요.

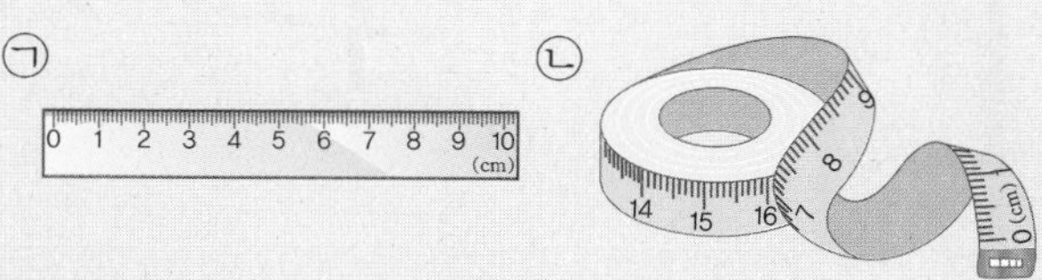

알맞은 자 ....

까닭 ....

....

....

....

20 긴 길이를 어림한 사람부터 순서대로 이름을 쓰려고 합니다. 풀이 과정을 쓰고 답을 구해 보세요.

종민: 내 6뼘이 약 1m인데 자전거의 길이가 12뼘과 같았어.
지아: 내 양팔을 벌린 길이가 약 1m인데 식탁의 길이가 3번 잰 길이와 같았어.
슬비: 내 두 걸음이 약 1m인데 8걸음이 소파의 길이와 같았어.

풀이 ....

....

....

....

답 ....

3

4 시각과 시간

긴바늘이 시계 한 바퀴를 돌면 60분이 지나.

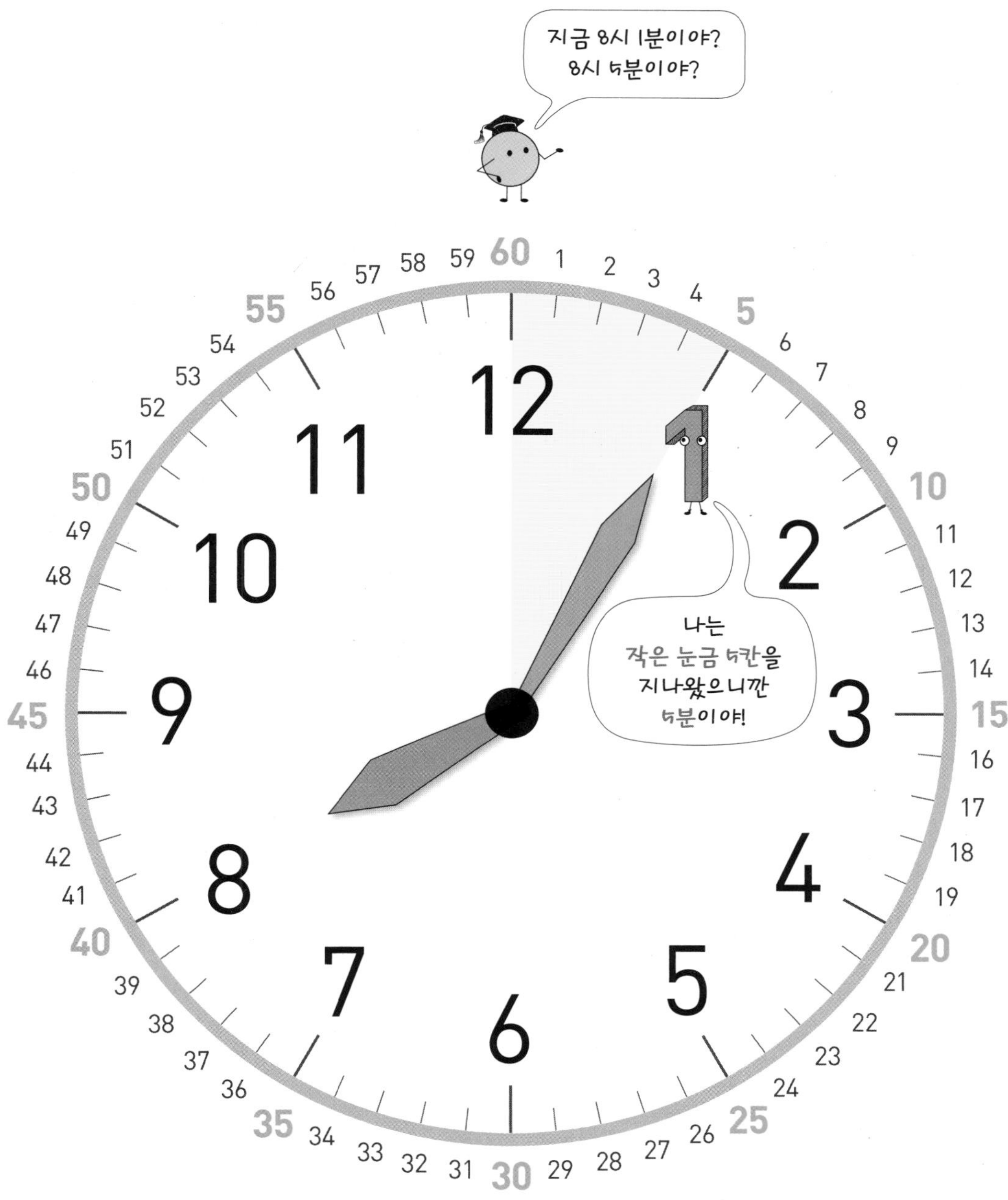

1 긴바늘이 가리키는 작은 눈금 한 칸은 1분이야.

시계의 긴바늘과 짧은바늘

시계에서 짧은바늘이 숫자 한 칸을 움직일 때 긴바늘은 시계 한 바퀴를 돕니다.

➡ 같은 숫자를 가리켜도 바늘의 길이에 따라 나타내는 시각이 다릅니다.

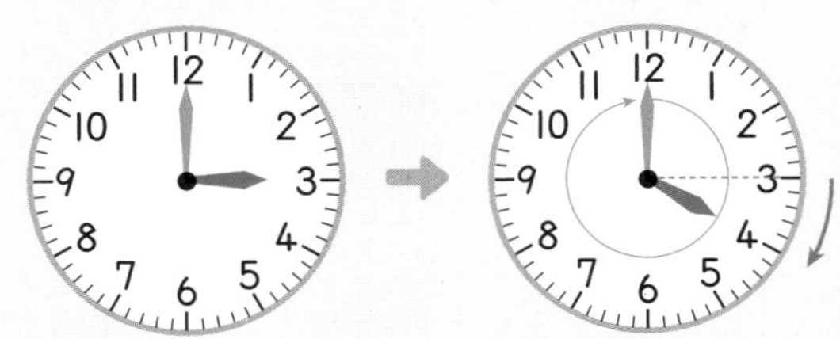

긴바늘이 가리키는 시각

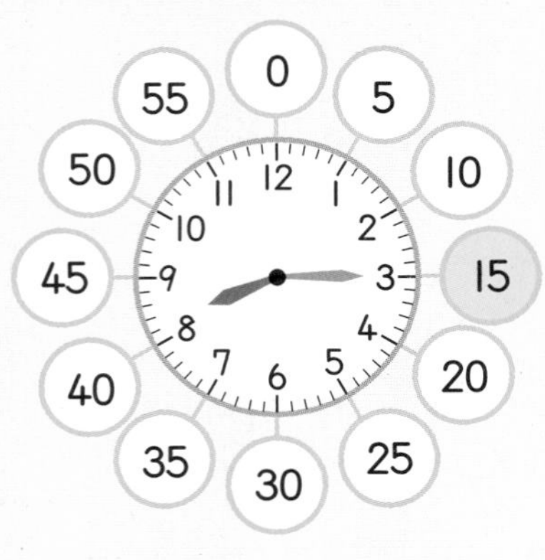

8시 15분

• 짧은바늘로 시 읽기

8과 9 사이 ➡ 8시

└■와 ● 사이일 때 앞의 숫자를 시로 읽습니다.

• 긴바늘로 분 읽기

1이면 ➡ 5분

2이면 ➡ 10분

3이면 ➡ 15분

4이면 ➡ 20분

⋮ ⋮

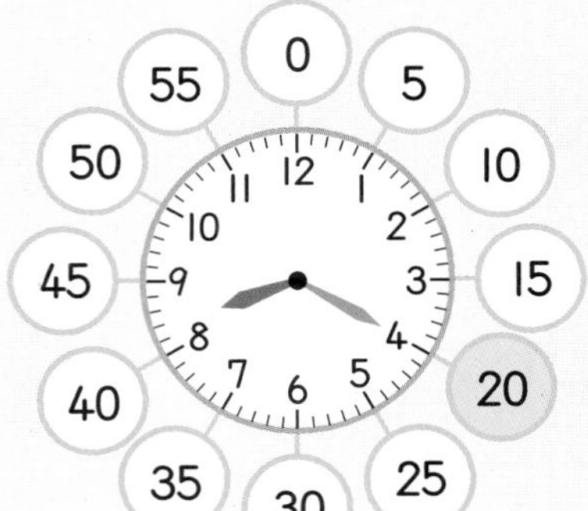

8시 20분

1 시계를 보고 □ 안에 알맞은 수를 써넣으세요.

(1)

짧은바늘: 5와 □ 사이, 긴바늘: □

➡ 5시 □분

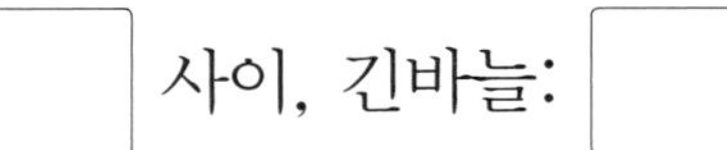

(2)

짧은바늘: □와/과 □ 사이, 긴바늘: □

➡ □시 □분

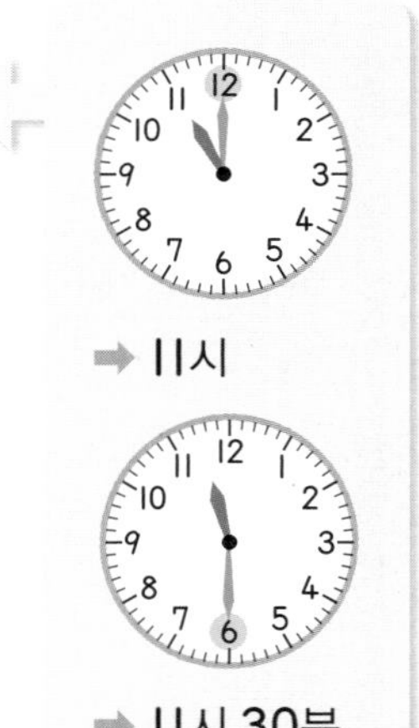

2 시계를 보고 몇 시 몇 분인지 써 보세요.

(1)

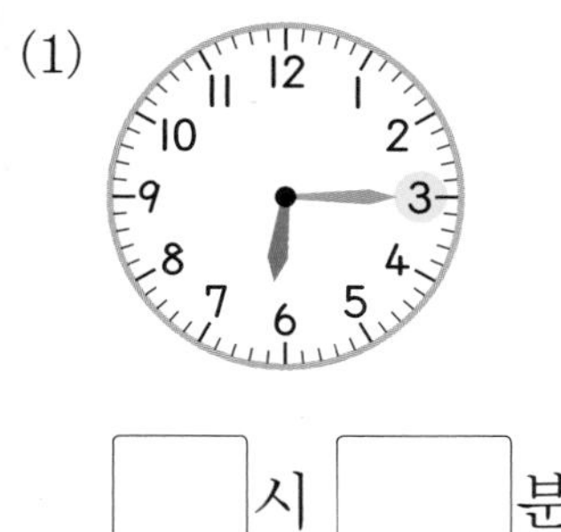

☐시 ☐분

(2)

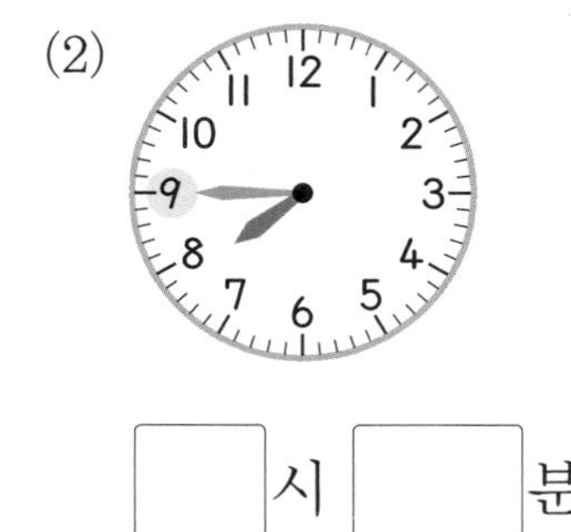

☐시 ☐분

3 9시 25분을 나타내는 시계에 ○표 하세요.

(　　)

(　　)

(　　)

4 시각에 맞게 시계에 긴바늘을 그려 넣으세요.

(1) 3시 5분

(2) 11시 40분

시각에 따른 짧은바늘의 위치

3시
3을 가리켜.
3시 10분
3과 4 사이에서 3에 더 가까워.
3시 30분
3과 4의 한가운데에 있어.
3시 50분
3과 4 사이에서 4에 더 가까워.

2 긴바늘이 숫자 눈금에서 몇 칸 더 갔을까?

• 짧은바늘로 시 읽기

9와 10 사이 ➡ 9시

• 긴바늘로 분 읽기

2에서 작은 눈금으로 3칸 더 간 곳

10분 + 3분 ➡ 13분

1 시계를 보고 □ 안에 알맞은 수를 써넣으세요.

(1)

긴바늘: 4에서 작은 눈금으로 □칸 더 간 곳

➡ 3시 □분

(2)

긴바늘: 9에서 작은 눈금으로 □칸 더 간 곳

➡ 6시 □분

2 시각을 써 보세요.

(1)

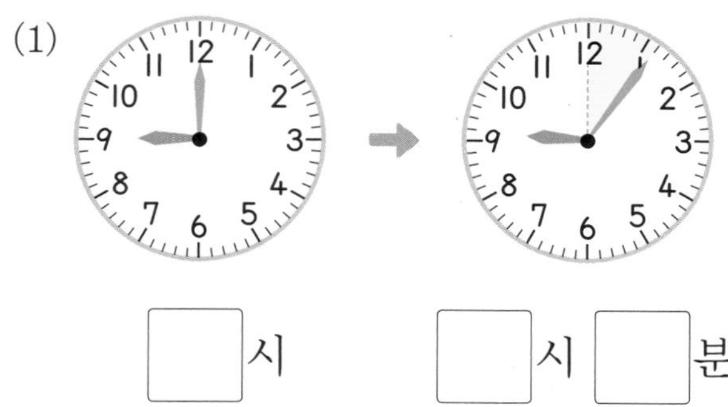

□시 □시 □분

(2)

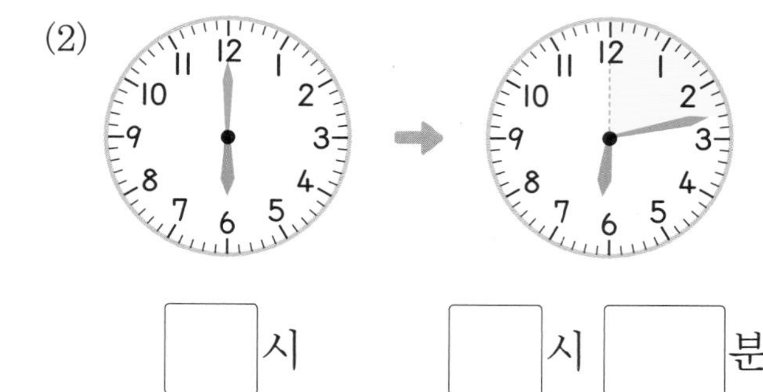

□시 □시 □분

3 시계를 보고 몇 시 몇 분인지 써 보세요.

(1) 

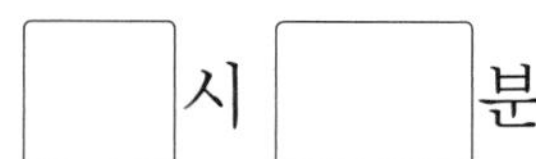

□시 □분

(2) 

□시 □분

디지털시계에서 ':'의 왼쪽은 시,
':'의 오른쪽은 분을 나타내.

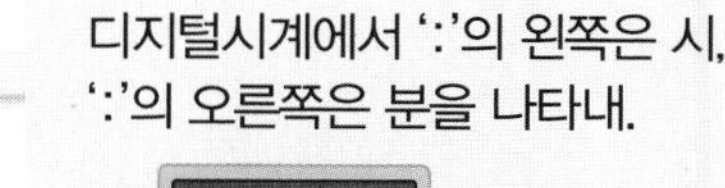

7:10 ➡ 7시 10분

(3) 

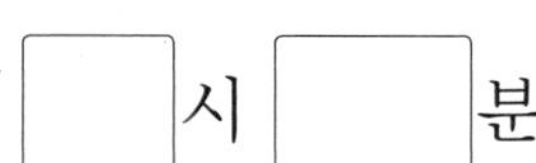

□시 □분

(4) 

□시 □분

① 긴바늘이 가리키는 작은 눈금에서 바로 전 큰 눈금을 찾아.
② 찾은 큰 눈금에서 작은 눈금으로 몇 칸을 더 갔는지 세어 읽어.

4 시각을 바르게 나타낸 것에 ○표 하세요.

(1) 5시 13분

(　　)　(　　)

(2) 9시 29분

(　　)　(　　)

5 시각에 맞게 시계에 긴바늘을 그려 넣으세요.

(1) 8시 11분

(2) 12시 47분

3 시각을 몇 시 몇 분 전으로도 읽을 수 있어.

● 몇 시 몇 분 전으로 나타내기

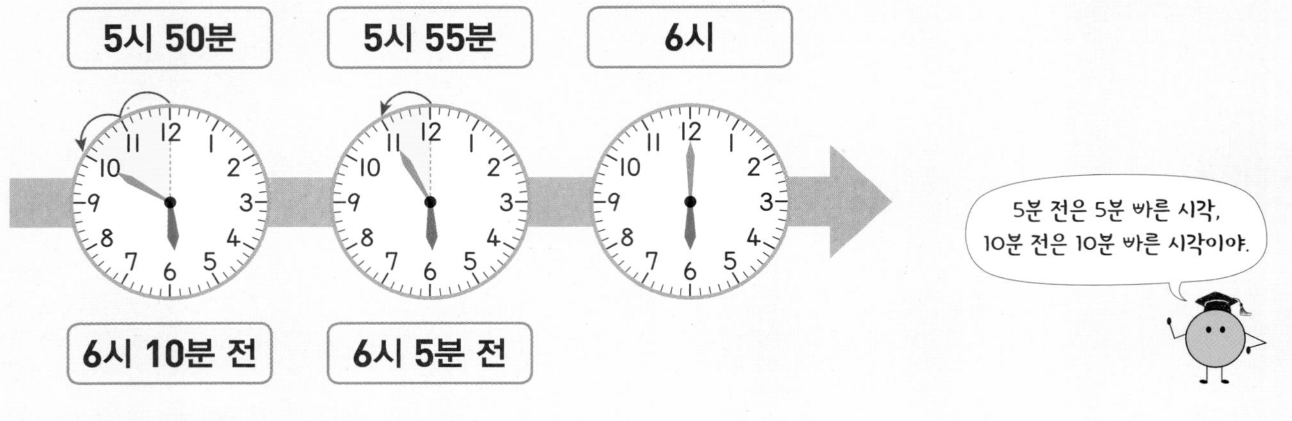

● 여러 가지 방법으로 시각 읽기

① 11시 50분입니다.

② 12시가 되려면 10분이 더 지나야 합니다.

③ 12시 10분 전입니다.

11시 50분 = 12시 10분 전

1 여러 가지 방법으로 시계의 시각을 써 보세요.

(1) 시계가 나타내는 시각은 1시 ☐분입니다.

(2) 2시가 되려면 ☐분이 더 지나야 합니다.

(3) 이 시각은 ☐시 ☐분 전입니다.

2 주어진 시각을 나타내는 시계에 ○표 하세요.

8시 10분 전

(　　) (　　) (　　)

3 시각을 두 가지 방법으로 써 보세요.

(1)

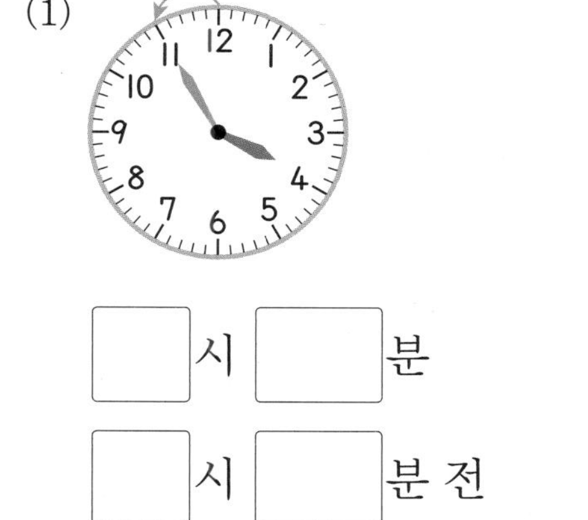

☐시 ☐분

☐시 ☐분 전

(2)

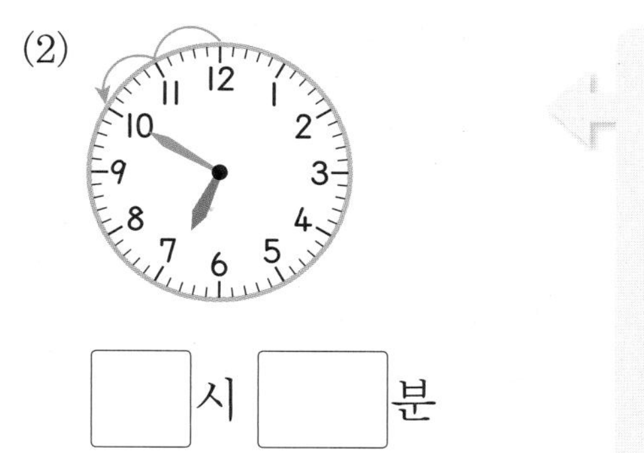

☐시 ☐분

☐시 ☐분 전

4 같은 시각을 나타낸 것끼리 이어 보세요.

5 주어진 시각을 시계에 나타내는 방법을 알아보세요.

9시 10분 전

① 9시 10분 전은 8시 ☐분입니다.

② 짧은바늘이 8과 9 사이에서 ☐에 더 가깝게 가리키고,

긴바늘이 ☐을/를 가리키도록 나타내 보세요.

1 몇 시 몇 분 읽어 보기(1)

1 희선이가 한 일을 보고 시각을 써 보세요.

(1) 희선이는 ☐시 ☐분에 일어났습니다.

(2) 희선이는 ☐시 ☐분에 수학 공부를 하였습니다.

▶ 긴바늘이 숫자를 가리킬 때의 분을 5단 곱셈구구로 알 수 있어.
눈금 1: $5 \times 1 = 5$(분)
눈금 2: $5 \times 2 = 10$(분)
눈금 3: $5 \times 3 = 15$(분)
눈금 4: $5 \times 4 = 20$(분)
눈금 5: $5 \times 5 = 25$(분)

1+ 보기 와 같이 시계를 보고 몇 시 몇 분 몇 초인지 써 보세요.

보기

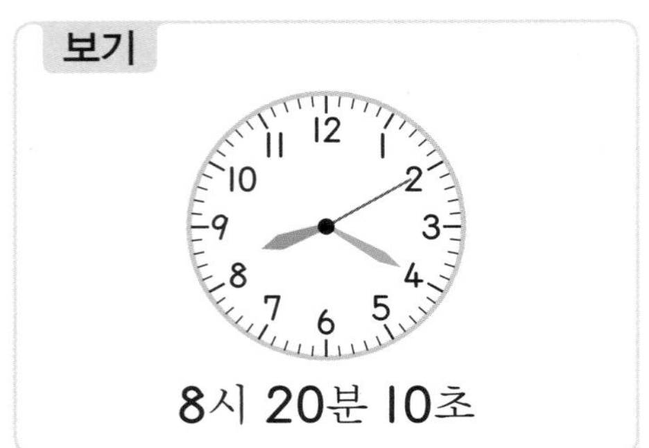

8시 20분 10초

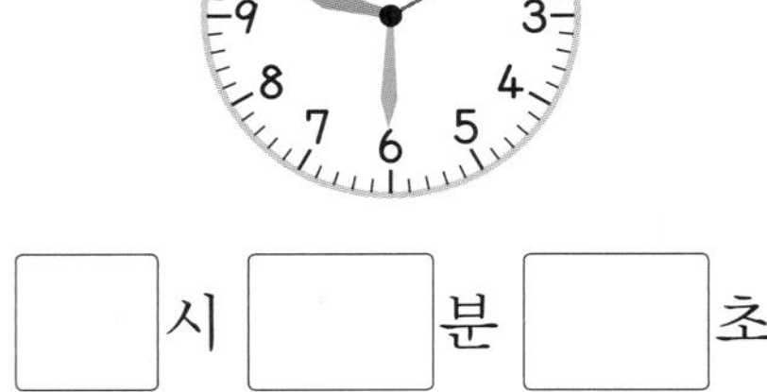

☐시 ☐분 ☐초

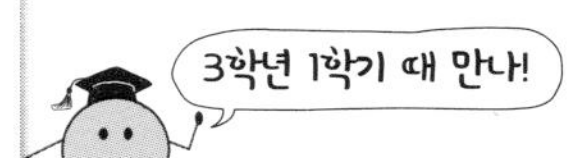
3학년 1학기 때 만나!

시각 읽기

짧은바늘 → '시',
긴바늘 → '분',
초바늘 → '초'를 나타냅니다.
➡ 5시 15분 5초

2 태하가 시각을 잘못 읽은 부분을 찾아 바르게 고쳐 보세요.

지금
몇 시 몇 분일까?
은희
긴바늘이 3을
가리키고 있으므로
5시 3분이야.
태하

▶ 시계에서 긴바늘이 숫자 3을 가리키고 있어.

바르게 고치기

3 시계에 시각을 나타내 보세요.

(1) 8:10

(2) 12:35

▶ 같은 시라도 분에 따라 짧은바늘의 위치가 달라져.

6시 10분

6에 가깝게

6시 50분

7에 가깝게

4 거울에 비친 시계가 나타내는 시각은 몇 시 몇 분일까요?

(　　　　　　　　　　)

내가 만드는 문제

5 ○ 안에 시각을 자유롭게 써넣고 시각을 설명해 보세요.

◯시 ◯분

시계의 짧은바늘이 ☐ 와/과 ☐ 사이에 있고, 긴바늘이 ☐ 을/를 가리키면 ☐ 시 ☐ 분입니다.

▶ 분은 5씩 커지는 시각을 써넣어야 해.

시계의 긴바늘이 가리키는 숫자는 왜 5분씩 커질까?

작은 눈금 5칸 = 숫자 눈금 1칸

긴바늘이 작은 눈금 1칸을 지나면 1분,

긴바늘이 작은 눈금 5칸을 지나면 ☐ 분입니다.

시계의 긴바늘이 가리키는 숫자는 5단 곱셈구구와 같아.

2 몇 시 몇 분 읽어 보기(2)

6 같은 시각을 나타내는 시계 붙임딱지를 붙여 보세요.

붙임딱지

▶ 1분: 시계에서 긴바늘이 가리키는 작은 눈금 한 칸

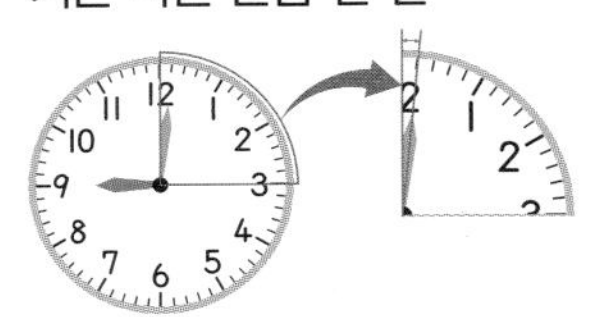

7 몇 시 몇 분에 무엇을 하는지 써 보세요.

☐시 ☐분에

▶ 시계의 시각을 알아보고 그 시각에 한 일을 써 봐.

8 시계에 시각을 나타내 보세요.

(1) 

(2) 

▶ 5단 곱셈구구에 가까운 수를 생각해.
11분 = 10분 + 1분
10분 → 5×2
➡ 10분에서 1분 더 간 곳

9 6시 48분을 시계에 바르게 나타낸 사람은 누구일까요?

민영

소진

윤정

( )

탄탄북

10 준서와 민지가 본 시계의 시각은 몇 시 몇 분인지 써 보세요.

▶ ●시 ▲분에 시계의 짧은바늘은 ●와 ● + 1 사이를 가리켜.

짧은바늘은 2와 3 사이를
가리키고 있어.
준서

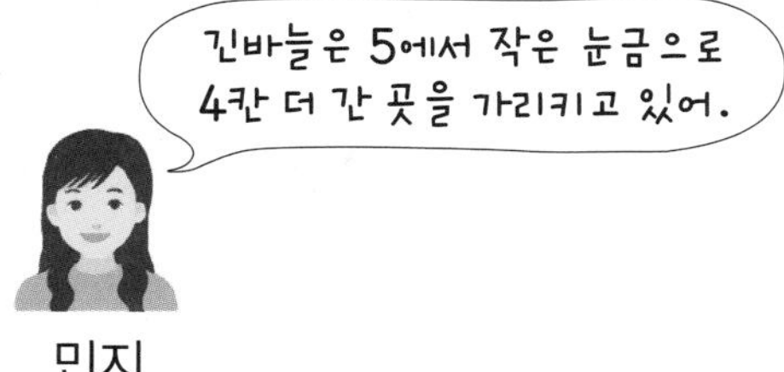
긴바늘은 5에서 작은 눈금으로
4칸 더 간 곳을 가리키고 있어.
민지

☐시 ☐분

4

내가 만드는 문제

11 오늘 아침에 일어난 시각을 써넣고, 오른쪽 시계에 시각을 나타내 보세요.

☐시 ☐분

1분 단위의 시각을 읽는 방법은?

방법 1

7에서 작은 눈금으로 3칸 더 간 곳

➡ 35분 + 3분 = 38분

방법 2

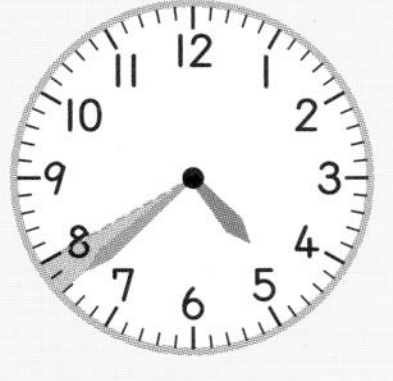

8에서 작은 눈금으로 2칸 덜 간 곳

➡ 40분 − 2분 = 38분

두 가지 방법으로
몇 분인지 알 수 있어!

➡ 시계가 나타내는 시각은 ☐시 ☐분입니다.

12 다음 시각에서 10분 전은 몇 시 몇 분일까요?

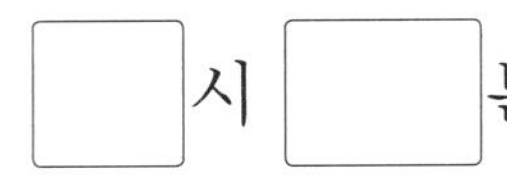

□시 □분

탄탄북

13 나타내는 시각이 다른 하나를 찾아 ○표 하세요.

7시 5분 전

14 □ 안에 알맞은 수를 써넣으세요.

(1) 4시 55분은 5시 □분 전입니다.

(2) 10시 10분 전은 9시 □분입니다.

(1) 4시 55분 —□분 후→ 5시

15 시계에 시각을 나타내 보세요.

(1) 6시 15분 전

(2) 11시 10분 전

16 선우와 지우가 아침에 일어난 시각입니다. 더 일찍 일어난 사람은 누구인지 이름을 써 보세요.

▶ 둘 중 더 빠른 시각을 찾아.

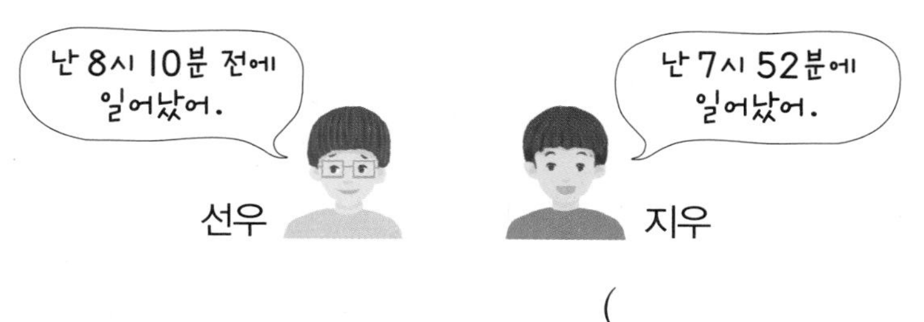

난 8시 10분 전에 일어났어.
선우
난 7시 52분에 일어났어.
지우

( )

내가 만드는 문제

17 ①과 ②의 두 회전판을 각각 한 번씩 돌려 나오는 시각을 시계에 나타내 보세요.

▶ ①에서 3시, ②에서 5분 전이 나왔다면 시계에 3시 5분 전의 시각을 나타내면 돼.

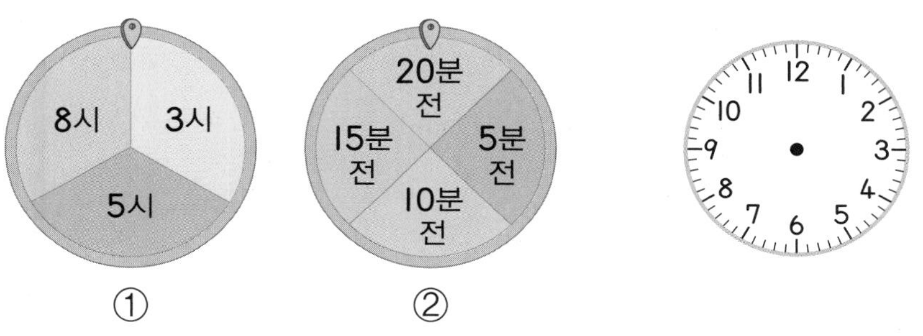

바르게 읽어 보면서 시각 읽는 방법을 확인해.

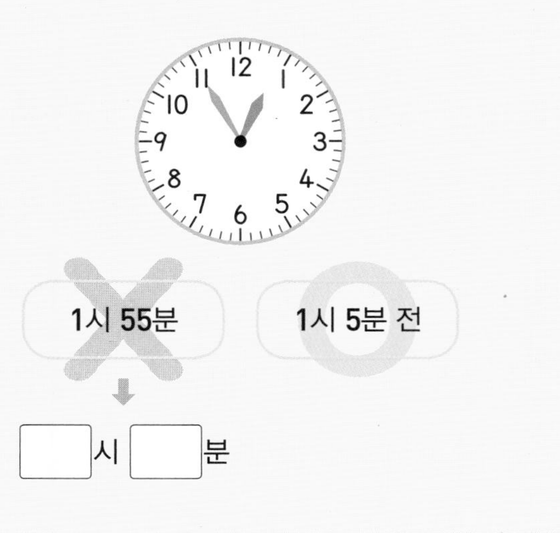

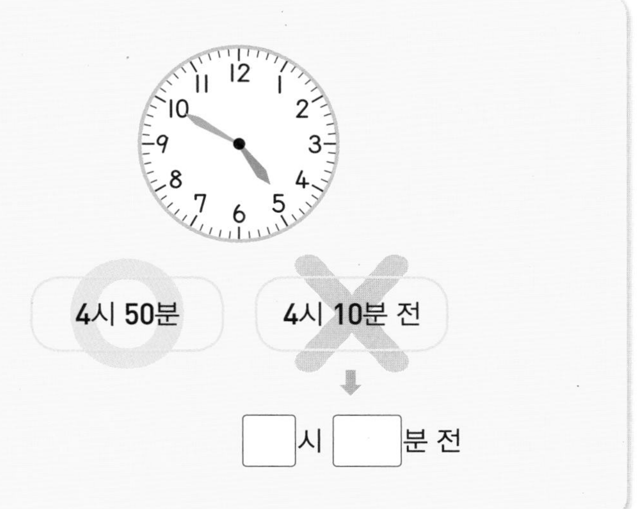

4 1시간에 긴바늘은 1바퀴를 돌아.

• **1시간 알아보기**

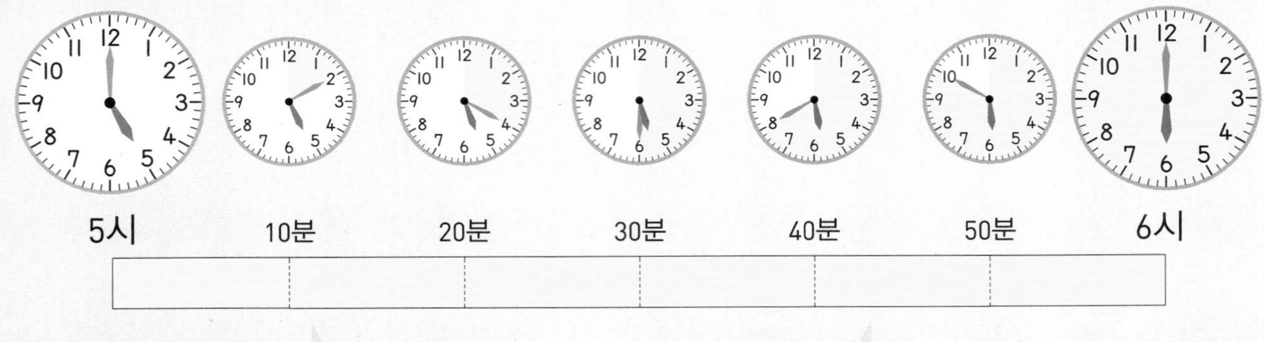

긴바늘이 한 바퀴 도는 데 걸린 시간

60분 = 1시간

짧은바늘이 5에서 6으로 움직이는 데 걸린 시간

1 동화책을 읽는 데 걸린 시간을 시간 띠에 색칠하고 구해 보세요.

시작한 시각 끝난 시각

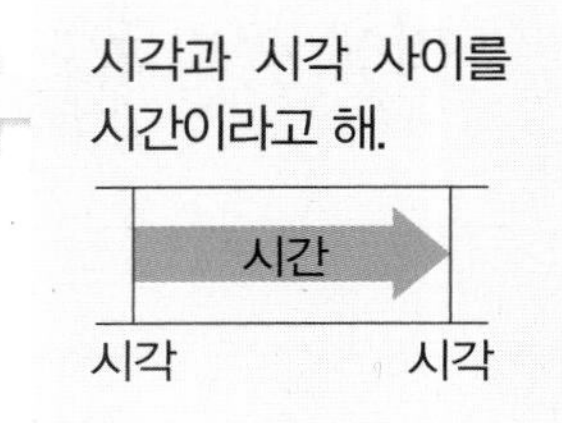

시각과 시각 사이를 시간이라고 해.
시간
시각
시각

3시 10분 20분 30분 40분 50분 4시 10분 20분 30분 40분 50분 5시

동화책을 읽는 데 걸린 시간은 ☐ (분 , 시간)입니다.

2 운동을 하는 데 걸린 시간을 구해 보세요.

시작한 시각 끝난 시각

짧은바늘이 9에서 10으로 한 칸 움직이는 동안 긴바늘은 시계 방향으로 1바퀴 돌아.

(1) 운동을 시작한 시각은 ☐시, 운동이 끝난 시각은 ☐시입니다.

(2) 운동을 하는 데 걸린 시간은 ☐시간입니다.

정답과 풀이 23쪽

5 걸린 시간은 긴바늘이 얼마 더 갔는지 보면 돼.

• 걸린 시간 구하기

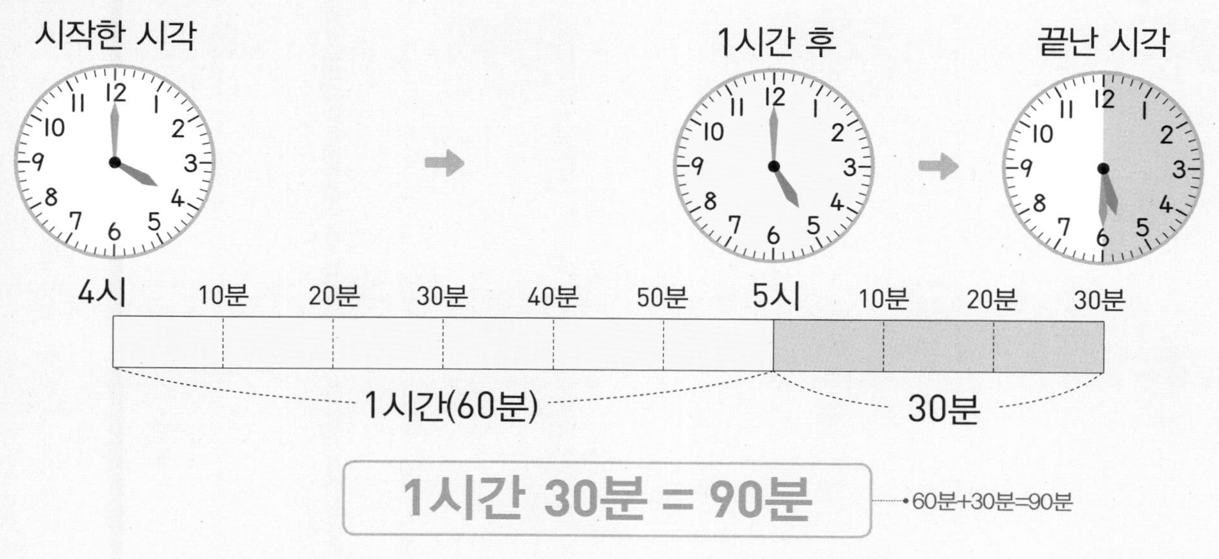

1시간 30분 = 90분 — 60분+30분=90분

1 두 시계를 보고 시간이 얼마나 흘렀는지 시간 띠에 색칠하고 구해 보세요.

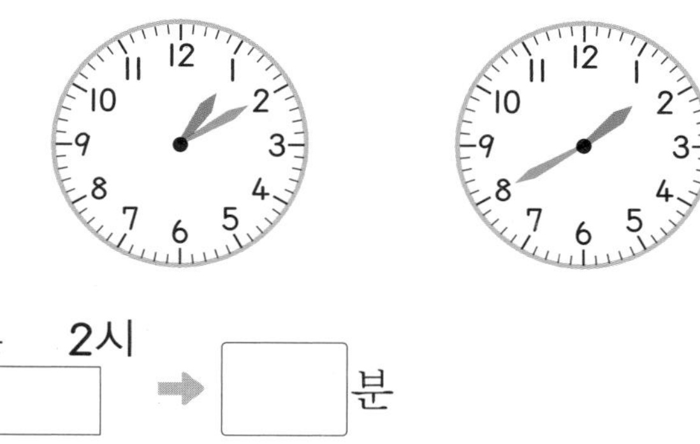

1시 10분 20분 30분 40분 50분 2시 → ☐분

2 재유가 그림 그리기를 하는 데 걸린 시간을 구해 보세요.

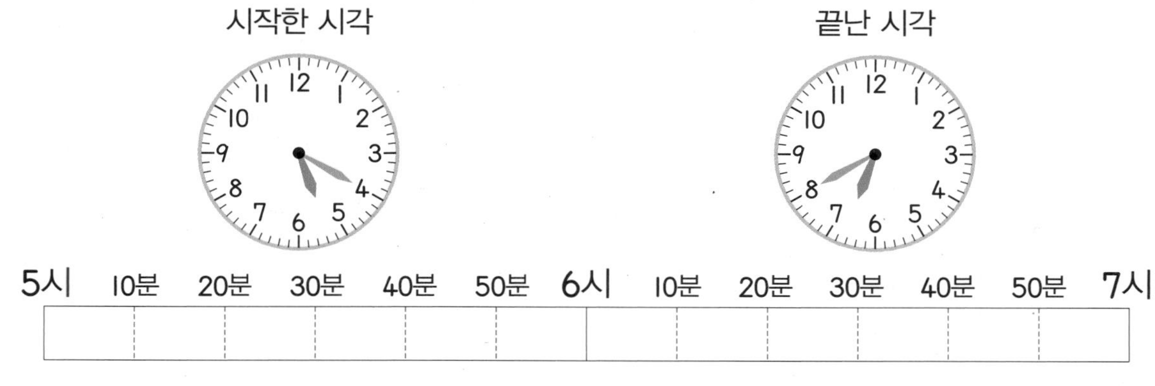

5시 10분 20분 30분 40분 50분 6시 10분 20분 30분 40분 50분 7시

(1) 그림 그리기를 하는 데 걸린 시간을 시간 띠에 색칠해 보세요.

(2) 그림 그리기를 하는 데 걸린 시간은 ☐시간 ☐분입니다.

6 하루 동안 짧은바늘은 2바퀴, 긴바늘은 24바퀴를 돌아.

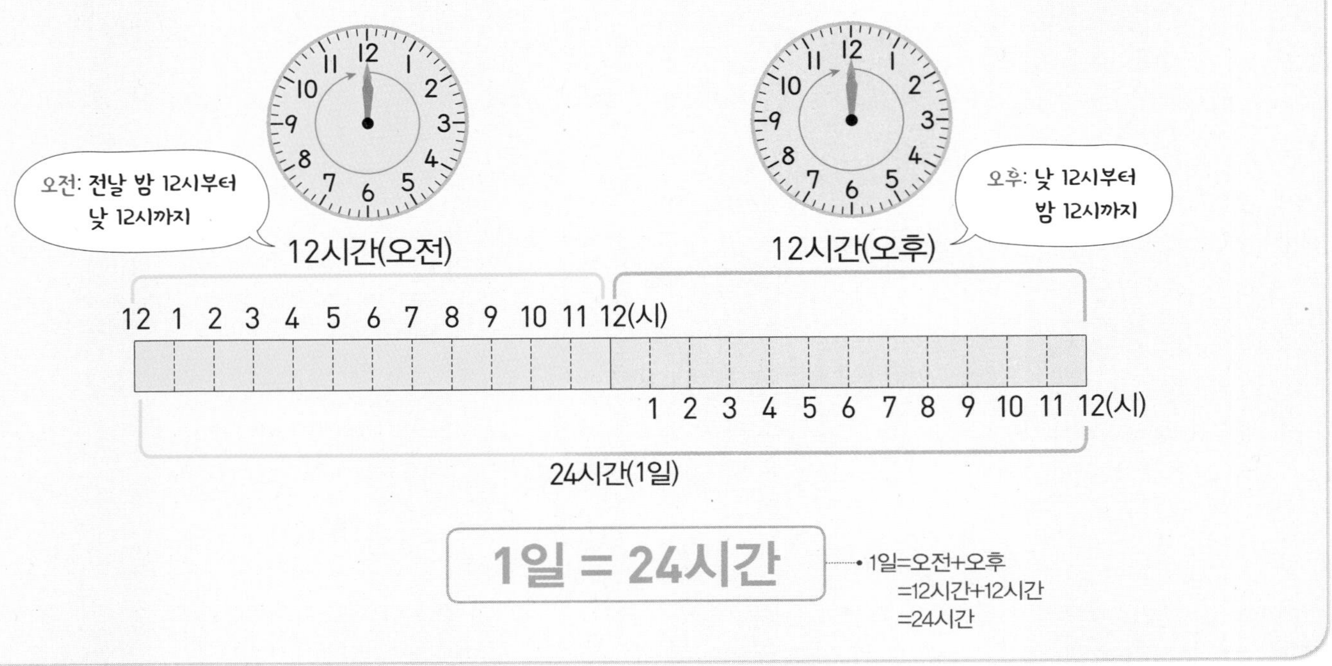

1일 = 24시간

1일=오전+오후
=12시간+12시간
=24시간

1 알맞은 말에 ○표 하세요.

> 전날 밤 12시부터 낮 12시까지를 (오전 , 오후)(이)라 하고
> 낮 12시부터 밤 12시까지를 (오전 , 오후)(이)라고 합니다.

2 영하의 생활 계획표를 보고 물음에 답하세요.

하는 일	아침 식사	학교 생활	점심 식사	취미 활동	저녁 식사	독서	휴식 및 잠
걸린 시간	1시간	4시간		4시간			

(1) 영하가 계획한 일을 하는 데 걸리는 시간을 표에 써넣으세요.

(2) 영하가 계획한 일을 전부 하려면 모두 몇 시간이 걸릴까요?

( )

(3) 하루는 몇 시간일까요?

□일 = □시간

3 □ 안에 오전과 오후를 알맞게 써넣으세요.

(1) 새벽 4시 ➡ □　　(2) 낮 2시 ➡ □

(3) 밤 9시 ➡ □　　(4) 아침 7시 ➡ □

4 □ 안에 알맞은 수를 써넣으세요.

(1) 1일 4시간 = □시간 + 4시간 = □시간

(2) 32시간 = 24시간 + □시간

= □일 + □시간 = □일 □시간

5 민우가 놀이공원에 들어간 시각과 나온 시각을 나타낸 것입니다. 민우가 놀이공원에 있었던 시간을 구해 보세요.

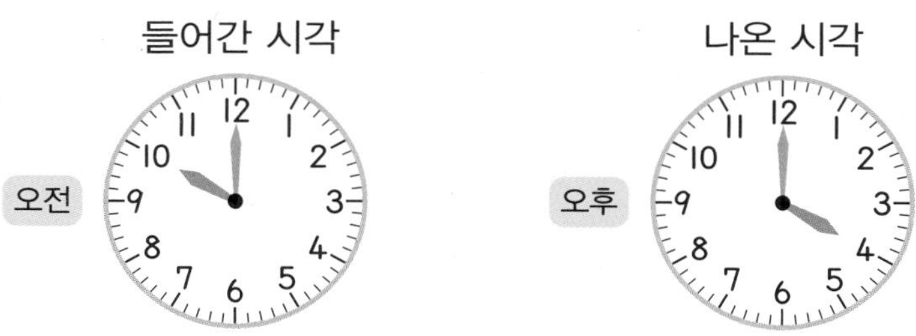

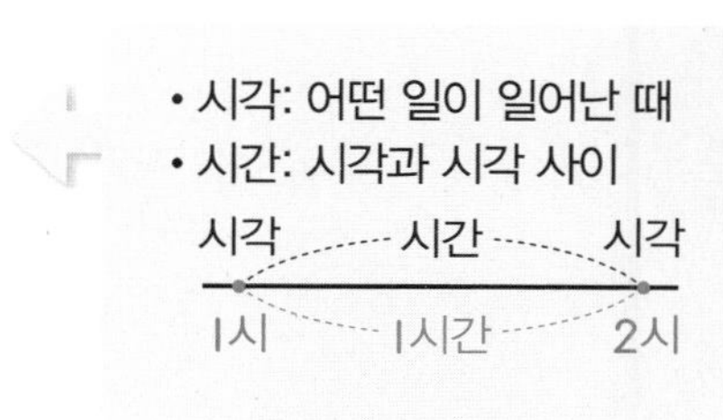

(1) 놀이공원에 들어간 시각은 (오전 , 오후) □시입니다.

(2) 놀이공원에서 나온 시각은 (오전 , 오후) □시입니다.

(3) 민우가 놀이공원에 있었던 시간을 시간 띠에 색칠해 보세요.

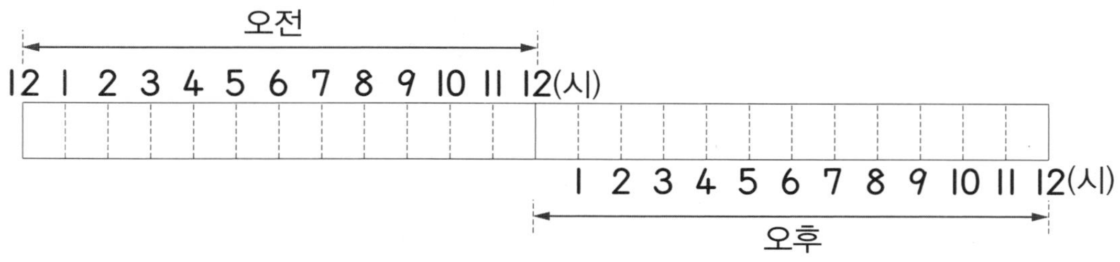

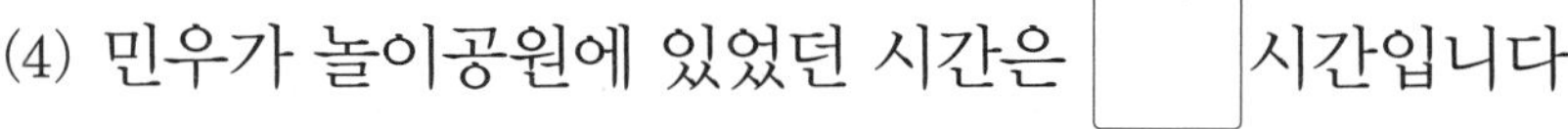
(4) 민우가 놀이공원에 있었던 시간은 □시간입니다.

7 1주일은 7일이고 1년은 12개월이야.

● **달력 알아보기**

7월

	일	월	화	수	목	금	토
첫째 주			1	2	3	4	5
둘째 주	6	7	8	9	10	11	12
셋째 주	13	14	15	16	17	18	19
넷째 주	20	21	22	23	24	25	26
다섯째 주	27	28	29	30	31	1	2

+7일 +7일 +7일 +7일

•8월 1일은 금요일입니다.

• 같은 요일은 7일마다 반복됩니다.
• 색칠된 기간은 일주일입니다.

1주일 = 7일

시작하는 요일에
상관없이 7일 동안의
시간이 1주일이야.

● **각 월의 날수 알아보기**

월	1	2	3	4	5	6	7	8	9	10	11	12
날수(일)	31	28 (29)	31	30	31	30	31	31	30	31	30	31

•2월은 4년에 한 번씩 29일입니다.

1년 = 12개월

1 어느 해의 4월 달력을 보고 물음에 답하세요.

4월

일	월	화	수	목	금	토
			1	2	3	4
5	6	7	8	9	10	11
12	13	14	15	16	17	18
19	20	21	22	23	24	25
26	27	(28)	29	30		

(1) 4월은 모두 며칠일까요?

( )

(2) 4월 17일은 무슨 요일일까요?

( )

(3) 목요일인 날짜를 모두 쓴 것입니다. □ 안에 알맞은 수를 써넣으세요.

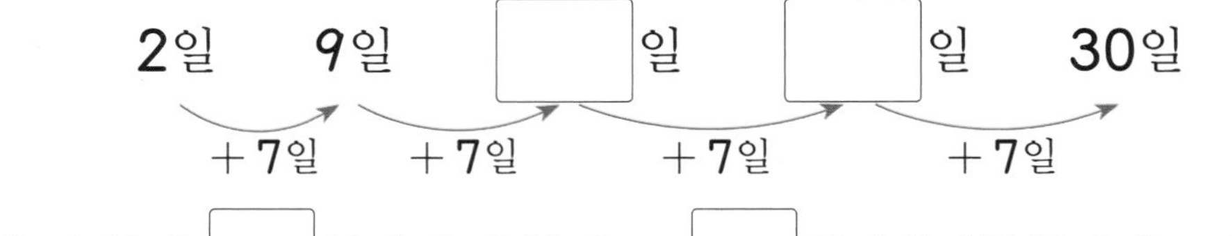

같은 요일이 □일마다 반복되고, □일간을 1주일이라고 합니다.

(4) ○표 한 날은 몇 월 며칠이고 무슨 요일일까요?

( )

2 어느 해의 12월 달력을 보고 물음에 답하세요.

12월

일	월	화	수	목	금	토
1	2	3	4	5	6	7
8	9	10	11	12	13	14
15	16	17	18	19	20	21
22	23	24	25	26	27	28
29	30	31				

(1) 12월 25일 성탄절은 무슨 요일일까요?

( )

(2) 12월의 토요일의 날짜를 모두 써 보세요.

( )

(3) 12월 23일부터 1주일 후는 몇 월 며칠일까요?

( )

3 □ 안에 알맞은 수를 써넣으세요.

(1) 2주일 = □일

(2) 24개월 = □년

1년의 월수를 셀 때는 1개월, 2개월, ...이라 하고, 1월, 2월, ...이라고 세지 않아.

(3) 16일 = 7일 + 7일 + □일 = □주일 + □일

= □주일 □일

(4) 30개월 = 12개월 + 12개월 + □개월

= □년 + □개월 = □년 □개월

4 왼쪽 달력이 될 수 있는 월을 모두 찾아 ○표 하세요.

일	월	화	수	목	금	토
	1	2	3	4	5	6
7	8	9	10	11	12	13
14	15	16	17	18	19	20
21	22	23	24	25	26	27
28	29	30				

3월 ( )

11월 ( )

6월 ( )

2월 ( )

개념 적용

4 1시간 알아보기

1 □ 안에 알맞은 수를 써넣으세요.

▶ 시간을 분으로, 분을 시간으로 나타내 봐.

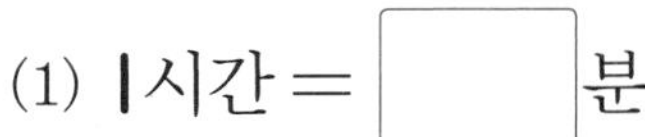

(1) 1시간 = □ 분 (2) 120분 = □ 시간

2 다음 시각에서 60분이 지나면 몇 시 몇 분일까요?

▶ 60분이 지나면 시계의 긴바늘은 한 바퀴 돌아.

(　　　　　　　)

3 지우는 친구들과 함께 1시간 동안 학교 화단 정리를 하기로 했습니다. 시계를 보고 몇 분 더 해야 하는지 구해 보세요.

▶ 화단 정리를 시작한 시각에서 1시간이 지난 시각을 알아봐.

시작한 시각

지금 시각

(　　　　　　　)

탄탄북

4 축구 경기가 7시에 전반전을 시작하여 45분 동안 경기를 하고 15분 동안 쉬었습니다. 후반전 경기가 시작되는 시각을 구해 보세요.

▶ 후반전은 전반전이 끝나고 쉬는 시간 후에 시작돼.

(　　　　　　　)

5 시계의 짧은바늘이 2에서 6까지 가는 동안에 긴바늘은 모두 몇 바퀴 돌까요?

( )

1시간 후

내가 만드는 문제

6 직업 한 가지당 1시간씩 직업 체험을 하는 곳이 있습니다. 하고 싶은 직업 체험을 몇 가지 정한 다음 직업 체험에 걸린 시간을 구하고 끝난 시각을 나타내 보세요.

직업 체험 종류

소방관	의사	변호사
우주비행사	요리사	미용사

하고 싶은 직업 체험 ( )

걸린 시간 ( )

시작한 시각

끝난 시각

시각과 시간의 차이는?

시각

6시 10분 20분 30분 40분

시간

6시 5분 10분 15분 20분

(시각 , 시간)은 어떤 일이 바로 일어난 때이고,
(시각 , 시간)은 어떤 시각과 시각 사이를 나타냅니다.

7 □ 안에 알맞은 수를 써넣으세요.

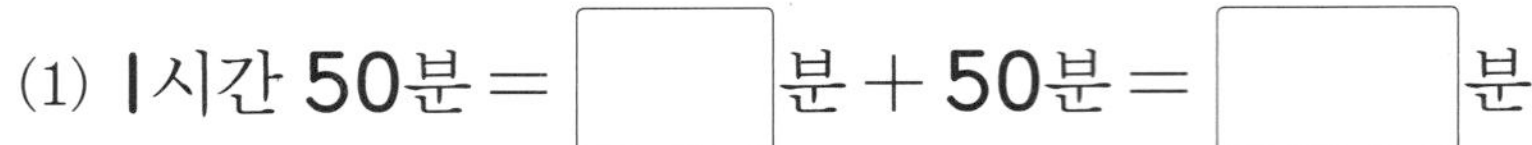

(1) 1시간 50분 = □분 + 50분 = □분

(2) 130분 = 60분 + 60분 + □분

= □시간 + □분 = □시간 □분

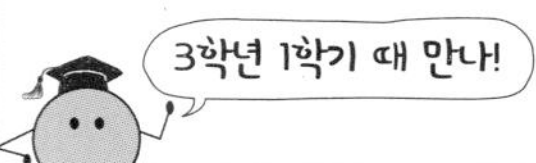

60초 알아보기

60초: 초바늘이 시계를 한 바퀴 도는 데 걸리는 시간

60초 = 1분

7+ 1분 = 60초입니다. □ 안에 알맞은 수를 써넣으세요.

(1) 2분 = □초 (2) 180초 = □분

8 자전거를 타고 이동하는 데 걸린 시간을 시간 띠에 색칠하고 구해 보세요.

▶ 시간 띠의 6칸은 1시간이야.

• 집에서 도서관까지: □시간 □분 = □분

• 도서관에서 공원까지: □시간 □분 = □분

9 승호가 운동을 하는 데 걸린 시간은 몇 시간 몇 분일까요?

▶ 먼저 시작한 시각부터 1시간 후의 시각을 알아봐.

시작한 시각

끝난 시각

( )

10 걸린 시간이 같은 활동끼리 이어 보세요.

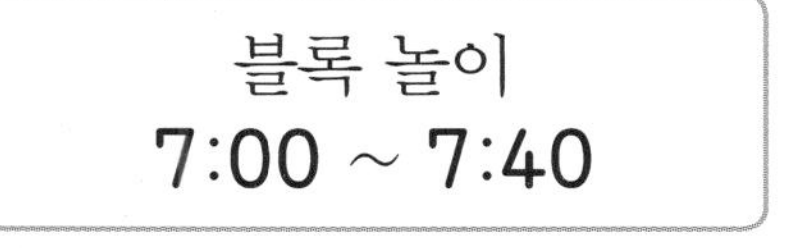

블록 놀이 7:00 ~ 7:40 •   • 독서 1:00 ~ 2:40

등산 3:10 ~ 4:50 •   • 피아노 연습 9:20 ~ 10:00

▶ 걸린 시간이 몇 분인지, 몇 시간 몇 분인지 알아봐.

11 서울에서 자동차를 타고 출발하여 강릉에 도착한 시각입니다. 서울에서 강릉까지 가는 데 걸린 시간은 몇 시간 몇 분일까요?

서울에서 출발한 시각	8시 20분
강릉에 도착한 시각	10시 40분

(   )

▶ 걸린 시간을 1시간씩 잘라 생각해.

내가 만드는 문제

12 오늘 수학 공부를 시작한 시각과 끝낸 시각을 시간 띠에 색칠하고, 공부한 시간을 구해 보세요.

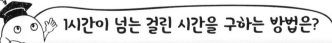

□시	10분	20분	30분	40분	50분	□시	10분	20분	30분	40분	50분	□시	10분	20분

(   )

1시간이 넘는 걸린 시간을 구하는 방법은?

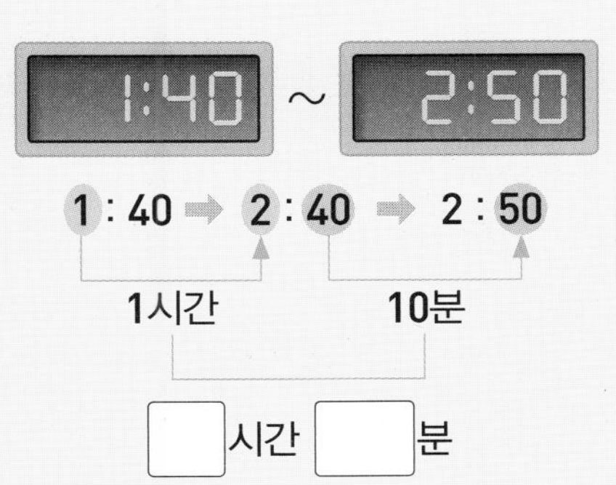

1시간 또는 2시간 지났을 때를 구한 후 몇 분이 더 걸리는지 살펴봐.

13 □ 안에 오전과 오후를 알맞게 써넣으세요.

(1) 유리는 □ 3시 20분에 피아노 학원에 갔습니다.

(2) 오늘 서울의 해 뜨는 시각은 □ 5시 25분입니다.

14 오른쪽 시각에서 긴바늘과 짧은바늘이 각각 한 바퀴 돌았을 때 가리키는 시각을 구해 보세요.

오전

(1) 긴바늘이 한 바퀴 돌았을 때:

(오전 , 오후) □시 □분

(2) 짧은바늘이 한 바퀴 돌았을 때:

(오전 , 오후) □시 □분

▶ 긴바늘이 12바퀴를 돌면 짧은바늘은 1바퀴를 돌아.

15 기범이는 오전 11시부터 오후 3시까지 봉사활동을 했습니다. 기범이가 봉사활동을 한 시간은 몇 시간일까요?

( )

▶ 낮 12시가 지나면 오후가 돼.

16 민지의 일기를 보고 □ 안에 알맞은 수를 써넣으세요.

○월 ○○일 ○요일 날씨: 맑음

미술관에 오전 [시계] 에 들어가서 오후 2시 10분 전에 미술관에서 나왔습니다. 내가 오늘 미술관에 있었던 시간은 □시간 □분입니다.

▶ 먼저 2시 10분 전이 몇 시 몇 분인지 알아보자.

17 지아네 가족의 1박 2일 여행 일정표를 보고 물음에 답하세요.

첫날

시간	일정
9:00~11:00	부산으로 이동
11:00~12:30	해운대 해수욕장 구경
12:30~1:30	점심 식사
1:30~3:00	동백섬 구경
⋮	⋮

다음날

시간	일정
9:00~10:00	아침 식사
10:00~12:00	자갈치 시장 구경
12:00~1:00	점심 식사
⋮	⋮
7:00~9:00	집으로 이동

(1) 바르게 말한 것에 ○표 하세요.

첫날 오전에 동백섬을 구경했습니다. (　　　)

다음날 오전에 자갈치 시장을 구경했습니다. (　　　)

(2) 지아네 가족이 여행하는 데 걸린 시간은 모두 몇 시간일까요?

(　　　　　　　　)

▶ 여행하는 데 걸린 시간

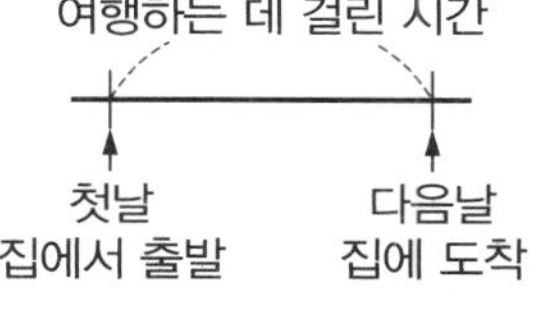

집에서 출발

내가 만드는 문제

18 서울이 오후 5시이면 태국의 방콕은 같은 날 오후 3시입니다. □ 안에 서울의 시각을 자유롭게 써넣고 그때의 방콕의 시각을 구해 보세요.

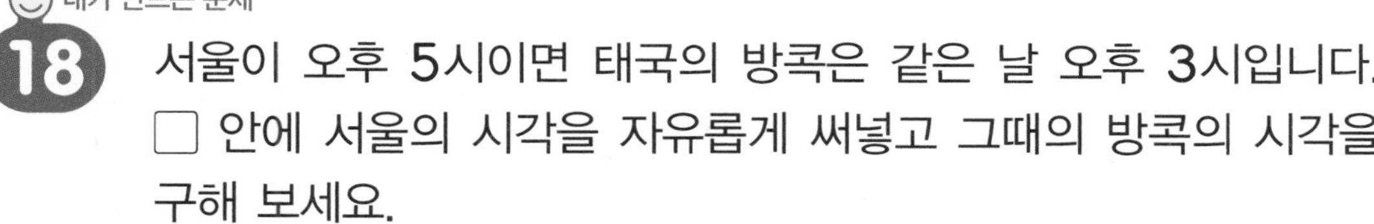

▶ 방콕은 서울보다 2시간 느려.

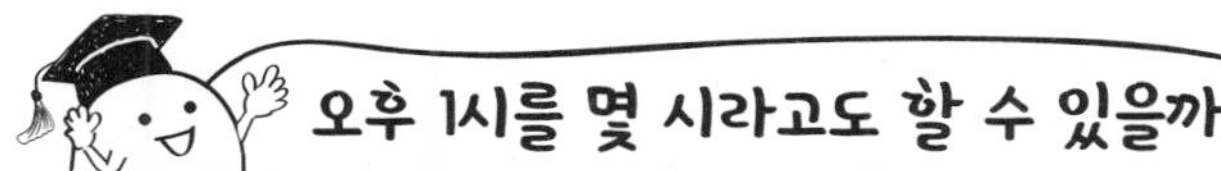

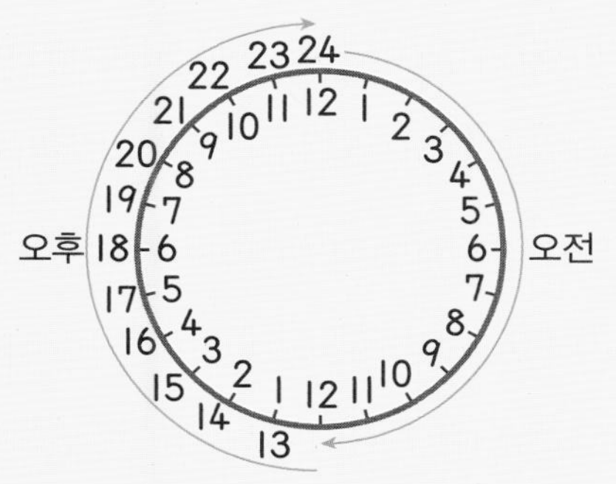

오후 1시를 몇 시라고도 할 수 있을까?

오전 11시 ➡ 11시
낮 12시 ➡ 12시
오후 1시 ➡ 13시
오후 2시 ➡ 14시
오후 3시 ➡ 15시
⋮

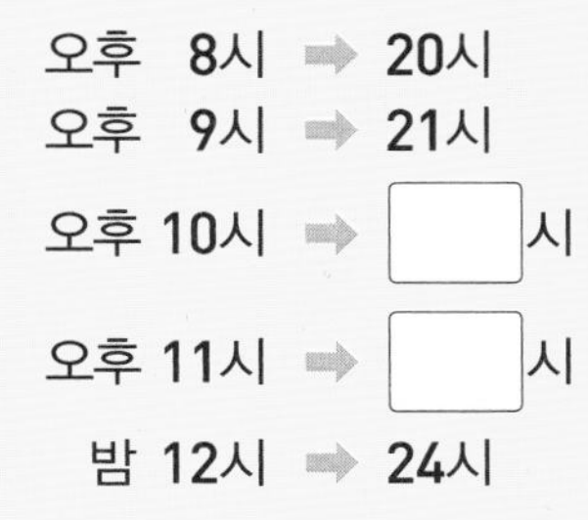

⋮
오후 8시 ➡ 20시
오후 9시 ➡ 21시
오후 10시 ➡ 시
오후 11시 ➡ 시
밤 12시 ➡ 24시

19 어느 해의 6월 달력을 보고 물음에 답하세요.

6월

일	월	화	수	목	금	토
	1	2	3	4	5	6
7 성재 생일	8	9	10	11	12	13
14	15	16	17	18	19	20
21	22	23	24	25	26	27
28	29	30				

(1) 6월에 수요일은 모두 몇 번 있을까요?

( )

▶ 달력에서는 7일마다 같은 요일이 반복돼.

(2) 6월 6일부터 6월 15일까지는 모두 며칠일까요?

( )

(3) 수하의 생일은 성재 생일의 일주일 전입니다. 몇 월 며칠일까요?

( )

▶ 성재 생일은 6월 7일이야.

(4) 재빈이의 생일은 성재 생일의 20일 후입니다. 몇 월 며칠이고 무슨 요일일까요?

( )

20 어느 해의 10월 달력을 보고 물음에 답하세요.

▶ 10월의 마지막 날까지 날짜를 써.

10월

일	월	화	수	목	금	토
				1	2	3
4	5		7			
11					16	17
18	19	20				
25	26	27	28			

(1) 달력을 완성해 보세요.

(2) 넷째 목요일에 학예회를 한다고 합니다. 학예회를 하는 날을 찾아 달력에 ○표 하세요.

탄탄북

21 수영을 연주는 2년 7개월 동안 배웠고, 소진이는 30개월 동안 배웠습니다. 수영을 더 오래 배운 사람은 누구일까요?

( )

▶ 1년은 12개월이야.

22 어느 해의 8월 달력의 일부분입니다. 8월의 마지막 날은 무슨 요일인지 구해 보세요.

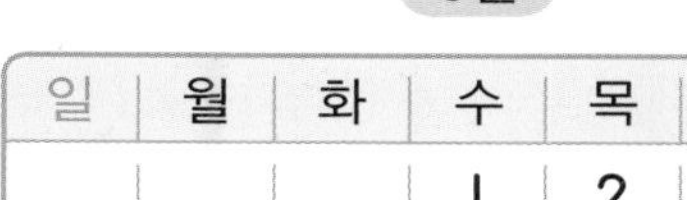

8월

일	월	화	수	목	금	토
			1	2	3	4
5			8	9		

( )

▶ 8월이 며칠까지 있는지 생각해 봐.

내가 만드는 문제

23 내 생일은 몇 월 며칠인지 쓰고, 내 생일로부터 10일 후는 몇 월 며칠인지 써 보세요.

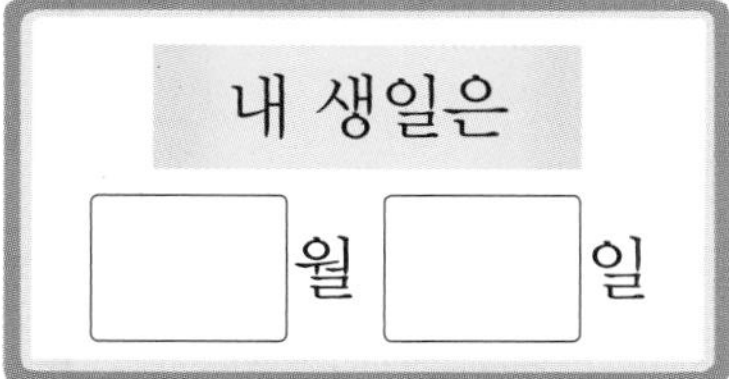

( )

각 월의 날수를 쉽게 알 수 있는 방법은?

주먹을 쥐었을 때 올라온 부분은 31일,
내려간 부분은 30일입니다.
2월만 28일(또는 29일)입니다.

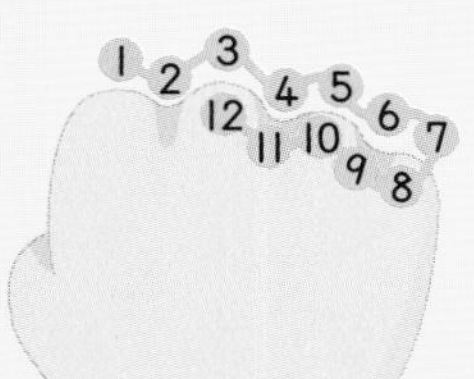

주먹을 쥐어 보면 각 월은 며칠까지 있는지 알 수 있어.

월	1	2	3	4	5	6	7	8	9	10	11	12
날수(일)	31	28(29)		30	31		31	31		31	30	

4

발전 문제

1 걸린 시간 비교하기

윤아와 재석이가 영어 공부를 시작한 시각과 마친 시각을 나타낸 표입니다. 영어 공부를 더 오래 한 사람의 이름을 써 보세요.

	시작한 시각	마친 시각
윤아	1시 40분	3시 10분
재석	4시	5시 20분

( )

1시간 후의 시각을 알아본 다음 ▲분 후를 생각해.

1시 10분 —1시간→ 2시 10분 —10분→ 2시 20분

2 시작한 시각 구하기

지수는 1시간 30분 동안 등산을 하였습니다. 등산을 끝낸 시각이 5시 45분이라면 등산을 시작한 시각은 몇 시 몇 분일까요?

( )

5시 45분에서 1시간 30분 전의 시각을 구해 봐.

5시 45분

30분 전 1시간 전

1+ 형주와 서연이가 만들기를 시작한 시각과 마친 시각을 나타낸 표입니다. 만들기를 더 오래 한 사람의 이름을 써 보세요.

	시작한 시각	마친 시각
형주	6시 50분	8시
서연	2시 30분	3시 50분

( )

2+ 은정이는 서울에서 출발하여 여수에 가는 기차를 2시간 50분 동안 탔습니다. 기차가 도착한 시각이 10시 30분이라면 기차가 출발한 시각은 몇 시 몇 분일까요?

( )

3 거울에 비친 시계의 시각 알아보기

거울에 비친 시계를 보고 몇 시 몇 분 전으로 읽어 보세요.

(   )

거울에 비친 모양은 옆으로 뒤집은 모양과 같아.

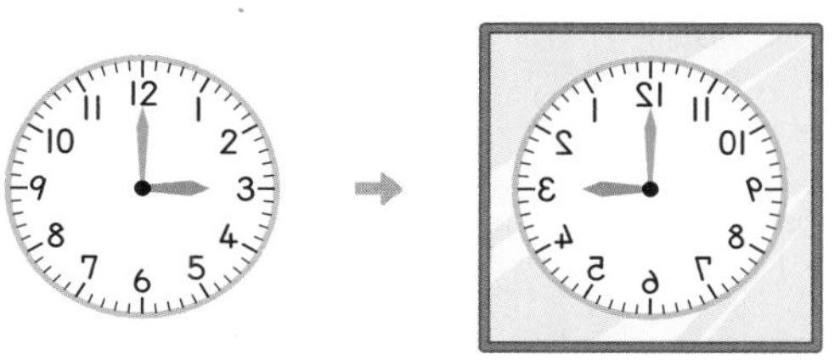

3+ 거울에 비친 시계를 보고 몇 시 몇 분 전으로 읽어 보세요.

(   )

4 수업이 시작하는 시각 구하기

유원이네 학교는 오전 9시에 1교시 수업을 시작하여 50분 동안 수업을 하고 10분 동안 쉽니다. 3교시 수업이 시작하는 시각은 몇 시일까요?

(   )

시간 띠에서 수업 시간은 5칸이고, 쉬는 시간은 1칸이야.

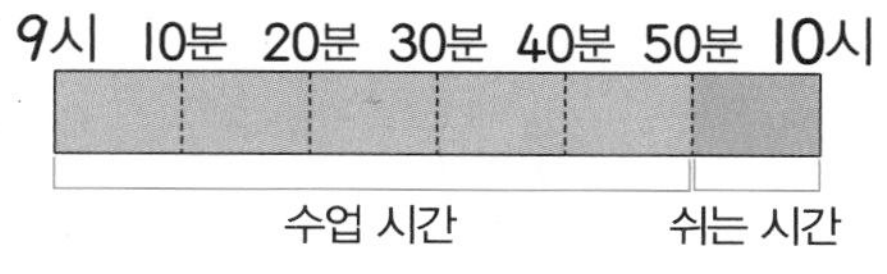

4+ 성민이네 학교는 오전 8시 40분에 1교시 수업을 시작하여 50분 동안 수업을 하고 10분 동안 쉽니다. 3교시 수업이 시작하는 시각은 몇 시 몇 분일까요?

(   )

4

5 요일 구하기

어느 해의 4월 달력입니다. 같은 해 5월 3일은 무슨 요일일까요?

( )

먼저 4월의 마지막 날이 무슨 요일인지 알아봐.

4월			5월		
28	29	30	1	2	3

6 기간 구하기

도서 박람회를 하는 기간은 며칠일까요?

도서 박람회
기간 ┃ 3월 15일 ~ 5월 7일

( )

세 달로 나누어 생각해 봐.

3월 15일 3월 31일 4월 30일 5월 7일

5+ 어느 해의 10월 달력입니다. 같은 해 11월 5일은 무슨 요일일까요?

( )

6+ 피아노 연주회를 하는 기간은 며칠일까요?

( )

단원 평가

|점수 |확인

1 시계를 보고 □ 안에 알맞은 수를 써넣으세요.

9시 □분

2 시각에 맞게 긴바늘을 그려 넣으세요.

3 같은 시각끼리 이어 보세요.

4 □ 안에 오전, 오후를 알맞게 써넣으세요.

지후는 □ 12시 30분에 점심을 먹습니다.

5 시계를 보고 몇 시 몇 분인지 써 보세요.

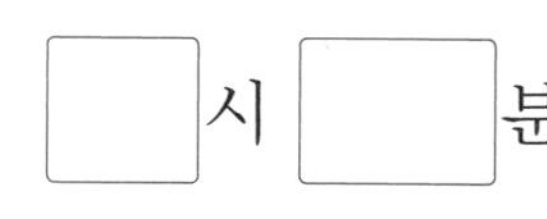

□시 □분

6 각 월의 날수를 빈칸에 써넣으세요.

월	1	3	4	7	9	12
날수(일)						

7 어느 해의 8월 달력입니다. 8월에 월요일이 모두 몇 번 있을까요?

8월

일	월	화	수	목	금	토
		1	2	3	4	5
6	7	8	9	10	11	12
13	14	15	16	17	18	19
20	21	22	23	24	25	26
27	28	29	30	31		

( )

8 □ 안에 알맞은 수를 써넣으세요.

(1) 15개월 = □년 □개월

(2) 2년 2개월 = □개월

4

9 시계의 시각을 잘못 읽은 사람을 찾아 이름을 써 보세요.

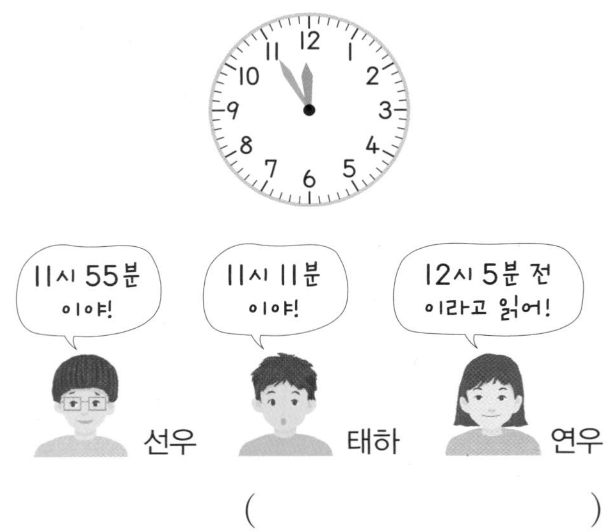

11시 55분 이야!
11시 11분 이야!
12시 5분 전 이라고 읽어!
선우
태하
연우

( )

10 □ 안에 알맞은 수를 써넣으세요.

(1) 3시 50분은 4시 □분 전입니다.

(2) 7시 1분 전은 □시 □분입니다.

11 다음 중 잘못된 것은 어느 것일까요? ( )

① 3시간 = 180분
② 1일 6시간 = 30시간
③ 25일 = 3주일 4일
④ 1년 7개월 = 19개월
⑤ 28개월 = 2년 6개월

12 민중이는 8월에 하루도 빠짐없이 줄넘기를 하였습니다. 민중이가 8월에 줄넘기를 한 날수는 모두 며칠일까요?

( )

13 지금은 5일 오후 8시 30분입니다. 시계의 짧은바늘이 한 바퀴 돌면 며칠 몇 시 몇 분일까요?

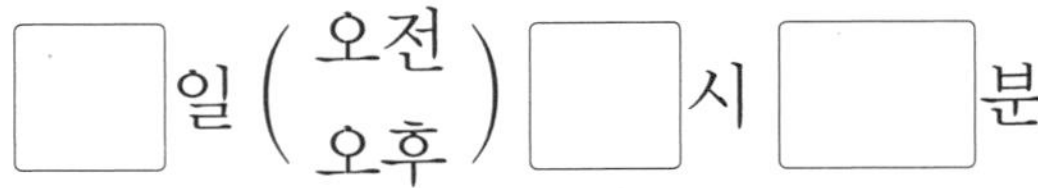

14 승주와 유호가 학교에 도착한 시각입니다. 더 빨리 도착한 사람은 누구일까요?

( )

15 은혁이는 뮤지컬을 보러 공연장에 갔습니다. 은혁이가 공연장에서 보낸 시간은 몇 분일까요?

공연 시간표	
1부	3 : 30 ~ 4 : 10
	쉬는 시간 5분
2부	4 : 15 ~ 4 : 55

( )

정답과 풀이 26쪽

16 시계가 멈춰서 다시 시각을 맞추려고 합니다. 긴바늘을 몇 바퀴만 돌리면 되는지 구해 보세요.

( )

17 서울에서 출발하여 부산에 가는 기차를 2시간 40분 동안 탔습니다. 기차가 도착한 시각이 12시 30분이라면 기차가 출발한 시각은 몇 시 몇 분일까요?

( )

18 어느 해의 7월 달력의 일부분입니다. 7월의 마지막 날은 무슨 요일일까요?

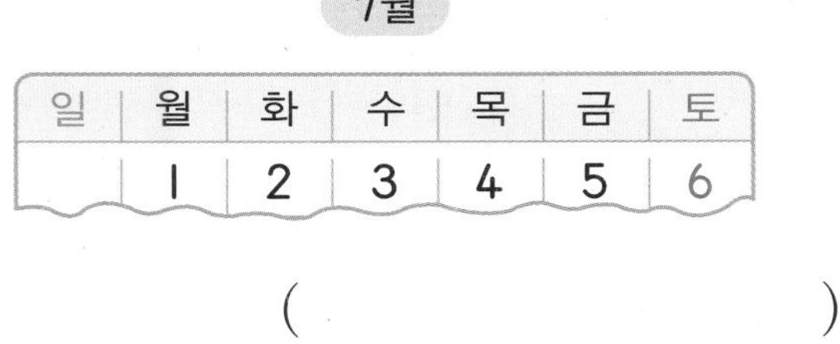
7월

일	월	화	수	목	금	토
	1	2	3	4	5	6

( )

술술 서술형

19 서하는 30분씩 6가지 직업을 체험했습니다. 직업 체험이 끝난 시각을 구하려고 합니다. 풀이 과정을 쓰고 답을 구해 보세요.

풀이

답

20 지수네 가족이 가족 캠프를 다녀오는 데 걸린 시간을 구하려고 합니다. 풀이 과정을 쓰고 답을 구해 보세요.

첫날 출발한 시각: 7:30 오전

다음날 도착한 시각: 5:30 오후

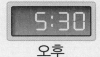

풀이

답

5 표와 그래프

아항!
키가 자라니까
몸무게도 느는 거구나!
60키로
134 cm
132 cm
40키로
130 cm
30키로
글쎄… 그게
전부는 아닐 것 같은데?

분류한 것을 한눈에 알아보기 쉽게 나타낼 수 있어!

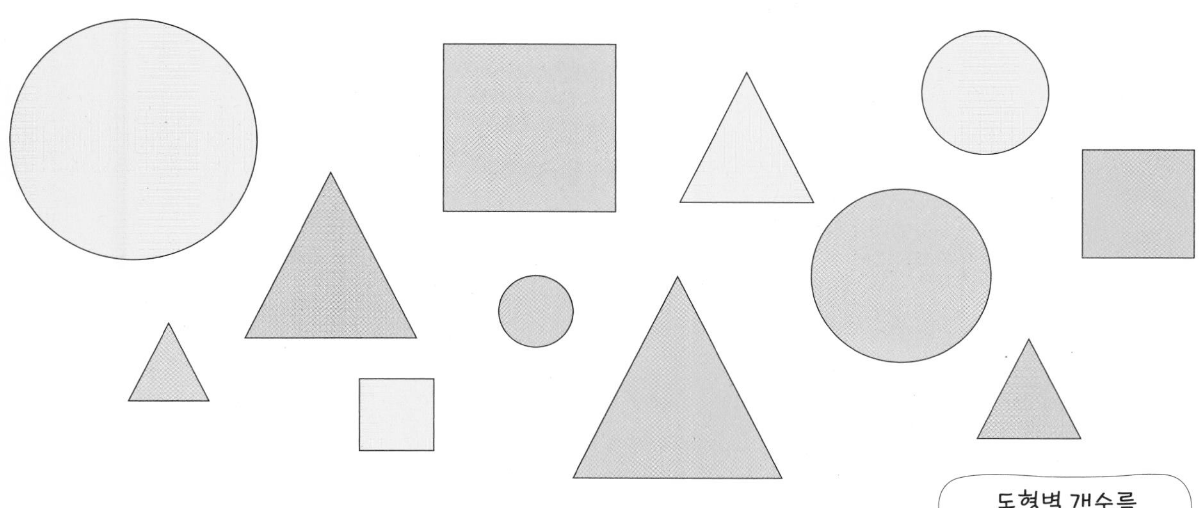

도형별 개수를
세어 표로 나타냈어.

● 표로 나타내기

도형	삼각형	사각형	원	합계
개수(개)	5	3	4	12

● 그래프로 나타내기

5	○		
4	○		○
3	○	○	○
2	○	○	○
1	○	○	○
개수(개) / 도형	삼각형	사각형	원

그래프의 가로에는 도형,
세로에는 개수를 나타냈어.

1 자료를 빠뜨리거나 중복되지 않게 세어 분류한 후 표로 나타내자.

자료

• 누가 어떤 운동을 좋아하는지 쉽게 알 수 있습니다.

표

좋아하는 운동별 학생 수

운동	축구	농구	야구	배구	합계
학생 수 (명)	5	3	2	2	12

• 좋아하는 운동별 학생 수를 한눈에 알 수 있습니다.

• 조사한 전체 학생 수를 쉽게 알 수 있습니다. (전체 학생 수 → 합계)

1 민주네 반 학생들이 좋아하는 꽃을 조사하였습니다. 물음에 답하세요.

좋아하는 꽃

장미 민주	해바라기 유리	튤립 민호	백합 승아	해바라기 준호	장미 은석
장미 지연	튤립 수진	장미 은정	백합 석훈	튤립 재민	백합 연재

(1) 학생들이 좋아하는 꽃을 보고 학생들의 이름을 써넣으세요.

장미	해바라기	튤립	백합
민주,	유리,	민호,	승아,

(2) 좋아하는 꽃별 학생 수를 표로 나타내 보세요.

좋아하는 꽃별 학생 수

꽃	장미	해바라기	튤립	백합	합계
학생 수(명)					

합계에 전체 학생 수를 써야 해.

2 유정이네 반 학생들이 태어난 계절을 조사하였습니다. 물음에 답하세요.

태어난 계절

봄 유정	가을 은미	여름 예진	겨울 현주	가을 진석	여름 보라
가을 서연	봄 희재	겨울 영웅	봄 지혜	가을 윤영	겨울 동원

자료 조사 방법으로 한 사람씩 말하기, 손 들기, 붙임 종이에 적기 등 다양한 방법이 있어.

(1) 희재가 태어난 계절은 무엇일까요?

( )

(2) 유정이네 반 학생은 모두 몇 명일까요?

( )

(3) 자료를 보고 표로 나타내 보세요.

태어난 계절별 학생 수

계절	봄	여름	가을	겨울	합계
학생 수(명)					

자료를 조사하여 표로 나타내는 방법
① 무엇을 조사할지 정해.
② 조사할 방법을 정해.
③ 자료를 조사해.
④ 표로 나타내.

5

3 소진이네 반 학생들이 가 보고 싶은 나라를 조사하였습니다. 나라별 학생 수를 표로 나타내 보세요.

가 보고 싶은 나라

미국	스위스	호주	호주	미국	스위스	이탈리아
스위스	이탈리아	스위스	호주	이탈리아	호주	스위스

가 보고 싶은 나라별 학생 수

나라	미국	스위스	호주	이탈리아	합계
학생 수(명)					

2 가로와 세로에 나타낼 것을 정해 그래프로 나타내자.

표를 그래프로 나타내기

가로와 세로에 무엇을 쓸지 정하기 → 가로와 세로의 칸 수 정하기 → ○, ×, / 등을 이용하여 나타내기 → 그래프의 제목 쓰기

• 그래프의 제목을 가장 먼저 써도 됩니다.

좋아하는 색깔별 학생 수

색깔	빨강	분홍	초록	합계
학생 수(명)	2	4	3	9

방법 1 가로에 색깔, 세로에 학생 수를 나타내기

좋아하는 색깔별 학생 수

4		○	
3		○	○
2	○	○	○
1	○	○	○
학생 수(명) / 색깔	빨강	분홍	초록

방법 2 가로에 학생 수, 세로에 색깔을 나타내기

좋아하는 색깔별 학생 수

초록	○	○	○	
분홍	○	○	○	○
빨강	○	○		
색깔 / 학생 수(명)	1	2	3	4

• 좋아하는 색깔별 학생 수를 한눈에 비교할 수 있습니다.
• 가장 많은 학생들이 좋아하는 색깔을 한눈에 알 수 있습니다.

1 친구들이 존경하는 위인을 조사하여 그래프로 바르게 나타낸 것에 ○표 하세요.

존경하는 위인별 학생 수

4			○	
3		○	○	○
2	○	○	○	○
1	○	○	○	○
학생 수(명) / 위인	신사임당	이순신	김구	유관순

(　　　)

존경하는 위인별 학생 수

4	○		○	○
3		○	○	○
2	○	○	○	○
1		○	○	
학생 수(명) / 위인	신사임당	이순신	김구	유관순

(　　　)

2 지호네 반 학생들의 장래 희망을 조사하여 표로 나타냈습니다. 물음에 답하세요.

장래 희망별 학생 수

장래 희망	의사	과학자	소방관	선생님	합계
학생 수(명)	3	4	2	4	13

(1) 그래프로 나타낼 때 가로에 장래 희망을 나타낸다면 세로에는 무엇을 나타내야 할까요?

( )

(2) 표를 보고 ○를 이용하여 그래프로 나타내 보세요.

장래 희망별 학생 수

4				
3				
2				
1				
학생 수(명) / 장래 희망	의사	과학자	소방관	선생님

가로에 장래 희망, 세로에 학생 수를 나타낸 그래프야.

5

3 지유네 반 학생들이 좋아하는 음식을 조사하여 표로 나타냈습니다. 표를 보고 /를 이용하여 그래프로 나타내 보세요.

좋아하는 음식별 학생 수

음식	냉면	스파게티	짜장면	김밥	합계
학생 수(명)	5	6	7	3	21

좋아하는 음식별 학생 수

김밥							
짜장면							
스파게티							
냉면							
음식 / 학생 수(명)	1	2	3	4	5	6	7

가로에 학생 수, 세로에 음식을 나타낸 그래프야.

3 표와 그래프를 보면 결과를 한눈에 알 수 있어.

종류별 책 수

종류	위인전	동화책	시집	과학책	합계
책 수(권)	3	4	1	2	10

조사한 항목별 자료의 수,
전체 자료의 수를
알기 쉬워.

➡ 표를 보면 위인전은 3권이고 전체 책 수는 10권입니다.

종류별 책 수

4		○		
3	○	○		
2	○	○		○
1	○	○	○	○
책 수(권) / 종류	위인전	동화책	시집	과학책

○의 높이 비교로
자료의 수가 가장 많은 것,
가장 적은 것을 알기 쉬워.

➡ 그래프를 보면 가장 많은 책은 동화책, 가장 적은 책은 시집입니다.

1 지효네 반 학생들이 좋아하는 과일을 조사하여 표와 그래프로 나타냈습니다. □ 안에 알맞게 써넣으세요.

좋아하는 과일별 학생 수

과일	사과	배	감	귤	합계
학생 수(명)	3	2	3	4	12

좋아하는 과일별 학생 수

4				○
3	○		○	○
2	○	○	○	○
1	○	○	○	○
학생 수(명) / 과일	사과	배	감	귤

(1) 사과를 좋아하는 학생은 □ 명입니다.

(2) 지효네 반 학생은 모두 □ 명입니다.

(3) 가장 많은 학생들이 좋아하는 과일은 □ 입니다.

(4) 좋아하는 학생 수가 감보다 적은 과일은 □ 입니다.

2 냉장고에 있는 종류별 채소 수를 조사하여 표로 나타냈습니다. 물음에 답하세요.

종류별 채소 수

종류	오이	당근	감자	호박	양배추	합계
채소 수(개)	4	3	7	5	2	

(1) 냉장고에 호박은 몇 개 있을까요?

( )

(2) 냉장고에 있는 채소는 모두 몇 개일까요?

( )

(3) 표를 보고 ×를 이용하여 그래프로 나타내 보세요.

종류별 채소 수

양배추							
호박							
감자							
당근							
오이							
종류 / 채소 수(개)	1	2	3	4	5	6	7

(4) 냉장고에 가장 많이 있는 채소는 무엇일까요?

( )

(5) 알맞은 말에 ○표 하세요.

전체 채소 수를 알아보기에 더 편리한 것은 (표 , 그래프) 이고 어떤 채소가 가장 많이 있는지 알아보기에 더 편리한 것은 (표 , 그래프)입니다.

5

1 오른쪽 모양을 보고 물음에 답하세요.

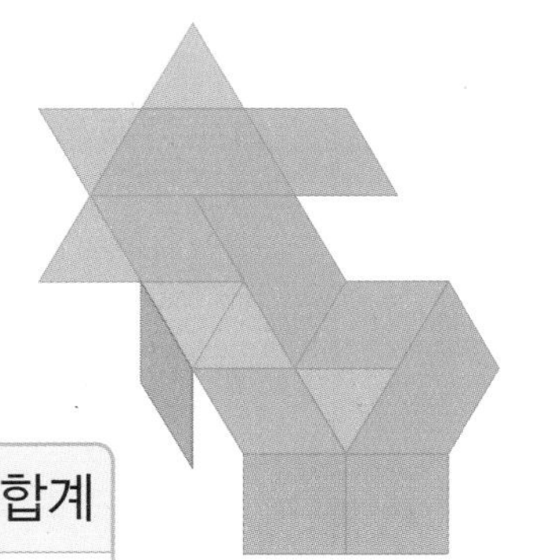

(1) 모양을 만드는 데 사용한 조각 수를 표로 나타내 보세요.

모양별 조각 수

조각						합계
조각 수(개)						

(2) 가장 많이 사용한 조각에 ○표 하세요.

▶ (1)의 표에서 가장 큰 수를 찾아봐.

2 리듬을 보고 음표의 수를 표로 나타내 보세요.

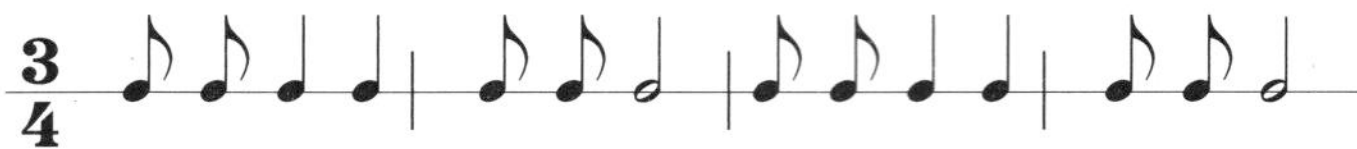

리듬에 나오는 음표 수

음표	𝅗𝅥	♩	♪	합계
음표 수(개)				

탄탄북

3 유진이와 친구들이 동전 던지기를 하여 그림 면이 나오면 ○표, 숫자 면이 나오면 ×표를 하였습니다. 조사한 자료를 보고 표로 나타내 보세요.

▶ 사람별로 ○표의 수를 세어 봐.

회 / 이름	1	2	3	4	5	6
유진	○	×	○	×	×	×
소희	×	○	○	○	×	○
지수	○	×	×	○	○	×

그림 면이 나온 횟수

이름	유진	소희	지수	합계
횟수(회)				

4 성희네 반에서 회장 선거를 한 결과를 표로 나타내고, 누가 회장이 되었는지 써 보세요.

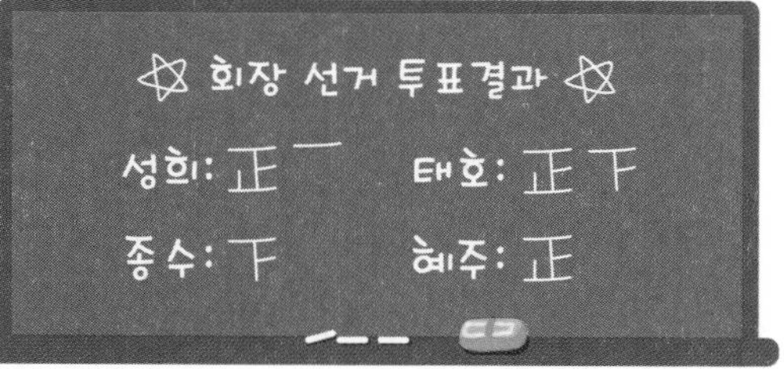

학생별 받은 표의 수

이름	성희	종수	태호	혜주	합계
표의 수(표)					

(　　　　　　　　)

▶ 가장 많은 표를 받은 사람이 회장이 된 거야.

내가 만드는 문제

5 붙임딱지

어느 달 1일부터 12일까지의 날씨를 조사하였습니다. 표에 날씨 붙임딱지를 붙이고 표를 완성해 보세요.

1일	2일	3일	4일	5일	6일
7일	8일	9일	10일	11일	12일

날씨별 날수

					합계
날수(일)					

▶ 날씨 붙임딱지를 붙이고 각 날씨의 수를 세어 표를 완성해 봐.

5

자료를 조사하여 표로 나타내는 방법은?

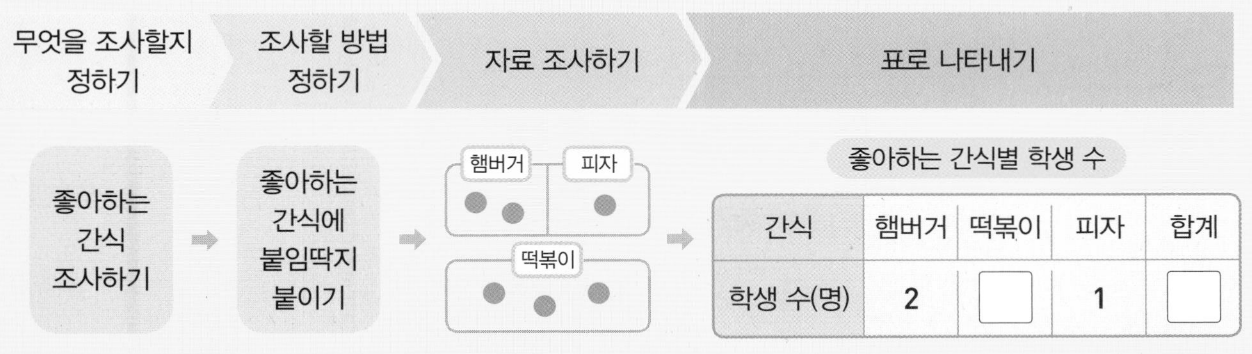

간식	햄버거	떡볶이	피자	합계
학생 수(명)	2		1	

탄탄북

6 세진이와 친구들이 한 달 동안 읽은 책 수를 조사하여 표로 나타냈습니다. 물음에 답하세요.

한 달 동안 읽은 책 수

이름	세진	재윤	진희	유영	합계
책 수(권)	1	2	4	6	13

(1) 그래프의 가로에 책 수를 나타내려면 적어도 몇 칸으로 해야 할까요?

( )

▶ 가장 많은 책 수까지 나타낼 수 있어야 해.

(2) 표를 보고 ×를 이용하여 그래프로 나타내 보세요.

한 달 동안 읽은 책 수

유영						
진희						
재윤						
세진						
이름 / 책 수(권)	1	2	3	4	5	6

[7~8] 소진이네 반 학생들이 좋아하는 곤충을 조사하였습니다. 물음에 답하세요.

좋아하는 곤충

무당벌레 소진	잠자리 은희	나비 현주	메뚜기 민우	무당벌레 진수	나비 미라
나비 지윤	잠자리 성재	메뚜기 은성	나비 재희	나비 정아	잠자리 재웅

7 자료를 보고 표로 나타내 보세요.

좋아하는 곤충별 학생 수

곤충	무당벌레	잠자리	나비	메뚜기	합계
학생 수(명)					

내가 만드는 문제

8 ○, ×, △, / 중 하나를 선택하여 두 가지 그래프로 나타내 보세요.

▶ 그래프의 가로와 세로에 무엇을 나타낸 것인지 살펴보고 그려야 해.

좋아하는 곤충별 학생 수

5				
4				
3				
2				
1				
학생 수(명) / 곤충				

좋아하는 곤충별 학생 수

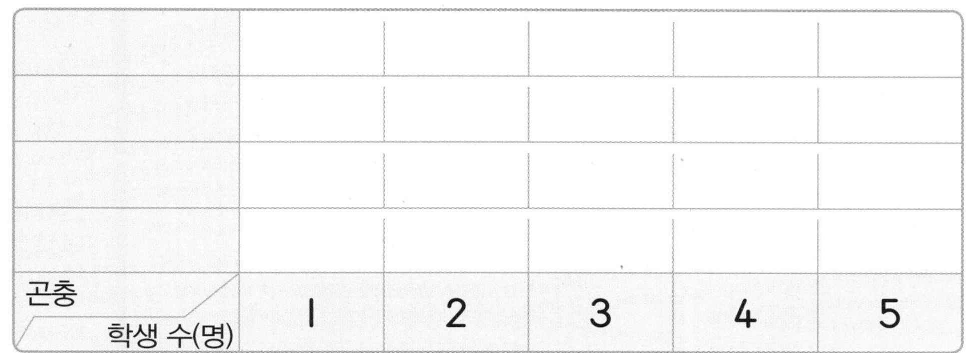

곤충 / 학생 수(명)	1	2	3	4	5

▶ 곤충을 세로로 나타낼 때 순서는 달라질 수도 있어.

메뚜기
나비
잠자리
무당벌레
곤충 / 학생 수(명)

무당벌레
잠자리
나비
메뚜기
곤충 / 학생 수(명)

표를 그래프로 나타내는 두 가지 방법은?

좋아하는 운동별 학생 수

운동	농구	축구	야구	합계
학생 수(명)	1	3	2	6

가로와 세로에 나타내는 것에
따라 두 가지 방법의
그래프로 나타낼 수 있어.

좋아하는 운동별 학생 수

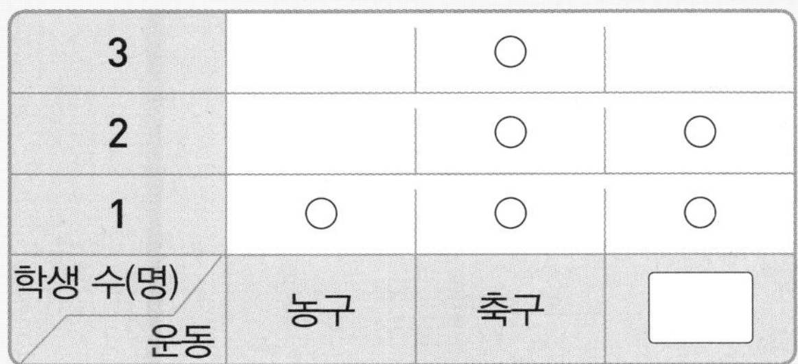

3		○	
2		○	○
1	○	○	○
학생 수(명) / 운동	농구	축구	□

좋아하는 운동별 학생 수

야구	○	○	
축구	○	○	○
농구	○		
운동 / 학생 수(명)	1	□	□

3 표와 그래프의 내용 알아보기

탄탄북

9 소한이네 반 학생들의 혈액형을 조사하여 표로 나타냈습니다. 물음에 답하세요.

혈액형별 학생 수

혈액형	A형	B형	O형	AB형	합계
학생 수(명)	5	4	4	3	16

(1) 학생 수가 같은 혈액형은 무엇과 무엇일까요?

( )

(2) 전체 학생은 몇 명일까요?

( )

▶ 표에서 합계를 봐.

탄탄북

10 지연이네 반 학생들이 좋아하는 음식을 조사하여 그래프로 나타냈습니다. 알 수 없는 내용을 찾아 기호를 써 보세요.

좋아하는 음식별 학생 수

4		○	
3	○	○	
2	○	○	○
1	○	○	○
학생 수(명) / 음식	만두	돈가스	피자

㉠ 가장 많은 학생들이 좋아하는 음식
㉡ 좋아하는 학생 수가 3명보다 적은 음식
㉢ 지연이가 좋아하는 음식

( )

그림그래프 알아보기

- 그림그래프: 알고자 하는 수(조사한 수)를 그림으로 나타낸 그래프
- 그림그래프로 나타내면 각 자료의 수와 크기를 쉽게 비교할 수 있습니다.

10+ 각 학교의 나무의 수를 조사하여 그림그래프로 나타냈습니다. 나와 다 학교의 나무는 각각 몇 그루인지 써 보세요.

학교별 나무의 수

학교	나무의 수
가	
나	
다	

10그루
1그루

가 학교: 21그루

나 학교: □그루

다 학교: □그루

[11~12] 지유네 반 학생들이 가 보고 싶은 체험 학습 장소를 조사하여 표로 나타냈습니다. 물음에 답하세요.

가 보고 싶은 체험 학습 장소별 학생 수

장소	식물원	농장	미술관	박물관	합계
학생 수(명)	6	5	3	4	18

11 표를 보고 /를 이용하여 그래프로 나타내 보세요.

▶ /를 왼쪽에서 오른쪽으로 학생 수만큼 그려.

가 보고 싶은 체험 학습 장소별 학생 수

장소 / 학생 수(명)	1	2	3	4	5	6

내가 만드는 문제

12 표와 그래프를 보고 선생님께 쓰는 쪽지를 완성해 보세요.

선생님, 우리 반 학생들이 가 보고 싶은 체험 학습 장소를 조사하였습니다.

표와 그래프를 보고 정할 수 있는 것은 무엇일까?

선재네 반 학생들이 좋아하는 꽃별 학생 수

꽃	장미	튤립	국화	해바라기	합계
학생 수(명)	3	6	1	4	14

➡ 선재네 반 화단에 심을 꽃을 ☐(으)로 정할 수 있습니다.

반에서 가장 많은 학생들이 좋아하는 것으로 정할 수 있어!

민성이네 반 학생들이 좋아하는 색깔별 학생 수

파랑	○	○	○		
노랑	○	○	○	○	○
빨강	○				
색깔 / 학생 수(명)	1	2	3	4	5

➡ 민성이네 반의 티셔츠 색깔을 ☐으로 정할 수 있습니다.

5

발전 문제

1 그래프를 보고 표로 나타내기

그래프를 보고 표로 나타내 보세요.

좋아하는 빵별 학생 수

3		○	
2	○	○	○
1	○	○	○
학생 수(명) / 빵	크림빵	단팥빵	피자빵

좋아하는 빵별 학생 수

빵	크림빵	단팥빵	피자빵	합계
학생 수(명)				

그래프에서 항목별로 ○의 수를 세어 봐.

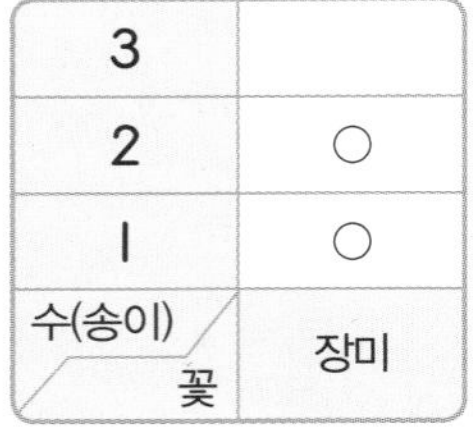

➡ ○의 수: 2개
↓
장미의 수: 2송이

1+ 그래프를 보고 표로 나타내 보세요.

받고 싶은 선물별 학생 수

자전거	/	/	/	/	/
인형	/	/			
컴퓨터	/	/	/		
선물 / 학생 수(명)	1	2	3	4	5

받고 싶은 선물별 학생 수

선물	컴퓨터	인형	자전거	합계
학생 수(명)				

2 표와 그래프 완성하기

표와 그래프를 완성해 보세요.

배우고 싶은 악기별 학생 수

악기	피아노	플루트	바이올린	합계
학생 수(명)	4		1	8

배우고 싶은 악기별 학생 수

바이올린				
플루트	○	○	○	
피아노				
악기 / 학생 수(명)	1	2	3	4

표와 그래프를 비교하여 비어 있는 항목의 수를 알아봐.

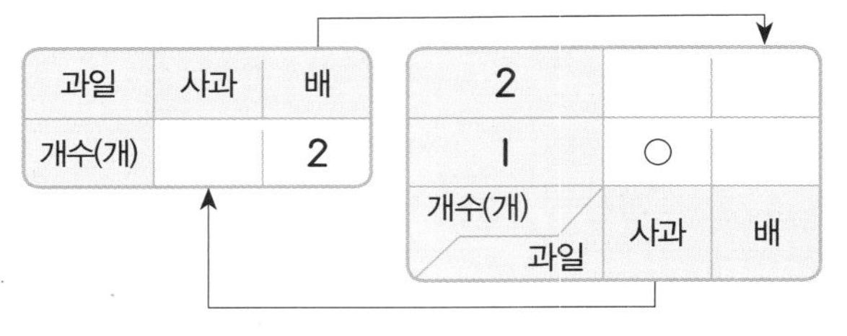

과일 | 사과 | 배
개수(개) | | 2
2
1 ○
개수(개) / 과일
사과 | 배

2+ 표와 그래프를 완성해 보세요.

좋아하는 사탕 맛별 학생 수

사탕 맛	딸기	포도	바나나	합계
학생 수(명)		3		12

좋아하는 사탕 맛별 학생 수

바나나					
포도					
딸기	×	×	×	×	×
사탕 맛 / 학생 수(명)	1	2	3	4	5

3 가장 많은 것과 가장 적은 것의 차 구하기

가장 많은 학생들이 좋아하는 색깔과 가장 적은 학생들이 좋아하는 색깔의 학생 수의 차는 몇 명일까요?

좋아하는 색깔별 학생 수

노랑	/	/			
빨강	/	/	/	/	
초록	/	/	/	/	/
색깔 / 학생 수(명)	1	2	3	4	5

(　　　　　　　　)

그래프에서 /가 가장 많은 것과 가장 적은 것을 알아봐.

초콜릿	/			→ 가장 적은 것
과자	/	/	/	→ 가장 많은 것
쿠키	/	/		
간식 / 개수(개)	1	2	3	

4 그래프를 보고 항목의 수 구하기

학생 8명이 배우고 싶은 외국어를 조사하여 나타낸 그래프에서 독일어를 배우고 싶은 학생은 몇 명일까요?

배우고 싶은 외국어별 학생 수

3	○			
2	○		○	
1	○		○	○
학생 수(명) / 외국어	영어	독일어	중국어	일본어

(　　　　　　　　)

먼저 각 항목별로 학생 수를 구해 봐.

O형	○	○
B형		
A형	○	
혈액형 / 학생 수(명)	1	2

전체 학생 수: 5명
➡ A형: 1명, O형: 2명
B형: 5－1－2＝2(명)

5

3+ 가장 많은 학생들이 기르는 동물과 가장 적은 학생들이 기르는 동물의 학생 수의 차는 몇 명일까요?

기르는 동물별 학생 수

햄스터	×	×	×	×	×	×
사슴벌레	×	×				
앵무새	×	×	×	×	×	
동물 / 학생 수(명)	1	2	3	4	5	6

(　　　　　　　　)

4+ 학생 15명이 좋아하는 계절을 조사하여 나타낸 그래프에서 가을을 좋아하는 학생은 몇 명일까요?

좋아하는 계절별 학생 수

겨울	/	/	/	/	/
가을					
여름	/	/			
봄	/	/	/	/	
계절 / 학생 수(명)	1	2	3	4	5

(　　　　　　　　)

5 조건을 보고 표 완성하기

학생들이 좋아하는 놀이를 조사하였습니다. 숨바꼭질을 좋아하는 학생 수와 보물찾기를 좋아하는 학생 수가 같을 때, 표의 빈칸에 알맞은 수를 써넣으세요.

좋아하는 놀이별 학생 수

놀이	숨바꼭질	퀴즈	수건 돌리기	보물찾기	합계
학생 수(명)		5	3		20

먼저 숨바꼭질과 보물찾기를 좋아하는 학생 수의 합을 구해 봐.

●+●=10일 때
●×2=10
➡ 2×●=10,
2×5=10이므로
●=5

5+ 학생들이 좋아하는 찐빵의 종류를 조사하였습니다. 팥 찐빵을 좋아하는 학생이 피자 찐빵를 좋아하는 학생보다 2명 더 많을 때, 표의 빈칸에 알맞은 수를 써넣고, ○를 이용하여 그래프로 나타내 보세요.

좋아하는 찐빵 종류별 학생 수

종류	김치	팥	고구마	야채	피자	합계
학생 수(명)	5		4	7		30

좋아하는 찐빵 종류별 학생 수

피자								
야채								
고구마								
팥								
김치								
종류 / 학생 수(명)	1	2	3	4	5	6	7	8

단원 평가

점수 확인

[1~4] 선주네 반 학생들이 좋아하는 과일을 조사하였습니다. 물음에 답하세요.

좋아하는 과일

사과 선주	배 아영	멜론 미애	사과 우영
배 수혁	멜론 혜성	사과 주원	사과 태경
멜론 민규	배 성호	사과 윤서	배 성민

1 선주가 좋아하는 과일은 무엇일까요?

( )

2 조사한 자료를 보고 표로 나타내 보세요.

좋아하는 과일별 학생 수

과일	사과	배	멜론	합계
학생 수(명)				

3 배를 좋아하는 학생은 몇 명일까요?

( )

4 선주네 반 학생은 모두 몇 명일까요?

( )

[5~8] 유리네 반 학생들이 좋아하는 색깔을 조사하여 표로 나타냈습니다. 물음에 답하세요.

좋아하는 색깔별 학생 수

색깔	빨강	노랑	초록	파랑	합계
학생 수(명)	4	3	5	2	14

5 표를 보고 /를 이용하여 그래프로 나타내 보세요.

좋아하는 색깔별 학생 수

5				
4				
3				
2				
1				
학생 수(명) / 색깔	빨강	노랑	초록	파랑

6 **5**의 그래프에서 가로와 세로에 나타낸 것은 각각 무엇일까요?

가로 ( ), 세로 ( )

7 가장 많은 학생들이 좋아하는 색깔은 무엇일까요?

( )

8 가장 많은 학생들이 좋아하는 색깔을 한눈에 알아보기 편리한 것은 표와 그래프 중 어느 것일까요?

( )

5

[9~11] 민호네 반 학생들이 좋아하는 동물을 조사하였습니다. 물음에 답하세요.

좋아하는 동물

토끼	원숭이	고양이	원숭이	토끼
고양이	토끼	고양이	토끼	원숭이

9 조사한 자료를 보고 표로 나타내 보세요.

좋아하는 동물별 학생 수

동물	토끼	원숭이	고양이	합계
학생 수(명)				

10 9의 표를 보고 △를 이용하여 그래프로 나타내 보세요.

좋아하는 동물별 학생 수

4			
3			
2			
1			
학생 수(명) / 동물	토끼	원숭이	고양이

11 좋아하는 학생 수가 같은 동물은 무엇과 무엇일까요?

(,)

[12~14] 은재와 친구들이 바구니에 던져 넣은 콩주머니의 수를 조사하였습니다. 물음에 답하세요.

바구니에 던져 넣은 콩주머니의 수

이름	은재	민아	지우	도진	합계
개수(개)		2		5	

바구니에 던져 넣은 콩주머니의 수

5				
4	○			
3	○		○	
2	○		○	
1	○		○	
개수(개) / 이름	은재	민아	지우	도진

12 표와 그래프를 완성해 보세요.

13 바구니에 넣은 콩주머니의 수가 많은 사람부터 차례로 이름을 써 보세요.

( )

14 은재의 일기를 완성해 보세요.

○월 ○○일 ○요일 날씨: 맑음

친구들과 바구니에 콩주머니를 6개씩 던져 넣기를 했다. 바구니에 넣지 못한 콩주머니의 수는 내가 [ ]개, 민아가 [ ]개, 지우가 [ ]개, 도진이가 [ ]개였다. 표를 보니 쉽게 알 수 있었다.

[15~16] 빵 가게에서 오늘 팔린 빵 50개를 조사하였습니다. 물음에 답하세요.

오늘 팔린 빵별 개수

크림빵	○	○	○	○	○	○	○	
밤빵	○	○	○	○				
단팥빵								
식빵	○	○	○	○	○	○		
빵 / 개수(개)	2	4	6	8	10	12	14	16

15 오늘 팔린 단팥빵은 몇 개일까요?

( )

16 가장 많이 팔린 빵은 무엇일까요?

( )

[17~18] 축구를 좋아하는 학생이 농구를 좋아하는 학생보다 3명 더 많을 때, 물음에 답하세요.

좋아하는 운동별 학생 수

운동	축구	야구	농구	수영	합계
학생 수(명)		7		3	21

17 표를 완성해 보세요.

18 야구를 좋아하는 학생은 농구를 좋아하는 학생보다 몇 명 더 많을까요?

( )

정답과 풀이 32쪽 | 술술 서술형

19 지성이네 반 학생들의 혈액형을 조사하여 그래프로 나타냈습니다. 3명보다 많은 혈액형을 모두 구하려고 합니다. 풀이 과정을 쓰고 답을 구해 보세요.

혈액형별 학생 수

5			/	
4		/	/	
3	/	/	/	
2	/	/	/	/
1	/	/	/	/
학생 수(명) / 혈액형	A형	B형	O형	AB형

풀이

답

20 태서가 파티에 친구들을 초대하려고 합니다. 표를 보고 어떤 음식을 준비하면 좋을지 정해 보고 그 까닭을 써 보세요.

태서와 친구들이 좋아하는 음식별 학생 수

음식	치킨	잡채	피자	갈비	합계
학생 수(명)	4	2	7	5	18

준비하면 좋을 음식

까닭

6 규칙 찾기

여기 표와 그래프에 다 보이잖아!
키가 커지면 몸무게도 느는 거!
내가 많이 먹는다는 거야 뭐야?
60키로
134 cm
132 cm
130 cm 30키로
먹는 양과 몸무게의
규칙도 한번 찾아보렴

규칙을 찾으면 다음을 알 수 있어!

첫째	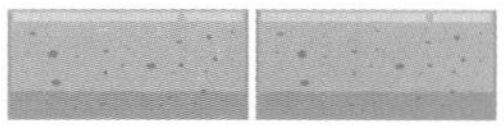	2개
둘째	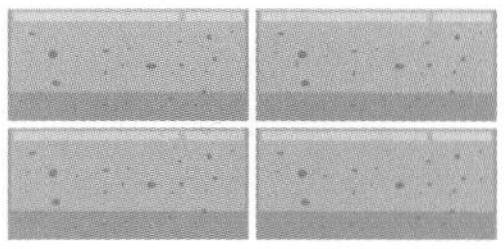	4개
셋째	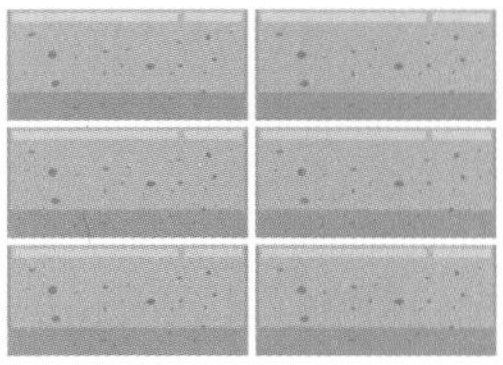	6개
넷째	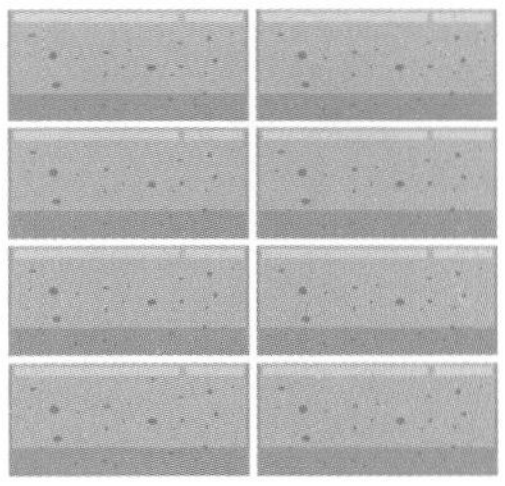	8개
⋮	⋮	⋮
여덟째	?	여덟째에 올 벽돌은 $2 \times 8 = 16$(개)야!

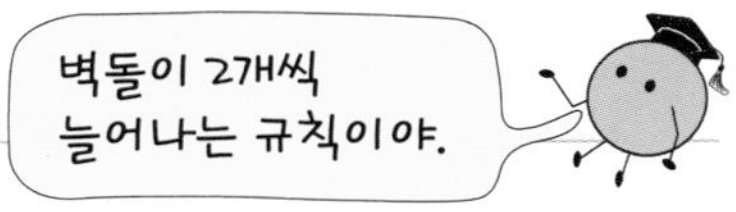

벽돌이 2개씩
늘어나는 규칙이야.

1 무늬에서 색깔과 모양의 규칙을 찾자.

• 색깔이 반복되는 규칙

➡ 빨간색, 파란색, 초록색이 반복됩니다.

• 모양이 반복되는 규칙

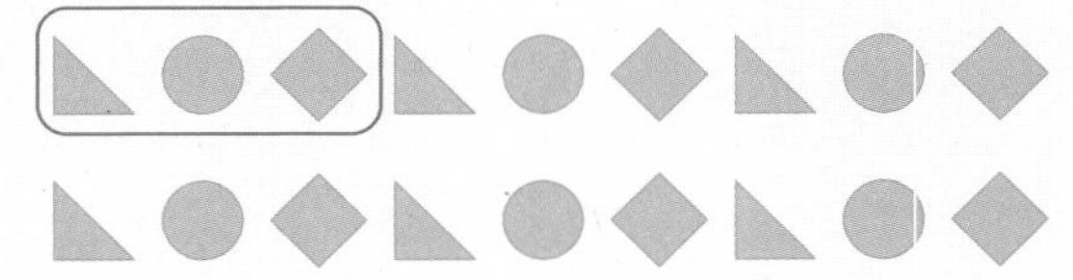

➡ ◣, ●, ◆이 반복됩니다.

• 색깔과 모양이 반복되는 규칙

➡ 노란색, 보라색이 반복됩니다.
★, ▼, ♥가 반복됩니다.

• 숫자로 나타내는 규칙

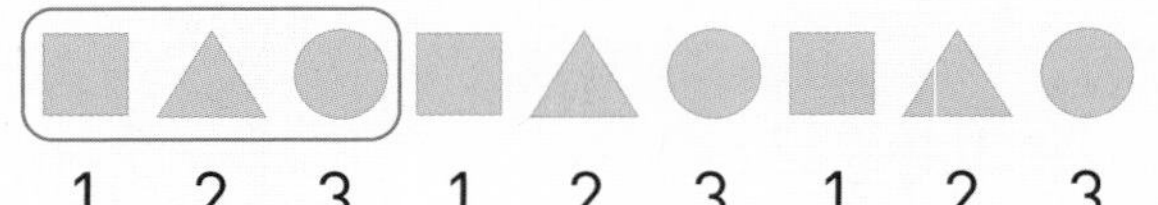

1 2 3 1 2 3 1 2 3

➡ ■은 1, ▲은 2, ●은 3으로 바꾸어 나타내면 1, 2, 3이 반복됩니다.

1 그림을 보고 규칙을 찾으려고 합니다. 물음에 답하세요.

파란색 초록색 빨간색

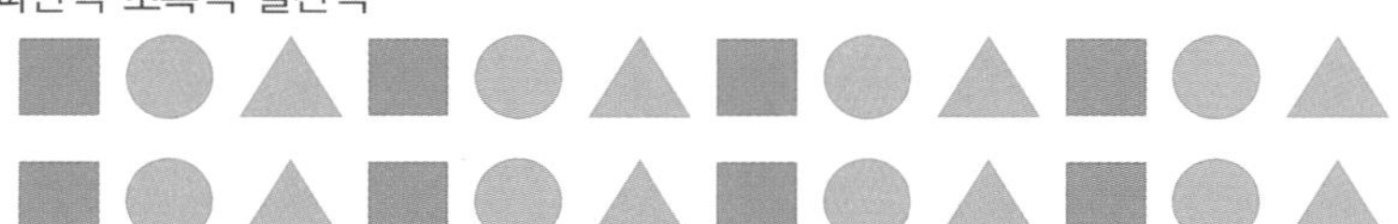

▲▲●●▲▲●●
➡ ▲ 2개와 ● 2개가 반복돼.

(1) 반복되는 모양을 찾아 ○표 하세요.

( ) ( ) ( )

(2) 반복되는 색깔을 찾아 □ 안에 알맞은 말을 써넣으세요.

파란색, □색, □색이 반복됩니다.

2 규칙을 찾아 □ 안에 알맞은 모양에 ○표 하세요.

(1) 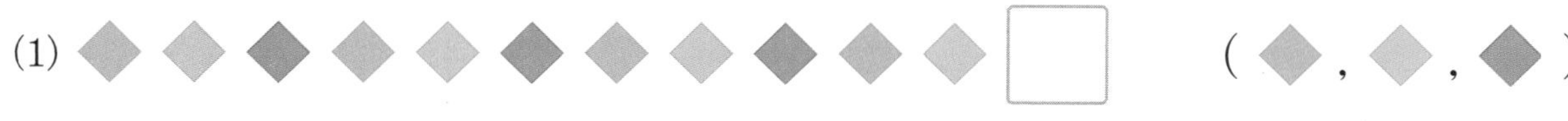 (◆, ◆, ◆)

(2)  (♥, ★)

3 규칙을 찾아 알맞게 색칠해 보세요.

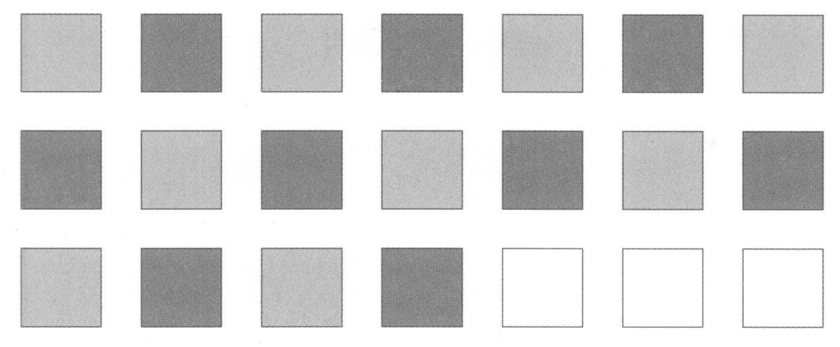

→ 방향으로, ↙ 방향으로 반복되는 색을 찾아봐.

4 규칙을 찾아 □ 안에 알맞은 모양을 그리고 색칠해 보세요.

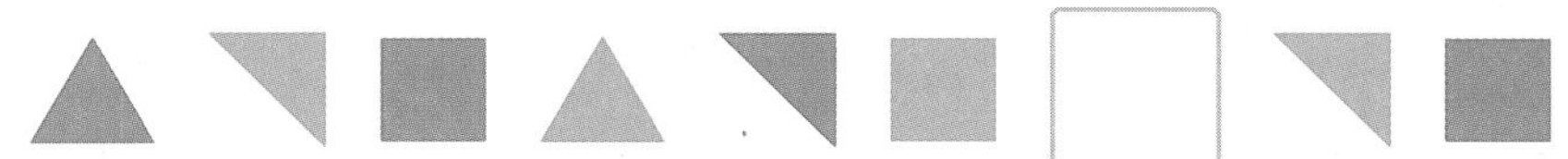

5 사탕을 그림과 같이 진열해 놓았습니다. 물음에 답하세요.

(1) 위 그림에서 은 1, 은 2, 은 3으로 바꾸어 나타내 보세요.

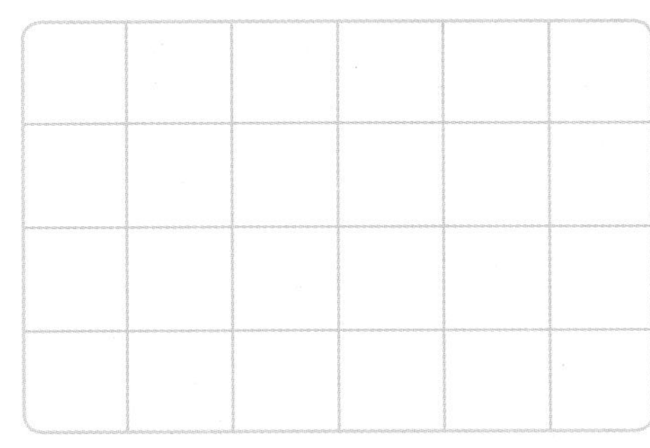

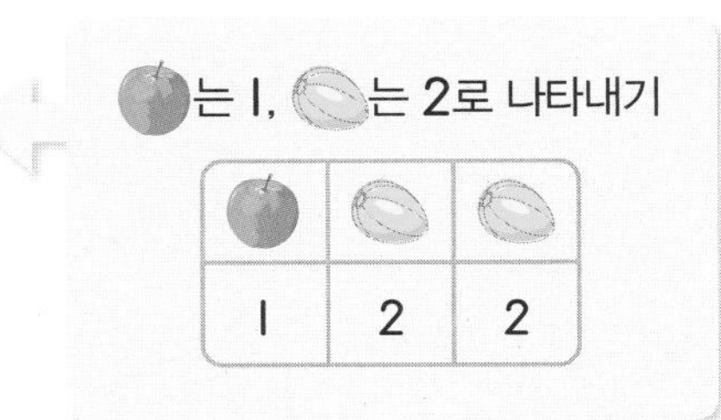

(2) (1)에서 규칙을 찾아 써 보세요.

규칙 ....

2 무늬에서 방향과 수의 규칙을 찾자.

● 돌리는 규칙

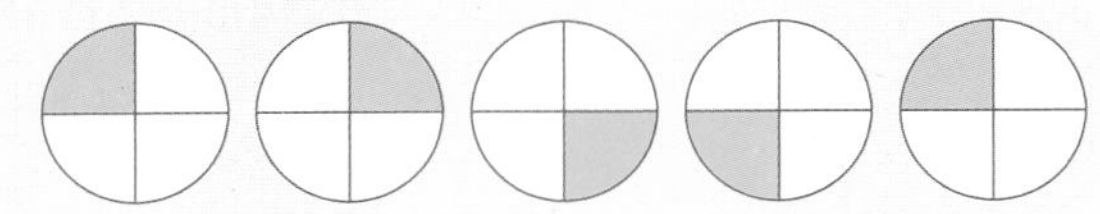

➡ 노란색으로 색칠된 부분이 시계 방향으로 돌아갑니다.

● 늘어나는 규칙

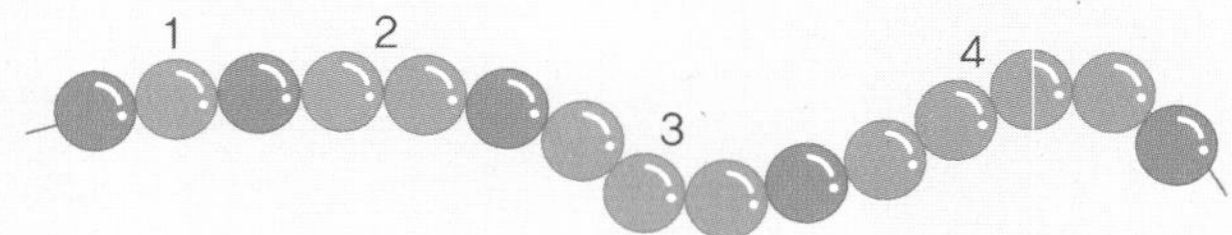

➡ 보라색 구슬과 초록색 구슬이 반복되면서 초록색 구슬의 수가 1개씩 늘어납니다.

1 규칙을 찾아 알맞게 색칠해 보세요.

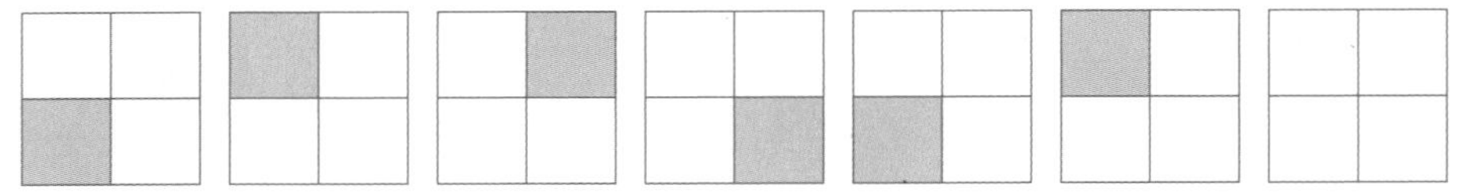

주황색으로 색칠된 부분이 어느 방향으로 돌아갈까?

2 규칙을 찾아 ●을 알맞게 그려 넣으세요.

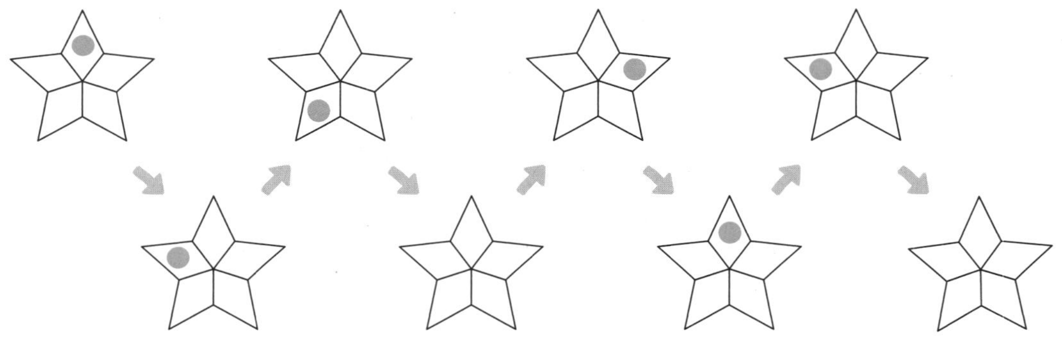

3 삼각형이 놓여 있는 그림을 보고 규칙을 찾아 □ 안에 알맞은 모양을 그려 보세요.

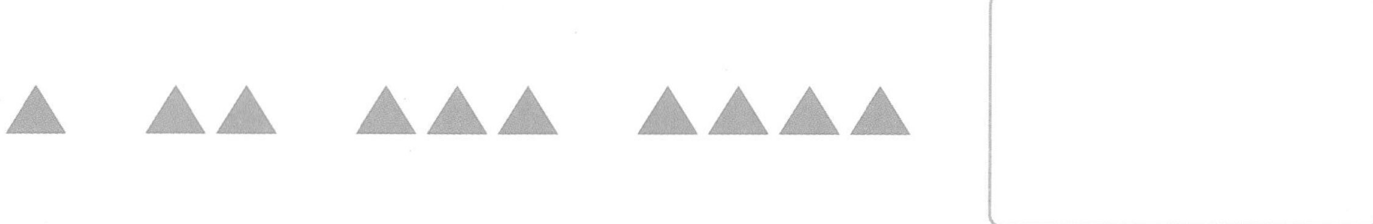

정답과 풀이 34쪽

3 쌓기나무의 위치나 개수의 변화로 규칙을 찾자.

● **쌓인 모양에서 규칙 찾기**

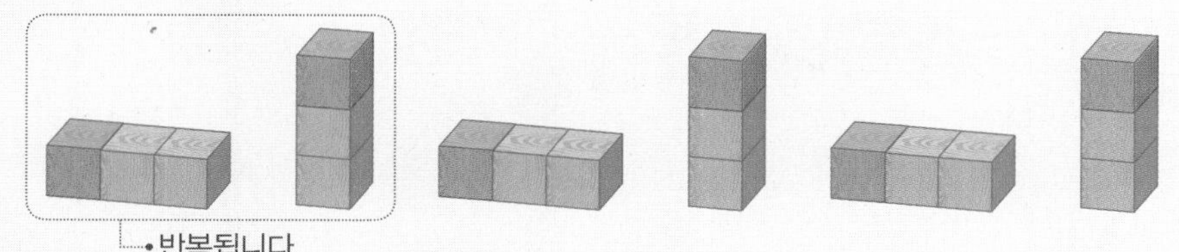

● **다음에 올 모양 알아보기**

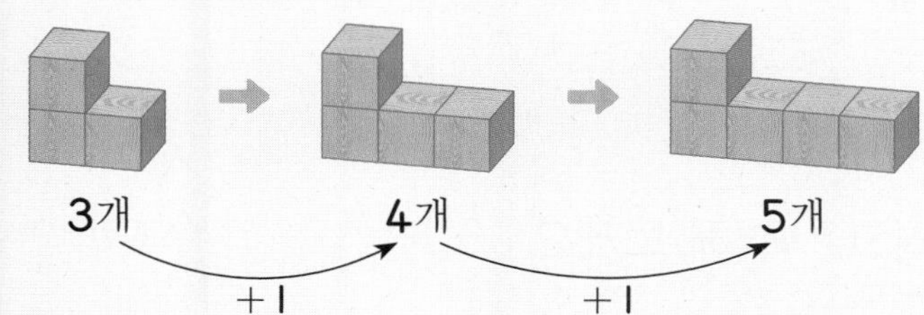

• 쌓기나무가 오른쪽으로 1개씩 늘어나는 규칙입니다.

• 다음에 올 모양은 [ ] 입니다.

1 규칙에 따라 쌓기나무를 쌓았습니다. □ 안에 알맞은 수를 써넣으세요.

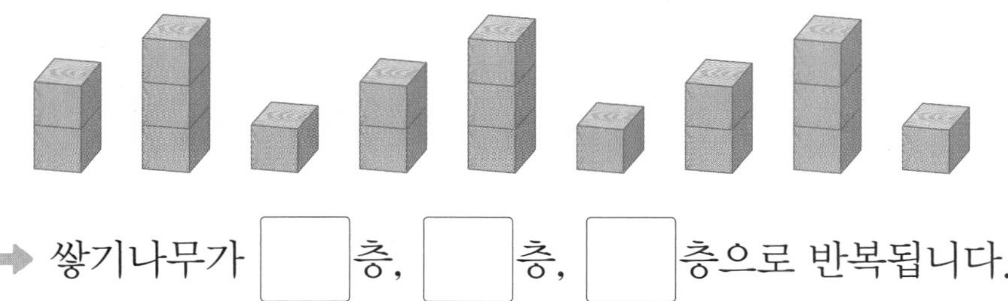

➡ 쌓기나무가 □층, □층, □층으로 반복됩니다.

2 규칙에 따라 쌓기나무를 쌓았습니다. 물음에 답하세요.

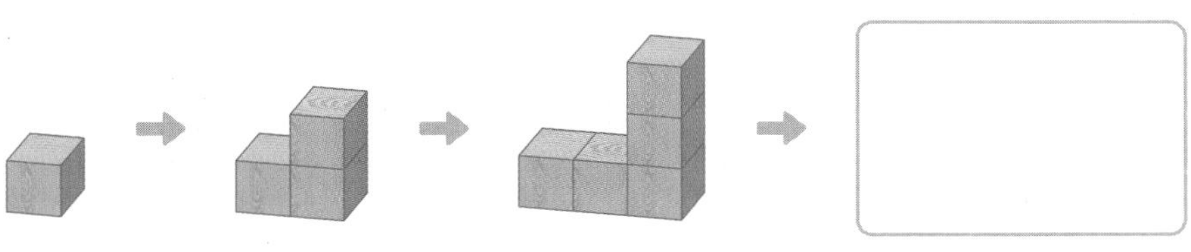

쌓기나무의 개수가 어느 방향으로 몇 개씩 늘어나는지 세어 봐.

(1) 쌓기나무가 몇 개씩 늘어나는 규칙일까요?

( )

(2) 다음에 이어질 모양에 쌓을 쌓기나무는 모두 몇 개일까요?

( )

1 무늬에서 규칙 찾기

1 목걸이의 규칙을 찾아 붙임딱지를 붙여 보세요.

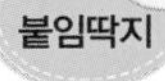
붙임딱지

▶ 화살표 방향으로 구슬의 색깔이 반복되는 규칙을 찾아봐.

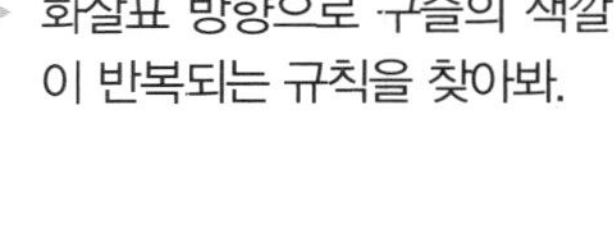

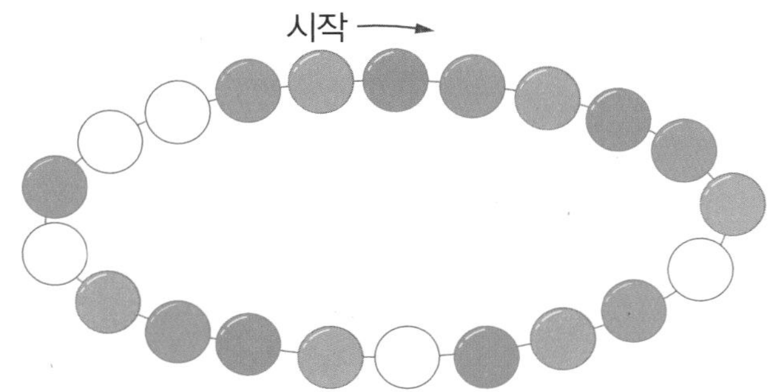

탄탄북

2 규칙을 찾아 □ 안에 알맞은 모양을 그리고 색칠해 보세요.

▶ 모양과 색깔이 반복되는 규칙을 찾아봐.

3 규칙을 찾아 □ 안에 알맞은 모양을 그려 보세요.

4 ◆은 1, ♠은 2로 바꾸어 나타내고 규칙을 찾아 써 보세요.

▶ 무늬 위에 숫자를 써서 나타내면 바꾸기 쉬워.

1	2	2	1	1	2	2	1						

규칙 ……………………………………………………………………

5 규칙을 찾아 알맞게 색칠해 보세요.

▶ 2칸을 한꺼번에 생각해.

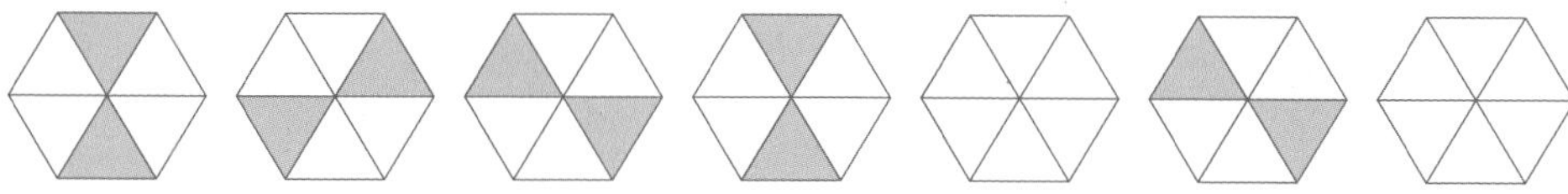

6 규칙을 찾아 삼각형에 ●을 알맞게 그려 보세요.

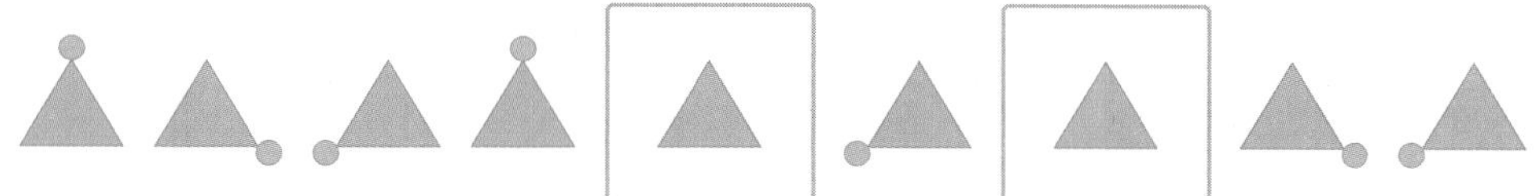

내가 만드는 문제

7 규칙을 정해 3가지 색의 붙임딱지로 무늬를 만들어 보세요.

▶ 색이 반복되도록 규칙을 정한 후 붙임딱지를 붙여 봐.

붙임딱지

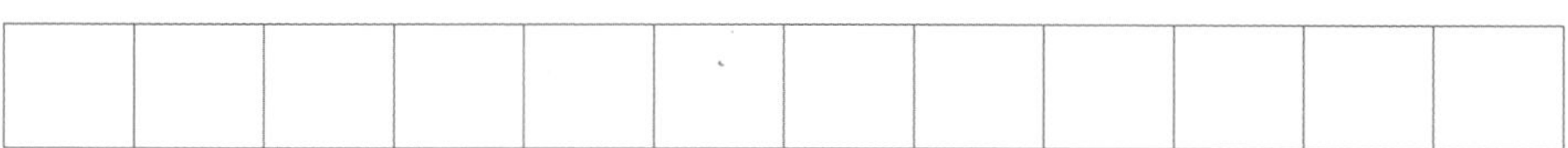

무늬의 규칙에는 어떤 것들이 있을까?

색깔이 반복되는 규칙

➡ 빨간색, ☐색이 반복됩니다.

모양이 반복되는 규칙

➡ ■, ◆이 반복됩니다.

늘어나는 규칙

➡ 빨간색과 초록색이 반복되면서 ☐색이 1개씩 늘어납니다.

돌리는 규칙

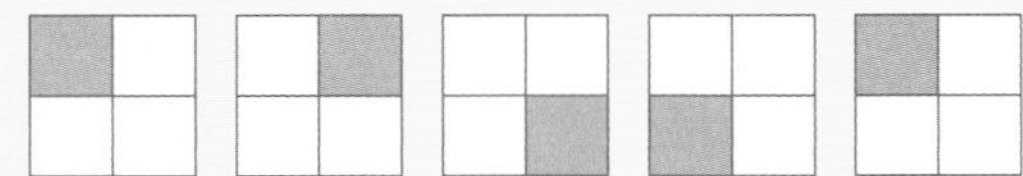

➡ 초록색으로 색칠된 부분이 시계 방향으로 돌아갑니다.

2 쌓은 모양에서 규칙 찾기

8 규칙에 따라 쌓기나무를 쌓았습니다. 규칙을 바르게 말한 사람의 이름을 써 보세요.

▶ 쌓기나무 몇 층이 반복되는지 살펴봐.

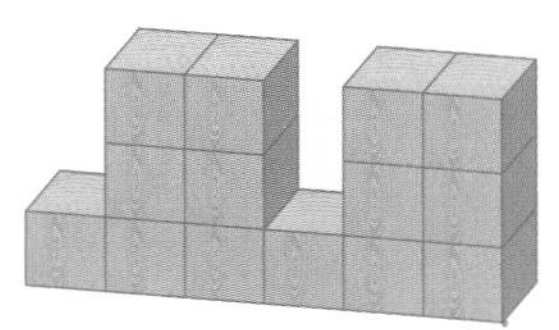

윤서: 쌓기나무가 1개, 3개씩 반복되고 있어.
지호: 쌓기나무가 1개, 3개, 3개씩 반복되고 있어.

( )

9 규칙에 따라 쌓기나무를 쌓았습니다. 넷째 모양에서 쌓기나무를 더 놓아야 할 곳을 찾아 기호를 써 보세요.

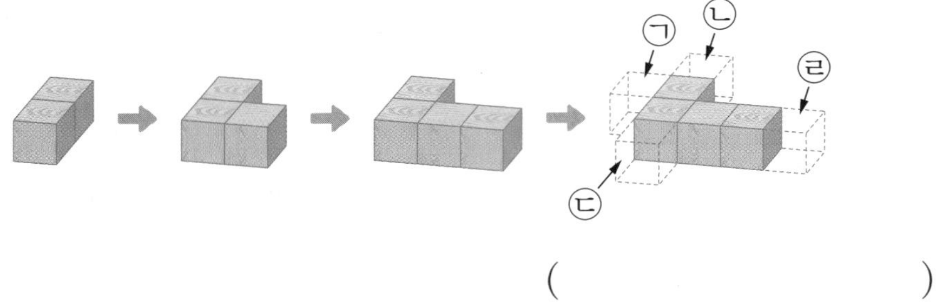

( )

탄탄북

10 규칙에 따라 쌓기나무를 쌓았습니다. 다음에 이어질 모양에 쌓을 쌓기나무는 모두 몇 개일까요?

▶ 층수가 늘어날수록 쌓기나무가 몇 개씩 늘어나는지 규칙을 알아봐.

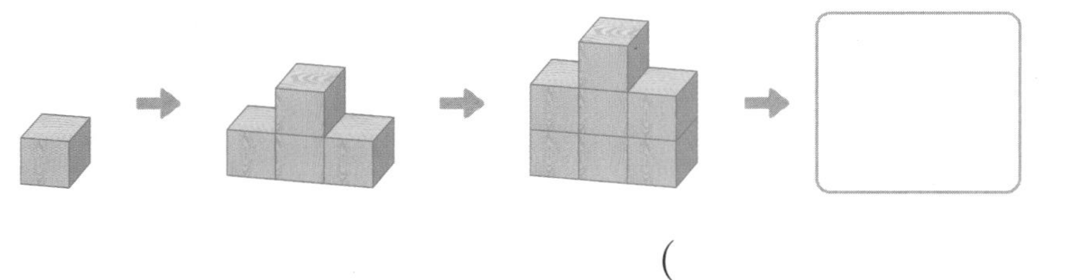

( )

10+ 연결 모형으로 만든 모양의 배열을 보고 규칙을 찾아 써 보세요.

규칙 연결 모형이 1개에서 시작하여 (왼쪽 , 오른쪽), (위쪽 , 아래쪽) 으로 각각 [ ] 개씩 늘어납니다.

배열에서 규칙 찾기

첫째 둘째 셋째

규칙 1개에서 시작하여 2개, 3개, ... 늘어납니다.

11 규칙에 따라 쌓기나무를 3층으로 쌓았습니다. 4층으로 쌓기 위해서는 쌓기나무가 모두 몇 개 필요할까요?

(   )

▶ 층별로 쌓기나무의 개수를 세어 보고 몇 개씩 늘어나는 규칙인지 알아봐.

내가 만드는 문제

12 주어진 모양을 이용하여 규칙을 정해 쌓기나무 모양을 만들고 만든 모양의 규칙을 써 보세요.

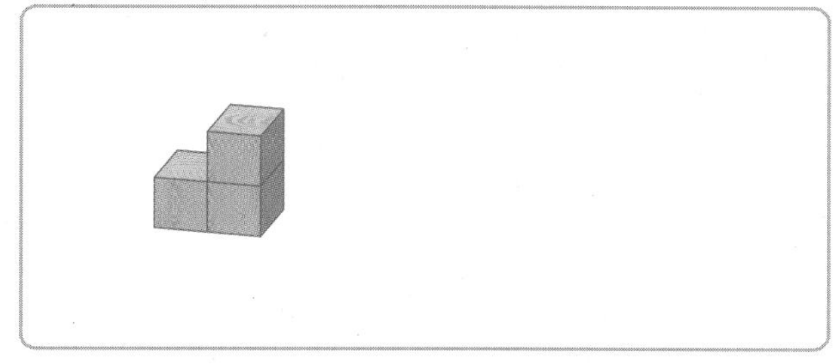

규칙 ....

▶ 주어진 모양을 반복해서 만들거나 몇 개씩 늘어나게 만들지 정해 봐.

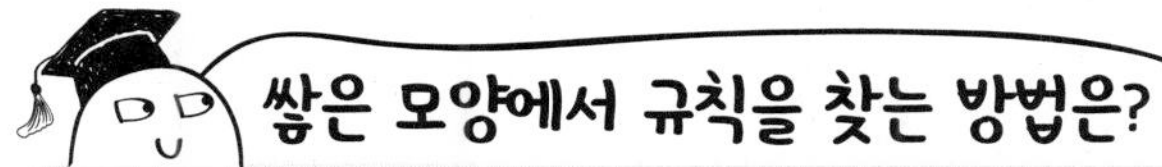

쌓은 모양에서 규칙을 찾는 방법은?

쌓기나무가 어느 방향으로 몇 개씩 더 늘어나는지 살펴봅니다.

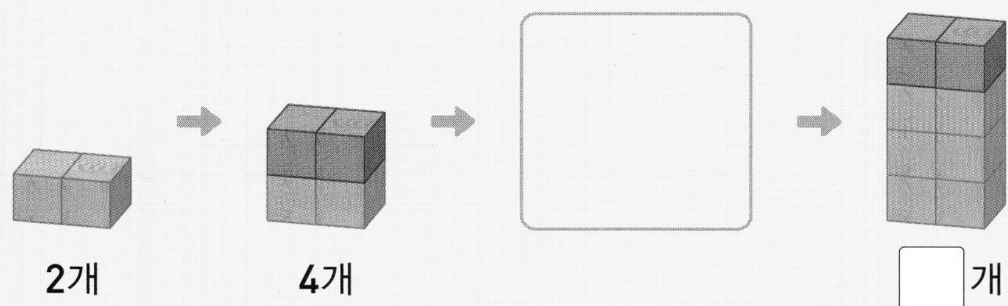

위치나 개수의 변화를 확인하여 규칙을 찾아.

- 쌓기나무가 (왼쪽 , 위쪽)으로 ☐ 개씩 늘어나는 규칙입니다.
- 빈칸에 들어갈 모양을 만드는 데 필요한 쌓기나무는 4 + ☐ = ☐ (개)입니다.

6

4 덧셈표에는 방향에 따라 수가 커지거나 작아지는 규칙이 있어.

세로줄(↓)과 가로줄(→)의 두 수를 더한 것이 덧셈표야.

+	0	1	2	3	4	5	6	7	8	9
0	0	1	2	3	4	5	6	7	8	9
1	1	2	3	4	5	6	7	8	9	10
2	2	3	4	5	6	7	8	9	10	11
3	3	4	5	6	7	8	9	10	11	12
4	4	5	6	7	8	9	10	11	12	13
5	5	6	7	8	9	10	11	12	13	14
6	6	7	8	9	10	11	12	13	14	15
7	7	8	9	10	11	12	13	14	15	16
8	8	9	10	11	12	13	14	15	16	17
9	9	10	11	12	13	14	15	16	17	18

규칙

1 아래로 내려갈수록 1씩 커집니다.

2 오른쪽으로 갈수록 1씩 커집니다.

➡ 세로줄(↓ 방향)에 있는 수는 반드시 가로줄(→ 방향)에도 똑같은 수가 있습니다.

3 점선을 따라 접었을 때 만나는 수는 서로 같습니다.

4 ↙ 방향에 있는 수는 모두 같습니다.

5 ↘ 방향으로 갈수록 2씩 커집니다.

➡ 3 5 7 9 11 13 15
+2 +2 +2 +2 +2 +2

1 덧셈표를 보고 물음에 답하세요.

세로줄과 가로줄이 만나는 곳에 두 수의 합을 써넣습니다.

+	1	2	3	4	5	6	7	8
1	2	3	4	5	6	7	8	9
2	3	4	5	6	7		9	10
3	4		6	7	8	9	10	11
4	5	6	7	8	9		11	12
5	6	7	8	9	10	11	12	13
6	7	8		10	11	12		14
7	8	9	10	11		13	14	15
8	9	10	11	12	13	14	15	16

(1) 빈칸에 알맞은 수를 써넣으세요.

(2) ▭으로 색칠한 수는 아래로 내려갈수록 ☐씩 커지는 규칙이 있습니다.

(3) ▭으로 색칠한 수는 오른쪽으로 갈수록 ☐씩 커지는 규칙이 있습니다.

(4) 보라색 선 위의 수는 ↘ 방향으로 갈수록 ☐씩 커지는 규칙이 있습니다.

정답과 풀이 35쪽

5 곱셈표에는 곱셈구구의 뛰어 세는 규칙이 있어.

×	1	2	3	4	5	6	7	8	9
1	4 1	2	3 3	4	5	2 6	7	8	9
2	2	4	6	8	10	12	14	16	18
3	3	6	9	12	15	18	21	24	27
4	4	8	12	16	20	24	28	32	36
5	1 5	10	15	20	25	30	35	40	45
6	6	12	18	24	30	36	42	48	54
7	7	14	21	28	35	42	49	56	63
8	8	16	24	32	40	48	56	64	72
9	9	18	27	36	45	54	63	72	81

4 점선을 따라 접었을 때 만나는 수는 서로 같습니다.

규칙

1 으로 색칠한 수는 오른쪽으로 갈수록 5씩 커집니다.
→ 5단 곱셈구구입니다.

2 으로 색칠한 수는 아래로 내려갈수록 6씩 커집니다.
→ 6단 곱셈구구입니다.

3 으로 색칠한 부분에서 ✕ 방향으로 곱한 수는 같습니다.
→ $3 \times 8 = 4 \times 6 = 24$

2, 4, 6, 8단 곱셈구구에 있는 수는 모두 짝수야.

1 곱셈표를 보고 물음에 답하세요.

×	1	2	3	4	5	6	7	8
1	1	2	3	4	5	6	7	8
2	2	4	6	8	10		14	16
3	3	6	9	12	15	18	21	24
4	4	8	12	16	20	24	28	
5	5	10			25	30	35	40
6	6	12	18	24	30		42	48
7	7		21	28	35	42		56
8	8	16	24	32		48	56	64

(1) 빈칸에 알맞은 수를 써넣으세요.

(2) 으로 색칠한 수는 아래로 내려갈수록 ☐씩 커지는 규칙이 있습니다.

(3) 으로 색칠한 부분과 규칙이 같은 곳을 찾아 색칠해 보세요.

(4) 5단 곱셈구구에 있는 수는 일의 자리 숫자가 5와 ☐이/가 반복됩니다.

(5) 초록색 점선을 따라 접었을 때 만나는 수는 서로 (갈습니다 , 다릅니다).

6

6 생활에서 다양한 규칙을 찾고 말할 수 있어.

달력에서 규칙 찾기

4월

일	월	화	수	목	금	토
	1	2	3	4	5	6
7	8	9	10	11	12	13
14	15	16	17	18	19	20
21	22	23	24	25	26	27
28	29	30				

- 같은 요일은 7일마다 반복됩니다.

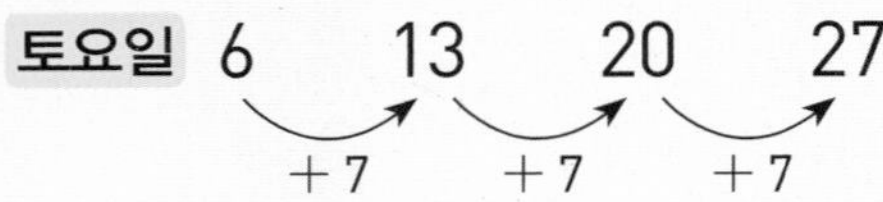

- 오른쪽으로 갈수록 1씩 커집니다.
- ↘ 방향으로 갈수록 8씩 커집니다.

번호키에서 규칙 찾기

번호키 숫자판의 수는

- ↓ 방향으로 갈수록 3씩 커집니다.
- → 방향으로 갈수록 1씩 커집니다.
- ↘ 방향으로 갈수록 4씩 커집니다.
- ↙ 방향으로 갈수록 2씩 커집니다.

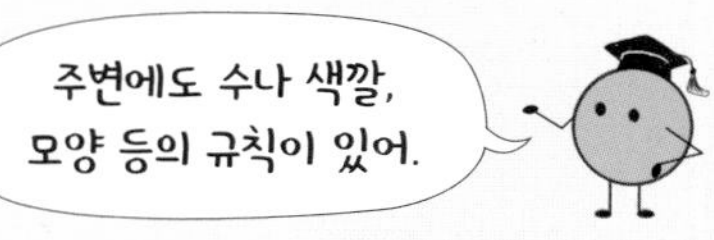

주변에도 수나 색깔,
모양 등의 규칙이 있어.

1 달력을 보고 물음에 답하세요.

7월

일	월	화	수	목	금	토
		1	2	3	4	5
6	7	8	9	10	11	12
13	14	15	16	17	18	19
20	21	22	23	24	25	26
27	28	29	30	31		

달력은 옆으로 7칸이야.

(1) 7월 달력에서 수요일인 날짜를 모두 찾아 ○표 하세요.

(2) 수요일은 □ 일마다 반복됩니다.

(3) 오른쪽으로 갈수록 □ 씩 커지는 규칙이 있습니다.

(4) ↙ 방향으로 갈수록 □ 씩 커지는 규칙이 있습니다.

2 민호네 반 교실에 있는 사물함입니다. 규칙을 찾아 빈칸에 알맞은 수를 써넣으세요.

1	2	3	4		6		8
9	10			13	14		16
17		19	20			23	

→ 방향, ↓ 방향에서 규칙을 찾아봐.

3 공연장 의자 번호에서 규칙을 찾아 물음에 답하세요.

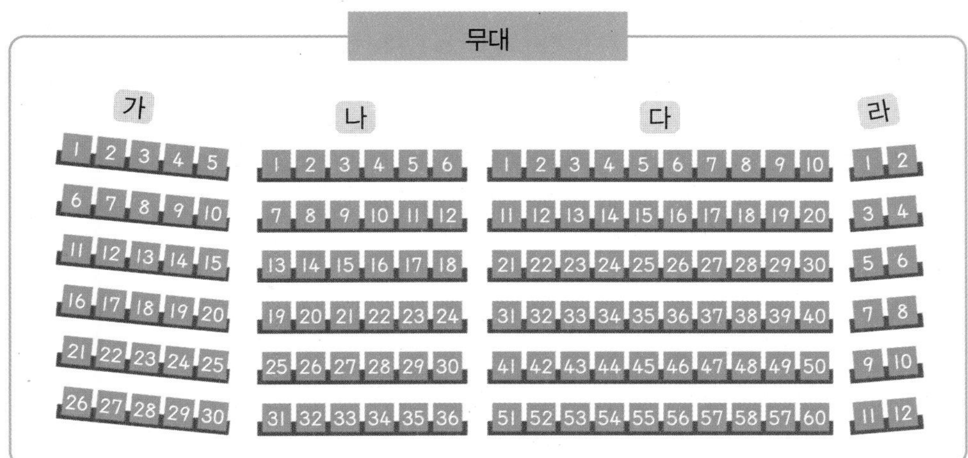

(1) 공연장 의자 번호에서 찾을 수 있는 규칙을 써 보세요.

규칙 가 구역에서는 뒤로 갈수록 □씩 커지는 규칙이 있습니다.

나 구역에서는 뒤로 갈수록 □씩 커지는 규칙이 있습니다.

다 구역에서는 뒤로 갈수록 □씩 커지는 규칙이 있습니다.

라 구역에서는 뒤로 갈수록 □씩 커지는 규칙이 있습니다.

각 구역에서 의자가 한 줄에 몇 개씩 있는지 알아봐.

(2) 수빈이의 의자 번호는 '가 구역 13번'입니다. 수빈이의 자리를 찾아 ○표 하세요.

(3) 준서의 의자 번호는 '나 구역 32번'입니다. 준서의 자리를 찾아 □표 하세요.

(4) 동영이의 의자 번호는 '다 구역 48번'입니다. 동영이의 자리를 찾아 △표 하세요.

개념 적용

3 덧셈표에서 규칙 찾기

1 덧셈표를 보고 물음에 답하세요.

+	1	2	3	4	5	6	7	8	9
4	5	6	7	8	9	10	11	12	13
5	6	7	8	9	10	11			14
6	7	8		10	11	12	13	14	15
7	8	9	10	11	12	13	14		
8	9	10	11	12			15	16	17

(1) 빈칸에 알맞은 수를 써넣으세요.

(2) ▭으로 색칠한 수의 규칙으로 알맞은 것을 모두 찾아 기호를 써 보세요.

㉠ 모두 짝수입니다. ㉡ ↘ 방향으로 1씩 커집니다.
㉢ 모두 홀수입니다. ㉣ ↘ 방향으로 2씩 커집니다.

( )

▶ 짝수: 둘씩 짝을 지을 때 남는 것이 없는 수
⇒ 2, 4, 6, 8, 10, 12와 같은 수
홀수: 둘씩 짝을 지을 때 남는 것이 있는 수
⇒ 1, 3, 5, 7, 9, 11과 같은 수

2 덧셈표를 보고 물음에 답하세요.

+	2	4	6	8	10	12	14	16
1	3	5	7	9		13	15	17
3	5	7	9	11	13			19
5	7	9		13		17	19	21
7	9	11	13	15	17	19		
9	11			17	19			25

(1) 빈칸에 알맞은 수를 써넣으세요.

(2) 주황색 선 위의 수는 모두 (같습니다 , 다릅니다).

(3) ▭으로 색칠한 수와 같은 규칙으로 30부터 수를 차례로 3개 써 보세요.

( )

▶ (3) ▭으로 색칠한 수는 몇씩 커지는지 알아봐.

탄탄북

3 덧셈표에서 규칙을 찾아 빈칸에 알맞은 수를 써넣으세요.

▶ 오른쪽으로 갈수록, 아래로 내려갈수록 몇씩 커지는지 각각 알아봐.

+	0	1	2	3
0	0	1	2	3
1	1	2	3	4
2	2	3	4	5
3	3	4	5	

(1)

8	9	
9		
10		

(2)

10	11	12	13
		13	14
	13		

내가 만드는 문제

4 표 안의 수를 이용하여 덧셈표를 만들고 만든 덧셈표에서 규칙을 찾아 써 보세요.

▶ 합이 2, 4, 6, 8인 두 수를 생각하며 덧셈표를 만들어.

+				
	2			
		4		
			6	
				8

규칙 ....

덧셈표를 쉽게 완성하는 방법은?

+	2	3	4	5	6	7
2	4	5	6	7	□	9
3	5	6	7	8	9	10
4	6	7	8	9	10	□
5	7	□	9	10	11	12
6	8	9	10	□	12	13

오른쪽으로 갈수록 1씩 커지므로

• 7 다음에 올 수는 7보다 □ 만큼 더 큰 수입니다.

• 10 다음에 올 수는 10보다 □ 만큼 더 큰 수입니다.

규칙만 알면 덧셈표를 쉽게 완성할 수 있어.

5 곱셈표를 보고 물음에 답하세요.

×	1	2	3	4	5	6	7	8	9
4	4	8	12	16	20	24	28	32	36
5	5	10	15	20			35	40	45
6	6			24	30	36	42	48	
7	7	14	21	28	35			56	63
8	8	16	24	32	40	48	56		72
9	9	18	27	36	45		63	72	

(1) 빈칸에 알맞은 수를 써넣으세요.

(2) 곱셈표의 규칙을 잘못 말한 사람은 누구일까요?

빨간색으로 칠한 부분은 모두 홀수야.
초록색 선 위의 수는 같은 수끼리의 곱이야.
노란색으로 칠한 부분은 오른쪽으로 갈수록 8씩 커져.
준서
은희
지우

(   )

6 규칙을 찾아 빈칸에 알맞은 수를 써넣으세요.

▶ 수가 몇씩 커지는지 찾아봐.

(1)

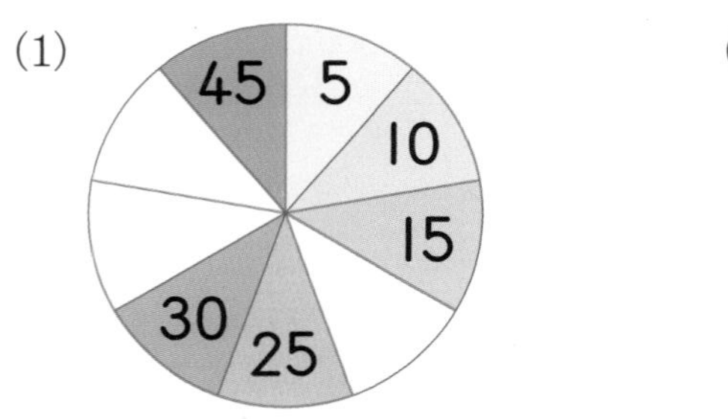

(2)

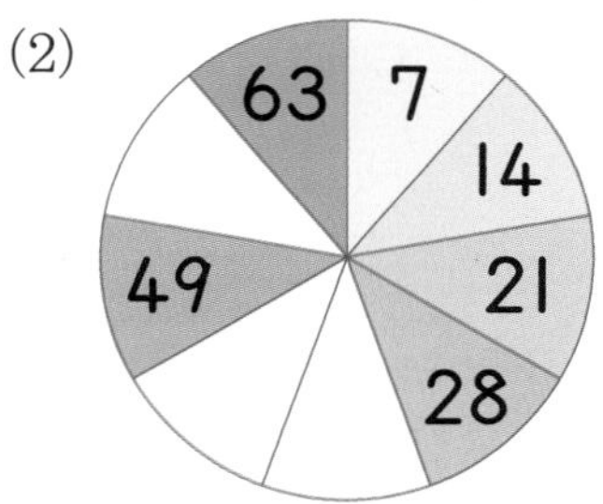

7 곱셈표에서 규칙을 찾아 빈칸에 알맞은 수를 써넣으세요.

▶ 오른쪽으로 갈수록 ●씩 커지는 가로줄은 ●단의 수야.

×	1	2	3	4
1	1	2	3	4
2	2	4	6	8
3	3	6	9	1
	4	8	1	

(1)

14	21	28
	24	
	27	

(2)

24		32	36
	35		
36		48	

탄탄북

8 오른쪽 곱셈표를 점선을 따라 접었을 때 초록색, 주황색 칸과 각각 만나는 칸에 알맞은 수를 써넣으세요.

×	3	4	5	6
3				
4				
5				
6				

▶ 곱셈에서는 두 수를 바꾸어 곱해도 값은 서로 같아.

내가 만드는 문제

9 표 안의 수를 이용하여 곱셈표를 만들고 만든 곱셈표에서 규칙을 찾아 써 보세요.

×				
	5			
		12		
			21	
				32

규칙 ....

▶ 곱이 5, 12, 21, 32인 두 수를 생각하며 곱셈표를 만들어.

6

곱셈표를 쉽게 완성하는 방법은?

×	1	2	3	4	5	6
2	2	4	6	8	10	□
3	3	6	9	12	15	18
4	4	8	12	16	20	24
5	5	10	15	20	□	30
6	6	□	18	24	□	36

• 2단: 2 4 6 8 10 ··· (+2 +2 +2 +2)

오른쪽으로 갈수록 2씩 커지므로

10 다음에 올 수는 10보다 □만큼 더 큰 수입니다.

• 5단: 5 10 15 20 ··· (+5 +5 +5)

오른쪽으로 갈수록 5씩 커지므로

20 다음에 올 수는 20보다 □만큼 더 큰 수입니다.

10 신호등을 보고 규칙을 찾아 다음에 올 모양에 알맞은 붙임딱지를 붙여 보세요.

붙임딱지

▶ 신호등의 색과 색이 놓이는 위치의 규칙을 모두 찾아야 해.

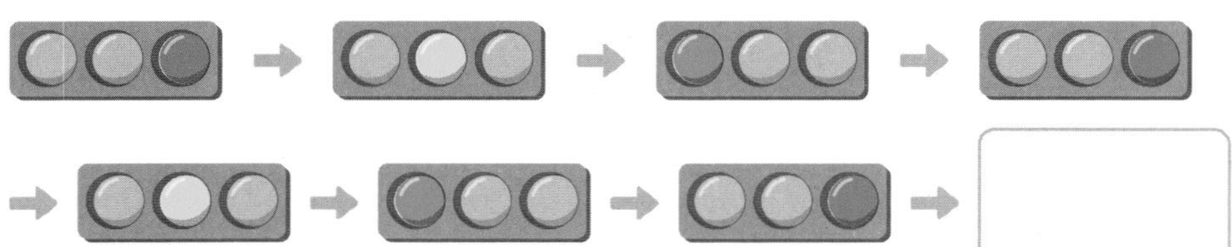

11 규칙을 찾아 마지막 시계에 시각을 나타내 보세요.

▶ 시계의 긴바늘과 짧은바늘이 각각 어떻게 움직이는지 생각해 봐.

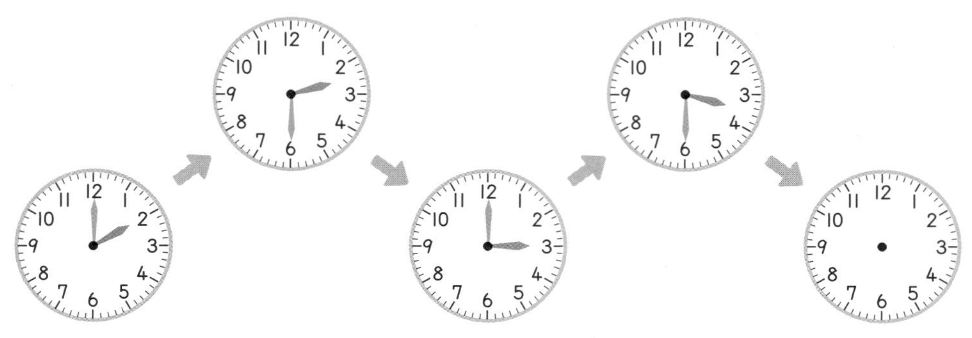

12 버스 출발 시간표에서 규칙을 찾아 □ 안에 알맞은 수를 써넣으세요.

서울 → 대전 출발 시각	
7시	7시 45분
7시 15분	8시
7시 30분	8시 15분

서울에서 대전으로 가는 버스는 □분 간격으로 출발합니다.

13 어느 해의 11월 달력의 일부분입니다. 11월의 셋째 목요일은 며칠인지 구해 보세요.

▶ 달력에서 요일은 7일마다 반복돼.

11월

일	월	화	수	목	금	토
	1	2	3	4	5	6
7	8					

(　　　　　　　　)

14 어느 연극 공연장의 자리를 나타낸 그림입니다. 다열 둘째 자리는 몇 번일까요?

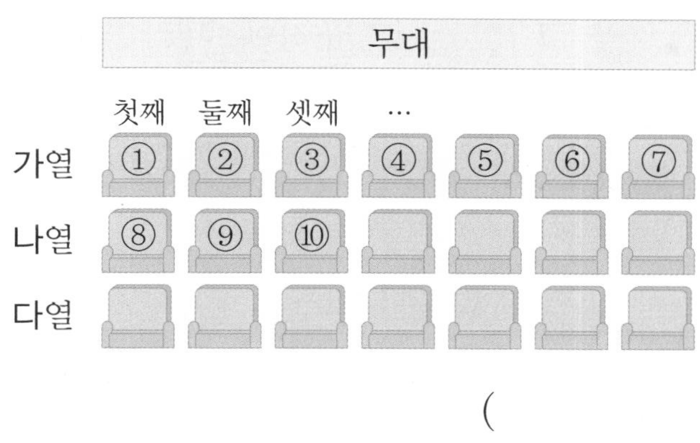

( )

▶ • 가로
첫째 둘째 셋째 넷째
1 2 3 4
+1 +1 +1
• 세로
가열 1 2
나열 8 9
+7 +7

내가 만드는 문제

15 규칙을 정해 벽 타일을 색칠하고, 규칙을 써 보세요.

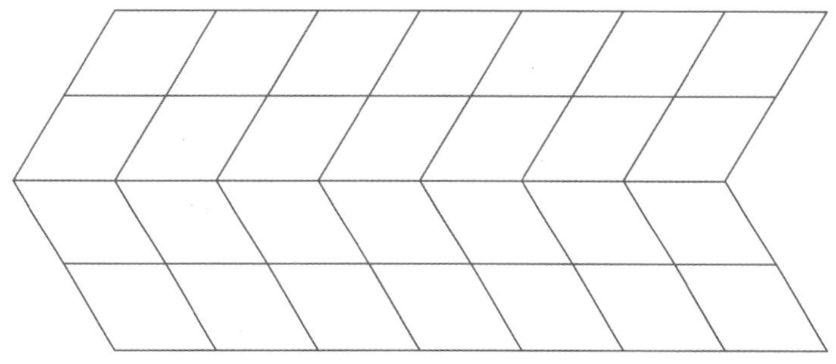

규칙 ....

엘리베이터 버튼의 수에서 찾을 수 있는 규칙은?

• ↑ 방향으로 갈수록 1씩 커집니다.
• → 방향으로 갈수록 ☐씩 커집니다.

• ↑ 방향으로 갈수록 4씩 커집니다.
• 초록색 점선 위에 놓인 수는 ↖ 방향으로 갈수록 ☐씩 커집니다.

발전 문제

1 규칙을 찾아 도형 그리고 색칠하기

규칙을 찾아 □ 안에 알맞은 모양을 그리고 색칠해 보세요.

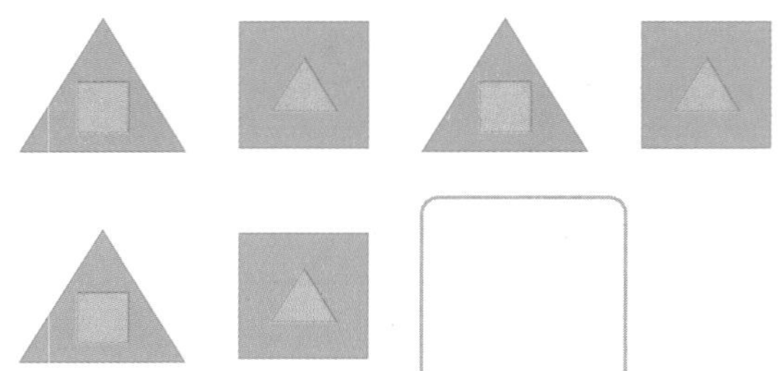

바깥쪽과 안쪽의 모양과 색깔이 반복되는 규칙을 찾아봐.

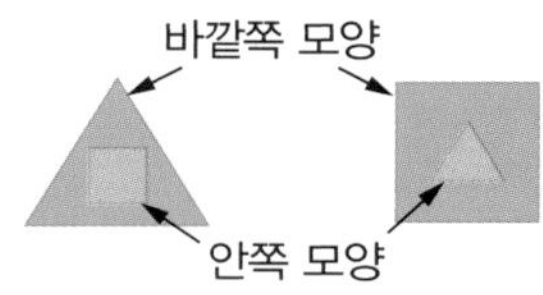

2 쌓기나무로 쌓은 모양에서 규칙 찾기

규칙에 따라 쌓기나무를 쌓았습니다. 다음에 이어질 모양에 쌓을 쌓기나무는 모두 몇 개일까요?

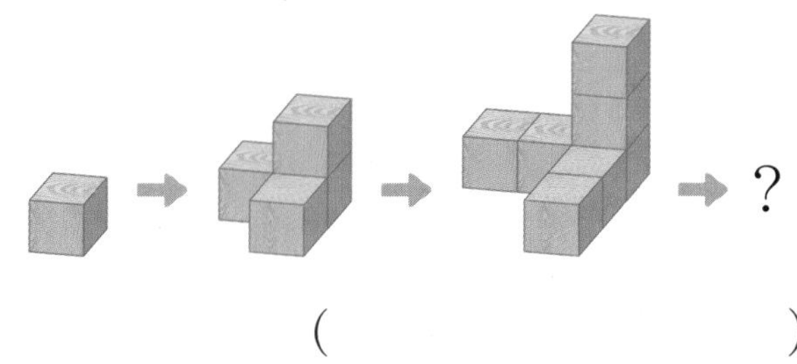

(　　　　　　　)

쌓기나무를 어느 방향으로 몇 개씩 더 쌓은 규칙인지 찾아봐.

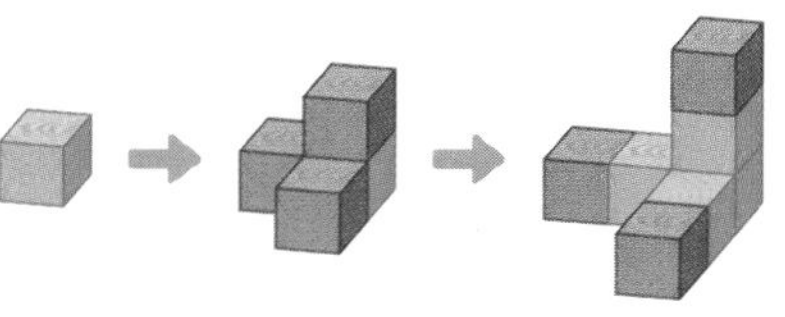

1+ 규칙을 찾아 □ 안에 알맞은 모양을 그리고 색칠해 보세요.

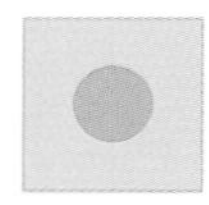 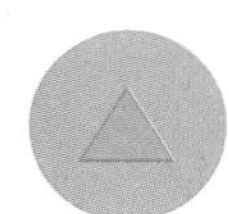  

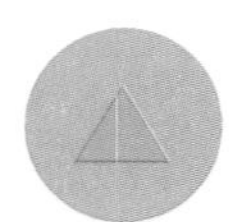 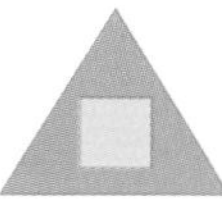  

2+ 규칙에 따라 쌓기나무를 쌓았습니다. 다음에 이어질 모양에 쌓을 쌓기나무는 모두 몇 개일까요?

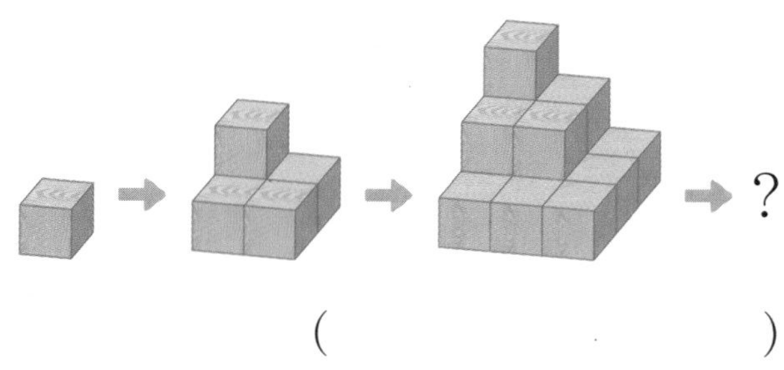

(　　　　　　　)

3 수 배열에서 규칙 찾기

규칙을 찾아 빈칸에 알맞은 수를 써넣으세요.

2					
2	2				
2	4	2			
2	6	6	2		
2	8		8	2	
2	10		20		2

위에서부터 어떤 규칙으로 수가 들어 있는지 알아봐.

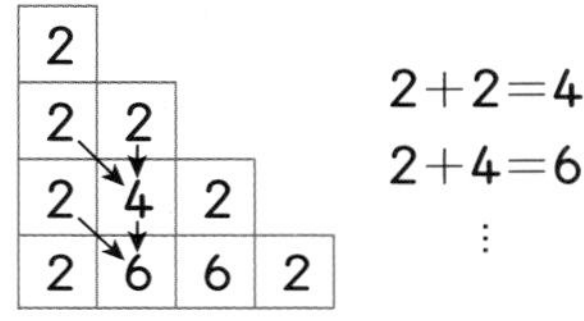

$2+2=4$
$2+4=6$
⋮

4 바둑돌에서 규칙 찾기

규칙에 따라 바둑돌을 16개 늘어놓으면 검은색 바둑돌은 모두 몇 개일까요?

(　　　　　　　　)

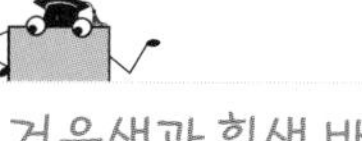

검은색과 흰색 바둑돌이 반복되는 규칙을 찾아봐.

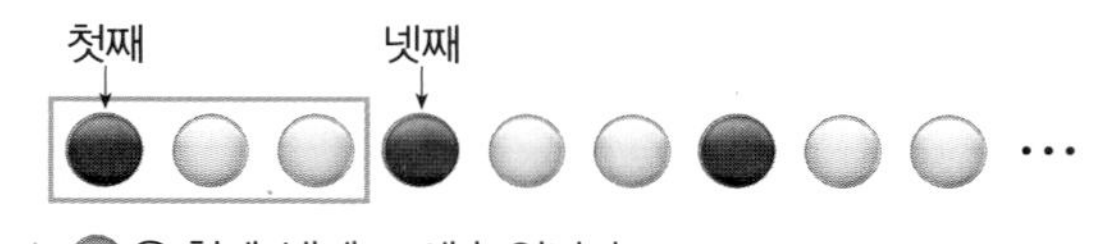

➡ ●은 첫째, 넷째, ...에 놓입니다.

6

3+ 규칙에 따라 만든 삼각형 모양의 표를 보고 빈칸에 알맞은 수를 써넣으세요.

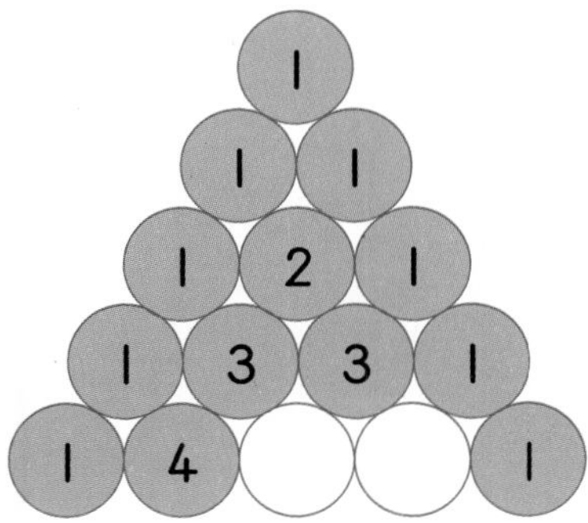

4+ 규칙에 따라 바둑돌을 22개 늘어놓으면 검은색 바둑돌은 모두 몇 개일까요?

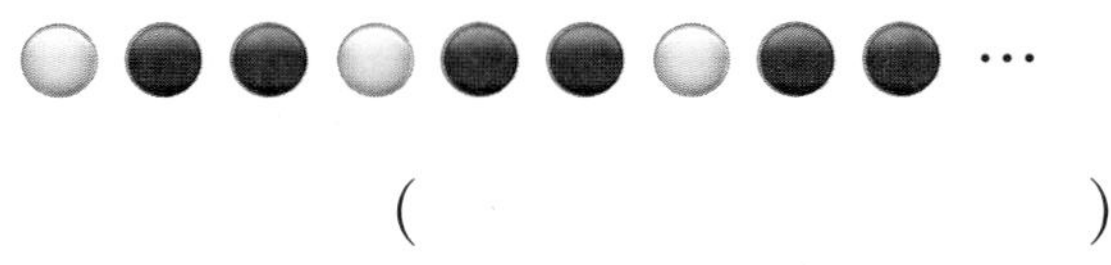

(　　　　　　　　)

단원 평가

점수 | 확인

1 규칙을 찾아 □ 안에 알맞은 모양을 그려 보세요.

2 ●은 1, ▲은 2로 바꾸어 나타내 보세요.

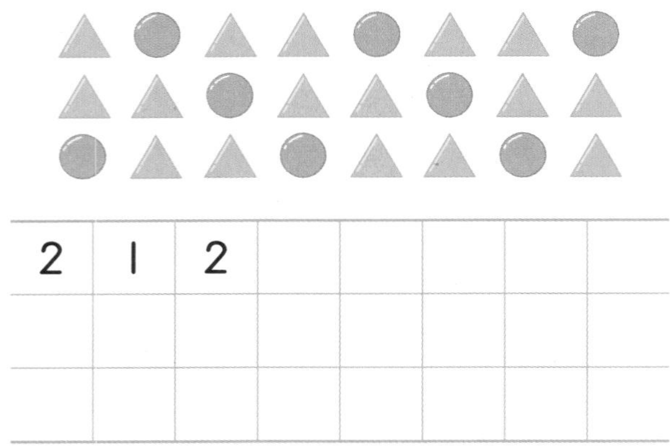

2	1	2					

3 규칙을 찾아 알맞게 색칠해 보세요.

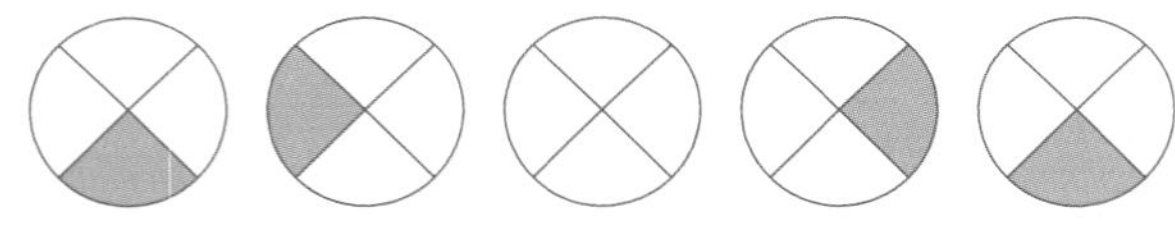

4 규칙을 찾아 □ 안에 알맞은 모양을 그려 보세요.

[5~6] 덧셈표를 보고 물음에 답하세요.

+	3	4	5	6	7
3	6	7	8	9	10
4	7	8	9	10	11
5	8	9	10	11	12
6	9			12	13
7	10			13	14

5 빈칸에 알맞은 수를 써넣으세요.

6 ▭으로 색칠한 수의 규칙을 찾아 써 보세요.

규칙 ....

[7~8] 곱셈표를 보고 물음에 답하세요.

×	5	6	7	8
5	25	30	35	40
6	30	36		48
7	35		49	56
8	40	48	56	64

7 ▭으로 색칠한 수의 규칙을 찾아 써 보세요.

규칙 ....

8 빈칸에 공통으로 들어갈 수를 써 보세요.

(　　　　　　　)

9 오른쪽 수 배열에서 찾을 수 있는 규칙이 잘못된 것을 찾아 기호를 써 보세요.

4	8	12
3	7	11
2	6	10
1	5	9

㉠ 오른쪽으로 갈수록 4씩 커집니다.
㉡ ↘ 방향으로 갈수록 3씩 커집니다.
㉢ ↙ 방향으로 갈수록 5씩 커집니다.

( )

10 규칙에 따라 쌓기나무를 쌓았습니다. 4층으로 쌓기 위해서는 쌓기나무가 모두 몇 개 필요할까요?

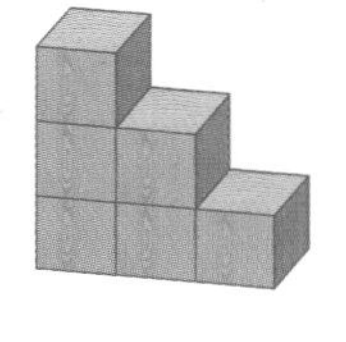

( )

11 규칙을 찾아 알맞게 색칠해 보세요.

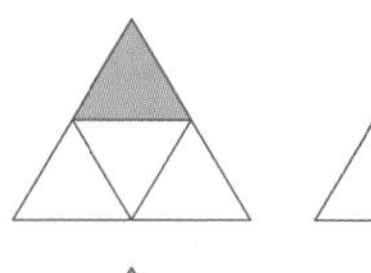 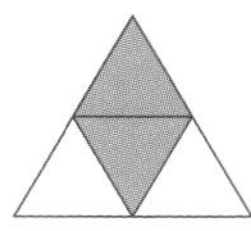 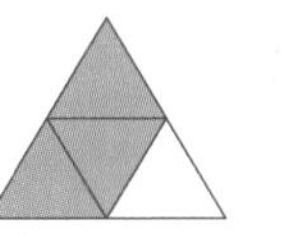 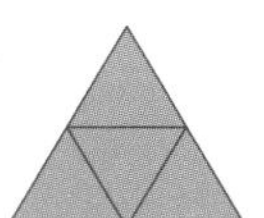

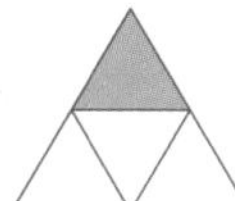 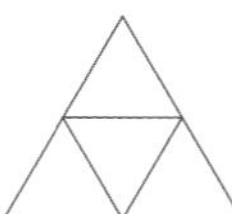 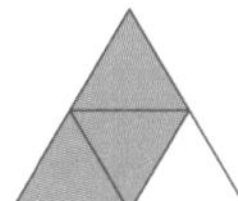 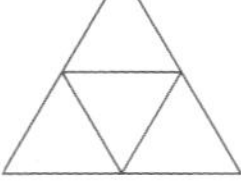

[12~13] 규칙에 따라 쌓기나무를 쌓았습니다. 물음에 답하세요.

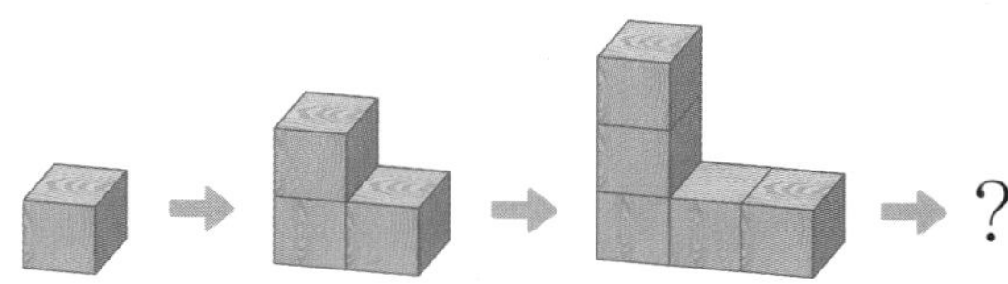

12 쌓기나무가 몇 개씩 늘어나는 규칙일까요?

( )

13 다음에 이어질 모양에 쌓을 쌓기나무는 모두 몇 개일까요?

( )

14 덧셈표에서 규칙을 찾아 빈칸에 알맞은 수를 써넣으세요.

+	1	2	3
1	2	3	4
2	3	4	5
3	4	5	6

→

	14		16
		16	
15	16		

15 버스 출발 시간표에서 규칙을 찾아 써 보세요.

서울 → 부산 출발 시각			
평일		주말	
6:30	8:30	6:30	7:50
7:00	9:00	6:50	8:10
7:30	9:30	7:10	8:30
8:00	10:00	7:30	8:50

규칙 ....

정답과 풀이 38쪽

술술 서술형

16 곱셈표의 빈칸에 알맞은 수를 써넣으세요.

×	3		5	
	15		25	
6		24		36
		28	35	
8			40	48

17 영화관의 자리를 나타낸 그림입니다. 지용이의 자리가 다열 일곱째일 때 지용이가 앉을 의자의 번호는 몇 번일까요?

	첫째	둘째	셋째	…							
가열	①	②	③	④	⑤						
나열	⑫	⑬	⑭								
⋮											

( )

18 규칙에 따라 바둑돌을 20개 늘어놓으면 검은색 바둑돌은 모두 몇 개일까요?

○ ● ○ ○ ● ○ ○ ● …

( )

19 규칙을 찾아 □ 안에 알맞은 시각을 구하려고 합니다. 풀이 과정을 쓰고 답을 구해 보세요.

풀이

답

20 어느 해의 8월 달력입니다. 달력에서 찾을 수 있는 규칙을 2가지 써 보세요.

8월

일	월	화	수	목	금	토
			1	2	3	4
5	6	7	8	9	10	11
12	13	14	15	16	17	18
19	20	21	22	23	24	25
26	27	28	29	30	31	

규칙 1

규칙 2

기본 2-2 붙임딱지

문제의 쪽수, 번호에 알맞게 붙여 보세요!

1 네 자리 수

14쪽 2번

16쪽 8번

19쪽 18번

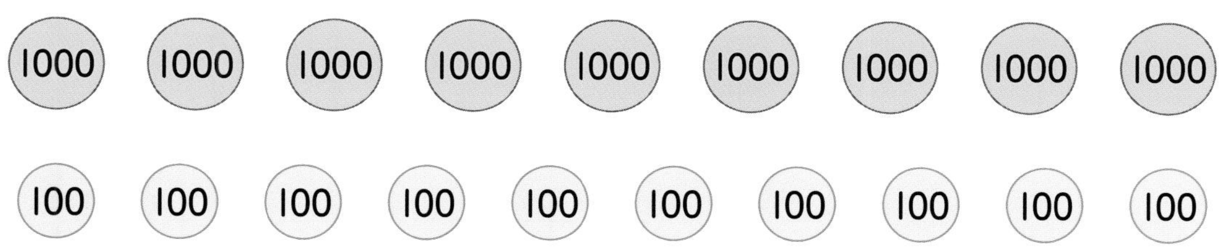

2 곱셈구구

41쪽 7번

42쪽 9번

3 길이 재기

90쪽 26번

4 시각과 시간

108쪽 6번

5 표와 그래프

141쪽 5번

6 규칙 찾기

158쪽 1번

159쪽 7번

170쪽 10번

  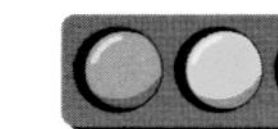 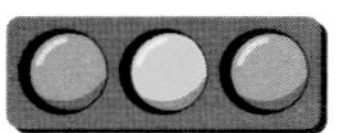  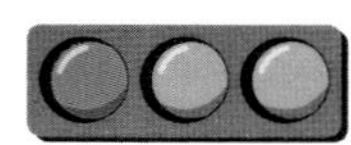 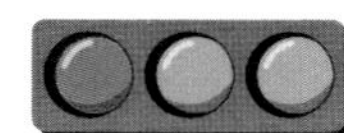

수학 좀 한다면

초등수학

기본탄탄북

2-2

- **개념 적용 복습** | 진도책의 개념 적용에서 틀리기 쉽거나 중요한 문제들을 다시 한번 풀어 보세요.
- **서술형 문제** | 쓰기 쉬운 서술형 문제로 수학적 의사표현 능력을 키워 보세요.
- **수행 평가** | 수시평가를 대비하여 꼭 한번 풀어 보세요. 시험에 대한 자신감이 생길 거예요.
- **총괄 평가** | 최종적으로 모든 단원의 문제를 풀어 보면서 실력을 점검해 보세요.

⊕ 개념 적용

1

진도책 14쪽 4번 문제

수직선을 보고 □ 안에 알맞은 수를 써넣으세요.

910 920 930 940 950 960 970 980 990 1000

1000은 980보다 □ 만큼 더 큰 수입니다.

어떻게 풀었니?

수직선에서 한 칸을 뛰어 세면 10만큼 더 커진다는 걸 알았니?

980부터 몇 칸 뛰어 세면 1000이 되는지 알아보자!

① ②

910 920 930 940 950 960 970 980 990 1000

980부터 □ 칸 뛰어 세었더니 1000이 되었네.

아~ 1000은 980보다 □ 만큼 더 큰 수구나!

2 1000은 960보다 얼마만큼 더 큰 수일까요?

( )

3 1000은 930보다 얼마만큼 더 큰 수일까요?

( )

4 지아가 마트에서 음료수를 사면서 낸 돈입니다. 지아가 낸 돈은 모두 얼마일까요?

진도책 19쪽
17번 문제

어떻게 풀었니?

1000원짜리 지폐, 100원짜리 동전, 10원짜리 동전이 각각 얼마인지 알아보자!

100원짜리 동전 10개는 1000원짜리 지폐 ☐장과 같아.

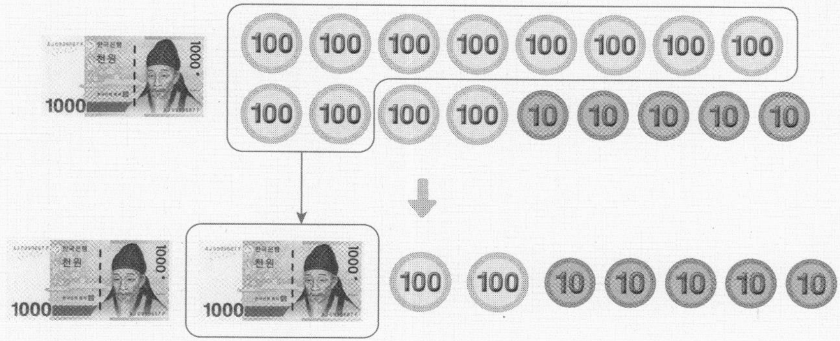

100원짜리 동전 10개를 1000원짜리 지폐로 바꾸었더니

1000원짜리 지폐 ☐장, 100원짜리 동전 ☐개, 10원짜리 동전 ☐개가 되었네.

아~ 지아가 낸 돈은 모두 ☐원이구나!

5 유성이가 제과점에서 빵을 사면서 낸 돈입니다. 유성이가 낸 돈은 모두 얼마일까요?

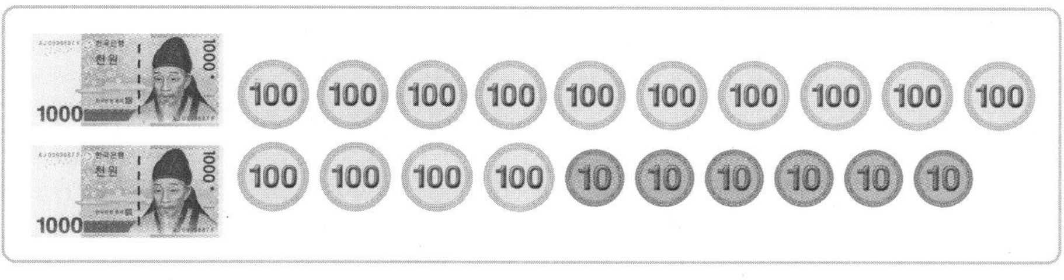

(　　　　　　　　)

6 숫자 8이 8000을 나타내는 수를 찾아 기호를 써 보세요.

진도책 21쪽 22번 문제

㉠ 3180 ㉡ 8126 ㉢ 1806 ㉣ 5168

어떻게 풀었니?

같은 숫자라도 자리에 따라 나타내는 수가 달라져.

숫자 8이 각각 어느 자리인지 알아보자!

	천의 자리	백의 자리	십의 자리	일의 자리		나타내는 수
㉠	3	1	8	0	→	
㉡	8	1	2	6	→	
㉢	1	8	0	6	→	
㉣	5	1	6	8	→	

아~ 숫자 8이 8000을 나타내는 수를 찾아 기호를 쓰면 ☐이구나!

7 숫자 5가 500을 나타내는 수를 찾아 기호를 써 보세요.

㉠ 6435 ㉡ 5420 ㉢ 2758 ㉣ 9506

( )

8 숫자 3이 30을 나타내는 수를 찾아 기호를 써 보세요.

㉠ 1369 ㉡ 7238 ㉢ 3045 ㉣ 4093

( )

9

진도책 26쪽
10번 문제

보기 의 수를 한 번씩만 사용하여 □ 안에 알맞게 써넣으세요.

보기	
1800	2000

1752< □, 1903< □

어떻게 풀었니?

수직선에서 수의 위치를 알아보자!

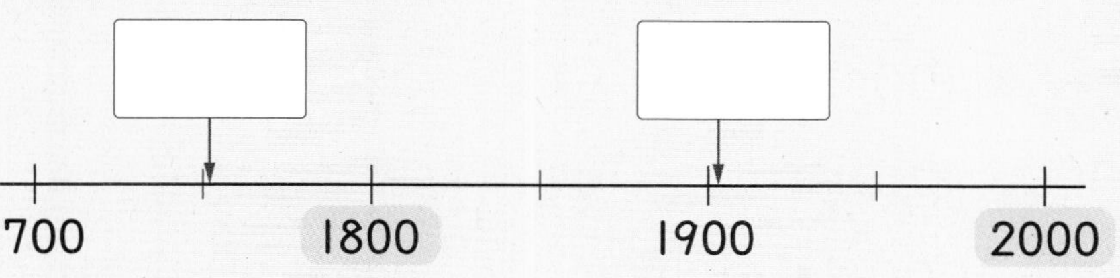

수직선에서 오른쪽에 있을수록 큰 수야.

보기 의 수 중에서 1752보다 큰 수는 □, □이고

1903보다 큰 수는 □이야.

아~ 그럼 보기 의 수를 한 번씩만 사용해야 하니까

1752< □, 1903< □이구나!

10

보기 의 수를 한 번씩만 사용하여 □ 안에 알맞게 써넣으세요.

보기		
3500	3600	3700

3457< □, 3528< □, 3690< □

쓰기 쉬운 서술형

1

1000 알아보기

윤아는 100원짜리 동전 8개를 가지고 있습니다. 1000원이 되려면 얼마가 더 있어야 하는지 풀이 과정을 쓰고 답을 구해 보세요.

무엇을 쓸까? ❶ 100이 8개인 수 구하기
❷ 1000은 ❶에서 구한 수보다 얼마나 더 큰 수인지 구하기
❸ 1000원이 되려면 얼마가 더 있어야 하는지 구하기

풀이 예 100이 8개인 수는 (   )입니다. --- ❶

1000은 800보다 (   )만큼 더 큰 수입니다. --- ❷

따라서 1000원이 되려면 (   )원이 더 있어야 합니다. --- ❸

답

1-1

지호는 100원짜리 동전 6개와 10원짜리 동전 10개를 가지고 있습니다. 1000원이 되려면 얼마가 더 있어야 하는지 풀이 과정을 쓰고 답을 구해 보세요.

무엇을 쓸까? ❶ 100이 6개, 10이 10개인 수 구하기
❷ 1000은 ❶에서 구한 수보다 얼마나 더 큰 수인지 구하기
❸ 1000원이 되려면 얼마가 더 있어야 하는지 구하기

풀이

답

2 네 자리 수 알아보기

1000이 6개, 10이 5개, 1이 8개인 수를 쓰고 읽어 보려고 합니다. 풀이 과정을 쓰고 답을 구해 보세요.

무엇을 쓸까? ❶ 1000이 6개, 10이 5개, 1이 8개인 수 구하기
❷ ❶에서 구한 수 쓰고 읽기

풀이 예 1000이 6개이면 (　　　), 10이 5개이면 (　　　), 1이 8개이면 (　　)이므로 (　　　)입니다. --- ❶

따라서 1000이 6개, 10이 5개, 1이 8개인 수를 쓰면 (　　　)이고, (　　　　　)(이)라고 읽습니다. --- ❷

답 ______________, ______________

1

2-1

구슬이 1000개씩 2상자, 100개씩 4봉지, 낱개 7개가 있습니다. 구슬은 모두 몇 개인지 풀이 과정을 쓰고 답을 구해 보세요.

무엇을 쓸까? ❶ 1000이 2개, 100이 4개, 1이 7개인 수 구하기
❷ 구슬은 모두 몇 개인지 구하기

풀이

답

2-2

1000이 4개, 100이 12개, 1이 5개인 수는 얼마인지 풀이 과정을 쓰고 답을 구해 보세요.

무엇을 쓸까? ❶ 100이 12개인 수를 1000이 ■개, 100이 ▲개인 수로 나타내기
❷ 1000이 4개, 100이 12개, 1이 5개인 수 구하기

풀이

답

2-3

현우는 1000원짜리 지폐 3장, 100원짜리 동전 6개, 10원짜리 동전 14개를 가지고 있습니다. 현우가 가지고 있는 돈은 모두 얼마인지 풀이 과정을 쓰고 답을 구해 보세요.

무엇을 쓸까? ❶ 10이 14개인 수를 100이 ■개, 10이 ▲개인 수로 나타내기
❷ 1000이 3개, 100이 6개, 10이 14개인 수 구하기
❸ 현우가 가지고 있는 돈은 모두 얼마인지 구하기

풀이

답

3 뛰어 세기

6740에서 출발하여 100씩 4번 뛰어 센 수는 얼마인지 풀이 과정을 쓰고 답을 구해 보세요.

무엇을 쓸까? ❶ 100씩 뛰어 세는 방법 설명하기

❷ 6740에서 출발하여 100씩 4번 뛰어 센 수 구하기

풀이 예 100씩 뛰어 세면 백의 자리 수가 (　　)씩 커집니다. --- ❶

6740에서 출발하여 100씩 뛰어 세면 6740 — 6840 — 6940 — (　　　)

— (　　　)이므로 4번 뛰어 센 수는 (　　　)입니다. --- ❷

답

1

3-1

규칙에 따라 뛰어 셀 때 ㉠에 알맞은 수는 얼마인지 풀이 과정을 쓰고 답을 구해 보세요.

3720 — 4720 — 5720 — (　　) — (　　) — ㉠

무엇을 쓸까? ❶ 몇씩 뛰어 센 것인지 알아보기

❷ 규칙에 따라 뛰어 세어 ㉠에 알맞은 수 구하기

풀이

답

4 수 카드로 네 자리 수 만들기

수 카드를 한 번씩만 사용하여 만들 수 있는 네 자리 수 중에서 가장 큰 수는 얼마인지 풀이 과정을 쓰고 답을 구해 보세요.

5 8 1 3

무엇을 쓸까? ❶ 가장 큰 수를 만드는 방법 설명하기
❷ 만들 수 있는 가장 큰 수 구하기

풀이 예 가장 큰 수를 만들려면 천의 자리부터 (큰 , 작은) 수를 차례로 놓습니다. --- ❶

수 카드의 수를 큰 수부터 차례로 쓰면 ( ), 5, ( ), 1이므로 만들 수 있는 가장 큰 수는 ( )입니다. --- ❷

답

4-1

수 카드를 한 번씩만 사용하여 만들 수 있는 네 자리 수 중에서 가장 작은 수는 얼마인지 풀이 과정을 쓰고 답을 구해 보세요.

7 3 4 9

무엇을 쓸까? ❶ 가장 작은 수를 만드는 방법 설명하기
❷ 만들 수 있는 가장 작은 수 구하기

풀이

답

5 □ 안에 들어갈 수 있는 수 구하기

0부터 9까지의 수 중에서 □ 안에 들어갈 수 있는 수를 모두 구하려고 합니다. 풀이 과정을 쓰고 답을 구해 보세요.

5436>54□7

무엇을 쓸까? ❶ 천의 자리부터 수의 크기를 비교하여 □의 범위 구하기
❷ □ 안에 들어갈 수 있는 수 구하기

풀이 예 천의 자리, 백의 자리 수가 각각 같고 일의 자리 수를 비교하면 6<7 이므로 □ 안에는 (　　)보다 작은 수가 들어갈 수 있습니다. --- ❶

따라서 □ 안에 들어갈 수 있는 수는 (　　), (　　), (　　)입니다. --- ❷

답

1

5-1

0부터 9까지의 수 중에서 □ 안에 들어갈 수 있는 수는 모두 몇 개인지 풀이 과정을 쓰고 답을 구해 보세요.

6□18>6625

무엇을 쓸까? ❶ 천의 자리부터 수의 크기를 비교하여 □의 범위 구하기
❷ □ 안에 들어갈 수 있는 수는 모두 몇 개인지 구하기

풀이

답

수행 평가

1 수 모형을 보고 □ 안에 알맞은 수나 말을 써넣으세요.

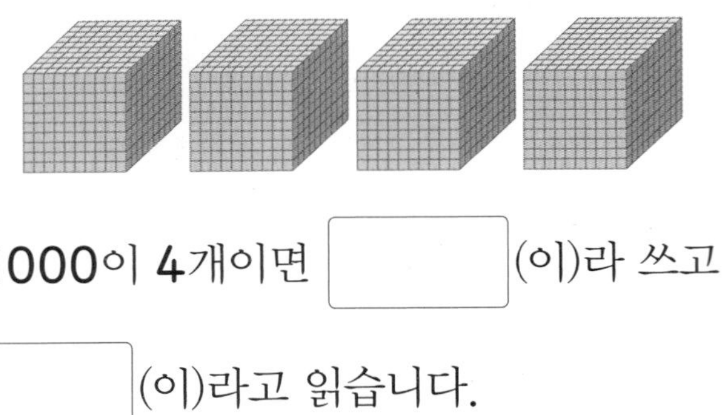

1000이 4개이면 □(이)라 쓰고

□(이)라고 읽습니다.

2 나타내는 수가 다른 하나를 찾아 기호를 써 보세요.

㉠ 900보다 100만큼 더 큰 수
㉡ 100이 10개인 수
㉢ 950보다 50만큼 더 큰 수
㉣ 990보다 1만큼 더 큰 수

( )

3 백의 자리 숫자가 7인 수를 모두 고르세요. ( )

① 7613 ② 4709 ③ 8157
④ 6724 ⑤ 5972

4 다음 수를 쓰고 읽어 보세요.

1000이 5개, 100이 2개, 10이 8개, 1이 9개인 수

쓰기 ( )
읽기 ( )

5 숫자 4가 40을 나타내는 수를 모두 고르세요. ( )

① 6412 ② 4358 ③ 7046
④ 9314 ⑤ 5743

6 규칙에 따라 수를 뛰어 센 것입니다. 빈칸에 알맞은 수를 써넣으세요.

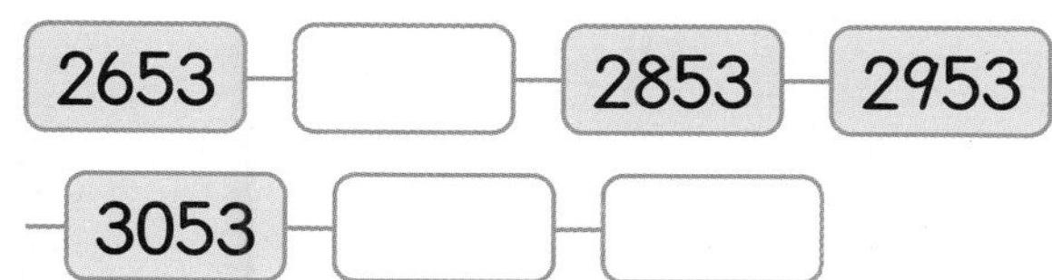

7 가장 큰 수를 찾아 ○표 하세요.

8674　　7961　　8750

8 민하의 저금통에는 7월에 3000원이 들어 있습니다. 8월부터 10월까지 한 달에 1000원씩 계속 저금한다면 모두 얼마가 될까요?

(　　　　　　　　)

9 0부터 9까지의 수 중에서 □ 안에 들어갈 수 있는 수는 모두 몇 개인지 구해 보세요.

74□3>7461

(　　　　　　　　)

서술형 문제

10 수 카드를 한 번씩만 사용하여 만들 수 있는 네 자리 수 중에서 가장 작은 수는 얼마인지 풀이 과정을 쓰고 답을 구해 보세요.

6　0　3　2

풀이 ....

답 ....

1

개념 적용

1 진도책 40쪽 4번 문제

2 × 7은 2 × 5보다 얼마나 더 큰지 ○를 그려서 나타내고, □ 안에 알맞은 수를 써넣으세요.

2×5

2×7

2 × 5 = □ 이고 2 × 7은 2 × 5보다 □ 씩 □ 묶음이 더 많으므로 □ 만큼 더 큽니다. ➡ 2 × 7 = □

2 × 7을 그림으로 나타내 보자!

2 × 7은 2 × 5보다 ●를 □ 씩 □ 묶음 더 많게 그리면

2×7

아~ 2 × 5 = □ 이고 2 × 7은 2 × 5보다 □ 만큼 더 크므로

2 × 7 = □ (이)구나!

2 2 × 6은 2 × 3보다 얼마나 더 큰지 ○를 그려서 나타내고, □ 안에 알맞은 수를 써넣으세요.

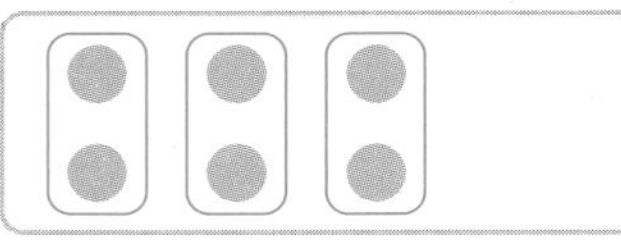

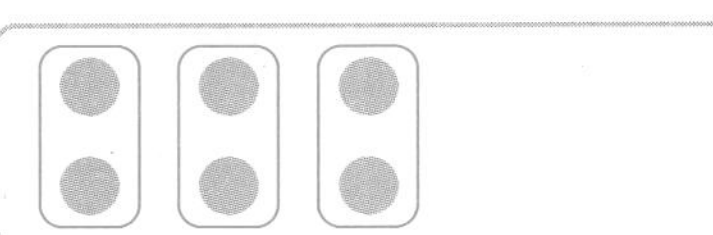

2 × 3 = □ 이고 2 × 6은 2 × 3보다 □ 만큼 더 큽니다. ➡ 2 × 6 = □

3 피망이 24개 있습니다. □ 안에 알맞은 수를 써넣으세요.

진도책 45쪽 18번 문제

$3 \times$ □ $= 24$

$6 \times$ □ $= 24$

피망을 몇 개씩 묶느냐에 따라 여러 가지 곱셈식으로 나타낼 수 있어.
먼저 피망을 3개씩 묶어 세어 보자.

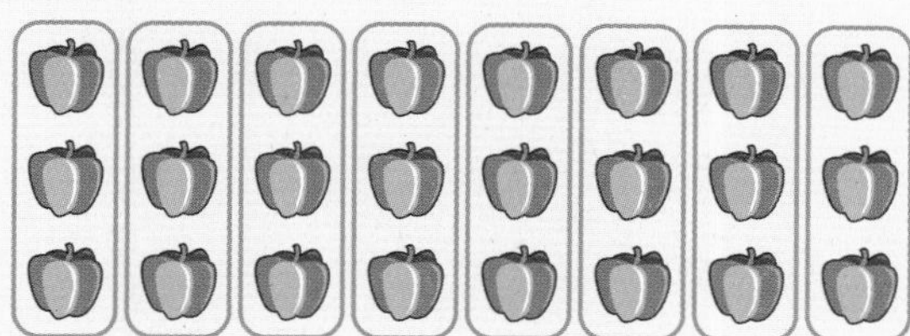

➡ 3개씩 □ 묶음

➡ $3 \times$ □

이번엔 피망을 6개씩 묶어 세어 보자.

➡ 6개씩 □ 묶음

➡ $6 \times$ □

아~ 피망의 수를 3단 곱셈구구를 이용하여 나타내면 $3 \times$ □ $=$ □ 이고,

6단 곱셈구구를 이용하여 나타내면 $6 \times$ □ $=$ □ (이)구나!

4 공이 18개 있습니다. □ 안에 알맞은 수를 써넣으세요.

3단 곱셈구구 이용하기	9단 곱셈구구 이용하기
$3 \times$ □ $=$ □	$9 \times$ □ $=$ □

2

5

진도책 51쪽 5번 문제

보기 와 같이 수 카드를 한 번씩만 사용하여 □ 안에 알맞은 수를 써넣으세요.

보기

4 2 3

8 × 4 = 3 2

5 7 6

8 × □ = □□

어떻게 풀었니?

곱하는 수에 5, 7, 6을 차례로 넣어 보자!

먼저 5를 넣어 보면 8 × □ = □□이므로 나머지 수 카드를 사용할 수 없어.

이번엔 7을 넣어 보면 8 × □ = □□이므로 나머지 수 카드를 사용할 수 있네.

마지막으로 6을 넣어 보면 8 × □ = □□이므로 나머지 수 카드를 사용할 수 없어.

아~ 수 카드를 한 번씩만 사용하여 만들 수 있는 곱셈식은

8 × □ = □□(이)구나!

6

수 카드를 한 번씩만 사용하여 □ 안에 알맞은 수를 써넣으세요.

3 9 6

4 × □ = □□

7

수 카드를 한 번씩만 사용하여 □ 안에 알맞은 수를 써넣으세요.

4 5 9

6 × □ = □□

8

진도책 60쪽
4번 문제

○ 안에 +, −, × 중에서 알맞은 기호를 써넣으세요.

5 ○ 1 = 5　　5 ○ 0 = 0

○ 안에 +, −, ×를 넣어 계산해 보자!

5	+1	
	−1	
	×1	

5	+0	
	−0	
	×0	

어떤 수와 □의 곱은 항상 어떤 수가 되고, 어떤 수와 □의 곱은 항상 0이 되지?

아~ 그럼 왼쪽 식은 5가 그대로 5로 되었으니까 5 ○ 1 = 5이고,

오른쪽 식은 5가 0으로 되었으니까 5 ○ 0 = 0이구나!

9 ○ 안에 +, −, × 중에서 알맞은 기호를 써넣으세요.

(1) 7 ○ 7 = 0　　(2) 7 ○ 1 = 7　　(3) 7 ○ 0 = 0

10 +, −, × 중에서 ○ 안에 알맞은 기호가 다른 하나를 찾아 기호를 써 보세요.

㉠ 3 ○ 1 = 3　　㉡ 1 ○ 1 = 0　　㉢ 8 ○ 0 = 0

(　　　　　　)

쓰기 쉬운 서술형

1 **여러 가지 방법으로 곱 구하기**

귤이 모두 몇 개인지 8단 곱셈구구를 이용하여 두 가지 방법으로 알아보려고 합니다. 풀이 과정을 쓰고 답을 구해 보세요.

무엇을 쓸까? ❶ 방법 1 8×■의 곱으로 구하기
❷ 방법 2 8×▲에 ●를 더하여 구하기

풀이 방법 1 예 8×(　　)의 곱으로 구합니다. ➡ 8×(　　)=(　　) --- ❶

방법 2 예 8×4의 곱에 (　　)을/를 더하여 구합니다. ➡ 32+(　　)=(　　)

--- ❷

답 ________

1-1 구슬이 모두 몇 개인지 7단 곱셈구구를 이용하여 두 가지 방법으로 알아보려고 합니다. 풀이 과정을 쓰고 답을 구해 보세요.

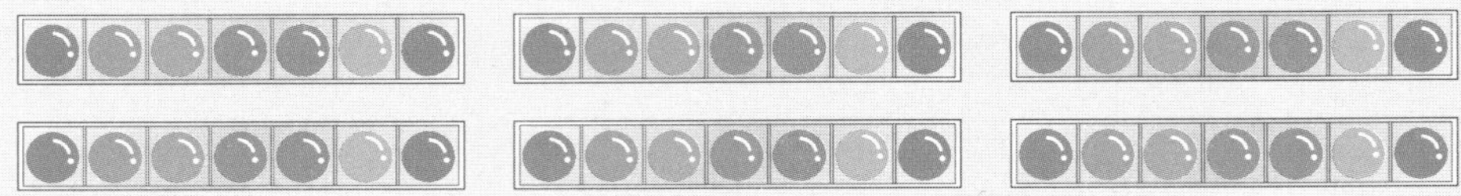

무엇을 쓸까? ❶ 방법 1 7×■의 곱으로 구하기
❷ 방법 2 7×▲에 ●를 더하여 구하기

풀이 ________

답 ________

2 1과 어떤 수의 곱, 0과 어떤 수의 곱 알아보기

준오가 과녁 맞히기 놀이를 하여 다음과 같이 맞혔습니다. 준오가 얻은 점수는 몇 점인지 풀이 과정을 쓰고 답을 구해 보세요.

점수	0점	1점	2점
횟수(번)	2	5	0

무엇을 쓸까? ❶ 0점, 1점, 2점짜리 과녁에 맞힌 점수 각각 구하기
❷ 준오가 얻은 점수 구하기

풀이 예 0점짜리: $0 \times 2 = 0$(점), 1점짜리: $1 \times 5 =$ (　　)(점),
2점짜리: $2 \times 0 =$ (　　)(점) --- ❶
따라서 준오가 얻은 점수는 $0 +$ (　　) $+$ (　　) $=$ (　　)(점)입니다. --- ❷

답

2

2-1

수연이가 과녁 맞히기 놀이를 하여 다음과 같이 맞혔습니다. 수연이가 얻은 점수는 몇 점인지 풀이 과정을 쓰고 답을 구해 보세요.

점수	0점	1점	2점	3점
횟수(번)	1	6	3	0

무엇을 쓸까? ❶ 0점, 1점, 2점, 3점짜리 과녁에 맞힌 점수 각각 구하기
❷ 수연이가 얻은 점수 구하기

풀이

답

3 □ 안에 알맞은 수 구하기

□ 안에 알맞은 수는 얼마인지 풀이 과정을 쓰고 답을 구해 보세요.

$$6 \times 6 = 9 \times \square$$

무엇을 쓸까? ❶ 6×6 계산하기
❷ □ 안에 알맞은 수 구하기

풀이 예 $6 \times 6 = (\quad)$이므로 $9 \times \square = (\quad)$입니다. --- ❶

$9 \times (\quad) = 36$이므로 $\square = (\quad)$입니다. --- ❷

답

3-1

□ 안에 알맞은 수는 얼마인지 풀이 과정을 쓰고 답을 구해 보세요.

$$\square \times 8 = 4 \times 6$$

무엇을 쓸까? ❶ 4×6 계산하기
❷ □ 안에 알맞은 수 구하기

풀이

답

4 □ 안에 들어갈 수 있는 수 구하기

1부터 9까지의 수 중에서 □ 안에 들어갈 수 있는 가장 작은 수는 얼마인지 풀이 과정을 쓰고 답을 구해 보세요.

$$7 \times \square > 35$$

무엇을 쓸까? ❶ □의 범위 구하기
❷ □ 안에 들어갈 수 있는 수 중 가장 작은 수 구하기

풀이 예 $7 \times 5 = 35$이므로 $7 \times \square$가 35보다 크려면 □ 안에는 5보다 (큰 , 작은) 수가 들어가야 합니다. --- ❶

따라서 □ 안에 들어갈 수 있는 수는 (　　), (　　), (　　), (　　)이므로 이 중에서 가장 작은 수는 (　　)입니다. --- ❷

답

4-1

1부터 9까지의 수 중에서 □ 안에 들어갈 수 있는 가장 큰 수는 얼마인지 풀이 과정을 쓰고 답을 구해 보세요.

$$\square \times 4 < 8 \times 2$$

무엇을 쓸까? ❶ □의 범위 구하기
❷ □ 안에 들어갈 수 있는 수 중 가장 큰 수 구하기

풀이

답

5 곱셈구구의 활용

꽃 6송이로 꽃다발 한 개를 만들려고 합니다. 꽃다발 5개를 만들려면 필요한 꽃은 몇 송이인지 풀이 과정을 쓰고 답을 구해 보세요.

무엇을 쓸까? ❶ 필요한 꽃의 수를 구하는 곱셈식 세우기
❷ 필요한 꽃의 수 구하기

풀이 예 꽃이 6송이씩 5묶음 필요하므로 곱셈식으로 나타내면

6 × (　　) = (　　)입니다. --- ❶

따라서 필요한 꽃은 (　　)송이입니다. --- ❷

답

5-1

은우의 나이는 9살입니다. 은우 아버지의 나이는 은우 나이의 4배입니다. 은우 아버지의 나이는 몇 살인지 풀이 과정을 쓰고 답을 구해 보세요.

무엇을 쓸까? ❶ 은우 아버지의 나이를 구하는 곱셈식 세우기
❷ 은우 아버지의 나이 구하기

풀이

답

5-2

한 봉지에 8개씩 들어 있는 초콜릿이 9봉지 있었습니다. 그중에서 15개를 먹었습니다. 남은 초콜릿은 몇 개인지 풀이 과정을 쓰고 답을 구해 보세요.

무엇을 쓸까? ❶ 처음에 있던 초콜릿 수 구하기
❷ 먹고 남은 초콜릿 수 구하기

풀이

답

5-3

자전거 보관소에 두발자전거가 6대, 세발자전거가 3대 있습니다. 자전거 바퀴는 모두 몇 개인지 풀이 과정을 쓰고 답을 구해 보세요.

무엇을 쓸까? ❶ 두발자전거의 바퀴 수 구하기
❷ 세발자전거의 바퀴 수 구하기
❸ 자전거 바퀴는 모두 몇 개인지 구하기

풀이

답

수행 평가

1 쿠키가 모두 몇 개인지 □ 안에 알맞은 수를 써넣으세요.

4 + 4 + 4 + 4 + 4 = □

➡ 4 × □ = □

2 곱셈식을 수직선에 나타내고, □ 안에 알맞은 수를 써넣으세요.

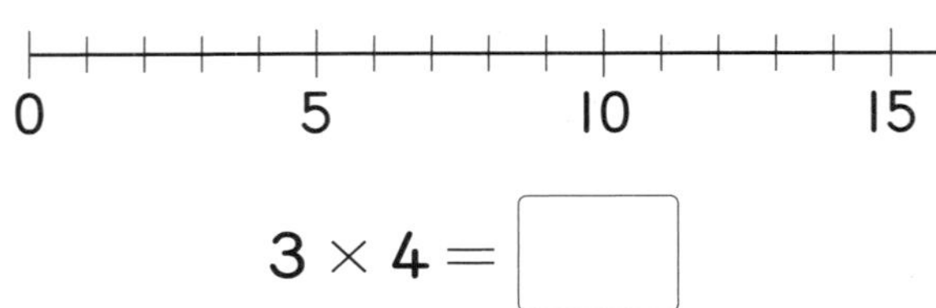

3 × 4 = □

3 모자는 모두 몇 개인지 서로 다른 곱셈식으로 나타내 보세요.

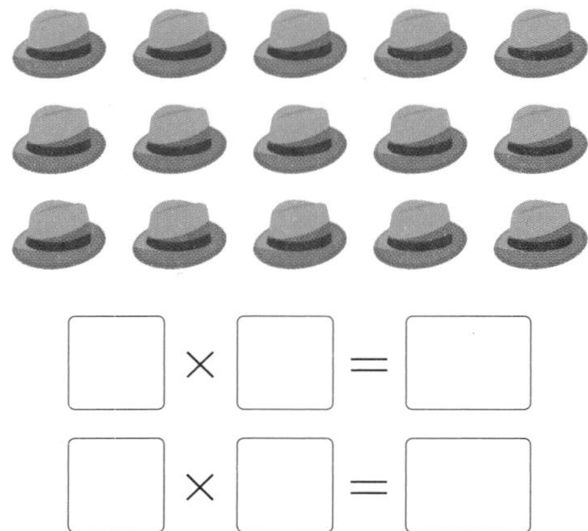

□ × □ = □

□ × □ = □

4 곱셈표를 완성하고, 4 × 6과 곱이 같은 곱셈구구를 찾아 써 보세요.

×	3	4	5	6
3	9		15	18
4	12	16		
5	15		25	
6			30	36

□ × □ = □

5 □ 안에 알맞은 수를 써넣으세요.

8 × 3 = □

8 × 4 = □ (+)

8 × 7 = □

6 곱이 다른 하나를 찾아 기호를 써 보세요.

㉠ 1×0　㉡ 3×0
㉢ 5×1　㉣ 0×5

(　　　　　　　)

7 7×6을 계산하는 방법으로 옳지 않은 것을 찾아 기호를 써 보세요.

㉠ 7×3을 두 번 더해서 구합니다.
㉡ 7을 6번 더해서 구합니다.
㉢ 7×5에 7을 더해서 구합니다.
㉣ 5×7의 곱으로 구합니다.

(　　　　　　　)

8 가위바위보를 하여 이기면 5점을 얻는 놀이를 하였습니다. 동후는 형과 가위바위보를 하여 6번 이겼습니다. 동후가 얻은 점수는 몇 점일까요?

(　　　　　　　)

9 1부터 9까지의 수 중에서 □ 안에 들어갈 수 있는 수는 모두 몇 개인지 구해 보세요.

$9 \times \square > 54$

(　　　　　　　)

서술형 문제

10 농장에 오리가 8마리, 염소가 4마리 있습니다. 농장에 있는 오리와 염소의 다리는 모두 몇 개인지 풀이 과정을 쓰고 답을 구해 보세요.

풀이

답

2

➕ 개념 적용

1 진도책 82쪽 4번 문제

길이를 잘못 나타낸 것을 찾아 기호를 쓰고, 몇 cm인지 바르게 써 보세요.

㉠ 7m = 700cm	㉡ 3m 64cm = 364cm
㉢ 5m 30cm = 530cm	㉣ 2m 8cm = 28cm

어떻게 풀었니?

1m = 100cm라는 걸 이용해서 단위를 cm로 나타내 보자!

㉠ 7m는 ☐ cm로 나타낼 수 있어.

㉡ 3m = ☐ cm이므로 3m 64cm는 ☐ cm로 나타낼 수 있어.

㉢ 5m = ☐ cm이므로 5m 30cm는 ☐ cm로 나타낼 수 있어.

㉣ 2m = ☐ cm이므로 2m 8cm는 ☐ cm로 나타낼 수 있어.

아~ 길이를 잘못 나타낸 것은 ☐ 이고 바르게 쓰면 ☐ cm이구나!

2 길이를 잘못 나타낸 사람을 찾아 이름을 쓰고, 몇 cm인지 바르게 써 보세요.

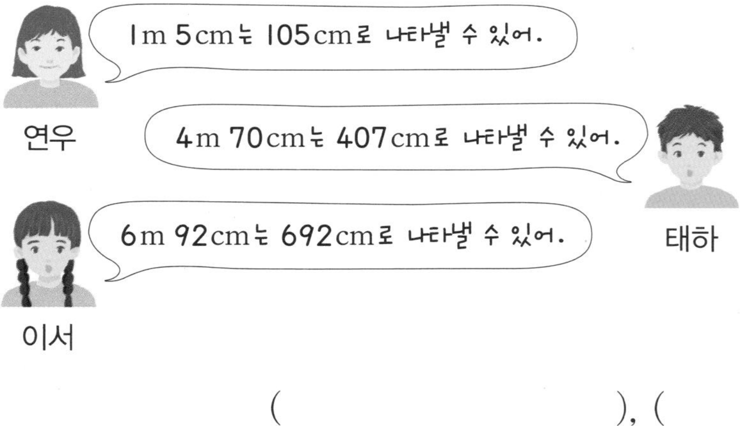
1m 5cm는 105cm로 나타낼 수 있어.
연우
4m 70cm는 407cm로 나타낼 수 있어.
태하
6m 92cm는 692cm로 나타낼 수 있어.
이서

( ), ( )

3 진도책 85쪽 11번 문제

정민이는 밧줄의 길이를 줄자로 재어 150 cm라고 말했습니다. 길이 재기가 잘못된 까닭을 써 보세요.

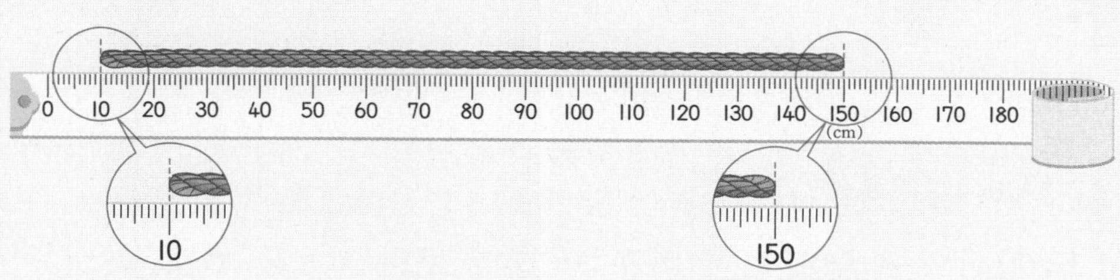

어떻게 풀었니?

길이를 잴 때는 물건의 한끝이 자의 눈금 0에 맞추어져 있는지 확인해야 해.
밧줄의 양끝의 눈금을 살펴보자!

밧줄의 왼쪽 끝의 눈금이 □이고, 오른쪽 끝의 눈금이 □이야.

밧줄의 왼쪽 끝의 눈금이 □이/가 아니므로 오른쪽 끝의 눈금 150을 그대로 읽으면 (돼 , 안 돼).

아~ 길이 재기가 잘못된 까닭은 밧줄의 한끝을 줄자의 눈금 0에 (맞추었기 , 맞추지 않았기) 때문이구나!

4 줄넘기의 길이는 몇 m 몇 cm일까요?

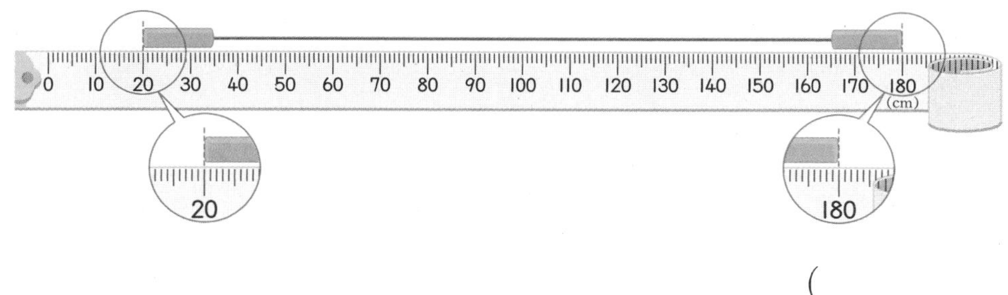

( )

3

5 두 길이의 합은 몇 m 몇 cm일까요?

진도책 86쪽 15번 문제

419 cm   3 m 6 cm

어떻게 풀었니?

두 길이의 단위를 같게 바꾼 후 더해 보자!

3 m 6 cm를 cm 단위로 바꿔도 되지만 결과를 몇 m 몇 cm로 나타내야 하니까 419 cm의 단위를 바꾸는 게 좋아.

100 cm = 1 m니까 419 cm = ☐ m ☐ cm야.

이제 m는 m끼리, cm는 cm끼리 더하면 돼.

	m	cm	
	일	십	일
+	3	0	6

아~ 두 길이의 합은 ☐ m ☐ cm구나!

6 두 길이의 합은 몇 cm일까요?

523 cm   2 m 7 cm

(　　　　　　　　)

7 가장 긴 길이와 가장 짧은 길이의 합은 몇 m 몇 cm일까요?

6 m 15 cm   304 cm   3 m 40 cm

(　　　　　　　　)

8

진도책 88쪽 20번 문제

동우는 길이가 8 m 52 cm인 색 테이프를 가지고 있고, 세빈이는 길이가 3 m 18 cm인 색 테이프를 가지고 있습니다. 두 사람이 가지고 있는 색 테이프의 길이의 차는 몇 m 몇 cm일까요?

색 테이프의 길이를 그림에 나타내 보자!

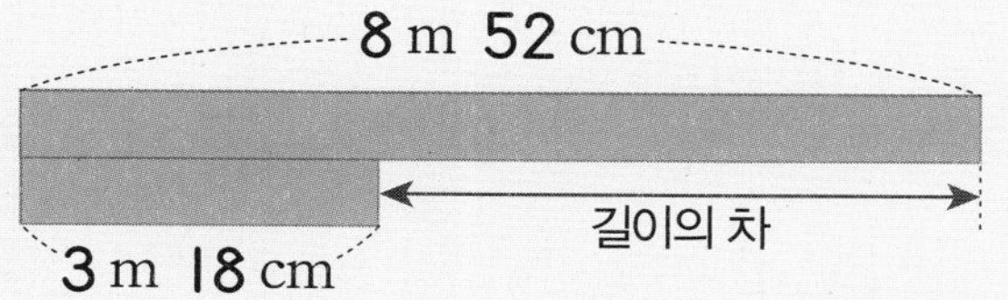

색 테이프의 길이의 차는 긴 길이에서 짧은 길이를 빼서 구할 수 있어.
길이의 뺄셈은 m는 m끼리, cm는 cm끼리 빼면 돼.

	m	cm	
	일	십	일
	8	5	2
−	3	1	8

아~ 두 사람이 가지고 있는 색 테이프의 길이의 차는 ☐ m ☐ cm구나!

9 윤서는 길이가 1 m 22 cm인 색 테이프를 가지고 있고, 주혁이는 길이가 7 m 65 cm인 색 테이프를 가지고 있습니다. 두 사람이 가지고 있는 색 테이프의 길이의 차는 몇 m 몇 cm일까요?

1 m 22 cm

7 m 65 cm

(　　　　　　　　)

쓰기 쉬운 서술형

1 길이 비교하기

노란색 끈의 길이는 145 cm이고 분홍색 끈의 길이는 1 m 53 cm입니다. 길이가 더 긴 끈은 어느 것인지 풀이 과정을 쓰고 답을 구해 보세요.

무엇을 쓸까? ❶ 길이의 단위를 같게 나타내 길이 비교하기
❷ 길이가 더 긴 끈 구하기

풀이 예 1 m 53 cm = (　　　)cm이므로

145 cm ◯ (　　　)cm입니다. --- ❶

따라서 길이가 더 긴 끈은 (　　　　) 끈입니다. --- ❷

답

1-1

은아의 키는 1 m 32 cm, 현주의 키는 134 cm, 윤서의 키는 1 m 29 cm입니다. 키가 가장 큰 사람은 누구인지 풀이 과정을 쓰고 답을 구해 보세요.

무엇을 쓸까? ❶ 키의 단위를 같게 나타내 키 비교하기
❷ 키가 가장 큰 사람 구하기

풀이

답

2 자로 길이 재기

우산의 길이는 몇 m 몇 cm인지 풀이 과정을 쓰고 답을 구해 보세요.

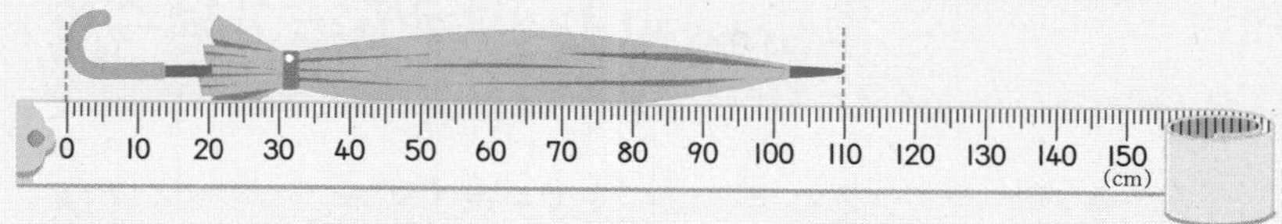

무엇을 쓸까? ❶ 우산의 왼쪽 끝의 자의 눈금을 확인하고 오른쪽 끝의 자의 눈금 읽기
❷ 우산의 길이 구하기

풀이 ㉮ 우산의 왼쪽 끝이 자의 눈금 0에 맞추어져 있으므로 오른쪽 끝이 가리키는 자의 눈금을 읽으면 (　　　)cm입니다. --- ❶

따라서 우산의 길이는 (　　)m (　　　)cm입니다. --- ❷

답

3

2-1

밧줄의 길이는 몇 m 몇 cm인지 풀이 과정을 쓰고 답을 구해 보세요.

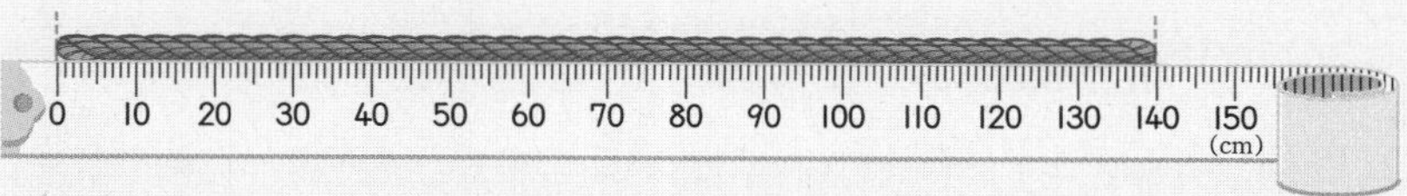

무엇을 쓸까? ❶ 밧줄의 왼쪽 끝의 자의 눈금을 확인하고 오른쪽 끝의 자의 눈금 읽기
❷ 밧줄의 길이 구하기

풀이

답

3 길이의 합과 차 활용

㉮ 막대의 길이는 168 cm이고 ㉯ 막대의 길이는 1 m 2 cm입니다. ㉮와 ㉯ 두 막대의 길이의 합은 몇 m 몇 cm인지 풀이 과정을 쓰고 답을 구해 보세요.

무엇을 쓸까? ❶ ㉮ 막대의 길이를 몇 m 몇 cm로 나타내기
❷ 두 막대의 길이의 합 구하기

풀이 예 ㉮ 막대의 길이는 168 cm = (　　)m (　　)cm입니다. --- ❶

따라서 두 막대의 길이의 합은

(　　)m (　　)cm + 1 m 2 cm = (　　)m (　　)cm입니다. --- ❷

답

3-1

㉮ 끈의 길이는 235 cm이고 ㉯ 끈의 길이는 ㉮ 끈의 길이보다 1 m 31 cm 더 짧습니다. ㉯ 끈의 길이는 몇 m 몇 cm인지 풀이 과정을 쓰고 답을 구해 보세요.

무엇을 쓸까? ❶ ㉮ 끈의 길이를 몇 m 몇 cm로 나타내기
❷ ㉯ 끈의 길이 구하기

풀이

답

3-2

해인이와 친구들의 키를 나타낸 것입니다. 키가 가장 큰 사람과 가장 작은 사람의 키의 차는 몇 cm인지 풀이 과정을 쓰고 답을 구해 보세요.

해인	윤호	은지
1 m 36 cm	128 cm	1 m 33 cm

무엇을 쓸까? ❶ 키의 단위를 같게 나타내 키 비교하기
❷ 키가 가장 큰 사람과 가장 작은 사람의 키의 차 구하기

풀이

답

3-3

지수의 키는 138 cm이고 민호의 키는 지수의 키보다 11 cm 더 작습니다. 지수와 민호의 키의 합은 몇 m 몇 cm인지 풀이 과정을 쓰고 답을 구해 보세요.

무엇을 쓸까? ❶ 지수의 키를 몇 m 몇 cm로 나타내기
❷ 민호의 키 구하기
❸ 지수와 민호의 키의 합 구하기

풀이

답

4 이어 붙인 색 테이프의 길이

길이가 같은 색 테이프 두 장을 오른쪽 그림과 같이 겹치게 이어 붙였습니다. 이어 붙인 색 테이프의 전체 길이는 몇 m 몇 cm인지 풀이 과정을 쓰고 답을 구해 보세요.

1 m 45 cm 1 m 45 cm
30 cm

무엇을 쓸까? ❶ 색 테이프 두 장의 길이의 합 구하기
❷ 이어 붙인 색 테이프의 전체 길이 구하기

풀이 예 (색 테이프 두 장의 길이의 합) = 1 m 45 cm + 1 m 45 cm

= (　　) m (　　) cm --- ❶

➡ (이어 붙인 색 테이프의 전체 길이)

= (색 테이프 두 장의 길이의 합) − (겹쳐진 부분의 길이)

= (　　) m (　　) cm − 30 cm = (　　) m (　　) cm --- ❷

답 ________

4-1

길이가 같은 색 테이프 두 장을 오른쪽 그림과 같이 겹치게 이어 붙였습니다. 이어 붙인 색 테이프의 전체 길이는 몇 m 몇 cm인지 풀이 과정을 쓰고 답을 구해 보세요.

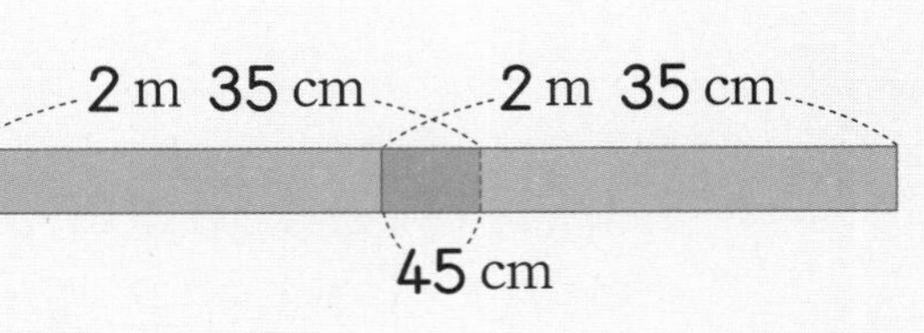

무엇을 쓸까? ❶ 색 테이프 두 장의 길이의 합 구하기
❷ 이어 붙인 색 테이프의 전체 길이 구하기

풀이 ________

답 ________

5 더 가깝게 어림한 사람 찾기

민주와 현서가 지팡이의 길이를 어림한 것입니다. 지팡이의 실제 길이는 1m 15cm입니다. 더 가깝게 어림한 사람은 누구인지 풀이 과정을 쓰고 답을 구해 보세요.

민주	현서
1m 20cm	1m 5cm

무엇을 쓸까? ❶ 어림한 길이와 실제 길이의 차 구하기
❷ 더 가깝게 어림한 사람 찾기

풀이 예 어림한 길이와 실제 길이의 차를 각각 구하면
민주는 (   )cm, 현서는 (   )cm입니다. --- ❶
따라서 실제 길이에 더 가깝게 어림한 사람은 (   )입니다. --- ❷

답

5-1

서하와 친구들이 책장의 높이를 어림한 것입니다. 책장의 실제 높이는 2m 30cm입니다. 가장 가깝게 어림한 사람은 누구인지 풀이 과정을 쓰고 답을 구해 보세요.

서하	정우	성빈
2m 45cm	2m 20cm	2m 25cm

무엇을 쓸까? ❶ 어림한 높이와 실제 높이의 차 구하기
❷ 가장 가깝게 어림한 사람 찾기

풀이

답

수행 평가

1 □ 안에 알맞은 수를 써넣으세요.

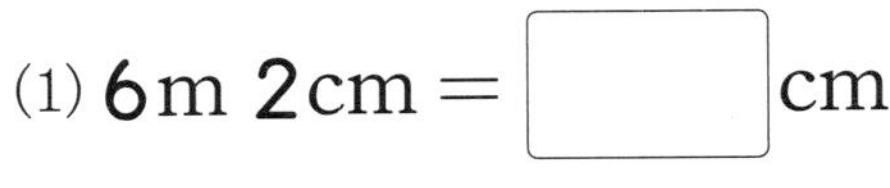

(1) 6m 2cm = □ cm

(2) 370cm = □ m □ cm

2 진우 동생의 키가 1m일 때 기린의 키는 약 몇 m일까요?

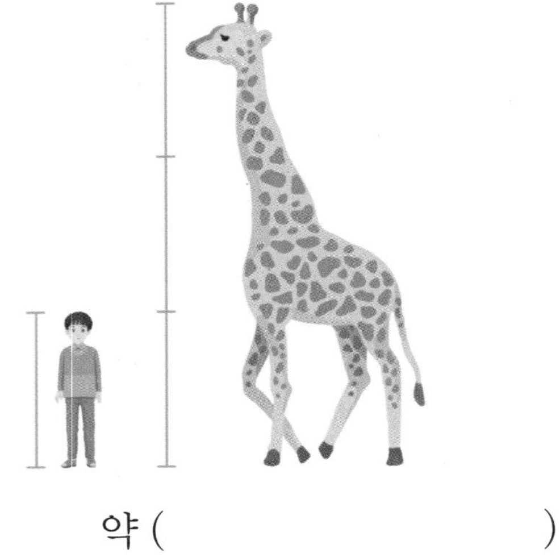

약 (   )

3 줄넘기의 길이는 몇 m 몇 cm일까요?

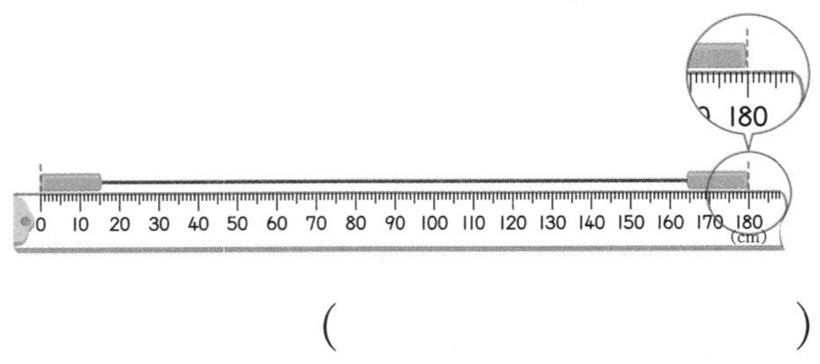

(   )

4 길이를 비교하여 ○ 안에 >, =, <를 알맞게 써넣으세요.

416cm ○ 4m 61cm

5 계산해 보세요.

(1)
$$\begin{array}{r} 3\,\text{m}\ 40\,\text{cm} \\ +\ 4\,\text{m}\ 27\,\text{cm} \\ \hline \end{array}$$

(2)
$$\begin{array}{r} 8\,\text{m}\ 69\,\text{cm} \\ -\ 5\,\text{m}\ 34\,\text{cm} \\ \hline \end{array}$$

6 5m보다 긴 것을 모두 찾아 기호를 써 보세요.

㉠ 5층 건물의 높이
㉡ 교실 문의 높이
㉢ 식탁의 길이
㉣ 비행기의 길이

(   )

7 은하와 소연이가 각자 어림하여 2 m 50 cm가 되도록 끈을 잘랐습니다. 자른 끈의 길이가 2 m 50 cm에 더 가까운 사람은 누구일까요?

자른 끈의 길이

은하	소연
2 m 30 cm	2 m 65 cm

( )

8 은행과 학교 중에서 집에서 더 가까운 곳은 어디이고, 몇 m 몇 cm 더 가까운지 구해 보세요.

집
94 m 80 cm
86 m 40 cm
은행
학교

( )
( )

9 형준이는 길이가 3 m 54 cm인 색 테이프로 선물을 포장하고 남은 색 테이프의 길이를 재어 보니 1 m 33 cm였습니다. 선물을 포장하는 데 사용한 색 테이프의 길이는 몇 m 몇 cm일까요?

( )

서술형 문제

10 빨간색 끈의 길이는 107 cm이고 파란색 끈의 길이는 2 m 25 cm입니다. 두 끈을 겹치지 않게 이어 붙이면 끈의 길이는 몇 m 몇 cm가 되는지 풀이 과정을 쓰고 답을 구해 보세요.

풀이

답

⊕ 개념 적용

1 **준서와 민지가 본 시계의 시각은 몇 시 몇 분인지 써 보세요.**

진도책 109쪽 10번 문제

준서: 짧은바늘은 2와 3 사이를 가리키고 있어.

민지: 긴바늘은 5에서 작은 눈금으로 4칸 더 간 곳을 가리키고 있어.

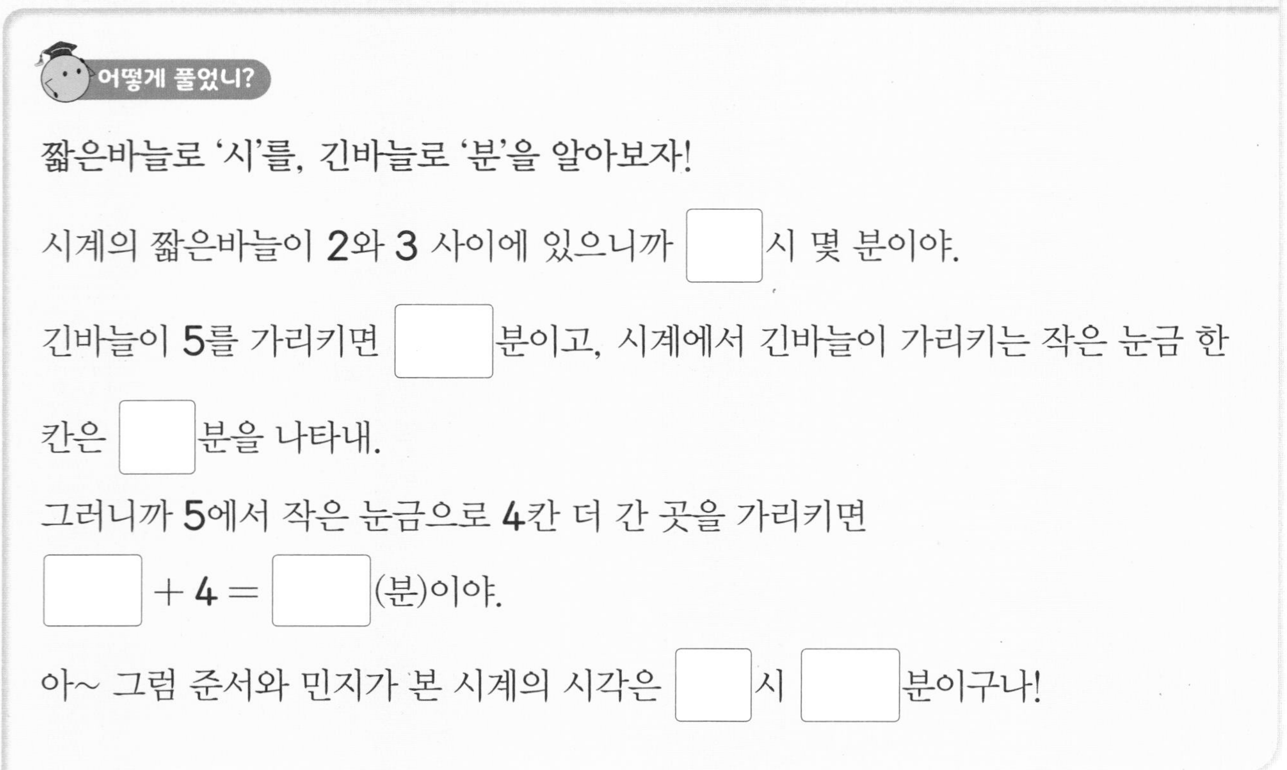

어떻게 풀었니?

짧은바늘로 '시'를, 긴바늘로 '분'을 알아보자!

시계의 짧은바늘이 2와 3 사이에 있으니까 □시 몇 분이야.

긴바늘이 5를 가리키면 □분이고, 시계에서 긴바늘이 가리키는 작은 눈금 한 칸은 □분을 나타내.

그러니까 5에서 작은 눈금으로 4칸 더 간 곳을 가리키면

□ + 4 = □(분)이야.

아~ 그럼 준서와 민지가 본 시계의 시각은 □시 □분이구나!

2 은희와 선우가 본 시계의 시각은 몇 시 몇 분인지 써 보세요.

짧은바늘은 12와 1 사이를 가리키고 있어.
긴바늘은 8에서 작은 눈금으로 2칸 더 간 곳을 가리키고 있어.
은희
선우

□시 □분

3 진도책 110쪽 13번 문제

나타내는 시각이 다른 하나를 찾아 ○표 하세요.

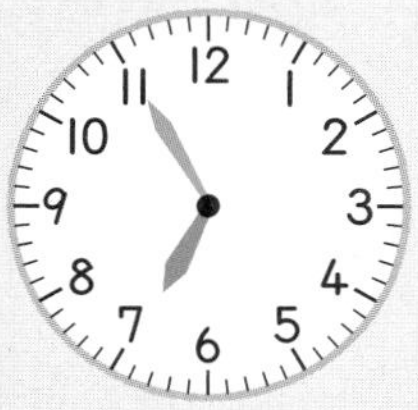

7시 5분 전

7:05

어떻게 풀었니?

나타내는 시각을 각각 알아보자!

➡ 짧은바늘이 ☐ 와/과 ☐ 사이에 있고

긴바늘이 ☐ 을/를 가리키니까 ☐ 시 ☐ 분이야.

7시 5분 전 ➡ 7시가 되기 5분 전의 시각이니까 ☐ 시 ☐ 분이야.

7:05 ➡ : 왼쪽의 수는 시를, : 오른쪽의 수는 분을 나타내니까

☐ 시 ☐ 분이야.

아~ 그럼 나타내는 시각이 다른 하나인 ☐ 에 ○표 하면 되는구나!

4 같은 시각을 나타내는 것끼리 이어 보세요.

12시 10분 전 | 10시 5분 전 | 11시 10분 전

5 진도책 118쪽 4번 문제

축구 경기가 7시에 전반전을 시작하여 45분 동안 경기를 하고 15분 동안 쉬었습니다. 후반전 경기가 시작되는 시각을 구해 보세요.

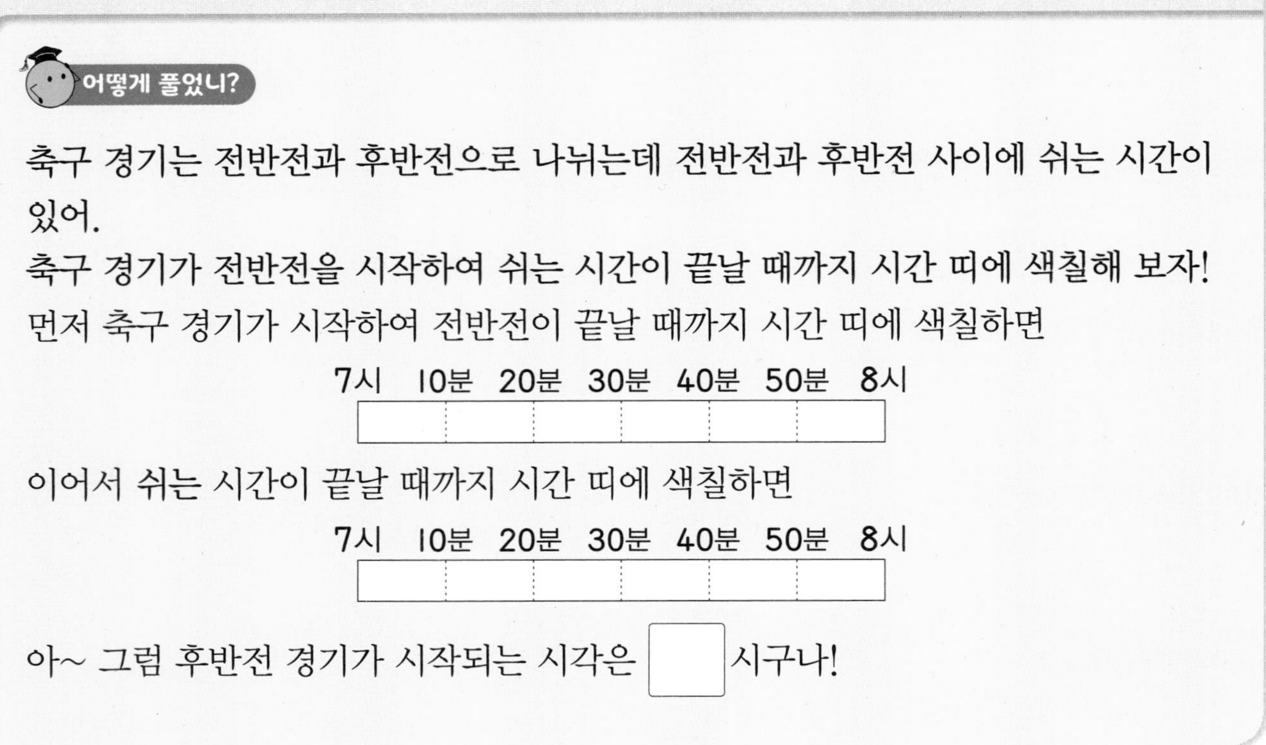

어떻게 풀었니?
축구 경기는 전반전과 후반전으로 나뉘는데 전반전과 후반전 사이에 쉬는 시간이 있어.
축구 경기가 전반전을 시작하여 쉬는 시간이 끝날 때까지 시간 띠에 색칠해 보자!
먼저 축구 경기가 시작하여 전반전이 끝날 때까지 시간 띠에 색칠하면
7시 10분 20분 30분 40분 50분 8시
이어서 쉬는 시간이 끝날 때까지 시간 띠에 색칠하면
7시 10분 20분 30분 40분 50분 8시
아~ 그럼 후반전 경기가 시작되는 시각은 □시구나!

6 민주는 2시 30분부터 40분 동안 피아노를 치고, 10분 동안 음악 감상을 했습니다. 민주가 음악 감상을 끝낸 시각은 몇 시 몇 분일까요?

(　　　　　　　　)

7 어느 공연의 1부와 2부 시간표입니다. 이 공연이 6시에 시작하였다면 공연이 끝나는 시각은 몇 시 몇 분일까요?

1부	40분
쉬는 시간	20분
2부	45분

(　　　　　　　　)

8 진도책 125쪽 21번 문제

수영을 연주는 2년 7개월 동안 배웠고, 소진이는 30개월 동안 배웠습니다. 수영을 더 오래 배운 사람은 누구일까요?

어떻게 풀었니?

단위를 같게 해서 비교해 보자!

1년은 □ 개월이니까 연주가 수영을 배운 기간은

2년 7개월 = □ 개월 + □ 개월 + 7개월 = □ 개월이야.

연주가 수영을 배운 기간과 소진이가 수영을 배운 기간을 비교해 보면

□ 개월 > □ 개월이네.

아~ 수영을 더 오래 배운 사람은 □ (이)구나!

9 태권도를 민호는 28개월 동안 배웠고, 현우는 2년 5개월 동안 배웠습니다. 태권도를 더 오래 배운 사람은 누구일까요?

( )

10 바둑 학원을 진우는 3년 4개월 동안 다녔고, 유성이는 37개월 동안 다녔습니다. 누가 바둑 학원을 몇 개월 더 오래 다녔는지 구해 보세요.

( ), ( )

쓰기 쉬운 서술형

1 거울에 비친 시각 읽기

거울에 비친 시계가 나타내는 시각은 몇 시 몇 분인지 풀이 과정을 쓰고 답을 구해 보세요.

무엇을 쓸까? ❶ 시계의 짧은바늘과 긴바늘이 가리키는 곳 알아보기
❷ 거울에 비친 시계가 나타내는 시각 구하기

풀이 예 시계의 짧은바늘이 (   )와/과 (   ) 사이에 있고, 긴바늘이 (   )을/를 가리킵니다. --- ❶

따라서 거울에 비친 시계가 나타내는 시각은 (   )시 (   )분입니다. --- ❷

답

1-1

거울에 비친 시계가 나타내는 시각은 몇 시 몇 분인지 풀이 과정을 쓰고 답을 구해 보세요.

무엇을 쓸까? ❶ 시계의 짧은바늘과 긴바늘이 가리키는 곳 알아보기
❷ 거울에 비친 시계가 나타내는 시각 구하기

풀이

답

2 여러 가지 방법으로 시각 읽기

민주와 태은이가 오늘 아침에 학교에 도착한 시각입니다. 학교에 더 일찍 도착한 사람은 누구인지 풀이 과정을 쓰고 답을 구해 보세요.

9시 5분 전

민주 태은

무엇을 쓸까? ❶ 민주와 태은이가 학교에 도착한 시각 구하기
❷ 학교에 더 일찍 도착한 사람 구하기

풀이 ㉠ 민주가 학교에 도착한 시각은 ( )시 ( )분이고, 태은이가 학교에 도착한 시각은 ( )시 ( )분입니다. --- ❶

따라서 학교에 더 일찍 도착한 사람은 ( )입니다. --- ❷

답

4

2-1

주하와 현지가 밤에 잠자리에 든 시각입니다. 잠자리에 더 일찍 든 사람은 누구인지 풀이 과정을 쓰고 답을 구해 보세요.

10시 10분 전

주하 현지

무엇을 쓸까? ❶ 주하와 현지가 잠자리에 든 시각 구하기
❷ 잠자리에 더 일찍 든 사람 구하기

풀이

답

3 시간 구하기

재현이가 그림을 그리기 시작한 시각과 끝난 시각을 나타낸 것입니다. 재현이가 그림을 그린 시간은 몇 분인지 풀이 과정을 쓰고 답을 구해 보세요.

시작한 시각

끝난 시각

무엇을 쓸까?
❶ 재현이가 그림을 그리기 시작한 시각과 끝난 시각 구하기
❷ 재현이가 그림을 그린 시간은 몇 분인지 구하는 과정 쓰기
❸ 재현이가 그림을 그린 시간 구하기

풀이 ㉠ 재현이가 그림을 그리기 시작한 시각은 3시 (　　)분이고, 끝난 시각은 3시 (　　)분입니다. --- ❶

3시 10분 —(　　)분 후→ 3시 50분 --- ❷

따라서 재현이가 그림을 그린 시간은 (　　)분입니다. --- ❸

답

3-1

희진이는 7시 35분부터 8시 50분까지 운동을 하였습니다. 희진이가 운동을 한 시간은 몇 시간 몇 분인지 풀이 과정을 쓰고 답을 구해 보세요.

무엇을 쓸까?
❶ 7시 35분부터 8시 50분까지는 몇 시간 몇 분인지 구하는 과정 쓰기
❷ 희진이가 운동을 한 시간 구하기

풀이

답

3-2

현서가 4시 20분에 영화를 보기 시작하여 끝난 후 시계를 보니 오른쪽과 같았습니다. 현서가 영화를 본 시간은 몇 시간 몇 분인지 풀이 과정을 쓰고 답을 구해 보세요.

무엇을 쓸까? ❶ 영화가 끝난 시각 구하기
❷ 현서가 영화를 본 시간은 몇 시간 몇 분인지 구하는 과정 쓰기
❸ 현서가 영화를 본 시간 구하기

풀이

답

3-3

해인이네 학교의 수업 시간표입니다. 1교시가 시작할 때부터 2교시가 끝날 때까지 걸리는 시간은 몇 시간 몇 분인지 풀이 과정을 쓰고 답을 구해 보세요.

1교시	9시 10분~9시 50분
2교시	9시 55분~10시 35분
3교시	10시 40분~11시 20분
4교시	11시 25분~12시 5분

무엇을 쓸까? ❶ 1교시가 시작하는 시각과 2교시가 끝나는 시각 알아보기
❷ 1교시가 시작할 때부터 2교시가 끝날 때까지 걸리는 시간 구하는 과정 쓰기
❸ 1교시가 시작할 때부터 2교시가 끝날 때까지 걸리는 시간 구하기

풀이

답

4 하루의 시간 알아보기

윤성이네 가족은 오전 11시에 박물관에 가서 오후 3시에 나왔습니다. 윤성이네 가족이 박물관에 있었던 시간은 몇 시간인지 풀이 과정을 쓰고 답을 구해 보세요.

무엇을 쓸까? ❶ 오전 11시부터 오후 3시까지는 몇 시간인지 구하는 과정 쓰기
❷ 윤성이네 가족이 박물관에 있었던 시간 구하기

풀이 예 오전 11시 —( )시간 후→ 낮 12시 —( )시간 후→ 오후 3시

따라서 윤성이네 가족이 박물관에 있었던 시간은 ( )시간입니다.

답

4-1

민호는 어제 오후 10시에 잠이 들어서 오늘 오전 7시 30분에 일어났습니다. 민호가 잠을 잔 시간은 몇 시간 몇 분인지 풀이 과정을 쓰고 답을 구해 보세요.

무엇을 쓸까? ❶ 어제 오후 10시부터 오늘 오전 7시 30분까지의 시간을 구하는 과정 쓰기
❷ 민호가 잠을 잔 시간 구하기

풀이

답

5 찢어진 달력 알아보기

어느 해의 9월 달력의 일부분입니다. 9월 23일은 무슨 요일인지 풀이 과정을 쓰고 답을 구해 보세요.

9월

일	월	화	수	목	금	토
				1	2	3

무엇을 쓸까? ❶ 9월 23일과 같은 요일의 날짜 구하기
❷ 9월 23일은 무슨 요일인지 구하기

풀이 예 7일마다 같은 요일이 반복되므로 23일과 같은 요일의 날짜는 16일, (　　)일, (　　)일입니다. --- ❶

따라서 9월 23일은 2일과 같은 요일인 (　　)요일입니다. --- ❷

답

5-1

어느 해의 3월 달력의 일부분입니다. 3월의 마지막 날은 무슨 요일인지 풀이 과정을 쓰고 답을 구해 보세요.

3월

일	월	화	수	목	금	토
1	2	3	4	5	6	7

무엇을 쓸까? ❶ 3월의 날수 알아보기
❷ 3월의 마지막 날과 같은 요일의 날짜 구하기
❸ 3월의 마지막 날은 무슨 요일인지 구하기

풀이

답

수행 평가

1 시계를 보고 몇 시 몇 분인지 써 보세요.

2 시각에 맞게 시계에 긴바늘을 그려 넣으세요.

2시 40분

3 시각을 두 가지 방법으로 읽어 보세요.

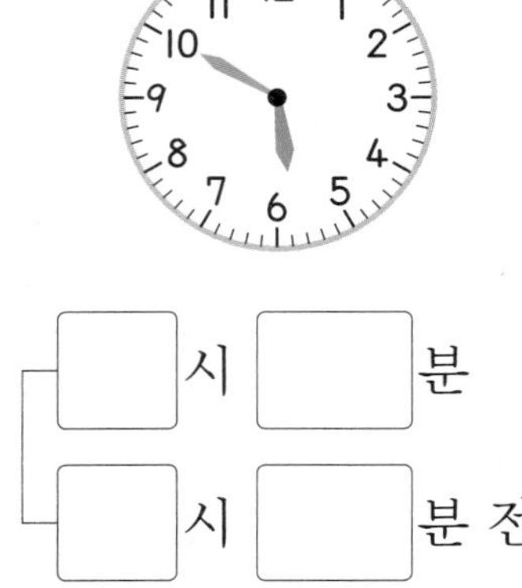

4 수진이는 매주 목요일에 발레 학원에 갑니다. 수진이가 7월에 발레 학원에 가는 날은 모두 몇 번일까요?

7월

일	월	화	수	목	금	토
			1	2	3	4
5	6	7	8	9	10	11
12	13	14	15	16	17	18
19	20	21	22	23	24	25
26	27	28	29	30	31	

( )

5 시계가 멈춰서 다시 시각을 맞추려고 합니다. 현재 시각이 11시 30분이면 긴바늘을 몇 바퀴만 돌리면 될까요?

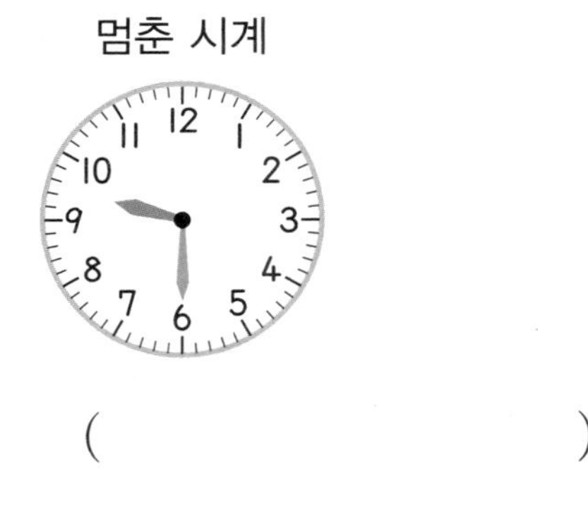

( )

6 다음 중 잘못된 것은 어느 것일까요?

( )

① 2시간 10분=130분
② 14일=2주일
③ 1일 6시간=26시간
④ 200분=3시간 20분
⑤ 3년 1개월=37개월

7 지금은 16일 오후 7시 15분입니다. 시계의 짧은바늘이 한 바퀴 돌면 며칠 몇 시 몇 분일까요?

□일 (오전 / 오후) □시 □분

8 윤아는 집에서 오전 10시 40분에 출발하여 할머니 댁에 오후 1시에 도착하였습니다. 윤아가 집에서 할머니 댁까지 가는 데 걸린 시간은 몇 시간 몇 분일까요?

( )

9 어느 해의 10월 10일은 화요일입니다. 같은 해 11월 1일은 무슨 요일일까요?

( )

서술형 문제

10 서윤이는 오전 10시에 동물원에 가서 오후 4시 30분에 나왔습니다. 서윤이가 동물원에 있었던 시간은 몇 시간 몇 분인지 풀이 과정을 쓰고 답을 구해 보세요.

풀이

답

개념 적용

1

진도책 140쪽 3번 문제

유진이와 친구들이 동전 던지기를 하여 그림 면이 나오면 ○표, 숫자 면이 나오면 ×표를 하였습니다. 조사한 자료를 보고 표로 나타내 보세요.

이름 \ 회	1	2	3	4	5	6
유진	○	×	○	×	×	×
소희	×	○	○	○	×	○
지수	○	×	×	○	○	×

그림 면이 나온 횟수

이름	유진	소희	지수	합계
횟수(회)				

어떻게 풀었니?

표의 제목을 보고 그림 면이 나온 횟수를 조사했다는 걸 알았니?
각각 그림 면이 나온 횟수를 세어 보면
유진이는 ☐회, 소희는 ☐회, 지수는 ☐회이고,
세 사람이 그림 면이 나온 횟수의 합은 ☐ + ☐ + ☐ = ☐(회)야.
아~ 표의 빈칸에 ☐, ☐, ☐, ☐을/를 차례로 쓰면 되는구나!

2

성연이와 친구들이 공 던지기를 하여 공이 들어가면 ○표, 들어가지 않으면 ×표를 하였습니다. 조사한 자료를 보고 표로 나타내 보세요.

회 \ 이름	성연	주하	은석
1	○	○	×
2	×	○	○
3	○	○	×
4	○	×	○
5	×	○	×

공이 들어간 횟수

이름	성연	주하	은석	합계
횟수(회)				

3

진도책 142쪽
6번 문제

세진이와 친구들이 한 달 동안 읽은 책 수를 조사하여 표로 나타냈습니다. ×를 이용하여 그래프로 나타내 보세요.

한 달 동안 읽은 책 수

이름	세진	재윤	진희	유영	합계
책 수(권)	1	2	4	6	13

책 수를 가로로 나타낸 그래프를 그릴 때는 기호를 왼쪽부터 오른쪽으로, 한 칸에 하나씩 빈칸 없이 그려야 해!

한 칸이 한 권을 나타내는 그래프로 나타낼 때 유영이가 읽은 책 수를 나타내려면 적어도 ☐칸이 필요해.

아~ 표를 보고 각각 한 달 동안 읽은 책 수만큼 ×를 그리면 되는구나!

한 달 동안 읽은 책 수

유영						
진희						
재윤						
세진						
이름 / 책 수(권)	1	2	3	4	5	6

4 **3**의 표를 보고 ○를 이용하여 그래프로 나타내 보세요.

한 달 동안 읽은 책 수

6				
5				
4				
3				
2				
1				
책 수(권) / 이름	세진	재윤	진희	유영

5

5 진도책 144쪽 9번 문제

소한이네 반 학생들의 혈액형을 조사하여 표로 나타냈습니다. 학생 수가 같은 혈액형은 무엇과 무엇일까요?

혈액형별 학생 수

혈액형	A형	B형	O형	AB형	합계
학생 수(명)	5	4	4	3	16

어떻게 풀었니?

표에서 혈액형별 학생 수를 알아보자!

A형은 □명, B형은 □명, O형은 □명, AB형은 □명이야.

아~ 학생 수가 같은 혈액형은 □형과 □형이구나!

6 주은이네 반 학생들이 좋아하는 계절을 조사하여 표로 나타냈습니다. 좋아하는 학생 수가 6명보다 많은 계절을 모두 찾아 써 보세요.

좋아하는 계절별 학생 수

계절	봄	여름	가을	겨울	합계
학생 수(명)	7	6	5	8	26

( )

7 은우네 반 학생들이 좋아하는 과일을 조사하여 표로 나타냈습니다. 은우네 반 학생은 모두 몇 명일까요?

좋아하는 과일별 학생 수

과일	사과	귤	배	포도	합계
학생 수(명)	6	4	8	6	

( )

8

진도책 144쪽
10번 문제

지연이네 반 학생들이 좋아하는 음식을 조사하여 그래프로 나타냈습니다. 알 수 없는 내용을 찾아 기호를 써 보세요.

㉠ 가장 많은 학생들이 좋아하는 음식
㉡ 좋아하는 학생 수가 3명보다 적은 음식
㉢ 지연이가 좋아하는 음식

좋아하는 음식별 학생 수

4		○	
3	○	○	
2	○	○	○
1	○	○	○
학생 수(명) / 음식	만두	돈가스	피자

어떻게 풀었니?

그래프를 보고 알 수 있는 내용을 알아보자!

㉠ 가장 많은 학생들이 좋아하는 음식은 [ ] 야.

㉡ 좋아하는 학생 수가 3명보다 적은 음식은 [ ] 야.

㉢ 지연이가 좋아하는 음식은 조사한 자료를 봐야 알 수 있어.

아~ 그래프를 보고 알 수 없는 내용을 찾아 기호를 쓰면 [ ] 이구나!

5

9 민서네 모둠 학생들이 좋아하는 운동을 조사하여 그래프로 나타냈습니다. 알 수 없는 내용을 찾아 기호를 써 보세요.

㉠ 가장 적은 학생들이 좋아하는 운동
㉡ 민서가 좋아하는 운동
㉢ 좋아하는 학생 수가 4명보다 많은 운동

좋아하는 운동별 학생 수

5	/		
4	/	/	
3	/	/	
2	/	/	/
1	/	/	/
학생 수(명) / 운동	축구	야구	피구

(　　　　　　　)

쓰기 쉬운 서술형

1 그래프로 나타내기

지윤이네 모둠 학생들이 좋아하는 동물을 조사하여 나타낸 표를 보고 그래프로 나타내려고 합니다. 그래프를 완성할 수 없는 까닭을 써 보세요.

좋아하는 동물별 학생 수

동물	강아지	고양이	토끼	합계
학생 수(명)	5	3	2	10

좋아하는 동물별 학생 수

4			
3			
2			
1			
학생 수(명) / 동물	강아지	고양이	토끼

무엇을 쓸까? ❶ 그래프를 완성할 수 없는 까닭 쓰기

까닭 예 그래프의 세로에 학생 수가 (　　)명까지 있으므로 (　　)명인 학생 수를 나타낼 수 없기 때문입니다. … ❶

1-1

재영이네 모둠 학생들이 좋아하는 운동을 조사하여 그래프로 나타냈습니다. 잘못된 부분을 찾아 설명해 보세요.

좋아하는 운동별 학생 수

4		○		
3	○	○	○	○
2	○	○		○
1	○	○	○	
학생 수(명) / 운동	축구	야구	농구	배구

무엇을 쓸까? ❶ 그래프를 보고 잘못된 부분 설명하기

설명

2 표의 내용 알아보기

수호네 반 학생들의 장래 희망을 조사하여 표로 나타냈습니다. 장래 희망이 의사인 학생과 선생님인 학생은 모두 몇 명인지 풀이 과정을 쓰고 답을 구해 보세요.

장래 희망별 학생 수

장래 희망	연예인	의사	선생님	합계
학생 수(명)	9	8	5	22

무엇을 쓸까? ❶ 장래 희망이 의사인 학생 수와 선생님인 학생 수 각각 구하기
❷ 장래 희망이 의사인 학생과 선생님인 학생은 모두 몇 명인지 구하기

풀이 예 장래 희망이 의사인 학생은 (　　)명이고, 선생님인 학생은 (　　)명입니다. --- ❶

따라서 장래 희망이 의사인 학생과 선생님인 학생은 모두

(　　)+(　　)=(　　)(명)입니다. --- ❷

답

2-1

유하네 반 학생들이 가고 싶은 나라를 조사하여 표로 나타냈습니다. 프랑스에 가고 싶은 학생은 베트남에 가고 싶은 학생보다 몇 명 더 많은지 풀이 과정을 쓰고 답을 구해 보세요.

가고 싶은 나라별 학생 수

나라	프랑스	태국	베트남	합계
학생 수(명)	10	7	6	23

무엇을 쓸까? ❶ 프랑스에 가고 싶은 학생 수와 베트남에 가고 싶은 학생 수 각각 구하기
❷ 프랑스에 가고 싶은 학생은 베트남에 가고 싶은 학생보다 몇 명 더 많은지 구하기

풀이

답

2-2

주선이네 반 학생들이 배우고 싶은 악기를 조사하여 표로 나타냈습니다. 가장 많은 학생들이 배우고 싶은 악기는 무엇이고, 몇 명인지 풀이 과정을 쓰고 답을 구해 보세요.

배우고 싶은 악기별 학생 수

악기	피아노	바이올린	우쿨렐레	합계
학생 수(명)	7	9	6	22

무엇을 쓸까? ❶ 배우고 싶은 악기별 학생 수 비교하기
❷ 가장 많은 학생들이 배우고 싶은 악기를 찾고, 몇 명인지 구하기

풀이

답 ,

2-3

은우네 반 학생들이 좋아하는 색깔을 조사하여 표로 나타냈습니다. 좋아하는 학생 수가 가장 많은 색깔과 가장 적은 색깔의 학생 수의 차는 몇 명인지 풀이 과정을 쓰고 답을 구해 보세요.

좋아하는 색깔별 학생 수

색깔	분홍색	노란색	하늘색	초록색	합계
학생 수(명)	6	5	8	7	26

무엇을 쓸까? ❶ 좋아하는 학생 수가 가장 많은 색깔과 가장 적은 색깔 찾기
❷ 좋아하는 학생 수가 가장 많은 색깔과 가장 적은 색깔의 학생 수의 차 구하기

풀이

답

3 그래프의 내용 알아보기

민지네 모둠 학생들이 좋아하는 음식을 조사하여 그래프로 나타냈습니다. 둘째로 많은 학생들이 좋아하는 음식은 무엇인지 풀이 과정을 쓰고 답을 구해 보세요.

좋아하는 음식별 학생 수

4			○	
3	○		○	
2	○	○	○	
1	○	○	○	○
학생 수(명) / 음식	햄버거	피자	치킨	라면

무엇을 쓸까? ❶ 그래프에서 ○의 수 비교하기
❷ 둘째로 많은 학생들이 좋아하는 음식 구하기

풀이 예 그래프에서 ○의 수가 둘째로 많은 음식은 (   )입니다. --- ❶

따라서 둘째로 많은 학생들이 좋아하는 음식은 (   )입니다. --- ❷

답

3-1

성아네 반 학급문고에 있는 책을 조사하여 그래프로 나타냈습니다. 가장 적은 책은 무엇인지 풀이 과정을 쓰고 답을 구해 보세요.

종류별 책 수

위인전	/	/	/	/	/	
동화책	/	/	/	/	/	/
과학책	/	/	/	/		
종류 / 책 수(권)	1	2	3	4	5	6

무엇을 쓸까? ❶ 그래프에서 /의 수 비교하기
❷ 가장 적은 책 구하기

풀이

답

5

3-2

지훈이네 모둠 학생들이 좋아하는 계절을 조사하여 그래프로 나타냈습니다. 좋아하는 학생 수가 가을보다 많은 계절을 모두 구하려고 합니다. 풀이 과정을 쓰고 답을 구해 보세요.

좋아하는 계절별 학생 수

4				∨
3	∨			∨
2	∨		∨	∨
1	∨	∨	∨	∨
학생 수(명) / 계절	봄	여름	가을	겨울

무엇을 쓸까? ❶ 그래프에서 ∨의 수 비교하기
❷ 좋아하는 학생 수가 가을보다 많은 계절을 모두 구하기

풀이

답

3-3

수영이네 반 학생들의 혈액형을 조사하여 그래프로 나타냈습니다. 학생 수가 많은 혈액형부터 차례로 쓰려고 합니다. 풀이 과정을 쓰고 답을 구해 보세요.

혈액형별 학생 수

AB형	○	○	○			
O형	○	○	○	○	○	
B형	○	○	○	○		
A형	○	○	○	○	○	○
혈액형 / 학생 수(명)	1	2	3	4	5	6

무엇을 쓸까? ❶ 그래프에서 ○의 수 비교하기
❷ 학생 수가 많은 혈액형부터 차례로 쓰기

풀이

답

4 표 완성하기

형준이네 반 학생들이 태어난 계절을 조사하여 표로 나타냈습니다. 가을에 태어난 학생은 몇 명인지 풀이 과정을 쓰고 답을 구해 보세요.

태어난 계절별 학생 수

계절	봄	여름	가을	겨울	합계
학생 수(명)	9	4		5	25

무엇을 쓸까? ❶ 봄, 여름, 겨울에 태어난 학생 수의 합 구하기
❷ 가을에 태어난 학생 수 구하기

풀이 예 (봄, 여름, 겨울에 태어난 학생 수) = (   ) + (   ) + (   )
= (   )(명) --- ❶

따라서 가을에 태어난 학생은 25 − (   ) = (   )(명)입니다. --- ❷

답

4-1

유미네 반 학생들이 좋아하는 과일을 조사하여 표로 나타냈습니다. 귤과 포도를 좋아하는 학생 수가 같을 때, 귤을 좋아하는 학생은 몇 명인지 풀이 과정을 쓰고 답을 구해 보세요.

좋아하는 과일별 학생 수

과일	사과	귤	포도	복숭아	합계
학생 수(명)	7			6	29

무엇을 쓸까? ❶ 사과와 복숭아를 좋아하는 학생 수의 합 구하기
❷ 귤과 포도를 좋아하는 학생 수의 합 구하기
❸ 귤을 좋아하는 학생 수 구하기

풀이

답

수행 평가

[1~3] 지민이네 모둠 학생들이 좋아하는 채소를 조사하였습니다. 물음에 답하세요.

좋아하는 채소

이름	채소	이름	채소	이름	채소
지민	고구마	서윤	오이	현지	당근
태현	오이	희진	당근	영준	고구마
은채	고구마	정우	고구마	건우	오이

1 자료를 보고 표로 나타내 보세요.

좋아하는 채소별 학생 수

채소	고구마	오이	당근	합계
학생 수(명)				

2 **1**의 표를 보고 ○를 이용하여 그래프로 나타내 보세요.

좋아하는 채소별 학생 수

4			
3			
2			
1			
학생 수(명) / 채소	고구마	오이	당근

3 가장 많은 학생들이 좋아하는 채소를 한눈에 알아보기에 편리한 것은 표와 그래프 중 어느 것일까요?

( )

[4~5] 주하네 반 학생들이 키우고 싶은 반려동물을 조사하여 표로 나타냈습니다. 물음에 답하세요.

키우고 싶은 반려동물별 학생 수

반려동물	강아지	고양이	햄스터	물고기	합계
학생 수(명)	9	7	8	5	

4 주하네 반 학생은 모두 몇 명일까요?

( )

5 강아지를 키우고 싶은 학생은 물고기를 키우고 싶은 학생보다 몇 명 더 많을까요?

( )

[6~7] 진우네 반 학생들이 체험 학습으로 가고 싶은 장소를 조사하여 그래프로 나타냈습니다. 물음에 답하세요.

가고 싶은 장소별 학생 수

8	/			
7	/		/	
6	/	/	/	
5	/	/	/	/
4	/	/	/	/
3	/	/	/	/
2	/	/	/	/
1	/	/	/	/
학생 수(명) / 장소	놀이 공원	박물관	과학관	미술관

6 가장 많은 학생들이 가고 싶은 장소는 어디일까요?

( )

7 그래프를 보고 알 수 있는 내용이 아닌 것을 찾아 기호를 써 보세요.

㉠ 학생들이 체험 학습으로 가고 싶은 장소
㉡ 가고 싶은 학생 수가 7명보다 적은 장소
㉢ 진우가 체험 학습으로 가고 싶은 장소

( )

8 율하네 반 학생들이 좋아하는 간식을 조사하여 표로 나타냈습니다. 떡볶이를 좋아하는 학생은 몇 명일까요?

좋아하는 간식별 학생 수

간식	떡볶이	피자	만두	햄버거	합계
학생 수(명)		7	4	5	23

( )

9 서준이네 반 학생들이 좋아하는 곤충을 조사하여 그래프로 나타냈습니다. 서준이네 반 전체 학생 수가 15명일 때, 그래프를 완성해 보세요.

좋아하는 곤충별 학생 수

사슴벌레	V	V	V	V		
잠자리						
나비	V	V	V	V	V	V
곤충 / 학생 수(명)	1	2	3	4	5	6

서술형 문제

10 민주네 반 학생들이 받고 싶은 생일 선물을 조사하여 표로 나타냈습니다. 표를 보고 알 수 있는 내용을 2가지 써 보세요.

받고 싶은 생일 선물별 학생 수

선물	장난감	휴대 전화	신발	책	합계
학생 수(명)	7	8	6	5	26

답

5

⊕ 개념 적용

1 **규칙을 찾아 □ 안에 알맞은 모양을 그리고 색칠해 보세요.**

진도책 158쪽 2번 문제

어떻게 풀었니?

모양과 색깔이 반복되는 규칙을 찾아보자!

맨 처음에 ● 모양이 나오니까 다음번에 ● 모양이 나오는 곳을 찾아보면

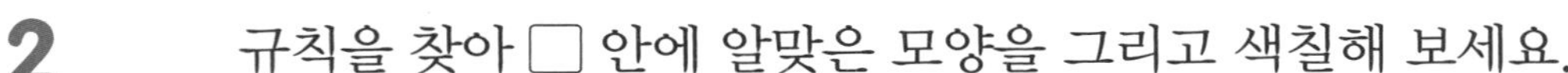

(● ◆ ★ , ● ★ ◆)가 반복된다는 것을 알 수 있어.

그러니까 ● 모양 다음에는 □ 모양이 나와야 해.

아~ 그럼 □ 안에 알맞은 모양은 □ 이구나!

2 규칙을 찾아 □ 안에 알맞은 모양을 그리고 색칠해 보세요.

3 규칙을 찾아 □ 안에 알맞은 모양을 그리고 색칠해 보세요.

정답과 풀이 53쪽

4 진도책 160쪽 10번 문제

규칙에 따라 쌓기나무를 쌓았습니다. 다음에 이어질 모양에 쌓을 쌓기나무는 모두 몇 개일까요?

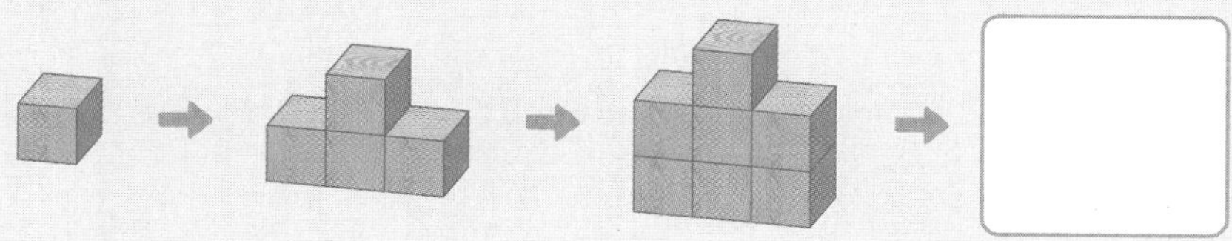

어떻게 풀었니?

쌓기나무의 개수가 어떻게 변하는지 규칙을 찾아보자!

첫째 → 둘째 → 셋째

쌓기나무의 개수가 첫째: ☐개, 둘째: ☐개, 셋째: ☐개로 ☐개씩 늘어나고 있어.

다음에 이어질 모양에 쌓을 쌓기나무는 셋째보다 ☐개 늘어나겠지?

아~ 그럼 다음에 이어질 모양에 쌓을 쌓기나무는 모두 ☐개구나!

6

5 규칙에 따라 쌓기나무를 쌓았습니다. 다음에 이어질 모양에 쌓을 쌓기나무는 모두 몇 개일까요?

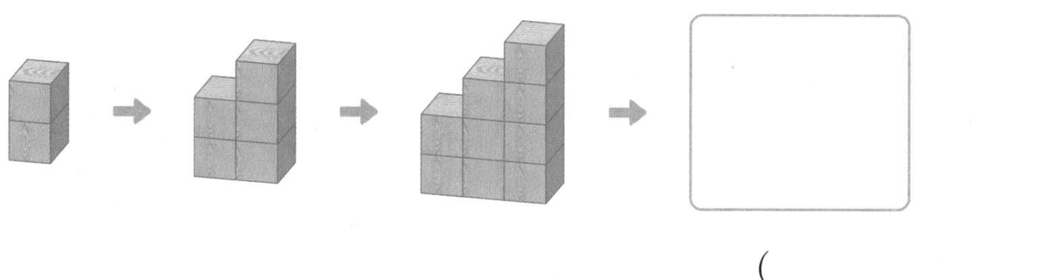

(　　　　　　　)

6 덧셈표에서 규칙을 찾아 빈칸에 알맞은 수를 써넣으세요.

진도책 167쪽 3번 문제

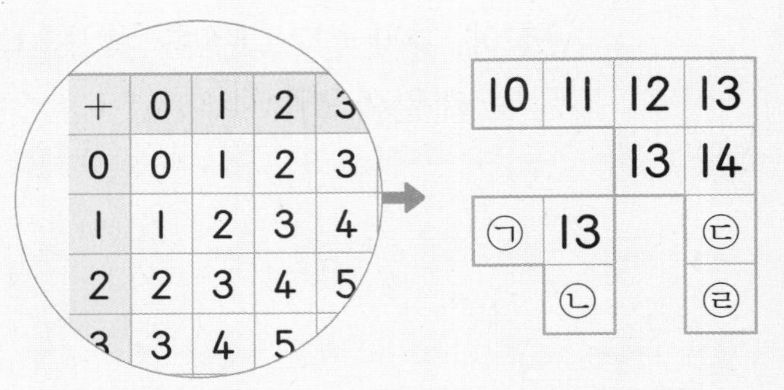

어떻게 풀었니?

덧셈표에서 방향에 따라 수가 커지는 규칙을 찾아보자!

덧셈표에서는 오른쪽으로 갈수록 ☐씩 커지고, 아래로 내려갈수록 ☐씩 커지는 규칙이 있어.

규칙에 맞게 빈칸에 알맞은 수를 써넣으면 ㉠은 13 바로 앞의 수니까 ☐(이)고, ㉡은 13 바로 아래의 수니까 ☐(이)야. ㉢, ㉣은 14 아래의 수니까 차례로 ☐, ☐(이)야.

아~ 빈칸에 알맞은 수를 써넣으면

10	11	12	13
		13	14
	13		

이구나!

7 6의 덧셈표에서 규칙을 찾아 빈칸에 알맞은 수를 써넣으세요.

	8	9	10	11
8	9			
	10		12	13

8

진도책 169쪽 8번 문제

오른쪽 곱셈표를 점선을 따라 접었을 때 초록색, 주황색 칸과 각각 만나는 칸에 알맞은 수를 써넣으세요.

×	3	4	5	6
3				
4				
5				
6				

어떻게 풀었니?

먼저 초록색 칸과 주황색 칸에 알맞은 수를 구해 보자!

세로줄과 가로줄에 있는 두 수를 곱해서 만든 게 곱셈표야.

초록색 칸에 알맞은 수는 4 × □ = □이고

주황색 칸에 알맞은 수는 6 × □ = □(이)야.

곱셈표에서 점선을 따라 접었을 때 만나는 수는 서로 (같아 , 달라).

아~ 그럼 초록색 칸과 만나는 칸에 알맞은 수는 □이고, 주황색 칸과 만나는 칸에 알맞은 수는 □(이)구나!

6

9 곱셈표를 점선을 따라 접었을 때 초록색, 주황색 칸과 각각 만나는 칸에 알맞은 수를 써넣으세요.

×	5	6	7	8	9
5					
6					
7					
8					
9					

쓰기 쉬운 서술형

1 무늬에서 규칙 찾기

규칙을 찾아 마지막 그림에 알맞은 색을 칠하려고 합니다. 무슨 색을 칠해야 하는지 풀이 과정을 쓰고 답을 구해 보세요.

빨간색 초록색 보라색

무엇을 쓸까? ❶ 규칙 찾기
❷ 마지막 그림에 칠해야 하는 색 구하기

풀이 예 빨간색, (　　　), (　　　)이 반복됩니다. --- ❶

따라서 마지막 그림에 칠해야 하는 색은 (　　　)입니다. --- ❷

답

1-1

규칙을 찾아 □ 안에 알맞은 모양을 그리려고 합니다. 풀이 과정을 쓰고 알맞게 그려 넣으세요.

무엇을 쓸까? ❶ 규칙 찾기
❷ □ 안에 알맞은 모양 그리기

풀이

1-2

규칙을 찾아 □ 안에 알맞은 모양을 그리려고 합니다. 풀이 과정을 쓰고 알맞게 그려 넣으세요.

무엇을 쓸까? ❶ 규칙 찾기
❷ □ 안에 알맞은 모양 그리기

풀이

1-3

규칙을 찾아 마지막 그림에 알맞게 색칠하려고 합니다. 풀이 과정을 쓰고 알맞게 색칠해 보세요.

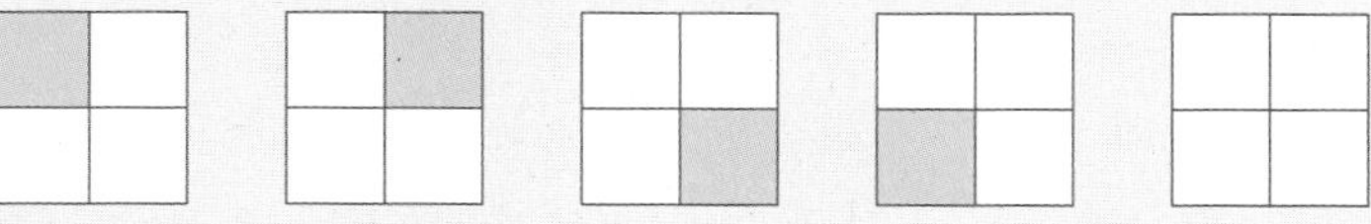

무엇을 쓸까? ❶ 규칙 찾기
❷ 마지막 그림에 알맞게 색칠하기

풀이

2 쌓은 모양에서 규칙 찾기

규칙에 따라 쌓기나무를 쌓았습니다. 쌓기나무를 4층으로 쌓으려면 쌓기나무는 모두 몇 개 필요한지 풀이 과정을 쓰고 답을 구해 보세요.

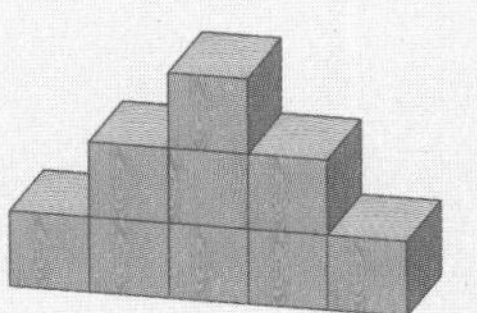

무엇을 쓸까? ❶ 규칙 찾기
❷ 필요한 쌓기나무의 수 구하기

풀이 예 아래층으로 내려갈수록 쌓기나무가 (　　)개씩 늘어납니다. --- ❶

따라서 4층으로 쌓으려면 쌓기나무는 모두

1 + 3 + (　　) + (　　) = (　　)(개) 필요합니다. --- ❷

답

2-1

규칙에 따라 쌓기나무를 쌓았습니다. 쌓기나무를 5층으로 쌓으려면 쌓기나무는 모두 몇 개 필요한지 풀이 과정을 쓰고 답을 구해 보세요.

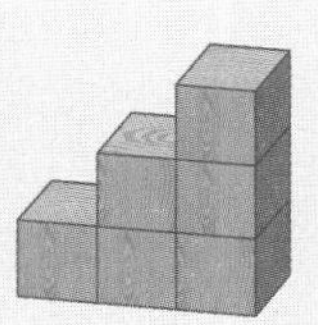

무엇을 쓸까? ❶ 규칙 찾기
❷ 필요한 쌓기나무의 수 구하기

풀이

답

3 덧셈표에서 규칙 찾기

덧셈표에서 ㉠과 ㉡에 알맞은 수의 차를 구하려고 합니다. 풀이 과정을 쓰고 답을 구해 보세요.

+	2	4	6	8
2	4	6	8	
4	6	8		㉠
6	8	㉡		

무엇을 쓸까? ❶ ㉠과 ㉡에 알맞은 수 구하기
❷ ㉠과 ㉡에 알맞은 수의 차 구하기

풀이 예 ㉠ = 4 + (　　) = (　　), ㉡ = 6 + (　　) = (　　)입니다. --- ❶

따라서 ㉠과 ㉡에 알맞은 수의 차는 (　　) − (　　) = (　　)입니다. --- ❷

답

3-1

덧셈표에서 ㉠, ㉡, ㉢ 중 가장 큰 수와 가장 작은 수의 차를 구하려고 합니다. 풀이 과정을 쓰고 답을 구해 보세요.

+	1	3	5	7	9
3	4	6	8		㉠
5	6	8	10		
7	8	㉡			
9				㉢	

무엇을 쓸까? ❶ ㉠, ㉡, ㉢에 알맞은 수 구하기
❷ ㉠, ㉡, ㉢에 알맞은 수 중 가장 큰 수와 가장 작은 수의 차 구하기

풀이

답

4 곱셈표의 규칙에 맞게 빈칸 채우기

곱셈표에서 규칙을 찾아 ㉠과 ㉡에 알맞은 수를 구하려고 합니다. 풀이 과정을 쓰고 답을 구해 보세요.

×	1	2	3	4
1	1	2	3	4
2	2	4	6	8
3	3	6	9	12
	4	8	12	

	35	40	㉠
36	42	48	
		㉡	

무엇을 쓸까? ❶ ㉠에 알맞은 수 구하기
❷ ㉡에 알맞은 수 구하기

풀이 예 35에서 오른쪽으로 (   )만큼 커졌으므로 (   )단 곱셈구구입니다.

➡ ㉠ = (   ) --- ❶

40에서 아래로 (   )만큼 커졌으므로 (   )단 곱셈구구입니다.

➡ ㉡ = (   ) --- ❷

답 ㉠ = ______, ㉡ = ______

4-1

곱셈표에서 규칙을 찾아 ㉠과 ㉡에 알맞은 수를 구하려고 합니다. 풀이 과정을 쓰고 답을 구해 보세요.

×	1	2	3	4
1	1	2	3	4
2	2	4	6	8
3	3	6	9	12
	4	8	12	

21	28	35		
	32	40		
	㉠	45		㉡

무엇을 쓸까? ❶ ㉠에 알맞은 수 구하기
❷ ㉡에 알맞은 수 구하기

풀이

답 ㉠ = ______, ㉡ = ______

정답과 풀이 54쪽

5 규칙 찾아 자리 알아보기

어느 공연장의 자리를 나타낸 그림입니다. 은우의 자리가 다열 일곱째일 때, 은우가 앉을 의자의 번호는 몇 번인지 풀이 과정을 쓰고 답을 구해 보세요.

	첫째	둘째	셋째	…					
가열	①	②	③	④	⑤				
나열	⑩	⑪	⑫						
다열									
⋮									

무엇을 쓸까?
❶ 규칙 찾기
❷ 가열 일곱째 의자의 번호 구하기
❸ 은우가 앉을 의자의 번호 구하기

풀이 예 오른쪽으로 갈수록 ( )씩 커지고, 아래로 내려갈수록 ( )씩 커집니다. --- ❶ / 가열 일곱째 의자의 번호는 ( )번입니다. --- ❷

따라서 다열 일곱째 의자의 번호는 $7+(\quad)+(\quad)=(\quad)$(번)입니다.

--- ❸

답

5-1

어느 공연장의 자리를 나타낸 그림입니다. 서아의 자리가 라열 여섯째일 때, 서아가 앉을 의자의 번호는 몇 번인지 풀이 과정을 쓰고 답을 구해 보세요.

	첫째	둘째	셋째	…				
가열	①	②	③	④				
나열	⑨	⑩						
다열								
⋮								

무엇을 쓸까?
❶ 규칙 찾기
❷ 가열 여섯째 의자의 번호 구하기
❸ 서아가 앉을 의자의 번호 구하기

풀이

답

수행 평가

1 엘리베이터 버튼의 수를 보고 □ 안에 알맞은 수를 써넣으세요.

• 위로 올라갈수록 □ 씩 커집니다.

• ↗ 방향으로 갈수록 □ 씩 커집니다.

2 규칙을 찾아 □ 안에 알맞은 모양을 그려 넣으세요.

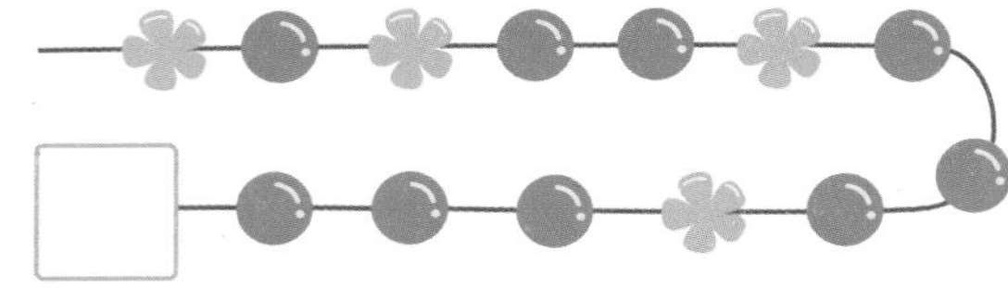

3 규칙을 찾아 알맞게 색칠해 보세요.

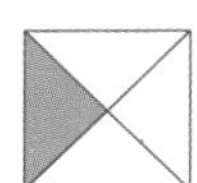 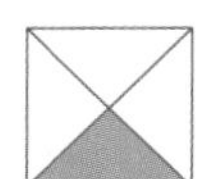 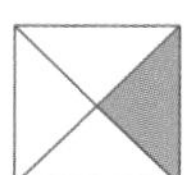 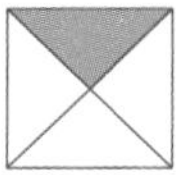 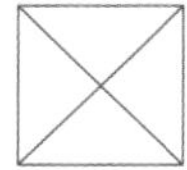

4 곱셈표의 빈칸에 알맞은 수를 써넣고, ▭으로 칠해진 수의 규칙을 써 보세요.

×	3	4	5	6
3	9	12	15	18
4	12	16		24
5	15		25	
6	18	24		

규칙 ....

5 달력에서 찾을 수 있는 규칙이 아닌 것을 찾아 기호를 써 보세요.

9월

일	월	화	수	목	금	토
			1	2	3	4
5	6	7	8	9	10	11
12	13	14	15	16	17	18
19	20	21	22	23	24	25
26	27	28	29	30		

㉠ 오른쪽으로 갈수록 1씩 커집니다.
㉡ 아래로 내려갈수록 8씩 커집니다.
㉢ ↙ 방향으로 갈수록 6씩 커집니다.

( )

6 덧셈표에서 규칙을 찾아 빈칸에 알맞은 수를 써넣으세요.

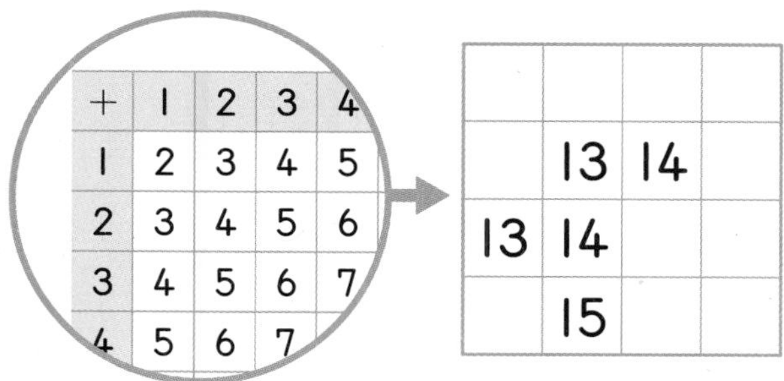

7 규칙을 찾아 마지막 시계에 시각을 나타내 보세요.

8 규칙에 따라 쌓기나무를 쌓은 것입니다. 다음에 이어질 모양에 쌓을 쌓기나무는 모두 몇 개일까요?

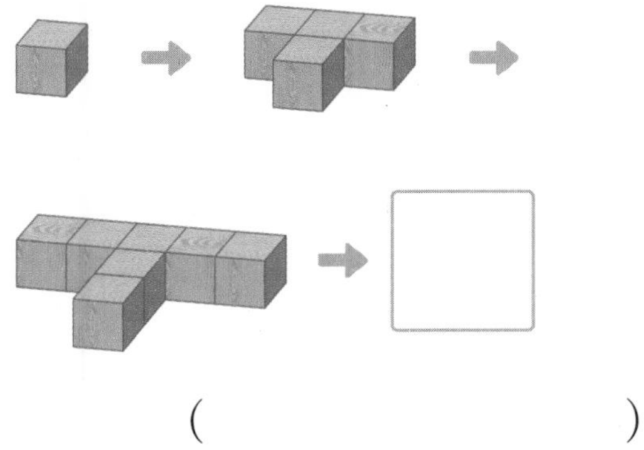

(　　　　　　　　)

9 규칙에 따라 상자를 쌓은 것입니다. 상자를 4층으로 쌓으려면 상자는 모두 몇 개 필요할까요?

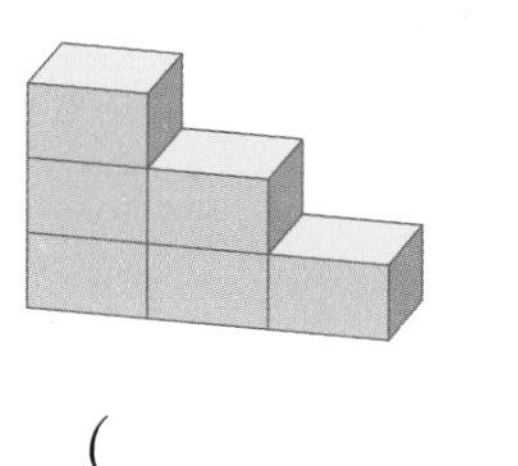

(　　　　　　　　)

서술형 문제

10 덧셈표에서 찾을 수 있는 규칙을 3가지 써 보세요.

+	0	3	6	9
0	0	3	6	9
3	3	6	9	12
6	6	9	12	15
9	9	12	15	18

규칙 ....

총괄 평가

1 □ 안에 알맞은 수를 써넣으세요.

(1) 3m 50cm = □cm

(2) 708cm = □m □cm

2 다음 수를 쓰고 읽어 보세요.

1000이 7개, 100이 3개, 10이 1개,
1이 5개인 수

쓰기 (   )

읽기 (   )

3 시각을 두 가지 방법으로 읽어 보세요.

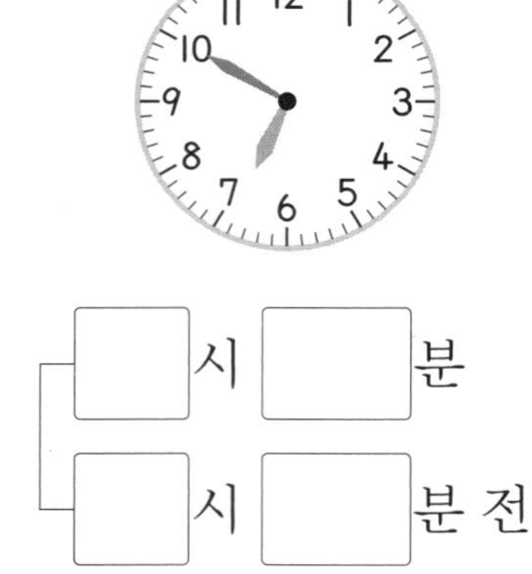

□시 □분

□시 □분 전

4 숫자 8이 나타내는 수가 가장 큰 수는 어느 것일까요? (   )

① 2584 ② 5438 ③ 9852
④ 8109 ⑤ 1780

5 100씩 뛰어 세어 보세요.

4792 - 4892 - □ - □ - □

6 덧셈표의 빈칸에 알맞은 수를 써넣고, ━으로 칠해진 수의 규칙을 써 보세요.

+	5	6	7	8
5	10	11	12	13
6	11	12		
7	12		14	15
8	13	14		

규칙 ....

7 곱의 크기를 비교하여 ○ 안에 $>$, $=$, $<$를 알맞게 써넣으세요.

$$4 \times 8 \bigcirc 7 \times 5$$

8 선우네 모둠 학생들이 받고 싶은 선물을 조사하여 그래프로 나타냈습니다. 많은 학생들이 받고 싶은 선물부터 차례로 써 보세요.

받고 싶은 선물별 학생 수

6	○		
5	○		○
4	○	○	○
3	○	○	○
2	○	○	○
1	○	○	○
학생 수(명) / 선물	휴대전화	옷	장난감

( )

9 윤아네 반 학생들이 좋아하는 과일을 조사하여 표로 나타냈습니다. 사과를 좋아하는 학생은 포도를 좋아하는 학생보다 몇 명 더 많은지 구해 보세요.

좋아하는 과일별 학생 수

과일	사과	키위	포도	복숭아	합계
학생 수(명)	8	6	7	5	26

( )

10 주하는 8월에 하루도 빠짐없이 운동을 했습니다. 주하가 8월에 운동을 한 날은 모두 며칠일까요?

( )

11 6×5를 계산하는 방법으로 옳지 않은 것을 찾아 기호를 써 보세요.

㉠ 6×4에 6을 더합니다.
㉡ 6을 5번 더합니다.
㉢ 6×3을 두 번 더합니다.

( )

12 민주의 생일은 4월 11일입니다. 민주의 생일부터 1주일 후는 며칠이고 무슨 요일인지 구해 보세요.

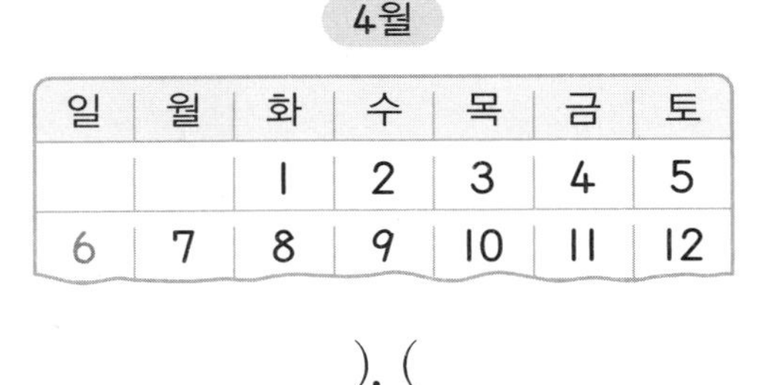

4월

일	월	화	수	목	금	토
		1	2	3	4	5
6	7	8	9	10	11	12

( ), ( )

13 가장 긴 길이와 가장 짧은 길이의 차는 몇 m 몇 cm일까요?

627 cm　5 m 19 cm　6 m 32 cm

( )

14 지민이네 반 학생들이 좋아하는 음식의 종류를 조사하여 표로 나타냈습니다. 양식을 좋아하는 학생은 몇 명일까요?

좋아하는 음식의 종류별 학생 수

음식	한식	양식	중식	일식	합계
학생 수(명)	7		6	5	26

( )

15 민호는 공을 던져서 상자 안에 넣는 놀이를 하였습니다. 공을 상자 안에 넣으면 1점, 넣지 못하면 0점입니다. 3개의 공을 넣고, 2개는 넣지 못했습니다. 민호가 얻은 점수는 몇 점일까요?

( )

16 규칙에 따라 쌓기나무를 쌓았습니다. 다음에 이어질 모양에 쌓을 쌓기나무는 모두 몇 개일까요?

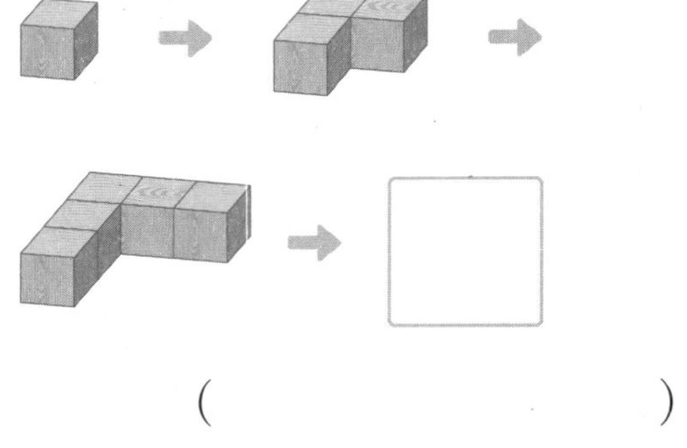

( )

17 노란색 끈의 길이는 1 m 45 cm이고, 분홍색 끈의 길이는 노란색 끈보다 1 m 34 cm 더 깁니다. 분홍색 끈의 길이는 몇 m 몇 cm일까요?

( )

18 어느 고속버스의 출발 시각을 나타낸 표입니다. 4회에 버스가 출발하는 시각은 몇 시 몇 분일까요?

순서	출발 시각
1회	6시 40분
2회	7시 10분
3회	7시 40분
4회	
5회	8시 40분

( )

서술형 문제

19 수 카드를 한 번씩만 사용하여 만들 수 있는 네 자리 수 중에서 가장 작은 수는 얼마인지 풀이 과정을 쓰고 답을 구해 보세요.

7 3 5 0

풀이

답

서술형 문제

20 민경이는 오전 11시에 박물관에 가서 오후 2시 30분에 나왔습니다. 민경이가 박물관에 있었던 시간은 몇 시간 몇 분인지 풀이 과정을 쓰고 답을 구해 보세요.

풀이

답

한걸음 한걸음 디딤돌을 걷다 보면
수학이 완성됩니다.

개념 다지기

원리, 기본

문제해결력 강화

문제유형, 응용

심화 완성

최상위 수학S, 최상위 수학

최상위 수학 S

최상위 수학

연산 개념 다지기

디딤돌 연산

디딤돌 연산 수학

개념+문제해결력 강화를 동시에

기본+유형, 기본+응용

상위권의 힘, 사고력 강화

최상위 사고력

최상위 사고력

개념 이해 → **개념 응용** → **개념 확장**

학습 능력과 목표에 따라
맞춤형이 가능한 디딤돌 초등 수학

수능까지 연결되는 독해 로드맵

디딤돌 독해력은 수능까지 연결되는 체계적인 라인업을 통하여
수능에서 요구하는 핵심 독해 원리에 대한 이해는 물론,
단계 별로 심화되며 연결되는 학습의 과정을 통해
깊이 있고 종합적인 독해 사고의 능력까지 기를 수 있도록 도와줍니다.

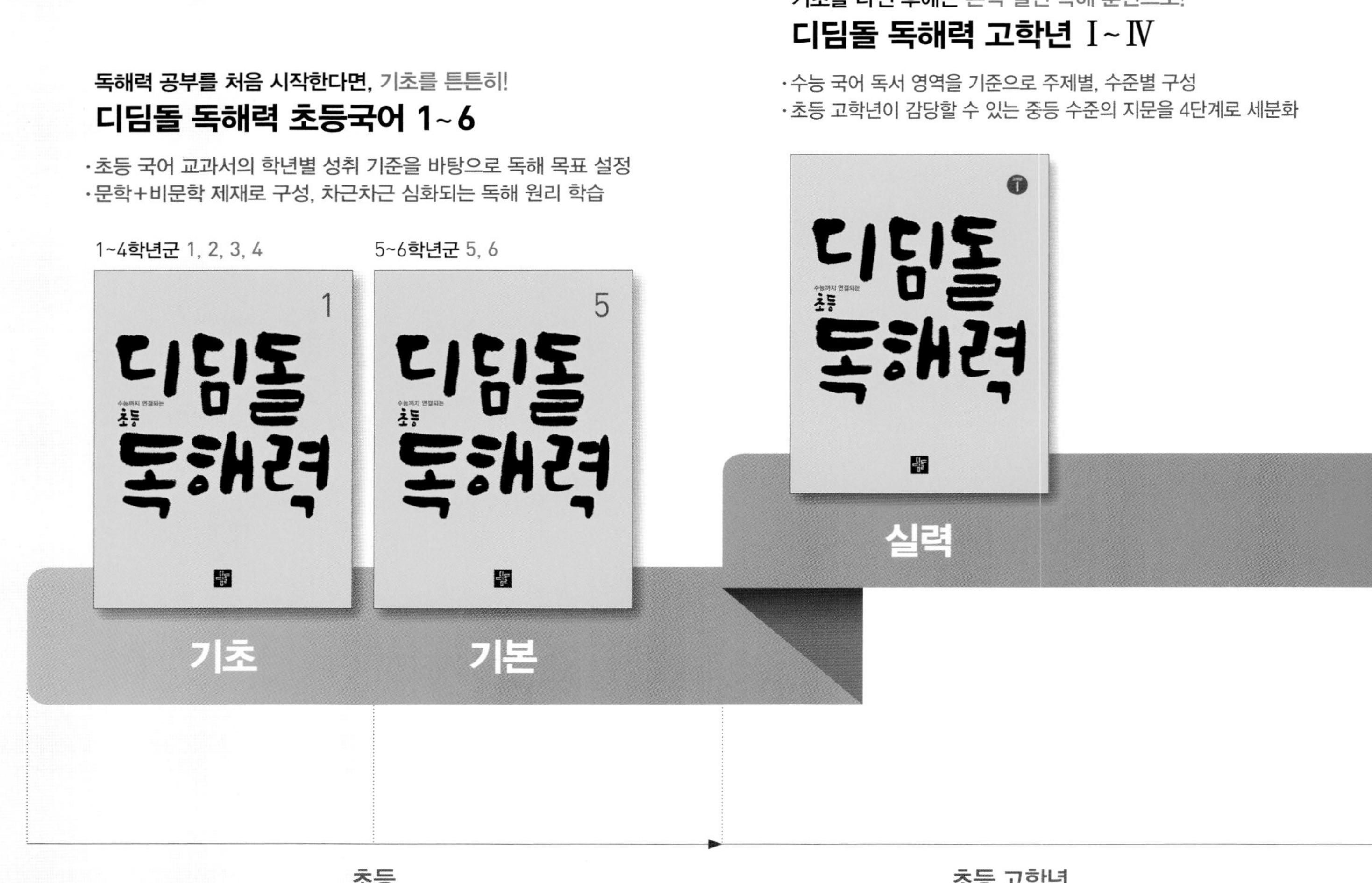

기초를 다진 후에는 본격 실전 독해 훈련으로!
디딤돌 독해력 고학년 Ⅰ~Ⅳ
· 수능 국어 독서 영역을 기준으로 주제별, 수준별 구성
· 초등 고학년이 감당할 수 있는 중등 수준의 지문을 4단계로 세분화
독해력 공부를 처음 시작한다면, 기초를 튼튼히!
디딤돌 독해력 초등국어 1~6
· 초등 국어 교과서의 학년별 성취 기준을 바탕으로 독해 목표 설정
· 문학+비문학 제재로 구성, 차근차근 심화되는 독해 원리 학습
1~4학년군 1, 2, 3, 4
5~6학년군 5, 6
디딤돌 독해력
실력
기초
기본
초등
초등 고학년

기본 | 정답과 풀이

2-2

수학 좀 한다면

디딤돌

진도책 정답과 풀이

1 네 자리 수

1학기에서 학습한 세 자리 수에 이어 1000부터 9999까지의 수를 배우는 단원입니다. 이 단원에서 가장 중요한 개념은 십진법에 따른 자릿값입니다. 우리가 사용하는 십진법에 따른 수는 0부터 9까지의 숫자만을 사용하여 모든 수를 나타낼 수 있습니다. 따라서 같은 숫자라도 자리에 따라 다른 수를 나타내고, 10개의 숫자만으로 무한히 큰 수를 만들 수 있습니다. 이러한 자릿값의 개념은 수에 대한 이해에서부터 수의 크기 비교, 사칙연산, 중등에서의 다항식까지 연결되므로 네 자리 수를 학습할 때부터 기초를 잘 다질 수 있도록 지도해 주세요.

교과서 개념 이해 1 1000을 다양한 방법으로 나타낼 수 있어. 8쪽

1 (1) 1 (2) 1000

2 (1) 1000, 1000 (2) 10, 20

교과서 개념 이해 2 1000의 개수에 따라 몇천인지 알 수 있어. 9쪽

1 (1) 5000, 오천 (2) 8000, 팔천

2 (1) 예 1000 1000 1000 1000 1000 1000 1000 1000 1000
/ 3000

(2) 예 1000 1000 1000 1000 1000 1000
100 100 100 100 100 100 100 100 100 100 100 100
/ 10

교과서 개념 이해 3 네 개의 숫자로 이루어진 수가 네 자리 수야. 10~11쪽

1 2, 3, 7, 5 / 2375, 이천삼백칠십오

2 (1) 3, 0, 5, 4, 3054, 삼천오십사
(2) 5, 4, 0, 8, 5408, 오천사백팔

3 (1) 4639 (2) 6, 4, 0, 8

4 (위에서부터) 오천육백사십팔, 사천팔십 / 칠천오십이, 6509, 8063

1 천 모형이 2개, 백 모형이 3개, 십 모형이 7개, 일 모형이 5개이므로 2375라 쓰고 이천삼백칠십오라고 읽습니다.

2 (1) 천 모형이 3개, 십 모형이 5개, 일 모형이 4개이므로 3054라 쓰고 삼천오십사라고 읽습니다.
(2) 1000이 5개, 100이 4개, 1이 8개이므로 5408이라 쓰고 오천사백팔이라고 읽습니다.

4 읽지 않은 자리는 자리의 숫자가 없는 것이므로 0을 씁니다.

교과서 개념 이해 4 숫자는 자리에 따라 나타내는 수가 달라. 12~13쪽

1 (1) 300, 30, 3 / 300, 30, 3
(2) 4000, 500, 60, 8 / 4000, 500, 60, 8

2 (1) 4, 4000 / 3, 300 / 5, 50 / 9, 9
(2) 천, 7000 / 백, 0 / 십, 20 / 일, 6

3 (1) 2527 (2) 8409

4 (1) 6000 (2) 60 (3) 6 (4) 600

4 (1) 천의 자리 숫자이므로 6000을 나타냅니다.
(2) 십의 자리 숫자이므로 60을 나타냅니다.
(3) 일의 자리 숫자이므로 6을 나타냅니다.
(4) 백의 자리 숫자이므로 600을 나타냅니다.

개념 적용 1 천 알아보기 14~15쪽

1 1000, 천

2

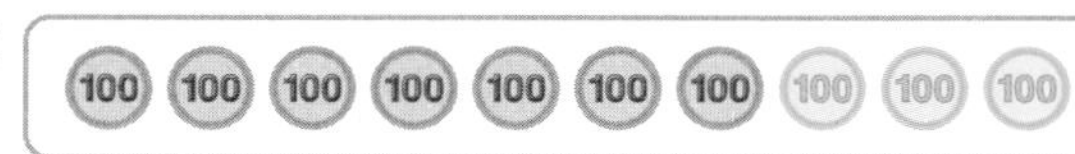

3 지우

4 (1) 20 (2) 950

5

6 예 200, 800

(왼쪽에서부터) 10 / 200, 10

1 백 모형 10개는 천 모형 1개와 같습니다.
100이 10개이면 1000이고 천이라고 읽습니다.

2 100원짜리 동전 3개가 더 있으면 1000원이 되므로 붙임딱지를 3개 붙입니다.

3 지우: 990보다 1만큼 더 큰 수는 991입니다.
1000은 990보다 10만큼 더 큰 수입니다.

4 (1) 980－990－1000
➡ 1000은 980보다 20만큼 더 큰 수
(2) 950－960－970－980－990－1000
➡ 1000은 950보다 50만큼 더 큰 수

5
- 백 모형이 3개, 십 모형이 10개이므로 400이고 1000이 되려면 600이 더 있어야 합니다.
- 100원짜리 동전이 5개이므로 500이고 1000이 되려면 500이 더 있어야 합니다.
- 사과가 100개씩 3상자이므로 300이고 1000이 되려면 700이 더 있어야 합니다.

내가 만드는 문제
6 1000을 바르게 만들었는지 확인합니다.

2 몇천 알아보기 (개념 적용) 16~17쪽

7 (1) 7000, 칠천 (2) 5000, 오천

8 (1) (1000) (1000) (1000) / 3
(2) (1000) (1000) (1000) (1000) (1000) (1000) / 6

8+ 40000

9 2000, 5000, 7000

10 ㉢

11 예 (1000) (1000) (1000)
(100) (100) (100) (100) (100) (100) (100) (100) (100) (100)

12 예 장갑 / 9, 8, 10

(위에서부터) 1000, 1000, 20, 2000

7 (1) 1000이 7개이면 7000이고 칠천이라고 읽습니다.
(2) 100원짜리 동전 10개는 1000원짜리 지폐 1장과 같으므로 1000원짜리 지폐 4장, 100원짜리 동전 10개는 1000원짜리 지폐 5장과 같습니다.
1000이 5개이면 5000이고 오천이라고 읽습니다.

8 (1) 3000은 1000이 3개인 수이므로 붙임딱지를 3개 붙입니다.
(2) 6000은 1000이 6개인 수이므로 붙임딱지를 6개 붙입니다.

10 ㉠ 1000이 8개인 수: 8000
㉢ 10이 80개인 수: 800
➡ 나타내는 수가 다른 하나는 ㉢입니다.

11 4000은 1000이 3개, 100이 10개인 수입니다.
4000은 1000이 2개, 100이 20개인 수입니다.
4000은 1000이 1개, 100이 30개인 수입니다.

내가 만드는 문제
12 1000원짜리 지폐 1장은 100원짜리 동전 10개와 같습니다.

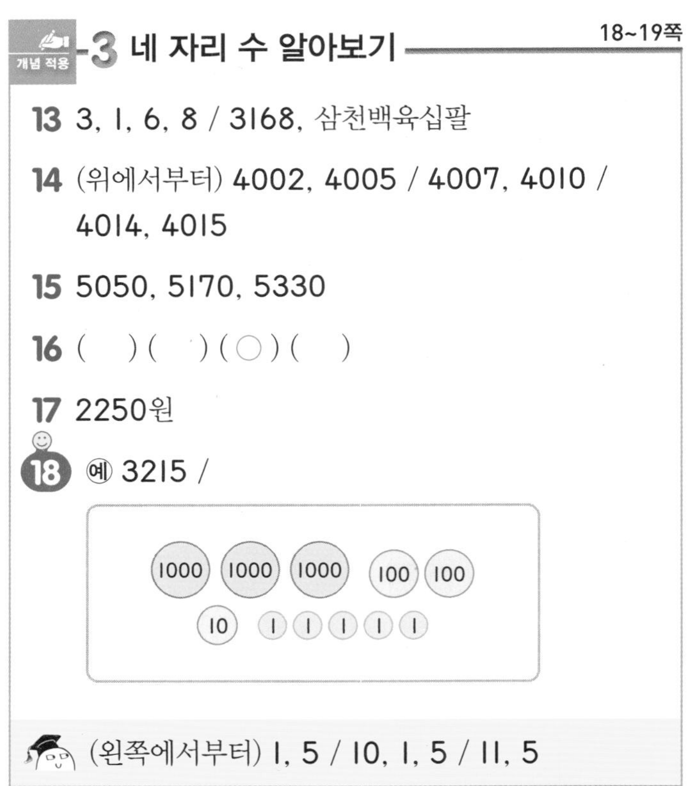

3 네 자리 수 알아보기 (개념 적용) 18~19쪽

13 3, 1, 6, 8 / 3168, 삼천백육십팔

14 (위에서부터) 4002, 4005 / 4007, 4010 / 4014, 4015

15 5050, 5170, 5330

16 ( )( )(○)( )

17 2250원

18 예 3215 /
(1000) (1000) (1000) (100) (100)
(10) (1) (1) (1) (1) (1)

(왼쪽에서부터) 1, 5 / 10, 1, 5 / 11, 5

15 5000에서 5100까지 작은 눈금 10칸으로 나누어져 있으므로 작은 눈금 한 칸은 10을 나타냅니다.

16 • 8580은 팔천오백팔십이라고 읽습니다.
• 1288은 천이백팔십팔이라고 읽습니다.
• 8208은 팔천이백팔이라고 읽습니다.
• 9881은 구천팔백팔십일이라고 읽습니다.

17 1000원짜리 지폐가 1장, 100원짜리 동전이 12개, 10원짜리 동전이 5개입니다.
100원짜리 동전 10개는 1000원짜리 지폐 1장과 같으므로 1000원짜리 지폐 2장, 100원짜리 동전 2개, 10원짜리 동전 5개와 같습니다.
따라서 지아가 낸 돈은 모두 2250원입니다.

내가 만드는 문제
18 네 자리 수를 만든 후 붙임딱지를 바르게 붙였는지 확인합니다.

4 각 자리의 숫자가 나타내는 수 알아보기 20~21쪽

개념 적용

19 (왼쪽에서부터) 4 / 2, 200 / 3, 30 / 8, 8

20 (1) ㉠, ㉣ (2) ㉡, ㉢

21 (1) 7000, 400, 40, 2 (2) 8000, 0, 10, 6
21+ 9000, 600, 70, 4

22 ㉡

23 6792에 ○표, 8276에 △표

24 예 5701, 5734, 5799

500, 6 / 6

19 4238
- 천의 자리 숫자, 나타내는 수: 4000
- 백의 자리 숫자, 나타내는 수: 200
- 십의 자리 숫자, 나타내는 수: 30
- 일의 자리 숫자, 나타내는 수: 8

20 ㉡ 육천칠십 ➡ 6070, ㉣ 삼천구백오 ➡ 3905
(1) 십의 자리 숫자가 0인 수: 1307, 3905
(2) 백의 자리 숫자가 0인 수: 6070, 5024

21 각 자리의 숫자가 나타내는 수의 합으로 나타냅니다.

22 숫자 8이 나타내는 수를 각각 구하면
㉠ 3180 ➡ 80, ㉡ 8126 ➡ 8000,
㉢ 1806 ➡ 800, ㉣ 5168 ➡ 8
따라서 숫자 8이 8000을 나타내는 수는 ㉡ 8126입니다.

23 6792 (6000) 9613 (600) 8276 (6) 7065 (60)
➡ 숫자 6이 나타내는 수가 가장 큰 수는 6792, 가장 작은 수는 8276입니다.

내가 만드는 문제
24 백의 자리 숫자가 700을 나타내는 네 자리 수는 □7□□입니다.
□ 안에 숫자를 써넣어 네 자리 수를 3개 만들었으면 정답으로 합니다.

5 몇씩 뛰어 세었는지 바뀌는 자리 수를 보자. 22쪽

교과서 개념 이해

1 4000, 7000 / 9300, 9800 / 9910, 9950 / 9993, 9999

2 (1) 3254 — 3354 — 3454 — 3554 — 3654 — 3754
(2) 5108 — 5118 — 5128 — 5138 — 5148 — 5158

2 (1) 백의 자리 수가 1씩 커지므로 100씩 뛰어 센 것입니다.
(2) 십의 자리 수가 1씩 커지므로 10씩 뛰어 센 것입니다.

6 천, 백, 십, 일의 자리 순서로 크기를 비교해. 23쪽

교과서 개념 이해

1 (1)

천의 자리	백의 자리	십의 자리	일의 자리
5	1	8	3
4	3	5	0

/ >

(2)

천의 자리	백의 자리	십의 자리	일의 자리
3	7	0	8
3	7	2	5

/ <

2 (1) < (2) >

1 (1) 천의 자리 수를 비교하면 5>4이므로 5183>4350입니다.
(2) 천, 백의 자리 수가 각각 같으므로 십의 자리 수를 비교합니다.
➡ 십의 자리 수를 비교하면 0<2이므로 3708<3725입니다.

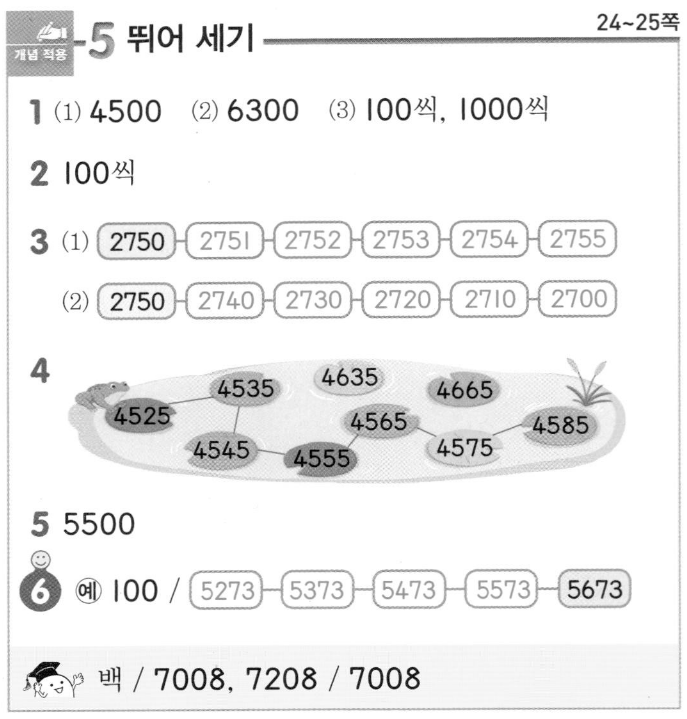

개념 적용 -5 뛰어 세기 24~25쪽

1 (1) 4500 (2) 6300 (3) 100씩, 1000씩

2 100씩

3 (1) 2750 - 2751 - 2752 - 2753 - 2754 - 2755

(2) 2750 - 2740 - 2730 - 2720 - 2710 - 2700

4

5 5500

6 예 100 / 5273 - 5373 - 5473 - 5573 - 5673

백 / 7008, 7208 / 7008

1 (3) ➡는 백의 자리 수가 1씩 커지므로 100씩, ⬇는 천의 자리 수가 1씩 커지므로 1000씩 뛰어 센 것입니다.

2 백의 자리 수가 1씩 커지므로 100씩 뛰어 센 것입니다.

3 (1) 1씩 뛰어 세면 일의 자리 수가 1씩 커집니다.
(2) 10씩 거꾸로 뛰어 세면 십의 자리 수가 1씩 작아집니다.

4 4525에서 출발하여 10씩 뛰어 세어 봅니다.
4525 – 4535 – 4545 – 4555 – 4565 – 4575 – 4585

5 재영이가 뛰어 센 방법은 1500, 2000, 2500으로 백의 자리 수가 5씩 커지고 있으므로 500씩 뛰어 센 것입니다.
따라서 민아도 500씩 뛰어 세었습니다.
★은 6000에서 거꾸로 500을 뛰어 센 것이므로 5500입니다.

내가 만드는 문제
6 예 100씩 거꾸로 뛰어 세면 백의 자리 수가 1씩 작아집니다.

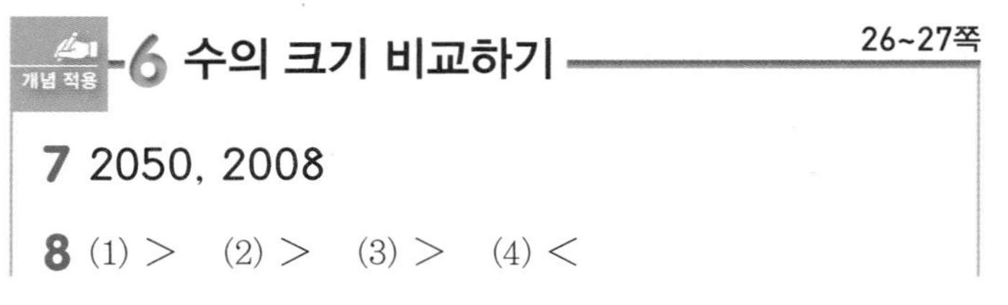

개념 적용 -6 수의 크기 비교하기 26~27쪽

7 2050, 2008

8 (1) > (2) > (3) > (4) <

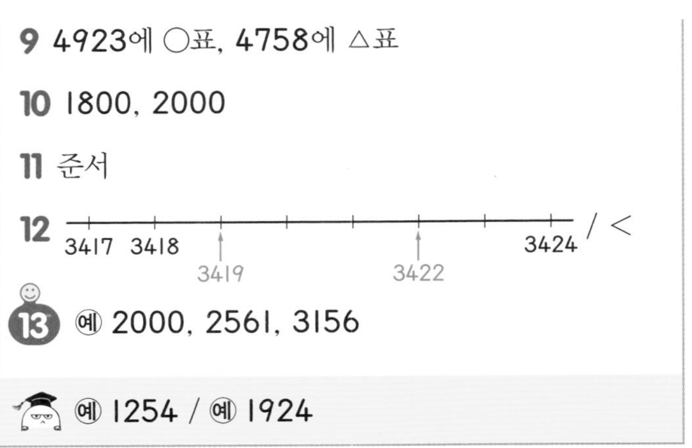

9 4923에 ○표, 4758에 △표

10 1800, 2000

11 준서

12 / <

13 예 2000, 2561, 3156

예 1254 / 예 1924

7 왼쪽은 천 모형이 2개, 십 모형이 5개이므로 2050이고, 오른쪽은 천 모형이 2개, 일 모형이 8개이므로 2008입니다.
십의 자리 수를 비교하면 5>0이므로 2050은 2008보다 큽니다.

8 (1) 5916>5619 (9>6) (2) 8110>8101 (1>0)
(3) 6315>6312 (5>2) (4) 7436<7463 (3<6)

9 천의 자리 수가 모두 4로 같으므로 백의 자리 수를 비교하면 4923이 가장 큽니다.
4758과 4790의 백의 자리 수가 7로 같으므로 십의 자리 수를 비교하면 4758이 가장 작습니다.

10 1752보다 큰 수는 1800, 2000입니다. 1903보다 큰 수는 2000입니다.
보기 의 수를 한 번씩만 사용해야 하므로 1903보다 큰 수에 2000, 1752보다 큰 수에 1800을 씁니다.

11 은희: 1000이 2개, 100이 5개, 10이 4개, 1이 3개인 수 ➡ 2543
준서: 이천오백사십사 ➡ 2544
따라서 천, 백, 십의 자리 수가 각각 같으므로 일의 자리 수를 비교하면 3<4이므로 더 큰 수를 말한 사람은 준서입니다.

12 수직선의 눈금 한 칸의 크기는 1입니다. 수직선에서는 오른쪽에 있는 수가 더 큰 수입니다.
참고 | 3417에서 3418로 1만큼 더 커졌으므로 수직선의 눈금 한 칸의 크기는 1입니다.

내가 만드는 문제
13 1835보다 크고 3420보다 작은 수를 바르게 썼는지 확인합니다.

발전 문제 28~30쪽

1 100원	**1⁺** 150원
2 4000	**2⁺** 7052
3 1457	**3⁺** 3058
4 호두, 땅콩, 밤	**4⁺** 나, 다, 가
5 4997, 4998, 4999	**5⁺** 3998, 3999
6 6, 7, 8, 9	**6⁺** 3개

1 100원짜리 8개 ➡ 800원
10원짜리 10개 ➡ 100원 (+)
100원짜리 9개 ➡ 900원
따라서 동전은 모두 900원이므로 1000원이 되려면 100원이 더 있어야 합니다.

1⁺ 100원짜리 7개 ➡ 700원
10원짜리 15개 ➡ 150원
모두 100원짜리 동전 8개, 10원짜리 동전 5개와 같으므로 850원입니다.
1000은 850보다 150만큼 더 큰 수이므로 1000원이 되려면 150원이 더 있어야 합니다.

2 10씩 뛰어 세면 십의 자리 수가 1씩 커집니다.

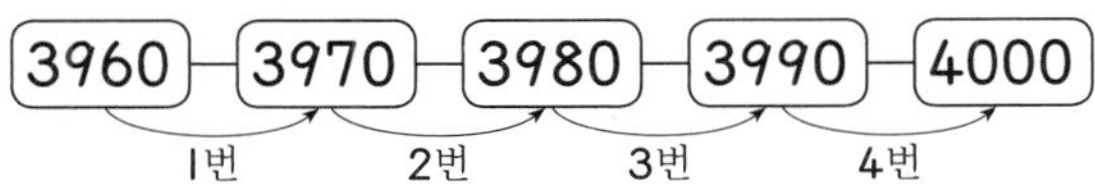

2⁺ 100씩 뛰어 세면 백의 자리 수가 1씩 커집니다.

6552 – 6652 – 6752 – 6852 – 6952 – 7052
(1번, 2번, 3번, 4번, 5번)

3 수 카드의 수를 작은 수부터 차례로 쓰면 1, 4, 5, 7입니다.
가장 작은 수를 만들려면 천의 자리부터 작은 수를 차례로 놓습니다. ➡ 1457

3⁺ 네 자리 수에서 천의 자리 수가 가장 큰 수를 나타내므로 천의 자리에 가장 작은 수를 놓고, 백의 자리에 둘째로 작은 수, 십의 자리에 셋째로 작은 수, 일의 자리에 넷째로 작은 수(가장 큰 수)를 놓습니다.
하지만 0은 천의 자리에 올 수 없으므로 0 다음으로 작은 수인 3을 천의 자리에 놓으면 가장 작은 네 자리 수는 3058입니다.

4 세 수의 크기를 비교하여 작은 수부터 차례로 쓰면 2008, 2011, 2015입니다.
수가 작을수록 적게 들어 있으므로 적게 들어 있는 것부터 차례로 쓰면 호두, 땅콩, 밤입니다.

4⁺ 세 수의 크기를 비교하여 큰 수부터 차례로 쓰면 1997, 1985, 1980입니다. 수가 클수록 늦게 심었으므로 늦게 심은 나무부터 차례로 기호를 쓰면 나, 다, 가입니다.

5 천의 자리 숫자가 4, 백의 자리 숫자가 9인 네 자리 수를 49□□라고 하면 이 중에서 4996보다 큰 수는 4997, 4998, 4999입니다.

5⁺ 천의 자리 숫자가 3, 백의 자리 숫자가 9인 네 자리 수를 39□□라고 하면 이 중에서 3997보다 큰 수는 3998, 3999입니다.

6 천의 자리 수가 8로 같고 십의 자리 수가 $5<9$이므로 □는 6과 같거나 6보다 커야 합니다.
따라서 □ 안에 들어갈 수 있는 수는 6, 7, 8, 9입니다.

6⁺ 천, 백의 자리 수가 각각 같고 일의 자리 수가 $2<8$이므로 □는 3보다 작아야 합니다.
따라서 □ 안에 들어갈 수 있는 수는 0, 1, 2로 모두 3개입니다.

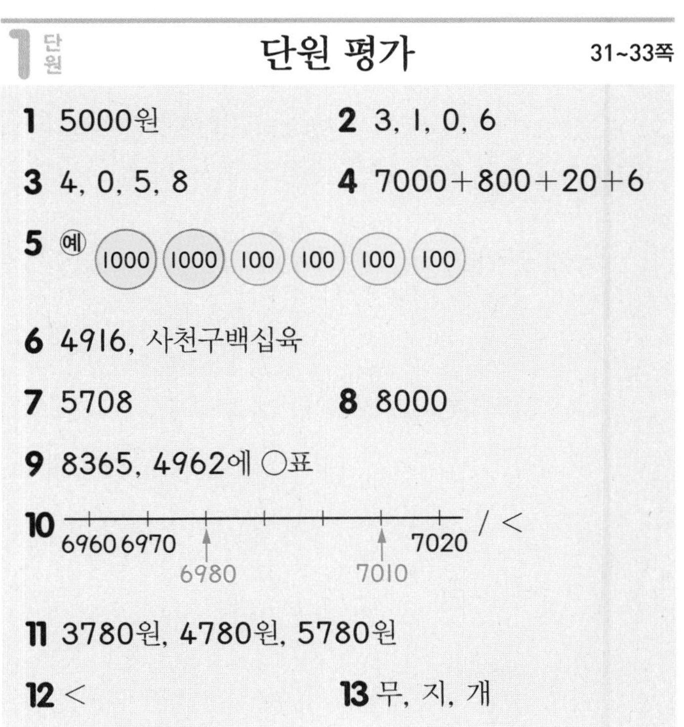

1 단원 단원 평가 31~33쪽

1 5000원 **2** 3, 1, 0, 6

3 4, 0, 5, 8 **4** $7000+800+20+6$

5 예 1000 1000 100 100 100 100

6 4916, 사천구백십육

7 5708 **8** 8000

9 8365, 4962에 ○표

10 6960 6970 (6980) (7010) 7020 / $<$

11 3780원, 4780원, 5780원

12 $<$ **13** 무, 지, 개

14 지리산, 월악산	**15** 7520
16 은혜, 준호, 서윤	**17** 3560, 3561, 3562
18 6, 7, 8, 9에 ○표	**19** 2300원
20 4250	

1 1000이 5개이면 5000이므로 돈은 모두 5000원입니다.

2 3106=3000+100+0+6

3 사천오십팔을 수로 나타내면 4058입니다.
참고 | 읽지 않은 자리에는 숫자 0을 씁니다.

4 7826
- 천의 자리 숫자, 나타내는 수: 7000
- 백의 자리 숫자, 나타내는 수: 800
- 십의 자리 숫자, 나타내는 수: 20
- 일의 자리 숫자, 나타내는 수: 6

5 2400=2000+400+0+0이므로 (1000)을 2개, (100)을 4개 그립니다.

6 1000이 4개 ➡ 4000
100이 9개 ➡ 900
10이 1개 ➡ 10
1이 6개 ➡ 6
4916

7 100씩 뛰어 세면 백의 자리 수가 1씩 커집니다.
5408−5508−5608−5708

8 100이 80개인 수는 8000입니다.

9 숫자 6이 나타내는 수를 각각 구합니다.
2650 ➡ 600, 8365 ➡ 60, 6103 ➡ 6000, 4962 ➡ 60, 7216 ➡ 6, 6478 ➡ 6000

10 6960에서 다음 칸이 6970이므로 눈금 한 칸의 크기는 10입니다. 크기에 맞게 수직선에 나타내면 6960, 6970, 6980, 6990, 7000, 7010, 7020이므로 6980<7010입니다.

11 1000씩 뛰어 세면 천의 자리 수가 1씩 커집니다.
9월 10월 11월 12월
2780−3780−4780−5780

12 5394<5401
3<4

13 밑줄 친 숫자가 나타내는 수를 각각 구합니다.
2067 ➡ 2000, 3985 ➡ 80, 4329 ➡ 300

14 천의 자리 수가 모두 같으므로 백의 자리 수를 비교하면 9>7>2>0이므로 1915>1708>1288>1093입니다.
따라서 가장 높은 산은 지리산이고 가장 낮은 산은 월악산입니다.

15 천의 자리에 가장 큰 수인 7을 놓고 나머지 수를 큰 수부터 차례로 쓰면 가장 큰 수는 7520입니다.

16 세 수의 크기를 비교하여 작은 수부터 차례로 쓰면 2009, 2010, 2012입니다.
수가 작을수록 태어난 연도가 빠르므로 먼저 태어난 사람부터 차례로 이름을 쓰면 은혜, 준호, 서윤입니다.

17 3000보다 크고 4000보다 작은 수이므로 천의 자리 숫자는 3입니다. 백의 자리 숫자는 500을 나타내고 십의 자리 숫자는 60을 나타내므로 백의 자리 숫자는 5, 십의 자리 숫자는 6입니다.
356□에서 일의 자리 숫자는 3보다 작으므로 조건을 모두 만족하는 수는 3560, 3561, 3562입니다.

18 네 자리 수의 크기 비교는 천의 자리부터 순서대로 합니다. 백의 자리 수가 5로 같고, 십의 자리 수가 2<9이므로 □ 안에 들어갈 수 있는 수는 6과 같거나 6보다 큰 수입니다.

서술형
19 예 1400은 1000이 1개, 100이 4개인 수입니다.
주어진 돈에서 1000원짜리 지폐 1장, 100원짜리 동전 4개를 묶으면 1000원짜리 지폐 2장, 100원짜리 동전 3개가 남습니다. 따라서 쿠키의 가격은 2300원입니다.

평가 기준	배점
1400이 1000, 100이 각각 몇 개인 수인지 구했나요?	2점
쿠키의 가격을 구했나요?	3점

서술형
20 예 4750에서 출발하여 100씩 거꾸로 뛰어 세어 봅니다.
4250 − 4350 − 4450 − 4550 − 4650 − 4750
(5번, 4번, 3번, 2번, 1번)
따라서 어떤 수는 4250입니다.

평가 기준	배점
4750에서 출발하여 100씩 거꾸로 뛰어 세었나요?	3점
어떤 수를 구했나요?	2점

2 곱셈구구

I학기에 '같은 수를 여러 번 더하는 것'을 곱셈식으로 나타낼 수 있다는 것을 배웠다면 2학기에는 곱셈구구의 구성 원리와 여러 가지 계산 방법을 탐구하여 2단에서 9단까지의 곱셈구구표를 만들어 보고, I단 곱셈구구와 0과 어떤 수의 곱에 대해 알아봅니다. 이때 단순한 곱셈구구의 암기보다는 곱셈구구의 구성 원리를 파악하는 데 중점을 두고 지도해 주세요. 이러한 곱셈구구의 구성 원리는 배수, 분배법칙까지 연결되므로 충분히 이해할 수 있도록 지도해 주세요.

교과서 개념 이해 1 2단 곱셈구구에서는 곱이 2씩 커져. 36쪽

1 8, 8

2 10, 12, 14 / 2, 2 / 2

1 2씩 4묶음이므로 2+2+2+2=2×4=8입니다.

2 2단 곱셈구구에서 곱하는 수가 1씩 커지면 곱은 2씩 커집니다.

교과서 개념 이해 2 5단 곱셈구구에서는 곱이 5씩 커져. 37쪽

1 5

2 (1) 20, 4, 20 (2) 35, 7, 35

3 (1) 25 (2) 30

1 5×3은 5×2보다 5개씩 1묶음 더 많습니다.
➡ 5×3은 5×2보다 5만큼 더 큽니다.

2 ▲+▲+…+▲+▲=▲×(더한 횟수)

3 (1) 잎이 5장씩 나뭇가지 5개이므로 5×5=25입니다.
(2) 잎이 5장씩 나뭇가지 6개이므로 5×6=30입니다.

교과서 개념 이해 3 3단, 6단 곱셈구구에서는 곱이 각각 3, 6씩 커져. 38~39쪽

1 (1) 9 (2) 12

2 방법 1 6 / 3, 3, 3, 3, 3, 3, 18
방법 2 3 / 15, 18 / 3

3 30

4 (왼쪽에서부터)
(1) 18, 21, 24 / 3, 3 (2) 42, 48, 54 / 6, 6

5 24, 24

1 (1) 풍선이 한 묶음에 3개씩 3묶음 있으므로 3×3=9입니다.
(2) 풍선이 한 묶음에 3개씩 4묶음 있으므로 3×4=12입니다.

3 귤이 한 접시에 6개씩 5접시 있으므로 6×5=30입니다.

4 (1) 앞의 곱에 3씩 더합니다.
➡ 곱하는 수가 1씩 늘어날수록 곱은 3씩 커집니다.
(2) 앞의 곱에 6씩 더합니다.
➡ 곱하는 수가 1씩 늘어날수록 곱은 6씩 커집니다.

5 • 3씩 8번 뛰어 세면 24이므로 3×8=24입니다.
• 6씩 4번 뛰어 세면 24이므로 6×4=24입니다.

개념 적용 1 2단 곱셈구구 알아보기 40~41쪽

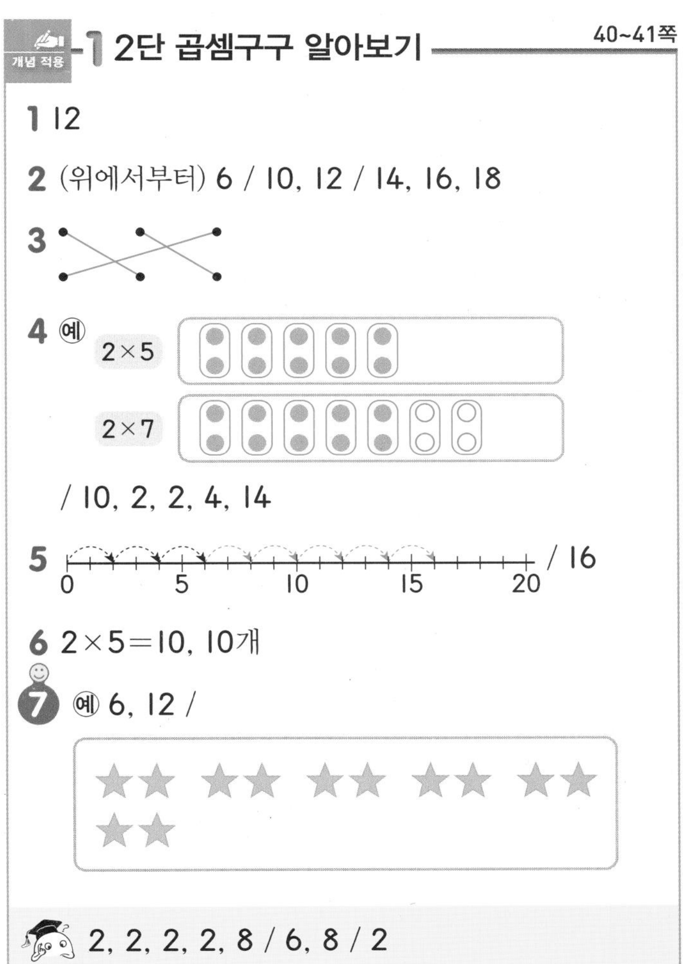

1 12
2 (위에서부터) 6 / 10, 12 / 14, 16, 18
3
4 예 2×5
2×7
/ 10, 2, 2, 4, 14
5 / 16
0 5 10 15 20
6 2×5=10, 10개
7 예 6, 12 /

2, 2, 2, 2, 8 / 6, 8 / 2

1 달걀이 2개씩 6묶음 있으므로 $2\times6=12$입니다.

3 $2\times5=10$, $2\times7=14$, $2\times9=18$

4 7은 5보다 2만큼 더 크므로 2×7은 2×5보다 2씩 2묶음 더 많습니다.

5 2씩 커지도록 수직선에 표시합니다.

6 병아리 5마리의 다리는 $2\times5=10$(개)입니다.

내가 만드는 문제
7 곱셈을 하고 붙임딱지를 바르게 붙였는지 확인합니다.

개념 적용 -2 5단 곱셈구구 알아보기 42~43쪽

8 4, 20

9 (위에서부터) 25 / (주사위 5개), 30 / (주사위 6개), 35

10 40

10 ⊕ 3, 15

11

1	2	3	4	(5)	6	7	8	9	(10)
11	12	13	14	(15)	16	17	18	19	(20)
21	22	23	24	(25)	26	27	28	29	(30)
31	32	33	34	(35)	36	37	38	39	(40)

12 (1) 9 (2) 5 (3) 9, 45, 45

13 예 15, 20, 25

5, 0

8 구슬이 5개씩 4묶음이므로 $5\times4=20$입니다.

9 $5\times5=25$) +5
$5\times6=30$) +5
$5\times7=35$

10 5cm 8개의 길이는 5의 8배와 같으므로 $5\times8=40$(cm)입니다.

11 $5\times1=5$, $5\times2=10$, $5\times3=15$, $5\times4=20$, $5\times5=25$, $5\times6=30$, $5\times7=35$, $5\times8=40$, ...

12 빵이 5개씩 9봉지이므로 $5\times9=45$(개)입니다.

내가 만드는 문제
13 $5\times8=40$이므로 40보다 작은 5단 곱셈구구의 값은 $5\times1=5$, $5\times2=10$, $5\times3=15$, $5\times4=20$, $5\times5=25$, $5\times6=30$, $5\times7=35$입니다.

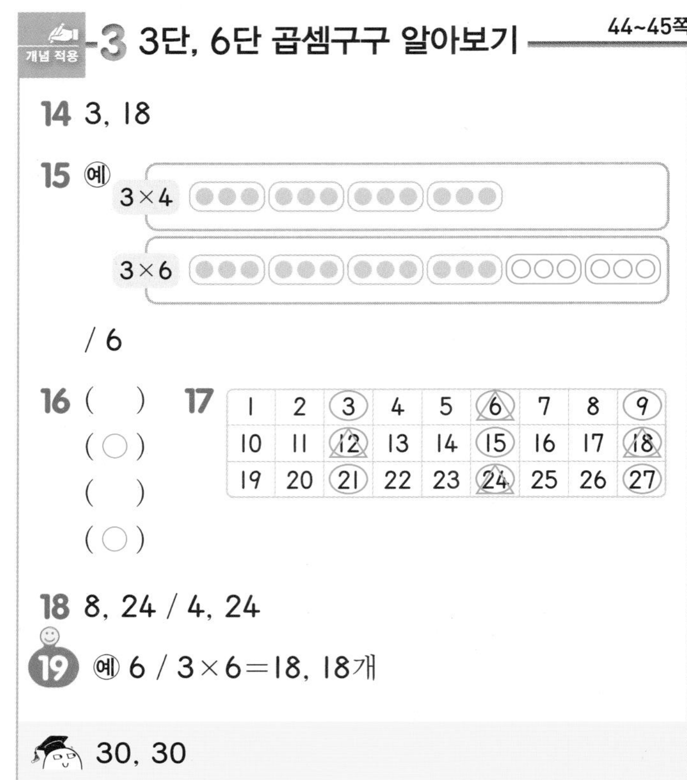

개념 적용 -3 3단, 6단 곱셈구구 알아보기 44~45쪽

14 3, 18

15 예 3×4 (●●●)(●●●)(●●●)(●●●)
3×6 (●●●)(●●●)(●●●)(●●●)(○○○)(○○○)
/ 6

16 ( ) (○) ( ) (○)

17

1	2	(3)	4	5	(△6)	7	8	(9)
10	11	(△12)	13	14	(15)	16	17	(△18)
19	20	(21)	22	23	(△24)	25	26	(27)

18 8, 24 / 4, 24

19 예 6 / $3\times6=18$, 18개

30, 30

14 구슬이 6개씩 3묶음이므로 $6\times3=18$입니다.

15 3×4) +3
3×5) +3) +6
3×6

16 공깃돌은 $6\times2=12$ 또는 $3\times4=12$ 등과 같이 계산하여 구할 수 있습니다.

17 • $3\times1=3$, $3\times2=6$, $3\times3=9$, $3\times4=12$, $3\times5=15$, $3\times6=18$, $3\times7=21$, $3\times8=24$, $3\times9=27$
• $6\times1=6$, $6\times2=12$, $6\times3=18$, $6\times4=24$, ...

18 • 피망을 3개씩 묶어 세면 8묶음이므로 피망의 수는 $3\times8=24$입니다.
• 피망을 6개씩 묶어 세면 4묶음이므로 피망의 수는 $6\times4=24$입니다.

내가 만드는 문제
19 예 세발자전거 6대의 바퀴는 $3\times6=18$(개)입니다.

교과서 개념 이해 4 4단, 8단 곱셈구구에서는 곱이 각각 4, 8씩 커져. 46~47쪽

1 (1) 16 (2) 24

2 방법 1 5 / 8, 8, 8, 8, 8, 40
방법 2 8 / 32, 40 / 8

3 48

4 (왼쪽에서부터)
(1) 12, 16, 20 / 4, 4 (2) 56, 64, 72 / 8, 8

5 (1) 8, 32 (2) 4, 32

1 (1) 자두가 4씩 4묶음이므로 4×4=16입니다.
(2) 자두가 4씩 6묶음이므로 4×6=24입니다.

2 • 8×5는 8을 5번 더한 것과 같습니다.
• 8×5는 8×4보다 8만큼 더 큽니다.

3 곶감이 8개씩 6묶음 있으므로 8×6=48입니다.

4 (1) 앞의 곱에 4씩 더합니다.
➡ 곱하는 수가 1씩 늘어날수록 곱은 4씩 커집니다.
(2) 앞의 곱에 8씩 더합니다.
➡ 곱하는 수가 1씩 늘어날수록 곱은 8씩 커집니다.

5 4×8=32
×2↓ ↑×2
8×4=32
(1) 밤은 4개씩 8묶음입니다. ➡ 4×8=32(개)
(2) 밤은 8개씩 4묶음입니다. ➡ 8×4=32(개)

교과서 개념 이해 5 7단 곱셈구구에서는 곱이 7씩 커져. 48쪽

1 (왼쪽에서부터) 14, 21, 28 / 7, 7

2 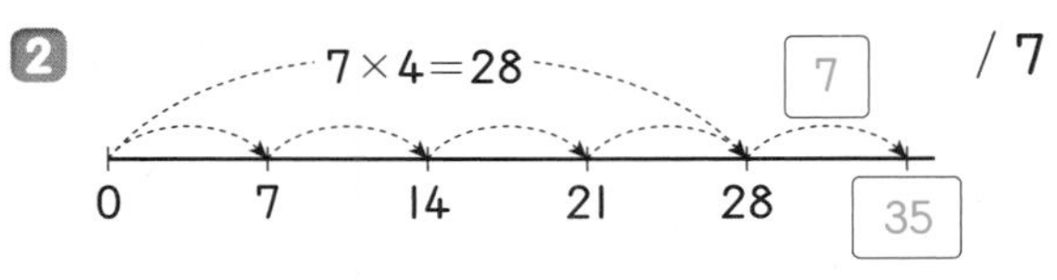

/ 7

1 7단 곱셈구구에서 곱하는 수가 1씩 커지면 곱은 7씩 커집니다.

2 7×4에서 7만큼 뛰어 세면 7×5입니다.
➡ 7×5=35

교과서 개념 이해 6 9단 곱셈구구에서는 곱이 9씩 커져. 49쪽

1 45

2 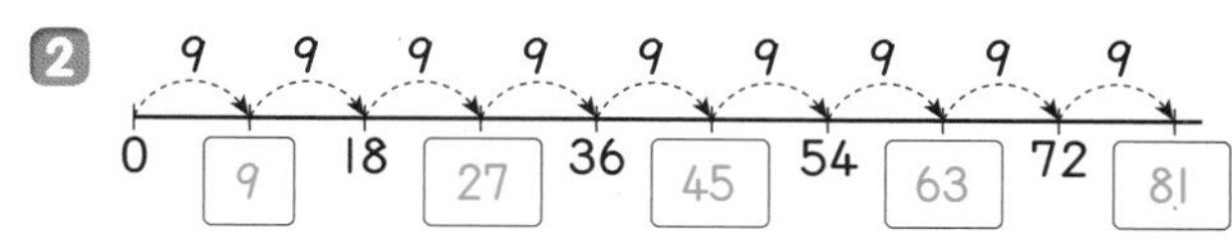

3 (왼쪽에서부터) 27, 36, 45 / 9, 9

1 딸기가 9개씩 5접시 있으므로 9×5=45입니다.

2 9단 곱셈구구에서 곱하는 수가 1씩 커지면 곱은 9씩 커집니다.

3 앞의 곱에 9씩 더합니다.
➡ 곱하는 수가 1씩 늘어날수록 곱은 9씩 커집니다.

개념 적용 -4 4단, 8단 곱셈구구 알아보기 50~51쪽

1 2, 8 1➕ 8

2 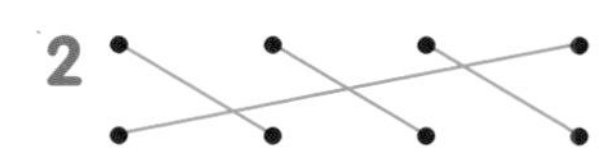

3

×	1	3	5	6	8
4	4	12	20	24	32
8	8	24	40	48	64

4 4, 16, 16 / 2, 16, 16

5 7, 5, 6

6 예 24, 4, 4×6=24이므로 ㉠에 알맞은 수는 24입니다. / 32, 8, 8×4=32이므로 ㉡에 알맞은 수는 32입니다.

32, 40 / 40 / 24, 16, 40

1 초콜릿이 4개씩 2접시 있으므로 4×2=8입니다.
➕ 40+40 ➡ 40씩 2묶음 ➡ 40×2=80

2 4×3=12, 4×6=24, 4×5=20, 4×8=32

3 4단 곱셈구구와 8단 곱셈구구를 알아봅니다.
참고 | 4×1=4, 8×1=8 (×2) 4×2=8, 8×2=16 (×2) …

4 • 4개씩 4묶음 ➡ 4×4=16(개)
• 8개씩 2묶음 ➡ 8×2=16(개)

5 곱하는 수에 5를 넣어 보면 $8 \times 5 = 40$이므로 나머지 수 카드 7, 6을 사용할 수 없습니다.
곱하는 수에 6을 넣어 보면 $8 \times 6 = 48$이므로 나머지 수 카드 5, 7을 사용할 수 없습니다.
곱하는 수에 7을 넣어 보면 $8 \times 7 = 56$이므로 나머지 수 카드 5, 6을 사용할 수 있습니다.

내가 만드는 문제
6 예 • 8단 곱셈구구를 생각하면 $8 \times 3 = 24$이므로 ㉠에 알맞은 수는 24입니다.
• 4단 곱셈구구를 생각하면 $4 \times 8 = 32$이므로 ㉡에 알맞은 수는 32입니다.

개념 적용 -5 7단 곱셈구구 알아보기 52~53쪽

7 예

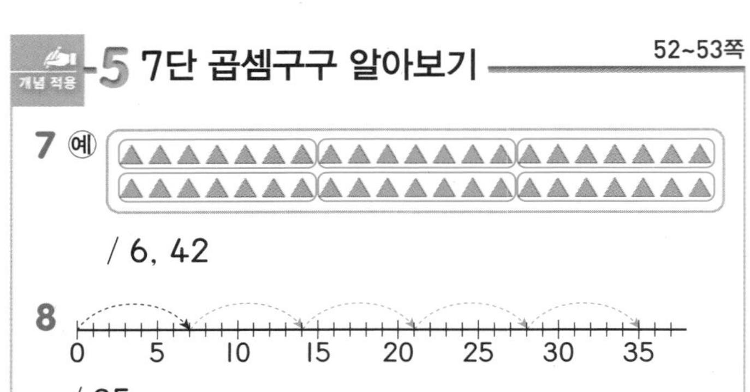

/ 6, 42

8 / 35

9 8, 7, 56, 56

10

14	8	63	40	32
20	49	18	54	60
36	27	28	48	56

11 $7 \times 4 = 28$

12 예

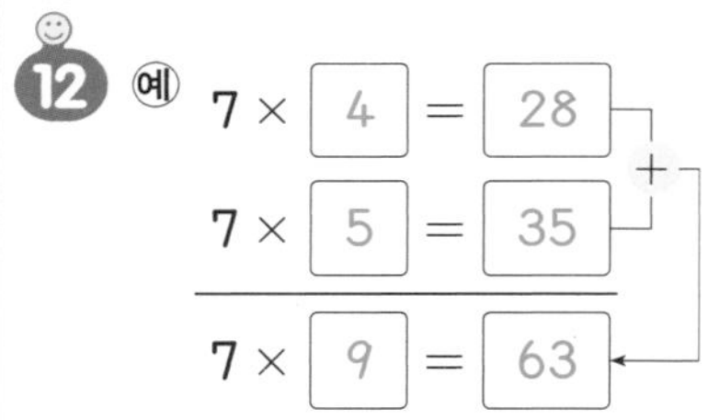

7, 35, 42 / 14, 28, 42 / 21, 21, 42

7 7씩 묶어 보면 6묶음이므로 ▲는 모두 $7 \times 6 = 42$(개)입니다.

8 7씩 5번 뛰어 세면 $7 \times 5 = 35$입니다.

9 • $7 \times 8 = 7+7+7+7+7+7+7+7 = 56$
• 7×8은 7×7보다 7만큼 더 큽니다.
• 곶감은 7개씩 8묶음이므로 $7 \times 8 = 56$(개)입니다.

10 $7 \times 2 = 14$, $7 \times 9 = 63$, $7 \times 7 = 49$, $7 \times 4 = 28$, $7 \times 8 = 56$

11 7단 곱셈식이므로 7을 먼저 고르고 나머지 한 수를 고릅니다.
$7 \times 6 = 42$, $7 \times 4 = 28$이므로 7, 4, 28의 세 수로 곱셈식을 만듭니다.

내가 만드는 문제
12 예 7씩 4묶음과 7씩 5묶음의 합은 7씩 9묶음과 같습니다.

개념 적용 -6 9단 곱셈구구 알아보기 54~55쪽

13 (1) 36 (2) 54

14

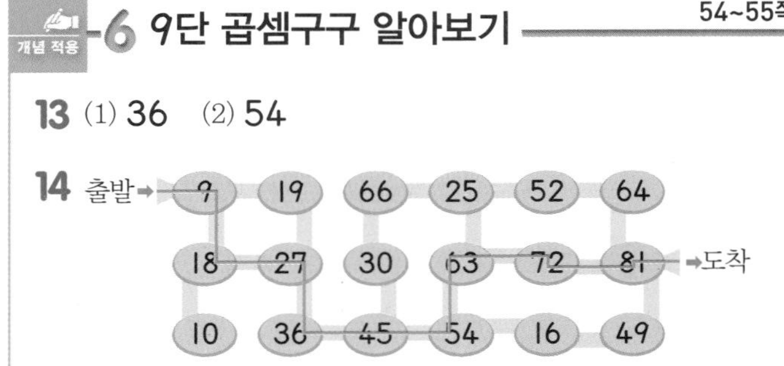

15 (1) 6, 9, 54 (2) 7, 9, 63

16 (1) < (2) >

17 $9 \times 3 = 27$, 27명

18 방법 1 예 9개씩 8묶음 있으므로 $9 \times 8 = 72$ ➡ 72개입니다.
방법 2 예 6×6을 2번 더하면 됩니다.
$6 \times 6 = 36$이므로 $36 + 36 = 72$ ➡ 72개입니다.

6, 8 / 1

13 (1) 9 cm씩 4개이므로 $9 \times 4 = 36$(cm)입니다.
(2) 9 cm씩 6개이므로 $9 \times 6 = 54$(cm)입니다.

14 $9 \times 1 = 9$, $9 \times 2 = 18$, $9 \times 3 = 27$, $9 \times 4 = 36$, $9 \times 5 = 45$, $9 \times 6 = 54$, $9 \times 7 = 63$, $9 \times 8 = 72$, $9 \times 9 = 81$

15 곱하는 두 수의 순서를 서로 바꾸어도 곱은 같습니다.

16 (1) $9 \times 5 = 45$ ➡ $45 < 46$
(2) $9 \times 8 = 72$ ➡ $75 > 72$

17 (한 줄에 서 있는 학생 수)×(줄 수)
$= 9 \times 3 = 27$(명)

내가 만드는 문제
18 예 9×4를 2번 더하면 됩니다.
$9 \times 4 = 36$이므로 $36 + 36 = 72$ ➡ 72개입니다.

교과서 개념 이해 7 1과 어떤 수의 곱은 항상 어떤 수이고, 0과 어떤 수의 곱은 항상 0이야. 56~57쪽

1 (1) 2 (2) 4 **2** 0

3 2, 2 / 1, 5 / 8, 8 **4**

5 (1) 1, 0 / 3, 3 / 0, 0 (2) 3점

2 꽃병에 꽃이 꽂혀 있지 않으므로 $0\times5=0$입니다.

3 $1\times$(어떤 수)=(어떤 수)

4 • 어항에 금붕어가 하나도 없으므로 $0\times6=0$(마리)입니다. ➡ 0과 어떤 수의 곱은 항상 0입니다.
• 어항에 금붕어가 한 마리씩 있으므로 $1\times6=6$(마리)입니다. ➡ 1과 어떤 수의 곱은 항상 어떤 수입니다.

5 (2) $0+3+0=3$(점)

교과서 개념 이해 8 곱셈표를 보고 ■단 곱셈구구에서는 곱이 ■씩 커짐을 알 수 있어. 58쪽

1 (1)

×	2	3	4	5	6	7
2	4	6	8	10	12	14
3	6	9	12	15	18	21
4	8	12	16	20	24	28
5	10	15	20	25	30	35
6	12	18	24	30	36	42
7	14	21	28	35	42	49

(2) 3, 5 (3) 같습니다에 ○표

1 (2) ●단 곱셈구구는 곱이 ●씩 커집니다.
(3) 곱셈에서 곱하는 두 수의 순서를 서로 바꾸어도 곱은 같습니다.

교과서 개념 이해 9 여러 가지 곱셈구구를 이용하여 개수를 구할 수 있어. 59쪽

1 7, 3, 21

2 (1) 2, 4 / 3, 15 / 19 (2) 3, 9 / 5, 10 / 19

1 (한 봉지에 있는 사탕의 수)×(봉지의 수)
$=7\times3=21$(개)

개념 적용 -7 1단 곱셈구구와 0의 곱 알아보기 60~61쪽

1 (1) 5, 0 (2) 5, 5

2 (1) 4, 4 (2) 8, 8

3

4 (1) × (2) − (3) ×

5 0, 0 / 3, 3 / 3점

6 (1) 예 4, 7 (2) 예 5, 4

1, 1, 0 / 0×1에 ○표

1 (1) 상자에 인형이 하나도 없으므로 $0\times5=0$입니다.
(2) 한 상자에 인형이 한 개씩 들어 있으므로 $1\times5=5$입니다.

2 곱하는 두 수의 순서를 서로 바꾸어도 곱은 같습니다.

3 $1\times4=4$, $6\times0=0$, $7\times1=7$, $0\times9=0$

4 (1) 어떤 수에 1을 곱해야 어떤 수가 됩니다.
(2) 어떤 수에서 어떤 수를 빼야 0이 됩니다.
(3) 어떤 수에 0을 곱해야 0이 됩니다.

5 0을 5번 꺼낸 점수는 $0\times5=0$(점), 1을 3번 꺼낸 점수는 $1\times3=3$(점)입니다.
따라서 총점은 $0+3=3$(점)입니다.

내가 만드는 문제

6 (1) $0\times$(어떤 수)=(어떤 수)$\times0=0$이므로 □ 안에 들어갈 수 있는 수는 0, 1, 2, 3, 4, ...입니다.

개념 적용 -8 곱셈표 만들기 62~63쪽

7

×	0	1	2	3	4	5	6	7	8	9
0	0	0	0	0	0	0	0	0	0	0
1	0	1	2	3	4	5	6	7	8	9
2	0	2	4	6	8	10	12	14	16	18
3	0	3	6	9	12	15	18	21	24	27
4	0	4	8	12	16	20	24	28	32	36
5	0	5	10	15	20	25	30	35	40	45
6	0	6	12	18	24	30	36	42	48	54
7	0	7	14	21	28	35	42	49	56	63
8	0	8	16	24	32	40	48	56	64	72
9	0	9	18	27	36	45	54	63	72	81

8 5단

9 $6\times6=36$, $9\times4=36$

10 18, 24

11

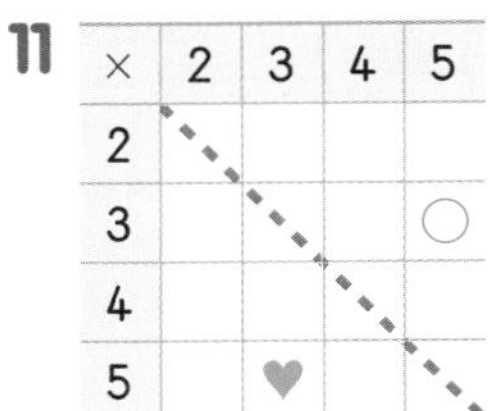

×	2	3	4	5
2				
3				○
4				
5		♥		

12 예

×	3	4	5	6	7	8
1	3	4	5	6	7	8
3	9	12	15	18	21	24
5	15	20	25	30	35	40
7	21	28	35	42	49	56
8	24	32	40	48	56	64
9	27	36	45	54	63	72

4, 3 / 짝수에 ○표, 짝수에 ○표 / 1

8 5단 곱셈구구는 곱이 5씩 커지므로 곱의 일의 자리 숫자가 0, 5로 반복됩니다.

9 $4\times9=36$ ➡ $6\times6=36$, $9\times4=36$

10 $7\times2=14$이므로 3단 곱셈구구에 있는 수 중에서 14보다 큰 수는 15, 18, 21, 24, 27입니다.
이 중에서 6단 곱셈구구에도 있는 수는 18, 24입니다.

11 ♥는 $5\times3=15$입니다.
따라서 ♥와 곱이 같은 곱셈구구는 $3\times5=15$입니다.

개념 적용 -9 곱셈구구를 이용하여 문제 해결하기 64~65쪽

13 5, 30

14 27

15 $3\times4=12$, 12개

16 $8\times6=48$, 48권

17 34개

18 (1) 4, 28, 3 / 31 (2) 5, 35, 4 / 31

19 예 5, 20, 20개 / 예 6, 48, 48개

3, 27 / 5, 20 / 3, 15

13 (개미 한 마리의 다리 수)×(개미의 수)
$=6\times5=30$(개)

14 (머리핀 한 개의 길이)×(머리핀의 수)
$=9\times3=27$(cm)

15 모양을 한 개 만드는 데 필요한 수수깡은 3개입니다.
(모양을 4개 만드는 데 필요한 수수깡의 수)
$=3\times4=12$(개)

16 한 칸에 8권씩 꽂을 수 있으므로 책꽂이 6칸에 꽂을 수 있는 책은 모두 $8\times6=48$(권)입니다.

17 (닭 5마리의 다리 수)$=2\times5=10$(개)
(돼지 6마리의 다리 수)$=4\times6=24$(개)
➡ $10+24=34$(개)

18 (1) $7\times4=28$, $28+3=31$(개)
(2) $7\times5=35$, $35-4=31$(개)

내가 만드는 문제

19 정한 상자의 수가 ●상자라면 컵케이크 수는 $4\times$●(개), 쿠키의 수는 $8\times$●(개)입니다.

개념 완성 발전 문제 66~68쪽

1	2	**1⁺**	4
2	5	**2⁺**	6
3	6cm	**3⁺**	7cm
4	예 $6\times2=12$	**4⁺**	예 $8\times3=24$
5	21	**5⁺**	20
6	27점	**6⁺**	6점

1 $6\times3=18$이므로 $18=9\times\square$입니다.
9단 곱셈구구에서 $9\times2=18$이므로 $\square=2$입니다.

1+ $8\times2=16$이므로 $4\times\square=16$입니다.
4단 곱셈구구에서 $4\times4=16$이므로 $\square=4$입니다.

다른 풀이 | $4\times\square$ (×2↓ ↑×2) 8×2
$\square=2\times2=4$입니다.

2 $9\times4=36$이므로 7단 곱셈구구의 값 중에서 36보다 작은 수를 찾아봅니다.
7, 14, 21, 28, 35 중에서 가장 큰 수는 35이므로 $7\times\square=35$에서 $\square=5$입니다.

2+ $5\times8=40$이므로 6단 곱셈구구의 값 중에서 40보다 작은 수를 찾아봅니다.
6, 12, 18, 24, 30, 36 중에서 가장 큰 수는 36이므로 $6\times\square=36$에서 $\square=6$입니다.

3 그림을 그려 보면 다음과 같습니다.

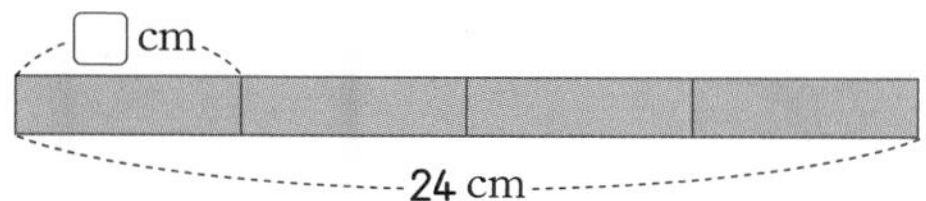

➡ $\square\times4=24$
곱하는 두 수의 순서를 서로 바꾸어도 곱은 같으므로 $\square\times4=4\times\square=24$입니다.
4단 곱셈구구에서 $4\times6=24$이므로 □는 6입니다.
따라서 색 테이프 한 장의 길이는 6 cm입니다.

3+ 그림을 그려 보면 다음과 같습니다.

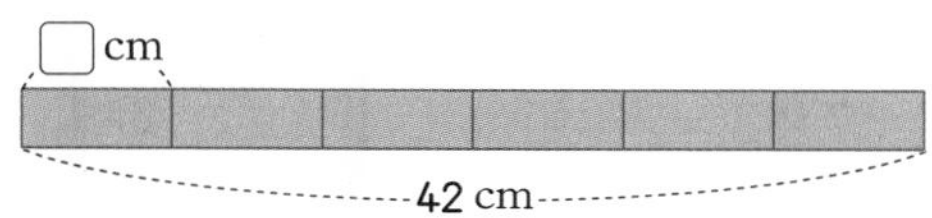

➡ $\square\times6=42$
곱하는 두 수의 순서를 서로 바꾸어도 곱은 같으므로 $\square\times6=6\times\square=42$입니다.
6단 곱셈구구에서 $6\times7=42$이므로 □는 7입니다.
따라서 색 테이프 한 장의 길이는 7 cm입니다.

4 ●을 옮겨 사각형 모양으로 나타내면 6씩 2묶음이 됩니다.

참고 | 2씩 6묶음 ➡ $2\times6=12$로 나타낼 수도 있습니다.

4+ ●을 옮겨 사각형 모양으로 나타내면 8씩 3묶음이 됩니다.

참고 | 3씩 8묶음 ➡ $3\times8=24$로 나타낼 수도 있습니다.

5 곱셈표에서 3단과 7단을 살펴봅니다.

×	3	4	5	6	7	8	9
3	9	12	15	18	(21)	24	27
7	(21)	28	35	42	49	56	63

7단 곱셈구구와 3단 곱셈구구에 모두 나오는 수는 $7\times3=3\times7=21$입니다.
$5\times4=20$보다 크므로 어떤 수는 21입니다.

5+ 5단 곱셈구구의 수는 5, 10, 15, 20, 25, 30, 35, 40, 45입니다.
이 중에서 $6\times5=30$보다 작은 수는 5, 10, 15, 20, 25입니다.
5, 10, 15, 20, 25 중에서 4단 곱셈구구에도 나오는 수는 20입니다.
따라서 어떤 수는 20입니다.

6

주사위의 눈	(5)	(6)
나온 횟수(번)	3	2
점수(점)	$5\times3=15$	$6\times2=12$

➡ (점수의 합)$=15+12=27$(점)

6+

과녁에 적힌 수	3	2	1	0
맞힌 횟수(번)	1	1	1	3
점수(점)	$3\times1=3$	$2\times1=2$	$1\times1=1$	$0\times3=0$

➡ (점수의 합)$=3+2+1+0=6$(점)

참고 | 어떤 수와 1의 곱은 항상 어떤 수가 됩니다.
0과 어떤 수의 곱은 항상 0입니다.

2단원 단원 평가

69~71쪽

1 5, 20

2 (1) 10 (2) 24 (3) 72

3 ③

4 $3\times4=12$

5

×	2	3	4	5	6
2	4	6	8	10	12
3	6	9	12	15	18
4	8	12	16	20	24
5	10	15	20	25	30
6	12	18	24	30	36

6 $4\times5=20$

7 예 오른쪽으로 갈수록 4씩 커집니다.

8 (1) × (2) ×

9

24	7	21	63	5
18	42	48	14	3
16	35	12	49	50
40	45	64	28	78
32	10	44	56	36

/ 7

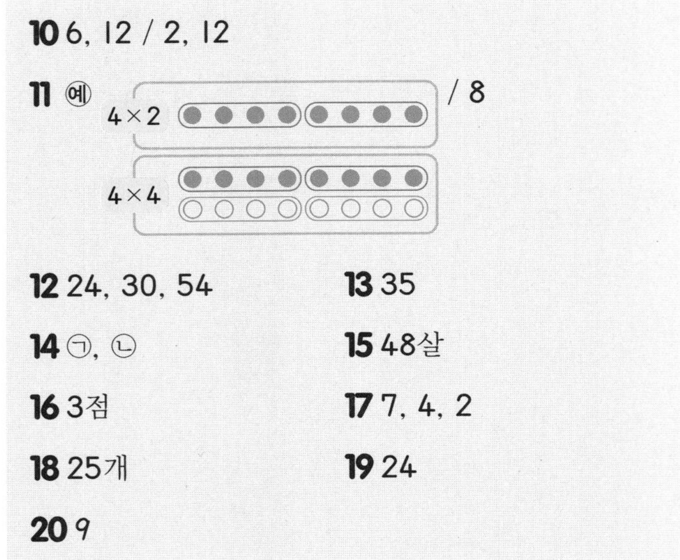

1 4개씩 5묶음이므로 $4\times5=20$입니다.

2 (1) $2\times5=10$ (2) $6\times4=24$ (3) $9\times8=72$

3 ① $5\times3=15$ ② $5\times2=10$
④ $5\times9=45$ ⑤ $5\times6=30$

4 3씩 4번 뛰어 세면 12이므로 $3\times4=12$입니다.

6 $5\times4=20$이므로 곱이 20인 곱셈구구를 찾으면 $4\times5=20$입니다.

참고 | 곱하는 두 수의 순서를 서로 바꾸어도 곱은 같으므로 $5\times4=4\times5$입니다.

7 주황색 선으로 둘러싸인 곳에 있는 수는 8, 12, 16, 20, 24이므로 4씩 커집니다.

8 (1) $8\times1=8$
(2) $0\times8=0$

9 $7\times1=7$, $7\times2=14$, $7\times3=21$, $7\times4=28$, $7\times5=35$, $7\times6=42$, $7\times7=49$, $7\times8=56$, $7\times9=63$

10
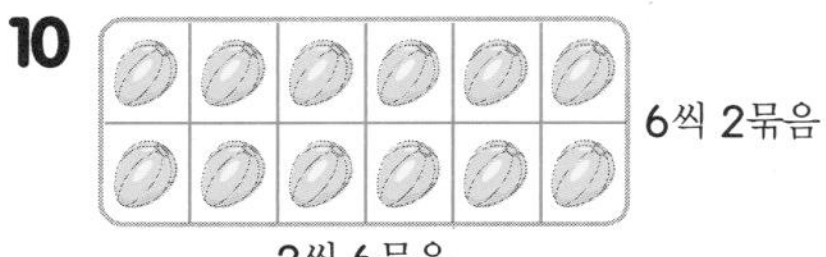

2씩 묶으면 6묶음입니다. ➡ $2\times6=12$
6씩 묶으면 2묶음입니다. ➡ $6\times2=12$

11 $4\times2=8$
$4\times3=12$
$4\times4=16$
(+4, +4, +8)

참고 | 4는 2보다 2만큼 더 크므로 4×4는 4×2보다 4씩 2묶음 더 많습니다.

12 6씩 4묶음과 6씩 5묶음의 합은 6씩 9묶음과 같습니다.

13 7 cm 5개의 길이는 7씩 5묶음과 같으므로 $7\times5=35$(cm)입니다.

14 ㉢ 9×2에 9×6을 더합니다.

참고 | ㉠ $9\times7=63$, $9\times8=72$ (+9)
㉡ $9\times4=36$ + $9\times4=36$ → $9\times8=72$
㉢ $9\times2=18$ + $9\times6=54$ → $9\times8=72$

15 (아버지의 나이)=(승호의 나이)$\times6$
$=8\times6=48$(살)

16 고리 3개를 걸었고, 4개를 걸지 못했습니다.
따라서 동하가 받은 점수는 $1\times3=3$, $0\times4=0$이므로 모두 $3+0=3$(점)입니다.

17 $6\times2=12$, $6\times4=24$, $6\times\underline{7}=\underline{42}$이므로 수 카드로 만들 수 있는 곱셈식은 $6\times7=42$입니다.

18 7개의 3배는 $7\times3=21$(개)이므로 영호가 접은 종이학은 $21+4=25$(개)입니다.

참고 | ●의 ▲배 ➡ ●×▲

서술형
19 예 3단 곱셈구구의 수 3, 6, 9, 12, 15, 18, 21, 24, 27 중에서 짝수는 6, 12, 18, 24입니다.
이 중에서 십의 자리 숫자가 20을 나타내는 수는 십의 자리 숫자가 2인 24입니다.

평가 기준	배점
3단 곱셈구구의 수 중에서 짝수를 구했나요?	3점
이 중에서 십의 자리 숫자가 20을 나타내는 수를 구했나요?	2점

서술형
20 예 $6\times6=36$이므로 $\square\times4=36$입니다.
곱하는 두 수의 순서를 서로 바꾸어도 곱은 같으므로 $\square\times4=4\times\square=36$입니다.
4단 곱셈구구에서 $4\times9=36$이므로 $\square=9$입니다.

평가 기준	배점
6×6을 계산했나요?	2점
□ 안에 알맞은 수를 구했나요?	3점

3 길이 재기

1학기에 임의 단위의 불편함을 해소하기 위한 수단으로 보편 단위인 cm를 배웠습니다. 2학기에는 cm로 나타냈을 때 큰 수를 써야 하는 불편함을 느끼고 더 긴 길이의 단위인 m를 배웁니다. 사물의 길이를 단명수(cm)와 복명수(몇 m 몇 cm)로 각각 표현하여 길이를 재어 봅니다. 복명수는 이후 mm 단위나 km 단위에도 사용되므로 같은 단위끼리 자리를 맞추어 나타내야 한다는 점을 아이들이 이해할 수 있어야 합니다. 복명수끼리의 계산도 자연수의 덧셈처럼 단위끼리 계산해야 함을 이해하고, 이후 100cm=1m임을 이용하여 올림과 내림까지 계산할 수 있도록 해 주세요. 그리고 1m의 길이가 얼마만큼인지를 숙지하여 자 없이도 물건의 길이를 어림해 보고 길이에 대한 양감을 기를 수 있도록 지도해 주세요.

교과서 개념 이해 1 cm로 재기 힘든 긴 길이는 m를 사용해서 나타내. 74쪽

1 3미터 (2) 8미터 7센티미터

2 (1) 6, 0 (2) 6, 4, 5 (3) 1, 8, 7 (4) 9, 0, 5

1 (1) 3m를 읽을 때 삼 미터라고 읽고, 셋 미터라고 읽지 않습니다.

2 백의 자리 숫자는 m의 자리에, 십의 자리 숫자는 cm의 십의 자리에, 일의 자리 숫자는 cm의 일의 자리에 씁니다.

교과서 개념 이해 2 자를 사용하여 여러 가지 물건의 길이를 잴 수 있어. 75쪽

1 102, 1, 7

2 130, 1, 30

3 2, 10

1 107cm를 1m 07cm로 나타내지 않도록 주의합니다.

2 막대의 한끝을 줄자의 눈금 0에 맞추었을 때 막대의 끝의 눈금을 읽으면 130cm입니다.
➡ 130cm=1m 30cm

3 눈금 0과 눈금 210이 맞닿으므로 나무의 둘레는 210cm=2m 10cm입니다.

교과서 개념 이해 3 길이의 합은 자연수의 덧셈과 같은 방법으로 자리를 맞추어 더해. 76~77쪽

1 8, 0 / 3, 8, 0 / 3, 80

2 (1) 7, 72 / 772 (2) 5, 84 (3) 9, 18

3 (1) 6, 78 (2) 6, 51

4 (1) 3, 51 (2) 3, 73

1 cm는 cm끼리, m는 m끼리 더합니다.

3 (1) 5m 27cm+1m 51cm=6m 78cm
(2) 3m 15cm+3m 36cm=6m 51cm

4 (1) 1m 30cm+2m 21cm=3m 51cm
(2) 2m 38cm+1m 35cm=3m 73cm

교과서 개념 이해 4 길이의 차는 자연수의 뺄셈과 같은 방법으로 자리를 맞추어 빼. 78~79쪽

1 2, 0 / 2, 2, 0 / 2, 20

2 (1) 5, 45 / 545 (2) 1, 34 (3) 2, 21

3 (1) 2, 24 (2) 4, 26

4 (1) 1, 42 (2) 2, 47

3 (1) 8m 49cm−6m 25cm=2m 24cm
(2) 7m 50cm−3m 24cm=4m 26cm

4 (1) 4m 78cm−3m 36cm=1m 42cm
(2) 6m 60cm−4m 13cm=2m 47cm

교과서 개념 이해 5 몸의 부분이나 도구로 길이를 어림할 수 있어. 80~81쪽

1 에 ○표

2 3 / 3

3 2

4 (1) 4 (2) 7

5 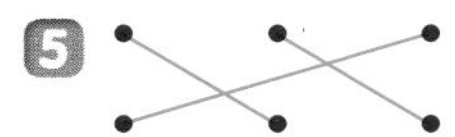

3 칠판의 길이는 양팔을 벌린 길이인 약 1m의 2배 정도이기 때문에 약 2m입니다.

4 (1)

1m인 색 테이프

약 1m의 4배 정도이기 때문에 밧줄의 길이는 약 4m입니다.

(2)

1m인 색 테이프

약 1m의 7배 정도이기 때문에 밧줄의 길이는 약 7m입니다.

5 1m의 길이를 생각한 다음 물건의 길이가 약 1m의 몇 배 정도인지 생각해 봅니다.

개념 적용 -1 cm보다 더 큰 단위 알아보기 82~83쪽

1 (1) 400 (2) 3, 80 (3) 6 (4) 124

1+ (1) 20 (2) 6

2 

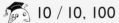

3 (1) m (2) cm

4 ㉣, 208cm

5 132cm

6 6, 4, 2

7 예 70cm, 30cm

 10 / 10, 100

2 423cm=4m 23cm, 403cm=4m 3cm, 430cm=4m 30cm

3 1m=100cm임을 생각하여 m나 cm를 알맞게 써넣습니다.

4 ㉣ 2m 8cm=200cm+8cm=208cm

5 1m보다 32cm 더 긴 길이 ➡ 1m 32cm
1m 32cm=1m+32cm
=100cm+32cm=132cm

6 수 카드의 수의 크기를 비교하면 6>4>2입니다.
가장 긴 길이는 큰 수부터 차례대로 쓴 6m 42cm입니다.

내가 만드는 문제

7 1m=100cm이므로 1m는 90cm보다 10cm만큼 더 긴 길이입니다.
예 1m는 70cm보다 30cm만큼 더 긴 길이입니다.

개념 적용 -2 자로 길이 재기 84~85쪽

8 (1) 120 (2) 1, 35

9 230, 2, 30

10 2, 10

11 예 밧줄의 한끝을 줄자의 눈금 0에 맞추지 않았기 때문입니다.

12 예 / 150, 1, 50

 120 / 120

8 (1) 머리끝이 가리키는 눈금을 읽으면 120입니다.
➡ 120cm
(2) 머리끝이 가리키는 눈금을 읽으면 135입니다.
➡ 135cm=1m 35cm

9 침대의 긴 쪽의 길이는 230cm입니다.
230cm=200cm+30cm
=2m+30cm=2m 30cm

10 지팡이, 필통, 리코더가 한 줄로 놓인 길이의 오른쪽 끝의 눈금이 210이므로 210cm입니다.
210cm=2m 10cm

11 참고 | 밧줄의 왼쪽 끝의 눈금이 10cm이고 오른쪽 끝의 눈금이 150cm입니다.
➡ 10cm가 14칸이므로 밧줄의 길이는 140cm입니다.

개념 적용 -3 길이의 합 구하기 86~87쪽

13 (1) 5, 55 (2) 6, 94

13+ (1) 7, 9 (2) 8, 7

14 8, 79

15 7m 25cm

16 90m 71cm

17 9m 77cm

 예 가, 다 / 2m 85cm(=285cm)

 3, 25

14 5m 14cm+3m 65cm=8m 79cm

15 419cm=4m 19cm
➡ 4m 19cm+3m 6cm=7m 25cm

16 (집에서 문구점까지의 거리)
+(문구점에서 은행까지의 거리)
=60m 45cm+30m 26cm=90m 71cm

17 (민우가 가지고 있는 색 테이프의 길이)
=(세하가 가지고 있는 색 테이프의 길이)+5m 45cm
=4m 32cm+5m 45cm=9m 77cm

내가 만드는 문제
18 예 가와 다 ➡ 1m 50cm+1m 35cm=2m 85cm
두 길이의 합이 3m가 넘지 않는지 확인합니다.

개념 적용 -4 길이의 차 구하기

88~89쪽

19 (1) 4, 26 (2) 3, 65
19+ (1) 3, 3 (2) 1, 5

20 5m 34cm

21 4m 62cm

22 <

23 도서관, 10m 46cm

24 1m 14cm

25 예 440cm, 5m 63cm에 ○표 /
1m 23cm(=123cm)

3, 60

20

8m 52cm / 3m 18cm / 길이의 차

(동우가 가지고 있는 색 테이프의 길이)
−(세빈이가 가지고 있는 색 테이프의 길이)
=8m 52cm−3m 18cm=5m 34cm

21 (처음 털실의 길이)−(사용한 털실의 길이)
=8m 67cm−4m 5cm=4m 62cm

22 7m 49cm−3m 23cm=4m 26cm
12m 60cm−8m 24cm=4m 36cm
➡ 4m 26cm<4m 36cm

23 50m 72cm>40m 26cm이므로 도서관이 더 가깝습니다.
➡ 50m 72cm−40m 26cm=10m 46cm

24 154cm=1m 54cm
(처음보다 더 늘어난 길이)
=(늘어난 후의 길이)−(처음 길이)
=2m 68cm−1m 54cm
=1m 14cm

내가 만드는 문제
25 예 5m 63cm와 440cm를 고릅니다.
440cm=4m 40cm이므로
5m 63cm−4m 40cm=1m 23cm입니다.

개념 적용 -5 길이 어림하기

90~91쪽

26 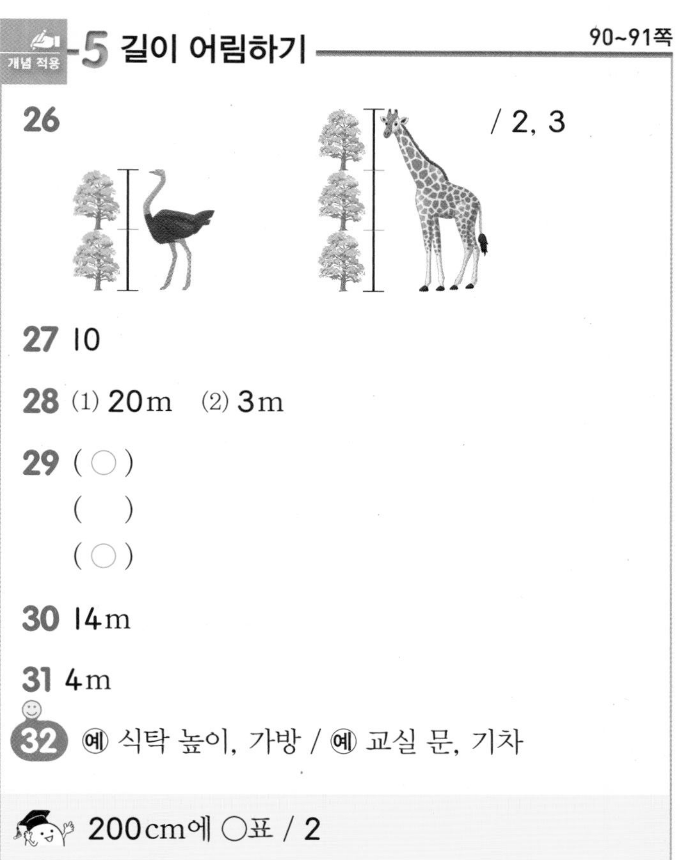 / 2, 3

27 10

28 (1) 20m (2) 3m

29 (○)
( )
(○)

30 14m

31 4m

32 예 식탁 높이, 가방 / 예 교실 문, 기차

200cm에 ○표 / 2

26 나무의 높이가 1m이고 타조의 키는 약 1m의 2배 정도이기 때문에 약 2m이고, 기린의 키는 약 1m의 3배 정도이기 때문에 약 3m입니다.

27 약 1m의 10배 정도이기 때문에 약 10m입니다.

29 10층짜리 건물의 높이는 약 40m입니다.

30

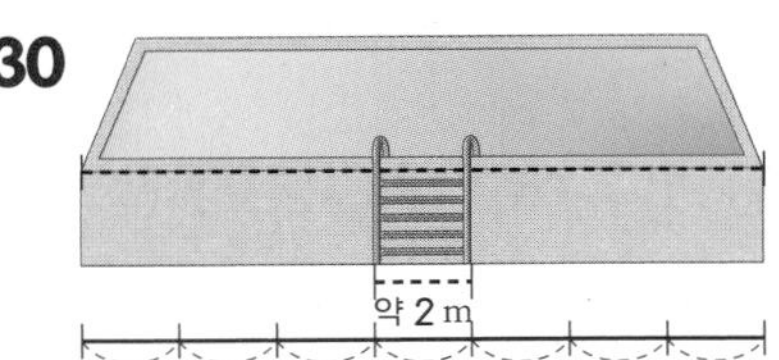

수영장의 길이는 약 2m의 7배 정도이기 때문에 약 14m입니다.

31 40cm의 10배는 400cm입니다.
➡ 400cm=4m

발전 문제

개념 완성 92~94쪽

1 ㉡, ㉠, ㉢	**1⁺** ㉢, ㉣, ㉡, ㉠
2 3m 34cm	**2⁺** 1m 28cm
3 3m	**3⁺** 6m
4 재희	**4⁺** 정민
5 2m	**5⁺** 6m
6 (위에서부터) 8, 6, 4 / 1, 2, 3 / 9, 8, 7	
6⁺ (위에서부터) 9, 7, 6 / 2, 3, 5 / 7, 4, 1	

1 모두 몇 m 몇 cm로 나타내 길이를 비교합니다.
㉡ 131cm=1m 31cm
➡ 1m 31cm(㉡) > 1m 13cm(㉠) > 1m 3cm(㉢)

1⁺ 모두 몇 m 몇 cm로 나타내 길이를 비교합니다.
㉠ 202cm=2m 2cm ㉢ 225cm=2m 25cm
➡ 2m 25cm(㉢) > 2m 22cm(㉣) > 2m 20cm(㉡) > 2m 2cm(㉠)

2 236cm=2m 36cm
(㉠~㉡)=(㉠~㉢)−(㉡~㉢)
=5m 70cm−2m 36cm=3m 34cm

2⁺ 433cm=4m 33cm
(㉡~㉢)=(㉠~㉢)−(㉠~㉡)
=4m 33cm−3m 5cm=1m 28cm

3 3걸음 3걸음 3걸음 / 약 1m 약 1m 약 1m
➡ 화단의 길이는 약 3m입니다.

3⁺ 5뼘 5뼘 5뼘 5뼘 5뼘 5뼘 / 약 1m 약 1m 약 1m 약 1m 약 1m 약 1m
➡ 소파의 긴 쪽의 길이는 약 6m입니다.

4 재희: 3m 50cm−3m 40cm=10cm
승주: 3m 65cm−3m 50cm=15cm
재희는 3m 50cm와 10cm, 승주는 3m 50cm와 15cm 차이가 나므로 차가 더 작은 재희가 3m 50cm에 더 가까운 철사를 가지고 있습니다.

4⁺ 현수: 3m 30cm−3m=30cm
정민: 3m 10cm−3m=10cm
준호: 3m 25cm−3m=25cm
3m와의 길이의 차가 가장 작은 사람은 정민입니다.
따라서 3m에 가장 가까운 길이의 줄을 가지고 있는 사람은 정민입니다.

5 빨간색 테이프의 길이를 □라 하면 노란색 테이프의 길이는 □+□입니다.
□+□+□=3이므로 □=1(m)입니다.
따라서 노란색 테이프의 길이는 1+1=2(m)입니다.

5⁺ 파란색 테이프의 길이를 □라 하면 초록색 테이프의 길이는 □+□+□입니다.
□+□+□+□=8이므로 □=2(m)입니다.
따라서 초록색 테이프의 길이는 2+2+2=6(m)입니다.

6 8>6>4>3>2>1이므로 가장 긴 길이는 m에 가장 큰 수 8을 쓰고 다음으로 큰 수 6을 cm의 십의 자리에, 다음으로 큰 수 4를 cm의 일의 자리에 씁니다.
반대로 가장 짧은 길이는 m에 가장 작은 수 1을 쓰고 다음으로 작은 수 2를 cm의 십의 자리에, 다음으로 작은 수 3을 cm의 일의 자리에 씁니다.

6⁺ 9>7>6>5>3>2이므로 가장 긴 길이는 m에 가장 큰 수 9를 쓰고 다음으로 큰 수 7을 cm의 십의 자리에, 다음으로 큰 수 6을 cm의 일의 자리에 씁니다.
반대로 가장 짧은 길이는 m에 가장 작은 수 2를 쓰고 다음으로 작은 수 3을 cm의 십의 자리에, 다음으로 작은 수 5를 cm의 일의 자리에 씁니다.

3단원 단원 평가 95~97쪽

1 (1) 100 (2) 10

2 1m 30cm / 1미터 30센티미터

3 (1) 6, 4 (2) 753 **4** 1m 20cm

5 (1) m (2) cm

6 (1) 5m 86cm (2) 2m 25cm

7 ㉢ **8** 6m

9 기린 **10** 10, 42

11 ②, ⑤ **12** 1m

13 82m 47cm **14** 삼촌, 1m 2cm

15 5m 99cm **16** 연주

17 6m

18 4m 56cm, 4m 65cm

19 ㉡ / 예 택시 긴 쪽의 길이는 1m보다 길기 때문입니다.

20 슬비, 지아, 종민

1 (1) 100cm는 1m와 같습니다.

2 1m+30cm=1m 30cm

3 (1) 604cm=600cm+4cm=6m 4cm
(2) 7m 53cm=700cm+53cm=753cm

4 털실의 오른쪽 끝에 있는 눈금이 120이므로 120cm입니다. ➡ 120cm=1m 20cm

5 1m=100cm임을 생각하여 m와 cm를 알맞게 넣습니다.

7 ㉢ 2m 50cm=250cm

8 나무 사이의 간격은 6개이고 나무 사이의 간격이 1m씩입니다.
가장 왼쪽에 있는 나무와 가장 오른쪽에 있는 나무의 거리는 약 1m의 6배 정도이기 때문에 약 6m입니다.

9 210cm=2m 10cm
1m 92cm<2m 10cm이므로 기린의 키가 더 큽니다.

10

```
   7m 27cm
+  3m 15cm
----------
  10m 42cm
```

12 나무 막대의 길이는 발 길이의 5배 정도입니다.
(나무 막대의 길이)=20+20+20+20+20
=100(cm)
➡ 100cm=1m이므로 나무 막대의 길이는 약 1m입니다.

13 (놀이터~집)+(집~도서관)
=52m 22cm+30m 25cm
=82m 47cm

14 2m 57cm>1m 55cm이므로 삼촌이 더 멀리 뛰었습니다.
➡ 2m 57cm−1m 55cm=1m 2cm

15 319cm=3m 19cm
3m 90cm>3m 19cm>2m 9cm
➡ 합: 3m 90cm+2m 9cm=5m 99cm

16 민호의 철사는 3m와 50cm 차이가 나고, 연주의 철사는 3m와 5cm 차이가 납니다.
50cm>5cm이므로 3m에 더 가까운 철사를 가진 사람은 연주입니다.

17 초록색 테이프의 길이를 □라 하면 빨간색 테이프의 길이는 □+□입니다.
□+□+□=9이므로 □=3(m)입니다.
따라서 빨간색 테이프의 길이는 3+3=6(m)입니다.

18 7m 95cm−2m 60cm=5m 35cm
수 카드로 만들 수 있는 길이 중 5m 35cm보다 짧은 길이는 4m 56cm, 4m 65cm입니다.

서술형
19

평가 기준	배점
택시 긴 쪽의 길이를 재는 데 알맞은 자의 기호를 썼나요?	2점
그 까닭을 썼나요?	3점

서술형
20 예 종민이가 잰 자전거의 길이는 약 2m, 지아가 잰 식탁의 길이는 약 3m, 슬비가 잰 소파의 길이는 약 4m입니다. 4m>3m>2m이므로 긴 길이를 어림한 사람부터 순서대로 이름을 쓰면 슬비, 지아, 종민입니다.

평가 기준	배점
세 사람이 어림한 길이를 각각 구했나요?	3점
긴 길이를 어림한 사람부터 순서대로 이름을 썼나요?	2점

4 시각과 시간

긴바늘이 한 바퀴 돌 때 짧은바늘은 숫자 눈금 한 칸을 움직인다는 원리를 바탕으로 '몇 시 몇 분'까지 읽어 봅니다. 또 시계의 바늘을 그릴 때에는 두 바늘의 속도가 다르므로 긴바늘이 30분을 가리킬 때는 짧은바늘이 숫자와 숫자 사이의 중앙을 가리키고 30분 이전을 가리킬 때는 앞의 숫자에 가깝게, 30분 이후를 가리킬 때는 뒤의 숫자에 가깝게 짧은바늘을 그려야 함을 이해하게 해 주세요. 또 시각과 시간의 정확한 개념을 이해하여 이후 시각과 시간의 덧셈과 뺄셈의 학습과도 매끄럽게 연계될 수 있도록 지도해 주세요.

교과서 개념 이해 1 긴바늘이 가리키는 작은 눈금 한 칸은 1분이야. 100~101쪽

1 (1) 6, 7 / 35 (2) 10, 11, 4 / 10, 20

2 (1) 6, 15 (2) 7, 45

3 ( )( )(○)

4 (1) 3시 5분 (2) 11시 40분

1 (1) 5시부터 시계의 긴바늘이 숫자 눈금을 7칸 움직여 7을 가리키므로 5시 35분입니다.
(2) 10시부터 시계의 긴바늘이 숫자 눈금을 4칸 움직여 4를 가리키므로 10시 20분입니다.

2 (1) 짧은바늘이 6과 7 사이에 있고 긴바늘은 3을 가리키므로 6시에서 15분 지난 6시 15분입니다.
(2) 짧은바늘이 7과 8 사이에 있고 긴바늘은 9를 가리키므로 7시에서 45분 지난 7시 45분입니다.

3 짧은바늘이 9와 10 사이에 있고 긴바늘이 5를 가리키는 시계를 찾습니다.

4 (1) 긴바늘이 가리키는 숫자가 1이면 5분을 나타내므로 긴바늘이 1을 가리키도록 그립니다.
(2) 긴바늘이 가리키는 숫자가 8이면 40분을 나타내므로 긴바늘이 8을 가리키도록 그립니다.

교과서 개념 이해 2 긴바늘이 숫자 눈금에서 몇 칸 더 갔을까? 102~103쪽

1 (1) 2 / 22 (2) 4 / 49

2 (1) 9 / 9, 6 (2) 6 / 6, 13

3 (1) 5, 32 (2) 6, 54 (3) 1, 21 (4) 10, 38

4 (1) (○)( ) (2) ( )(○)

5 (1) 8시 11분 (2) 12시 47분

1 (1) 긴바늘이 가리키는 눈금은 4에서 작은 눈금으로 2칸 더 간 곳이므로 20분+2분=22분입니다.
(2) 긴바늘이 가리키는 눈금은 9에서 작은 눈금으로 4칸 더 간 곳이므로 45분+4분=49분입니다.

2 (1) 긴바늘이 12를 가리키고 짧은바늘이 9를 가리키면 9시입니다.
9시에서 긴바늘이 숫자 눈금(5분)으로 1칸, 작은 눈금(1분)으로 1칸 더 갔으므로 5분+1분=6분입니다.
(2) 긴바늘이 12를 가리키고 짧은바늘이 6을 가리키면 6시입니다.
6시에서 긴바늘이 숫자 눈금(5분)으로 2칸, 작은 눈금(1분)으로 3칸 더 갔으므로 10분+3분=13분입니다.

3 (3) 시계의 짧은바늘이 1과 2 사이를 가리키고 긴바늘이 4에서 작은 눈금으로 1칸 더 간 곳을 가리키므로 1시 21분입니다.
(4) 시계의 짧은바늘이 10과 11 사이를 가리키고 긴바늘이 7에서 작은 눈금으로 3칸 더 간 곳을 가리키므로 10시 38분입니다.

4 (1) 짧은바늘이 5와 6 사이를 가리키고 긴바늘이 2에서 작은 눈금으로 3칸 더 간 곳을 가리키는 시계를 찾습니다.
(2) 짧은바늘이 9와 10 사이를 가리키고 긴바늘이 5에서 작은 눈금으로 4칸 더 간 곳을 가리키는 시계를 찾습니다.

5 (1) 8시 11분: 긴바늘이 2에서 작은 눈금으로 1칸 더 간 곳을 가리키게 그립니다.
(2) 12시 47분: 긴바늘이 9에서 작은 눈금으로 2칸 더 간 곳을 가리키게 그립니다.

교과서 개념 이해 3 시각을 몇 시 몇 분 전으로도 읽을 수 있어. 104~105쪽

1 (1) 55 (2) 5 (3) 2, 5

2 ( ) (○) ( )

3 (1) 3, 55 / 4, 5 (2) 6, 50 / 7, 10

4

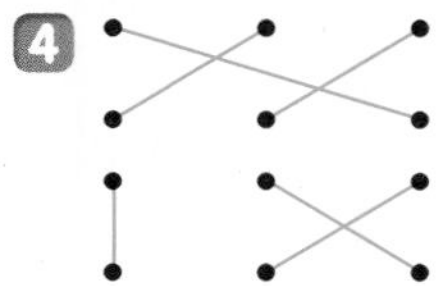

5 ① 50 ② 9, 10 /

2 8시 10분 전은 8시가 되기 10분 전의 시각이므로 7시 50분입니다.

3 (1) 시계의 짧은바늘이 3과 4 사이에 있고 긴바늘이 11을 가리키고 있으므로 3시 55분입니다.
3시 55분은 4시가 되기 5분 전의 시각과 같으므로 4시 5분 전이라고도 합니다.
(2) 시계의 짧은바늘이 6과 7 사이에 있고 긴바늘이 10을 가리키고 있으므로 6시 50분입니다.
6시 50분은 7시가 되기 10분 전의 시각과 같으므로 7시 10분 전이라고도 합니다.

4 • 10시 55분은 11시에 가까우므로 11시 5분 전이라고도 합니다.
• 4시 45분은 5시에 가까우므로 5시 15분 전이라고도 합니다.
• 2시 50분은 3시에 가까우므로 3시 10분 전이라고도 합니다.

개념 적용 -1 몇 시 몇 분 읽어 보기(1) 106~107쪽

1 (1) 7, 20 (2) 1, 25

1+ 9, 30, 10

2 예 긴바늘이 3을 가리키고 있으므로 5시 15분입니다.

3 (1) 8:10 (2) 12:35

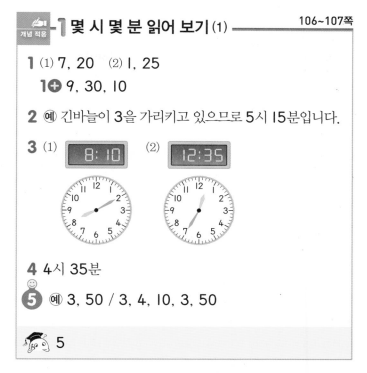

4 4시 35분

5 예 3, 50 / 3, 4, 10, 3, 50

5

1 (1) 짧은바늘이 7과 8 사이에 있고 긴바늘은 4를 가리키므로 7시에서 20분 지난 7시 20분입니다.
(2) 짧은바늘이 1과 2 사이에 있고 긴바늘은 5를 가리키므로 1시에서 25분 지난 1시 25분입니다.

3 (1) 8시 10분이므로 짧은바늘이 8과 9 사이, 긴바늘이 2를 가리키도록 그립니다.
(2) 12시 35분이므로 짧은바늘이 12와 1 사이, 긴바늘이 7을 가리키도록 그립니다.

4 옆으로 뒤집힌 숫자를 주의해서 읽습니다.
짧은바늘: 4와 5 사이 ➡ 4시
긴바늘: 7 ➡ $5 \times 7 = 35$(분)
→ 4시 35분

내가 만드는 문제
5 시각을 바르게 설명했는지 확인합니다.

개념 적용 -2 몇 시 몇 분 읽어 보기(2) 108~109쪽

6

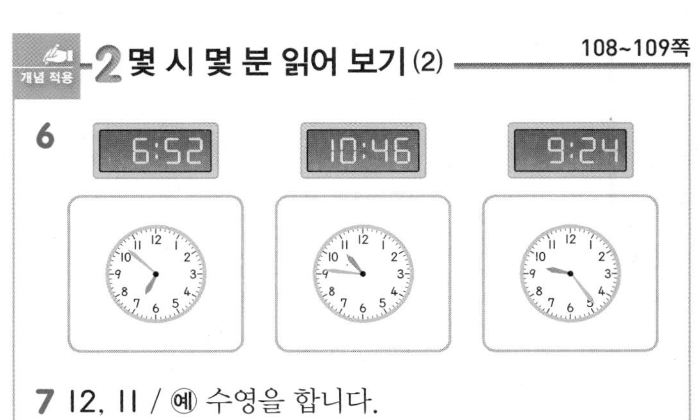

7 12, 11 / 예 수영을 합니다.

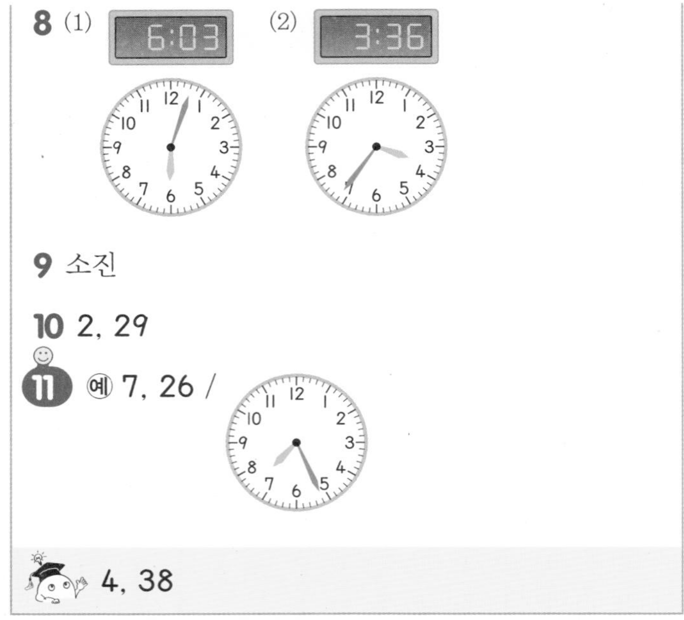

4, 38

6 6시 52분: 시계의 짧은바늘이 6과 7 사이를 가리키고 긴바늘이 10에서 작은 눈금으로 2칸 더 간 곳을 가리킵니다.
10시 46분: 시계의 짧은바늘이 10과 11 사이를 가리키고 긴바늘이 9에서 작은 눈금으로 1칸 더 간 곳을 가리킵니다.
9시 24분: 시계의 짧은바늘이 9와 10 사이를 가리키고 긴바늘이 4에서 작은 눈금으로 4칸 더 간 곳을 가리킵니다.

7 짧은바늘: 12와 1 사이 ➡ 12시
긴바늘: 2에서 작은 눈금으로 1칸 더 간 곳
➡ 10+1=11(분)

8 (1) 6시 3분이므로 짧은바늘이 6과 7 사이, 긴바늘이 12에서 작은 눈금으로 3칸 더 간 곳을 가리키도록 그립니다.
(2) 3시 36분이므로 짧은바늘이 3과 4 사이, 긴바늘이 7에서 작은 눈금으로 1칸 더 간 곳을 가리키도록 그립니다.

다른 풀이 | (2) 36분=35분+1분
└→ 5×7
➡ 긴바늘은 7에서 작은 눈금으로 1칸 더 간 곳

9 짧은바늘이 6과 7 사이, 긴바늘이 9에서 작은 눈금으로 3칸 더 간 곳을 가리키도록 그린 사람은 소진입니다.

10 짧은바늘: 2와 3 사이 ➡ 2시
긴바늘: 5에서 작은 눈금으로 4칸 더 간 곳
➡ 25+4=29(분)

개념 적용 -3 여러 가지 방법으로 시각 읽어 보기 110~111쪽

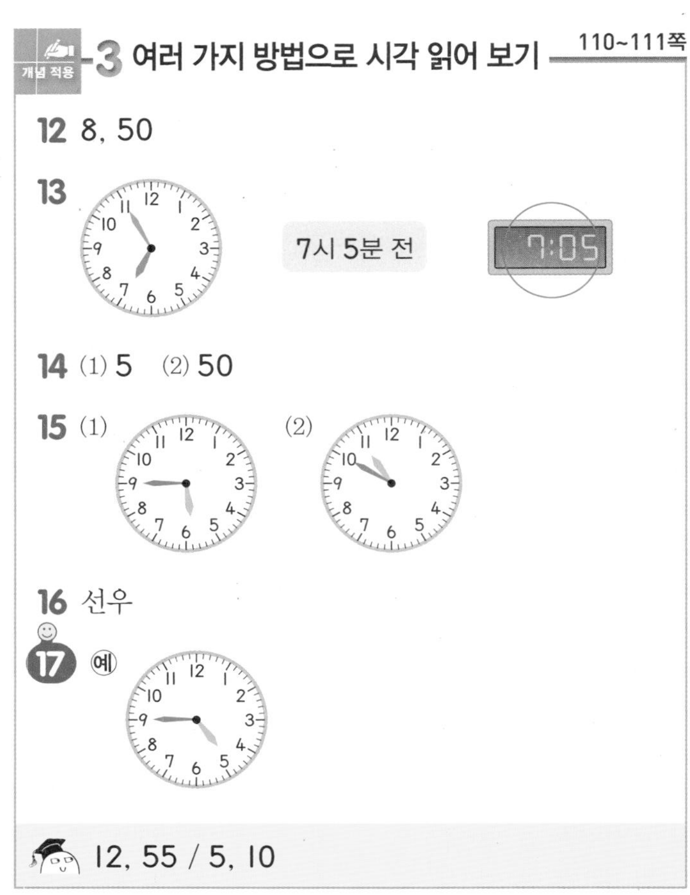

12, 55 / 5, 10

12 시계가 9시를 나타내므로 9시 10분 전은 긴바늘이 12에서 숫자 눈금으로 2칸을 덜 간 10을 가리켜야 합니다. 따라서 9시에서 10분 전은 8시 50분입니다.

13 왼쪽 시계가 나타내는 시각: 6시 55분
7시 5분 전=6시 55분이므로 나타내는 시각이 다른 하나는 7시 5분입니다.

14 (1) 4시 55분은 긴바늘이 11을 가리키고 숫자 눈금으로 1칸 더 가야 5시가 되므로 5시 5분 전입니다.
(2) 10시 10분 전은 긴바늘이 12에서 숫자 눈금으로 2칸 덜 간 10을 가리키므로 9시 50분입니다.

15 (1) 짧은바늘은 5와 6 사이에 있으면서 6에 더 가깝게 그리고, 긴바늘은 9를 가리키도록 그립니다.
(2) 짧은바늘은 10과 11 사이에 있으면서 11에 더 가깝게 그리고, 긴바늘은 10을 가리키도록 그립니다.

16 선우: 8시 10분 전=7시 50분
7시 50분이 7시 52분보다 더 빠른 시각이므로 더 일찍 일어난 사람은 선우입니다.

내가 만드는 문제
17 예 ①에서 5시, ②에서 15분 전이 나왔다면 5시에서 15분 전인 4시 45분을 시계에 나타냅니다.

교과서 개념 이해 4 1시간에 긴바늘은 1바퀴를 돌아. 112쪽

1 3시 10분 20분 30분 40분 50분 4시 10분 20분 30분 40분 50분 5시

/ 1, 시간에 ○표 (또는 60, 분에 ○표)

2 (1) 9, 11 (2) 2

1 색칠한 시간 띠의 칸 수를 세어 보면 6칸이므로 60분입니다. 60분=1시간

2 (2) 9시에서 60분 후의 시각은 10시, 10시에서 60분 후의 시각은 11시입니다.
60분=1시간 ➡ 1시간+1시간=2시간

교과서 개념 이해 5 걸린 시간은 긴바늘이 얼마 더 갔는지 보면 돼. 113쪽

1 1시 10분 20분 30분 40분 50분 2시 / 30

2 (1) 5시 10분 20분 30분 40분 50분 6시 10분 20분 30분 40분 50분 7시

(2) 1, 20

1 시간 띠의 칸 수를 세어 보면 3칸이므로 30분입니다.

2 (2) 시간 띠의 칸 수를 세어 보면 8칸이므로 80분입니다.
➡ 80분=60분+20분=1시간 20분

교과서 개념 이해 6 하루 동안 짧은바늘은 2바퀴, 긴바늘은 24바퀴를 돌아. 114~115쪽

1 오전에 ○표 / 오후에 ○표

2 (1)

하는 일	아침 식사	학교 생활	점심 식사	취미 활동	저녁 식사	독서	휴식 및 잠
걸린 시간	1시간	4시간	1시간	4시간	1시간	2시간	11시간

(2) 24시간

(3) 1, 24

3 (1) 오전 (2) 오후 (3) 오후 (4) 오전

4 (1) 24, 28 (2) 8, 1, 8, 1, 8

5 (1) 오전에 ○표, 10 (2) 오후에 ○표, 4

(3)

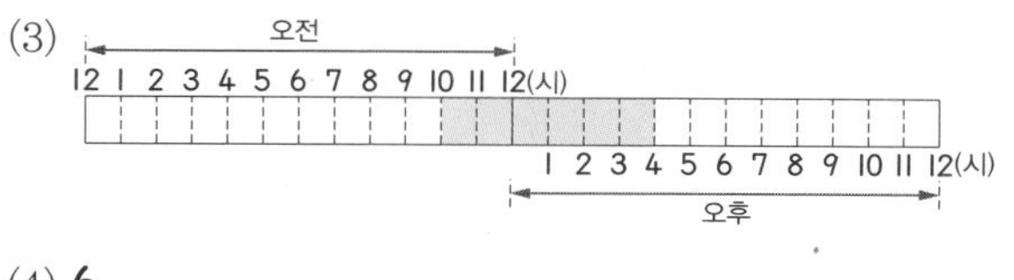

(4) 6

2 (2) 계획한 일을 하는 데 걸리는 시간을 모두 더하면 24시간입니다.

3 오전: 전날 밤 12시부터 낮 12시까지
오후: 낮 12시부터 밤 12시까지

5 전날 밤 12시부터 낮 12시까지는 오전이고 낮 12시부터 밤 12시까지는 오후입니다. 시각은 어느 한 시점이고, 시간은 시각과 시각 사이를 의미합니다.

교과서 개념 이해 7 1주일은 7일이고 1년은 12개월이야. 116~117쪽

1 (1) 30일 (2) 금요일 (3) 16, 23 / 7, 7
(4) 4월 28일 화요일

2 (1) 수요일 (2) 7일, 14일, 21일, 28일
(3) 12월 30일

3 (1) 14 (2) 2 (3) 2, 2, 2, 2, 2
(4) 6, 2, 6, 2, 6

4 ( ) (○)
(○) ( )

1 (1) 이달은 30일까지 있으므로 이달의 마지막 날은 30일입니다.

2 (3) 23일부터 1주일 후는 7일 후이므로
23+7=30(일)입니다.

3 (1) 2주일=1주일+1주일=7일+7일=14일
(2) 24개월=12개월+12개월=1년+1년=2년
(3) 1주일=7일임을 이용하여 16일에는 1주일이 몇 번 있는지 알아봅니다.
16일=7일+7일+2일=1주일+1주일+2일
=2주일 2일
(4) 12개월=1년임을 이용하여 30개월에는 1년이 몇 번 있는지 알아봅니다.
30개월=12개월+12개월+6개월=2년 6개월

❹ 날수가 30일까지 있습니다.

• 날수가 31일인 월: 1월, 3월, 5월, 7월, 8월, 10월, 12월
• 날수가 30일인 월: 4월, 6월, 9월, 11월
• 날수가 28일(또는 29일)인 월: 2월

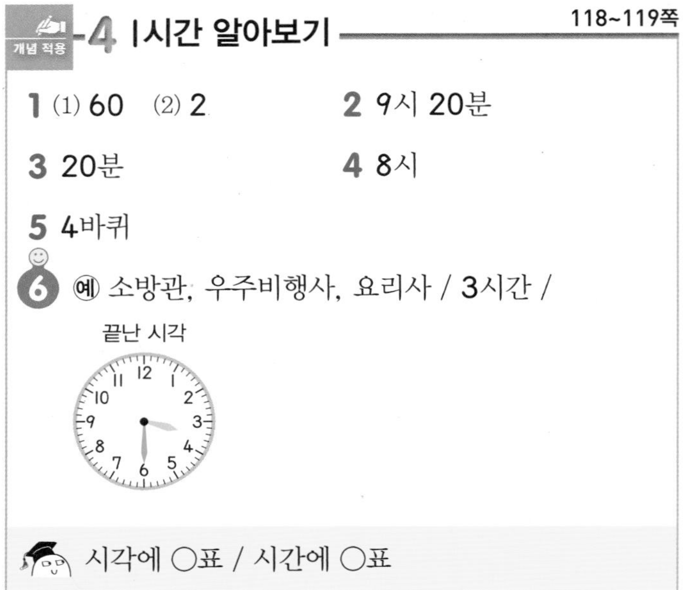

개념 적용 1-4 1시간 알아보기 (118~119쪽)

1 (1) 60 (2) 2
2 9시 20분
3 20분
4 8시
5 4바퀴
6 예 소방관, 우주비행사, 요리사 / 3시간 / 끝난 시각

시각에 ○표 / 시간에 ○표

2 60분이 지나면 시계의 긴바늘이 1바퀴를 돌므로 1시간이 지난 것입니다.
지금 시각이 8시 20분이므로 1시간 후는 9시 20분입니다.

3 10시에서 1시간이 지나면 11시입니다.
10시 40분에서 20분이 지나야 11시가 되므로 20분 더 해야 합니다.

4 7시 20분 40분 8시
45분 15분
45+15=60(분)이므로 후반전 경기는 7시에서 1시간 후인 8시에 시작됩니다.

5 짧은바늘이 2에서 6까지 가는 동안 걸리는 시간은 4시간입니다.
긴바늘은 1시간 동안 1바퀴를 돌므로 4시간 동안 4바퀴를 돕니다.

내가 만드는 문제
6 예 하고 싶은 직업 체험이 3가지이면 걸린 시간은 3시간입니다.
12시 30분에서 3시간이 지나면 3시 30분입니다.

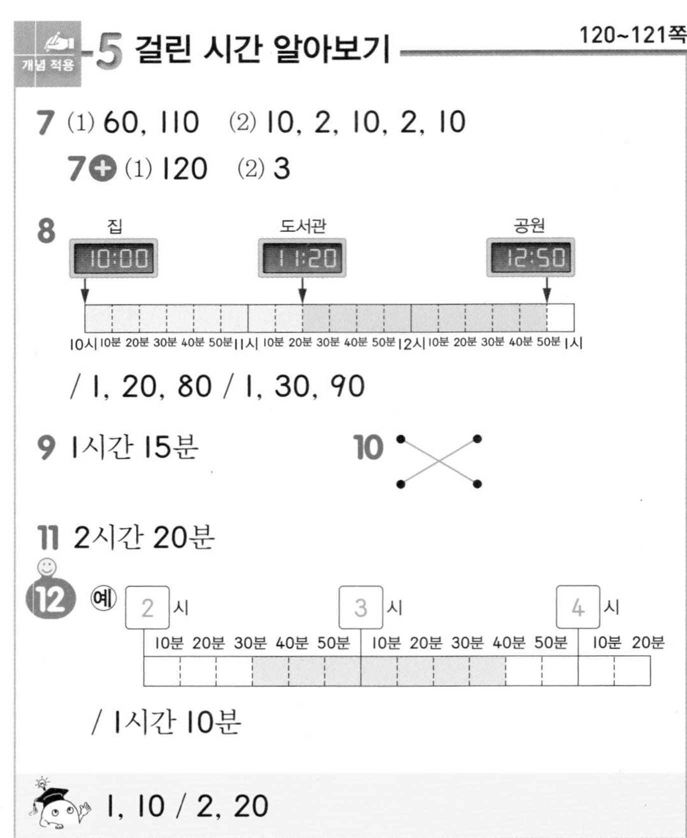

개념 적용 1-5 걸린 시간 알아보기 (120~121쪽)

7 (1) 60, 110 (2) 10, 2, 10, 2, 10
7+ (1) 120 (2) 3

8 집 10:00 도서관 11:20 공원 12:50
/ 1, 20, 80 / 1, 30, 90

9 1시간 15분

10

11 2시간 20분

12 예 2시 3시 4시
/ 1시간 10분

1, 10 / 2, 20

7 1시간=60분

8 • 집에서 도서관까지의 시간 띠:
6칸+2칸 ➡ 1시간 20분, 8칸 ➡ 80분
• 도서관에서 공원까지의 시간 띠:
6칸+3칸 ➡ 1시간 30분, 9칸 ➡ 90분

9 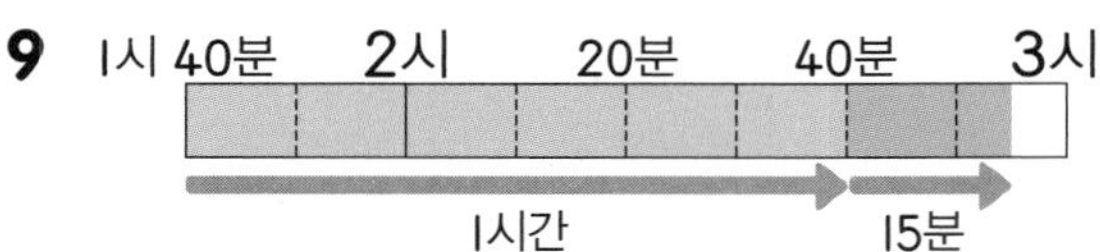

운동을 시작한 시각: 1시 40분
운동을 끝낸 시각: 2시 55분
➡ 60분+15분=1시간 15분

10 블록 놀이: 40분
등산: 3시 10분 $\xrightarrow{1시간}$ 4시 10분 $\xrightarrow{40분}$ 4시 50분
➡ 1시간 40분
독서: 1시 $\xrightarrow{1시간}$ 2시 $\xrightarrow{40분}$ 2시 40분 ➡ 1시간 40분
피아노 연습: 40분

11 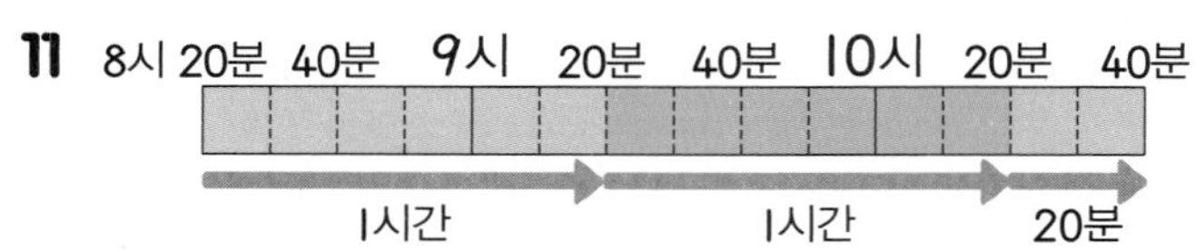

내가 만드는 문제
12 예 2시 30분 $\xrightarrow{1시간}$ 3시 30분 $\xrightarrow{10분}$ 3시 40분
➡ 1시간 10분

개념 적용 -6 하루의 시간 알아보기 122~123쪽

13 (1) 오후 (2) 오전

14 (1) 오전에 ○표, 9, 15 (2) 오후에 ○표, 8, 15

15 4시간

16 2, 30

17 (1) ( ) (2) 36시간
(○)

18 예 오후에 ○표, 1 / 오전에 ○표, 11

22, 23

13 오전: 전날 밤 12시부터 낮 12시까지
오후: 낮 12시부터 밤 12시까지

14 시계가 나타내는 시각은 오전 8시 15분입니다.
(1) 긴바늘이 한 바퀴 도는 데 걸리는 시간은 1시간입니다.
(2) 짧은바늘이 한 바퀴 도는 데 걸리는 시간은 12시간입니다.

15
오전
12 1 2 3 4 5 6 7 8 9 10 11 12(시)
1 2 3 4 5 6 7 8 9 10 11 12(시)
오후

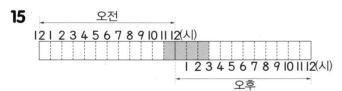

➡ 색칠한 부분은 4시간입니다.

16 오후 2시 10분 전은 오후 1시 50분입니다.
11시 20분 →(1시간) 12시 20분 →(1시간) 1시 20분 →(30분) 1시 50분
➡ 2시간 30분

17 (2) 첫날 오전 9시부터 다음날 오전 9시까지는 하루이므로 24시간, 다음날 오전 9시부터 오후 9시까지는 12시간입니다.
따라서 여행하는 데 걸린 시간은 모두
24시간+12시간=36시간입니다.

내가 만드는 문제
18 서울보다 방콕이 2시간 느리고 오전, 오후를 바르게 ○표 했는지 확인합니다.

개념 적용 -7 달력 알아보기 124~125쪽

19 (1) 4번 (2) 10일 (3) 5월 31일
(4) 6월 27일 토요일

20 (1), (2)

10월

일	월	화	수	목	금	토
				1	2	3
4	5	6	7	8	9	10
11	12	13	14	15	16	17
18	19	20	21	(22)	23	24
25	26	27	28	29	30	31

21 연주

22 금요일

23 예 4, 18 / 4월 28일

31, 30, 30, 31

19 (1) 6월에 수요일은 3일, 10일, 17일, 24일로 모두 4번 있습니다.
(3) 6월 7일의 일주일 전은 5월의 마지막 날입니다. 따라서 5월 31일입니다.
(4) 6월 7일의 20일 후는 6월 27일입니다. 6월 27일은 토요일입니다.

20 (1) 달력은 옆으로 1씩, 아래로 7씩 커지고 10월은 31일까지 있습니다.
(2) 달력을 완성하면 넷째 목요일은 22일입니다.

21 2년 7개월=12개월+12개월+7개월=31개월
➡ 31개월>30개월이므로 연주가 수영을 더 오래 배웠습니다.

22 8월의 날수는 31일이므로 8월의 마지막 날은 31일입니다.
31일부터 7일씩 거꾸로 뛰어 세면
31일－24일－17일－10일－3일입니다.
31일은 3일과 같은 요일이므로 금요일입니다.

내가 만드는 문제
23 10일 후가 다음 월인 경우 날짜를 바르게 썼는지 확인합니다.

개념 완성 발전 문제 126~128쪽

1 윤아	1+ 서연
2 4시 15분	2+ 7시 40분
3 8시 5분 전	3+ 1시 8분 전
4 11시	4+ 10시 40분
5 목요일	5+ 수요일
6 54일	6+ 58일

1 윤아: 1시 40분 $\xrightarrow{1시간}$ 2시 40분 $\xrightarrow{30분}$ 3시 10분

➡ 1시간 30분

재석: 4시 $\xrightarrow{1시간}$ 5시 $\xrightarrow{20분}$ 5시 20분

➡ 1시간 20분

따라서 영어 공부를 더 오래 한 사람은 윤아입니다.

1+ 형주: 6시 50분 $\xrightarrow{1시간}$ 7시 50분 $\xrightarrow{10분}$ 8시

➡ 1시간 10분

서연: 2시 30분 $\xrightarrow{1시간}$ 3시 30분 $\xrightarrow{20분}$ 3시 50분

➡ 1시간 20분

따라서 만들기를 더 오래 한 사람은 서연입니다.

2 5시 45분 $\xrightarrow{1시간 전}$ 4시 45분

30분 전 ↓

4시 15분

➡ 등산을 시작한 시각은 4시 15분입니다.

2+ 10시 30분 $\xrightarrow{2시간 전}$ 8시 30분

30분 전 ↓

8시

20분 전 ↓

7시 40분

➡ 기차가 출발한 시각은 7시 40분입니다.

3 짧은바늘: 7과 8 사이 ➡ 7시

긴바늘: 11 ➡ 55분

따라서 시계가 나타내는 시각은

7시 55분 ➡ 8시 5분 전입니다.

3+ 짧은바늘: 12와 1 사이 ➡ 12시

긴바늘: 10에서 작은 눈금으로 2칸 더 간 곳

➡ 50+2=52(분)

따라서 시계가 나타내는 시각은

12시 52분 ➡ 1시 8분 전입니다.

4 9시 20분 40분 10시 20분 40분 11시

1교시 쉬는 시간 2교시 쉬는 시간

➡ 3교시 수업이 시작하는 시각은 11시입니다.

4+ 8시 40분 9시 20분 40분 10시 20분 40분

1교시 쉬는 시간 2교시 쉬는 시간

➡ 3교시 수업이 시작하는 시각은 10시 40분입니다.

다른 풀이 | 수업 시간과 쉬는 시간을 합하면 50+10=60(분)입니다.

1교시 시작	2교시 시작	3교시 시작
오전 8시 40분	9시 40분	10시 40분

60분 후 60분 후

5 4월의 날수는 30일이고, 4월의 일요일은 1일, 8일, 15일, 22일, 29일이므로 30일은 월요일입니다.

5월 1일이 화요일이므로 5월 3일은 목요일입니다.

5+ 10월의 날수는 31일이고, 10월의 수요일은 1일, 8일, 15일, 22일, 29일이므로 31일은 금요일입니다.

11월 1일이 토요일이므로 11월 5일은 수요일입니다.

6 3월 15일 3월 31일 4월 30일 5월 7일

17일 30일 7일

3월은 31일까지 있으므로 15일부터 31일까지는

31−14=17(일)입니다.

따라서 도서 박람회를 하는 기간은

17+30+7=54(일)입니다.

6+ 8월 13일 8월 31일 9월 30일 10월 9일

19일 30일 9일

8월은 31일까지 있으므로 13일부터 31일까지는

31−12=19(일)입니다.

따라서 피아노 연주회를 하는 기간은

19+30+9=58(일)입니다.

4단원 단원 평가 129~131쪽

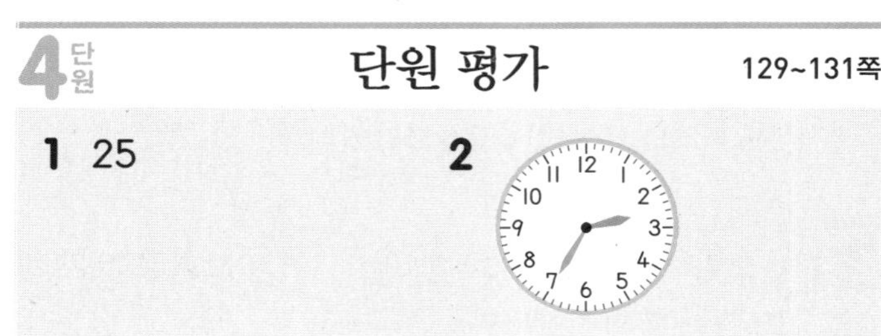

3 (선 잇기)

4 오후

5 7, 42

6

월	1	3	4	7	9	12
날수(일)	31	31	30	31	30	31

7 4번

8 (1) 1, 3 (2) 26

9 태하

10 (1) 10 (2) 6, 59

11 ⑤

12 31일

13 6, 오전에 ○표, 8, 30

14 승주

15 85분

16 5바퀴

17 9시 50분

18 수요일

19 오후 1시

20 34시간

1 짧은바늘이 9와 10 사이에 있고 긴바늘이 5를 가리키므로 9시 25분입니다.

참고 | 긴바늘이 1, 2, 3, ...을 가리키면 5분, 10분, 15분, ...을 나타냅니다.

2 왼쪽 시계가 나타내는 시각은 2시 35분이므로 긴바늘이 7을 가리키도록 그립니다.

3
- 4시 50분은 짧은바늘이 4와 5 사이에 있고 긴바늘이 10을 가리킵니다.
- 9시 19분은 짧은바늘이 9와 10 사이에 있고 긴바늘이 3에서 작은 눈금으로 4칸 더 간 곳을 가리킵니다.

4 오전 12시 30분과 오후 12시 30분 중 점심을 먹는 시각으로 알맞은 시각은 오후 12시 30분입니다.
오전 12시 30분에는 잠을 잡니다.

5 짧은바늘이 7과 8 사이에 있으므로 7시이고, 긴바늘이 숫자 눈금으로 8칸, 작은 눈금으로 2칸 더 갔으므로 40분+2분=42분입니다.

6 1월, 3월, 5월, 7월, 8월, 10월, 12월의 날수는 31일이고, 4월, 6월, 9월, 11월의 날수는 30일, 2월의 날수는 28일이나 29일입니다.

7 월요일은 7일, 14일, 21일, 28일로 모두 4번 있습니다.

8 (1) 15개월=12개월+3개월=1년 3개월
(2) 2년 2개월=2년+2개월=24개월+2개월
=26개월

9 짧은바늘이 11과 12 사이에 있고 긴바늘이 11을 가리키므로 11시 55분입니다.
11시 55분은 12시 5분 전이라고도 읽습니다.

10 (1) 3시 50분은 4시가 되려면 숫자 눈금으로 2칸(10분) 더 가야 하므로 4시 10분 전입니다.
(2) 7시 1분 전은 7시에서 작은 눈금으로 1칸 덜 간 곳이므로 6시 59분입니다.

11 ① 3시간=60분+60분+60분=180분
② 1일 6시간=24시간+6시간=30시간
③ 25일=7일+7일+7일+4일=3주일 4일
④ 1년 7개월=12개월+7개월=19개월
⑤ 28개월=12개월+12개월+4개월=2년 4개월

12 8월의 날수는 31일이므로 민중이는 31일 동안 줄넘기를 하였습니다.

13 짧은바늘이 한 바퀴 도는 데 걸리는 시간은 12시간입니다.

14 승주가 도착한 시각은 8시 37분이고 유호가 도착한 시각은 8시 41분입니다. 8시 37분과 8시 41분 중 더 빠른 시각은 8시 37분입니다.

15 3시 30분 —60분→ 4시 30분 —25분→ 4시 55분
➡ 60분+25분=85분

16 6시 20분에서 5시간이 지나면 11시 20분이므로 긴바늘을 5바퀴만 돌리면 됩니다.

17 12시 30분 —2시간 전→ 10시 30분 —30분 전→ 10시 —10분 전→ 9시 50분
➡ 기차가 출발한 시각은 9시 50분입니다.

18 7월의 날수는 31일이고, 1일이 월요일이므로 4주일(28일) 후인 29일은 월요일입니다.
따라서 이달의 마지막 날인 31일은 29－30－31이므로 월－화－수요일입니다.

다른 풀이 | 31일부터 1주일씩 거꾸로 알아봅니다.
31일 —1주일 전→ 24일 —1주일 전→ 17일 —1주일 전→ 10일 —1주일 전→ 3일
따라서 31일은 3일과 같은 요일인 수요일입니다.

서술형
19 예 30분씩 6가지 직업 체험을 했으므로 직업 체험을 한 시간은 3시간입니다.
직업 체험을 시작한 시각이 오전 10시이므로 끝난 시각은 3시간이 지난 오후 1시입니다.

평가 기준	배점
직업 체험을 한 시간을 구했나요?	2점
직업 체험이 끝난 시각을 구했나요?	3점

서술형
20 예 오전 7시 30분부터 다음날 오전 7시 30분까지 24시간이고 오전 7시 30분부터 오후 5시 30분까지는 10시간입니다.
따라서 첫날 오전 7시 30분부터 다음날 오후 5시 30분까지는 24+10=34(시간)입니다.

평가 기준	배점
다녀오는 데 걸린 시간은 24시간과 몇 시간인지 구했나요?	3점
다녀오는 데 걸린 시간을 구했나요?	2점

5 표와 그래프

자료의 분류와 정리는 중요한 통계 활동입니다. 다양한 자료를 분류하고 정리함으로써 미래를 예측하고 합리적인 의사 결정을 하는 데 밑거름이 됩니다. 자료를 정리하고 표현하는 대표적인 방법으로는 표와 그래프가 사용됩니다. 학급 시간표, 급식표 등 교실 상황에서 쉽게 접할 수 있는 표와 그래프를 통해 익숙해질 수 있도록 지도합니다. 이후 그래프는 그림그래프, 막대그래프 등으로 점차 기호화 되고 유형이 늘어나므로 자료를 도식화하여 나타내는 연습을 충분히 해 볼 수 있도록 지도해 주세요.

교과서 개념 이해 1 자료를 빠뜨리거나 중복되지 않게 세어 분류한 후 표로 나타내자. 134~135쪽

1 (1) 은석, 지연, 은정 / 준호 / 수진, 재민 / 석훈, 연재

(2) 좋아하는 꽃별 학생 수

꽃	장미	해바라기	튤립	백합	합계
학생 수(명)	4	2	3	3	12

2 (1) 봄 (2) 12명

(3) 태어난 계절별 학생 수

계절	봄	여름	가을	겨울	합계
학생 수(명)	3	2	4	3	12

3 가 보고 싶은 나라별 학생 수

나라	미국	스위스	호주	이탈리아	합계
학생 수(명)	2	5	4	3	14

1 (2) 장미: 4명, 해바라기: 2명, 튤립: 3명, 백합: 3명이므로 (합계)=4+2+3+3=12(명)입니다.

3 미국: 2명, 스위스: 5명, 호주: 4명, 이탈리아: 3명이므로 (합계)=2+5+4+3=14(명)입니다.

교과서 개념 이해 2 가로와 세로에 나타낼 것을 정해 그래프로 나타내자. 136~137쪽

1 (○) (   )

2 (1) 학생 수

(2)

장래 희망별 학생 수

4		○		○
3	○	○		○
2	○	○	○	○
1	○	○	○	○
학생 수(명) / 장래 희망	의사	과학자	소방관	선생님

3

좋아하는 음식별 학생 수

김밥	/	/	/				
짜장면	/	/	/	/	/	/	/
스파게티	/	/	/	/	/	/	
냉면	/	/	/	/	/		
음식 / 학생 수(명)	1	2	3	4	5	6	7

1 그래프에 ○, ×, / 등을 이용하여 나타낼 때 기호는 한 칸에 하나씩 표시하고 아래에서 위로, 또는 왼쪽에서 오른쪽으로 빈칸 없이 채워서 표시해야 합니다.

교과서 개념 이해

3 표와 그래프를 보면 결과를 한눈에 알 수 있어.

138~139쪽

1 (1) 3 (2) 12 (3) 귤 (4) 배

2 (1) 5개 (2) 21개

(3)

종류별 채소 수

양배추	×	×					
호박	×	×	×	×	×		
감자	×	×	×	×	×	×	×
당근	×	×	×				
오이	×	×	×	×			
종류 / 채소 수(개)	1	2	3	4	5	6	7

(4) 감자 (5) 표에 ○표 / 그래프에 ○표

1 (3) 그래프에서 ○의 수가 가장 많은 과일을 찾으면 귤입니다.

(4) 그래프에서 ○의 수가 감보다 적은 과일을 찾으면 배입니다.

2 (1) 표에서 호박의 수를 찾으면 5개입니다.

(2) 표에서 채소 수의 합계를 구하면 4+3+7+5+2=21(개)입니다.

(4) 그래프에서 ×의 수가 가장 많은 것은 감자입니다.

(5) 표에서 합계가 조사한 전체 채소 수와 같으므로 표와 그래프 중 전체 채소 수를 알아보기 더 쉬운 것은 표입니다. 그래프에서 ×의 수가 채소 수를 나타내므로 표와 그래프 중 숫자를 읽지 않아도 가장 많은 채소를 알아보기 더 쉬운 것은 그래프입니다.

개념 적용

-1 자료를 표로 나타내기

140~141쪽

1 (1)

모양별 조각 수

조각	(사다리꼴)	(평행사변형)	(정사각형)	(삼각형)	(평행사변형)	합계
조각 수(개)	3	4	2	6	1	16

(2) ▲에 ○표

2

리듬에 나오는 음표 수

음표	𝅗𝅥	♩	♪	합계
음표 수(개)	2	4	8	14

3

그림 면이 나온 횟수

이름	유진	소희	지수	합계
횟수(회)	2	4	3	9

4

학생별 받은 표의 수

이름	성희	종수	태호	혜주	합계
표의 수(표)	6	3	8	5	22

/ 태호

5 예

날씨별 날수

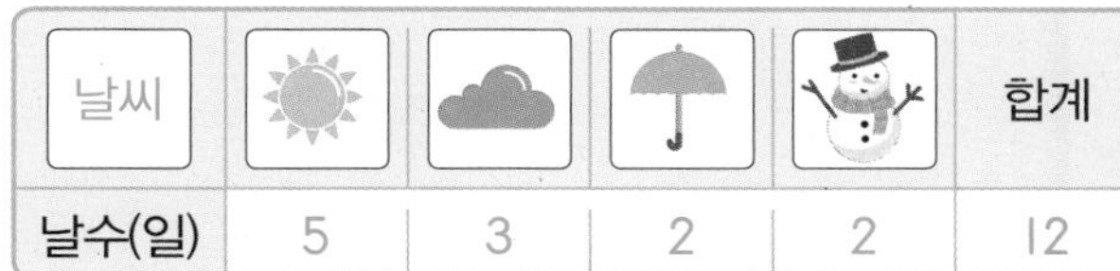

날씨	(맑음)	(흐림)	(비)	(눈)	합계
날수(일)	5	3	2	2	12

3, 6

1 (2) 각 조각의 수 3, 4, 2, 6, 1 중에서 가장 큰 수는 6입니다.

2 각 음표별로 개수를 세어 보면 𝅗𝅥 2개, ♩ 4개, ♪ 8개입니다.

3 그림 면이 나온 횟수를 세어 보면 유진이는 2회, 소희는 4회, 지수는 3회입니다.

참고 | ×표의 수를 세거나 몇 회에 ○표가 있는지 보고 표로 나타내지 않도록 합니다.

4 학생별 받은 표의 수를 세어 보면 성희 6표, 종수 3표, 태호 8표, 혜주 5표입니다.
➡ (합계)$=6+3+8+5=22$(표)
따라서 8표로 가장 많은 표를 받은 태호가 회장이 되었습니다.

개념 적용 -2 자료를 분류하여 그래프로 나타내기 142~143쪽

6 (1) 6칸

(2) 한 달 동안 읽은 책 수

유영	×	×	×	×	×	×
진희	×	×	×	×		
재윤	×	×				
세진	×					
책 수(권) / 이름	1	2	3	4	5	6

7 좋아하는 곤충별 학생 수

곤충	무당벌레	잠자리	나비	메뚜기	합계
학생 수(명)	2	3	5	2	12

8 예 좋아하는 곤충별 학생 수

5			○	
4			○	
3		○	○	
2	○	○	○	○
1	○	○	○	○
학생 수(명) / 곤충	무당벌레	잠자리	나비	메뚜기

좋아하는 곤충별 학생 수

메뚜기	○	○			
나비	○	○	○	○	○
잠자리	○	○	○		
무당벌레	○	○			
곤충 / 학생 수(명)	1	2	3	4	5

야구 / 2, 3

6 (1) 책을 가장 많이 읽은 사람이 읽은 책 수가 6권이므로 적어도 6칸으로 해야 합니다.

개념 적용 -3 표와 그래프의 내용 알아보기 144~145쪽

9 (1) B형, O형 (2) 16명

10 ㉢ **10+** 23, 15

11 예 가 보고 싶은 체험 학습 장소별 학생 수

박물관	/	/	/	/		
미술관	/	/	/			
농장	/	/	/	/	/	
식물원	/	/	/	/	/	/
장소 / 학생 수(명)	1	2	3	4	5	6

12 예 체험 학습 장소로 식물원에 가는 것이 어떨까요?

튤립, 노랑

9 (1) 학생 수가 같은 혈액형은 각각 4명인 B형과 O형입니다.
(2) 전체 학생 수는 합계인 16명입니다.

10 ㉢ 지연이가 좋아하는 음식은 그래프를 보고 알 수 없습니다.

+ 나 학교는 큰 그림이 2개, 작은 그림이 3개이므로 23그루이고, 다 학교는 큰 그림이 1개, 작은 그림이 5개이므로 15그루입니다.

개념 완성

발전 문제

146~148쪽

1

좋아하는 빵별 학생 수

빵	크림빵	단팥빵	피자빵	합계
학생 수(명)	2	3	2	7

1+

받고 싶은 선물별 학생 수

선물	컴퓨터	인형	자전거	합계
학생 수(명)	3	2	5	10

2

배우고 싶은 악기별 학생 수

악기	피아노	플루트	바이올린	합계
학생 수(명)	4	3	1	8

배우고 싶은 악기별 학생 수

바이올린	○			
플루트	○	○	○	
피아노	○	○	○	○
악기 / 학생 수(명)	1	2	3	4

2+

좋아하는 사탕 맛별 학생 수

사탕 맛	딸기	포도	바나나	합계
학생 수(명)	5	3	4	12

좋아하는 사탕 맛별 학생 수

바나나	×	×	×	×	
포도	×	×	×		
딸기	×	×	×	×	×
사탕 맛 / 학생 수(명)	1	2	3	4	5

3 3명 **3+** 4명

4 2명 **4+** 4명

5

좋아하는 놀이별 학생 수

놀이	숨바꼭질	퀴즈	수건돌리기	보물찾기	합계
학생 수(명)	6	5	3	6	20

5+

좋아하는 찐빵 종류별 학생 수

종류	김치	팥	고구마	야채	피자	합계
학생 수(명)	5	8	4	7	6	30

좋아하는 찐빵 종류별 학생 수

피자	○	○	○	○	○	○		
야채	○	○	○	○	○	○	○	
고구마	○	○	○	○				
팥	○	○	○	○	○	○	○	○
김치	○	○	○	○	○			
종류 / 학생 수(명)	1	2	3	4	5	6	7	8

1 ○의 수를 세어 보면 크림빵: 2명, 단팥빵: 3명, 피자빵: 2명입니다.
합계: $2+3+2=7$(명)

1+ /의 수를 세어 보면 컴퓨터: 3명, 인형: 2명, 자전거: 5명입니다.
합계: $3+2+5=10$(명)

2+ 그래프에서 딸기 맛이 5명이므로 바나나 맛은 $12-5-3=4$(명)입니다.

3 그래프에서 /가 가장 많은 것과 가장 적은 것은 3개 차이가 납니다. 따라서 학생 수의 차는 3명입니다.

3+ 그래프에서 ×가 가장 많은 것과 가장 적은 것은 4개 차이가 납니다. 따라서 학생 수의 차는 4명입니다.

4 영어: 3명, 중국어: 2명, 일본어: 1명
독일어: $8-3-2-1=2$(명)

4+ 봄: 4명, 여름: 2명, 겨울: 5명
가을: $15-4-2-5=4$(명)

5 (숨바꼭질과 보물찾기를 좋아하는 학생 수)
$=20-5-3=12$(명)
숨바꼭질을 좋아하는 학생 수를 □명이라고 하면 보물찾기를 좋아하는 학생 수도 □명이므로 □+□=12입니다.
□×2=12이므로 □=6입니다.
따라서 숨바꼭질을 좋아하는 학생과 보물찾기를 좋아하는 학생은 각각 6명입니다.

5+ (팥 찐빵과 피자 찐빵을 좋아하는 학생 수)
$=30-5-4-7=14$(명)
피자 찐빵을 좋아하는 학생 수를 □명이라고 하면 팥 찐빵을 좋아하는 학생 수는 (□+2)명이므로
□+□+2=14입니다.
□+□+2=14 ➡ □+□=12이므로 □×2=12에서 □=6입니다. (□+□=12)
따라서 피자 찐빵을 좋아하는 학생은 6명, 팥 찐빵을 좋아하는 학생은 8명입니다.

5단원 단원 평가 149~151쪽

1 사과

2

좋아하는 과일별 학생 수

과일	사과	배	멜론	합계
학생 수(명)	5	4	3	12

3 4명
4 12명

5

좋아하는 색깔별 학생 수

5			/	
4	/		/	
3	/	/	/	
2	/	/	/	/
1	/	/	/	/
학생 수(명) / 색깔	빨강	노랑	초록	파랑

6 색깔, 학생 수
7 초록

8 그래프

9

좋아하는 동물별 학생 수

동물	토끼	원숭이	고양이	합계
학생 수(명)	4	3	3	10

10

좋아하는 동물별 학생 수

4	△		
3	△	△	△
2	△	△	△
1	△	△	△
학생 수(명) / 동물	토끼	원숭이	고양이

11 원숭이, 고양이

12

바구니에 던져 넣은 콩주머니의 수

이름	은재	민아	지우	도진	합계
개수(개)	4	2	3	5	14

바구니에 던져 넣은 콩주머니의 수

5				○
4	○			○
3	○		○	○
2	○	○	○	○
1	○	○	○	○
개수(개) / 이름	은재	민아	지우	도진

13 도진, 은재, 지우, 민아
14 2, 4, 3, 1

15 16개
16 단팥빵

17

좋아하는 운동별 학생 수

운동	축구	야구	농구	수영	합계
학생 수(명)	7	7	4	3	21

18 3명
19 B형, O형

20 예 피자 / 예 가장 많은 친구들이 좋아하는 음식이기 때문입니다.

1 선주는 사과를 좋아합니다.

2 과일별 학생 수를 세어 표를 완성합니다.

3 2의 표를 보면 배를 좋아하는 학생은 4명입니다.

4 2의 표에서 합계가 12명이므로 선주네 반 학생은 모두 12명입니다.

7 5의 그래프에서 /가 가장 많은 색깔을 찾으면 초록입니다.

11 그래프에서 △의 수가 같은 동물은 원숭이와 고양이입니다.

12 • 그래프에서 은재는 4개, 지우는 3개이므로 표의 개수에 씁니다. ➡ (합계)$=4+2+3+5=14$(개)
• 표에서 민아는 2개, 도진이는 5개이므로 그래프에 ○를 민아는 2개, 도진이는 5개 표시합니다.

13 그래프에서 ○의 수가 많은 사람부터 차례로 쓰면 도진, 은재, 지우, 민아입니다.

14 표에서 넣은 콩주머니의 수를 알 수 있으므로
은재는 $6-4=2$(개), 민아는 $6-2=4$(개),
지우는 $6-3=3$(개), 도진이는 $6-5=1$(개)를 넣지 못했습니다.

15 (오늘 팔린 단팥빵 수)$=50-12-8-14$
$=16$(개)

17 (축구와 농구를 좋아하는 학생 수)
$=21-7-3=11$(명)
농구를 좋아하는 학생 수를 □명이라고 하면 축구를 좋아하는 학생 수는 (□+3)명이므로 □+□+3=11 입니다.
$\underbrace{□+□}_{8}+3=11$ ➡ □+□=8이므로 □=4입니다.
따라서 농구를 좋아하는 학생은 4명, 축구를 좋아하는 학생은 $4+3=7$(명)입니다.

18 (야구를 좋아하는 학생 수)−(농구를 좋아하는 학생 수)
$=7-4=3$(명)

서술형
19 예 /의 수가 3명보다 많은 혈액형을 알아봅니다.
따라서 3명보다 많은 혈액형은 B형과 O형입니다.

평가 기준	배점
구하는 방법을 알아보았나요?	2점
3명보다 많은 혈액형을 모두 구했나요?	3점

서술형
20

평가 기준	배점
어떤 음식을 준비하면 좋을지 정했나요?	2점
그 까닭을 썼나요?	3점

6 규칙 찾기

규칙을 인식하고 사용하는 능력은 수학의 기초이기 때문에 신체 활동, 소리, 운동 등의 반복 등을 바탕으로 도형, 그림, 수 등을 사용하여 규칙을 익힐 수 있도록 도와주세요. 또 물체나 무늬의 배열에서 다음에 올 것이나 중간에 빠진 것을 추측함으로써 문제 해결 능력도 기를 수 있으므로 다양한 형태의 규칙 문제를 해결하도록 합니다. 규칙이 있는 수의 배열은 고등 과정에서 배우는 여러 가지 형태의 수열 개념과 연결이 되고 하나의 규칙을 여러 가지 배열에 적용해 보는 것은 1:1 대응 개념을 익히는 기초 학습이 되므로 여러 배열을 보고 내재된 규칙성을 인지할 수 있도록 지도해 주세요.

교과서 개념 이해 1 무늬에서 색깔과 모양의 규칙을 찾자. 154~155쪽

1 (1) ( ) (○) ( ) (2) 초록, 빨간

2 (1) ◆에 ○표 (2) ★에 ○표

3

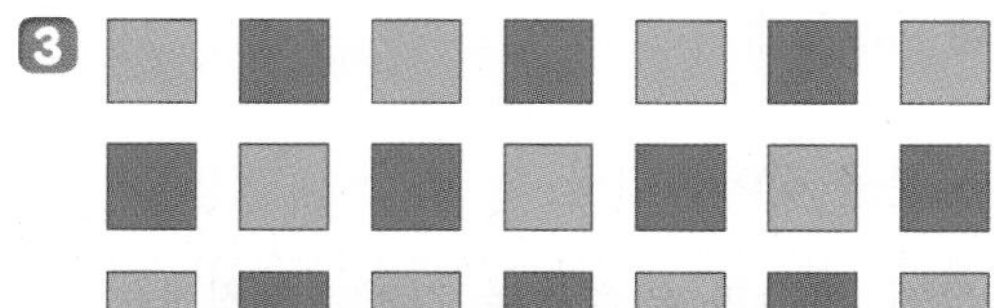

4 ▲

5 (1)

1	2	1	3	1	2
1	3	1	2	1	3
1	2	1	3	1	2
1	3	1	2	1	3

(2) 예 1, 2, 1, 3이 반복됩니다.

2 (1) 빨간색, 주황색, 파란색이 반복됩니다.
(2) ♥, ♥, ★이 반복됩니다.

3 주황색, 보라색이 반복됩니다.
참고 | ↗ 방향과 ↘ 방향으로 같은 색깔입니다.

4 ▲, ◥, ■이 반복되고 파란색, 빨간색이 반복됩니다. 따라서 □ 안에 알맞은 모양은 ▲입니다.
참고 | 모양과 색깔이 반복되는 규칙을 각각 알아봅니다.

5 (1) 각 사탕 자리에 정해진 숫자를 씁니다.

교과서 개념 이해 2 무늬에서 방향과 수의 규칙을 찾자. 156쪽

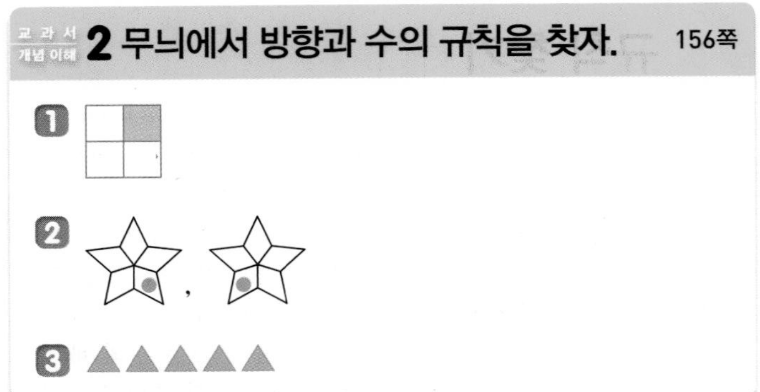

1 주황색으로 색칠된 부분이 시계 방향으로 돌아갑니다.

2 ●을 시계 반대 방향으로 돌려 가며 그린 규칙입니다.

3 삼각형이 1개씩 늘어납니다.

교과서 개념 이해 3 쌓기나무의 위치나 개수의 변화로 규칙을 찾자. 157쪽

1 2, 3, 1

2 (1) 2개씩 (2) 7개

1 반복되는 부분을 찾아봅니다.

2 (1) 쌓기나무가 왼쪽과 위쪽으로 각각 1개씩 늘어나는 규칙입니다.
(2) 쌓기나무가 2개씩 늘어나므로 다음에 이어질 모양에 쌓을 쌓기나무는 모두 $5+2=7$(개)입니다.

개념 적용 -1 무늬에서 규칙 찾기 158~159쪽

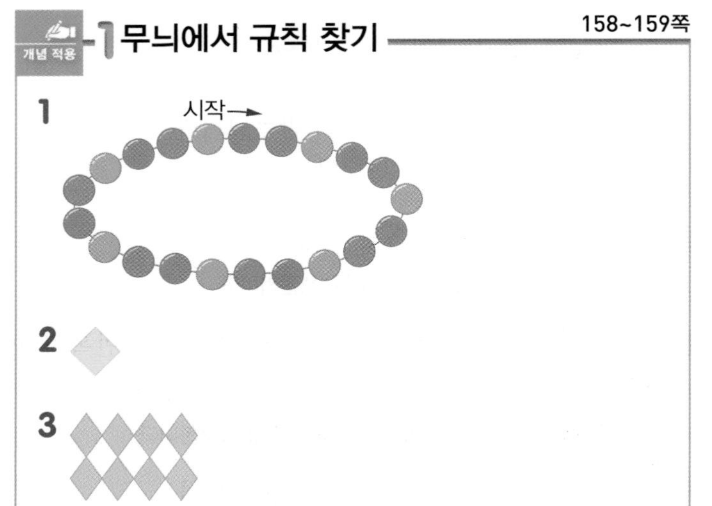

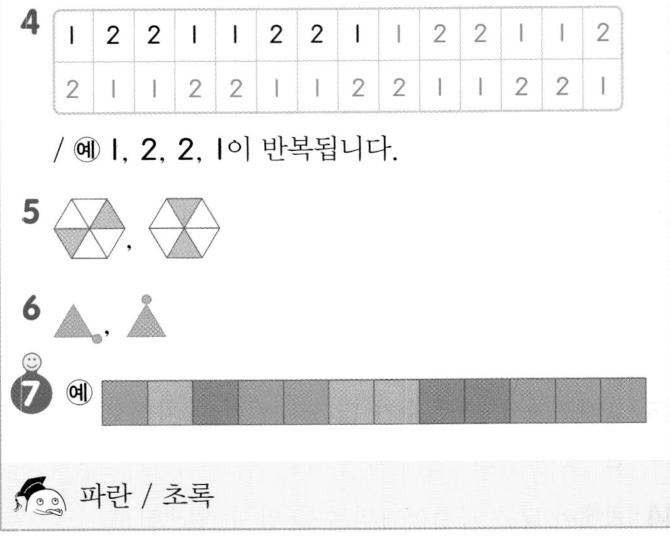

4
1 2 2 1 1 2 2 1 1 2 2 1 1 2
2 1 1 2 2 1 1 2 2 1 1 2 2 1
/ 예 1, 2, 2, 1이 반복됩니다.
5
6
7 예
파란 / 초록

1 빨간색, 파란색, 초록색의 구슬이 반복됩니다.

2 ●, ◆, ★이 반복됩니다.

3 사각형 2개가 오른쪽으로 한 줄씩 늘어납니다.

4 ◆, ♠, ♠, ◆이 반복됩니다.

5 색칠된 곳은 마주 보는 2칸이고, 시계 방향으로 한 칸씩 돌려 가며 색칠합니다.

6 ●을 삼각형의 꼭짓점을 따라서 시계 방향으로 돌려 가며 그린 규칙입니다.

내가 만드는 문제

7 예 빨간색, 노란색, 파란색이 반복되면서 수가 1개씩 늘어납니다.

개념 적용 -2 쌓은 모양에서 규칙 찾기 160~161쪽

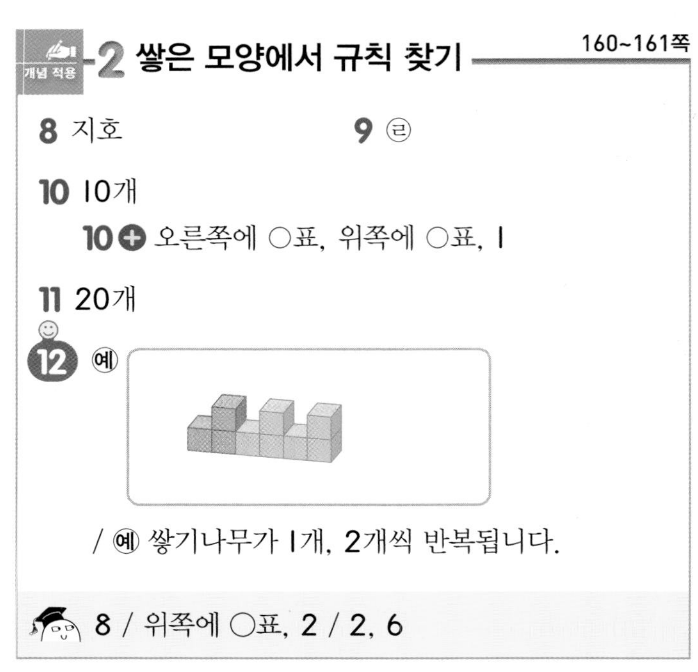

8 지호
9 ㉣
10 10개
10+ 오른쪽에 ○표, 위쪽에 ○표, 1
11 20개
12 예
/ 예 쌓기나무가 1개, 2개씩 반복됩니다.
8 / 위쪽에 ○표, 2 / 2, 6

8 쌓기나무가 1층, 3층, 3층으로 반복됩니다.

9 쌓기나무가 1개씩 늘어나는 규칙입니다. 넷째 모양은 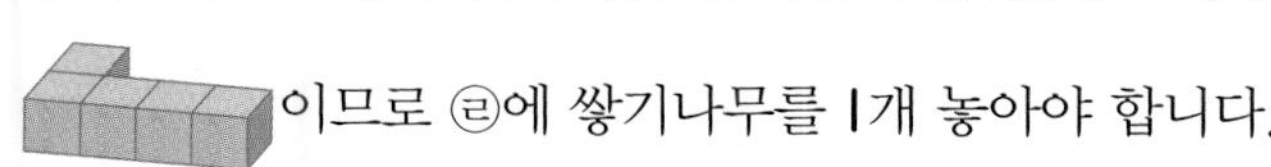이므로 ㉣에 쌓기나무를 1개 놓아야 합니다.

10 다음에 이어질 모양은 입니다.

➡ 1+3+3+3=10(개)

11 쌓기나무가 아래층으로 내려갈수록 2개씩 늘어나는 규칙입니다.
따라서 쌓기나무를 4층으로 쌓으려면 1층에 8개, 2층에 6개, 3층에 4개, 4층에 2개를 쌓아야 합니다.
➡ 8+6+4+2=20(개)

내가 만드는 문제

12 만든 모양의 규칙을 바르게 썼는지 확인합니다.

교과서 개념 이해 4 덧셈표에는 방향에 따라 수가 커지거나 작아지는 규칙이 있어.

162쪽

1 (1)

+	1	2	3	4	5	6	7	8
1	2	3	4	5	6	7	8	9
2	3	4	5	6	7	8	9	10
3	4	5	6	7	8	9	10	11
4	5	6	7	8	9	10	11	12
5	6	7	8	9	10	11	12	13
6	7	8	9	10	11	12	13	14
7	8	9	10	11	12	13	14	15
8	9	10	11	12	13	14	15	16

(2) 1 (3) 1 (4) 2

1 (2) 5, 6, 7, 8, 9, 10, 11, 12로 아래로 내려갈수록 1씩 커집니다.

(3) 3, 4, 5, 6, 7, 8, 9, 10으로 오른쪽으로 갈수록 1씩 커집니다.

(4) 2, 4, 6, 8, 10, 12, 14, 16으로 ↘ 방향으로 갈수록 2씩 커집니다.

교과서 개념 이해 5 곱셈표에는 곱셈구구의 뛰어 세는 규칙이 있어.

163쪽

1 (1), (3)

×	1	2	3	4	5	6	7	8
1	1	2	3	4	5	6	7	8
2	2	4	6	8	10	12	14	16
3	3	6	9	12	15	18	21	24
4	4	8	12	16	20	24	28	32
5	5	10	15	20	25	30	35	40
6	6	12	18	24	30	36	42	48
7	7	14	21	28	35	42	49	56
8	8	16	24	32	40	48	56	64

(2) 7 (4) 0 (5) 같습니다에 ○표

1 (1) 세로줄과 가로줄이 만나는 곳에 두 수의 곱을 써넣습니다.

(2) 7, 14, 21, 28, 35, 42, 49, 56으로 아래로 내려갈수록 7씩 커집니다.

(3) 4단 곱셈구구에 있는 수이므로 4씩 커집니다. 4씩 커지는 단을 찾아 색칠합니다.

참고 | 가로줄(→ 방향)에 있는 수는 반드시 세로줄(↓ 방향)에도 똑같은 수가 있습니다.

(4) 5단 곱셈구구: 5, 10, 15, 20, 25, 30, ...
➡ 일의 자리 숫자가 5와 0이 반복됩니다.

교과서 개념 이해 6 생활에서 다양한 규칙을 찾고 말할 수 있어.

164~165쪽

1 (1)

7월

일	월	화	수	목	금	토
		1	②	3	4	5
6	7	8	⑨	10	11	12
13	14	15	⑯	17	18	19
20	21	22	㉓	24	25	26
27	28	29	㉚	31		

(2) 7 (3) 1 (4) 6

2

1 1	1 2	1 3	1 4	1 5	1 6	1 7	1 8
1 9	1 10	1 11	1 12	1 13	1 14	1 15	1 16
1 17	1 18	1 19	1 20	1 21	1 22	1 23	1 24

3 (1) 5, 6, 10, 2

(2), (3), (4)

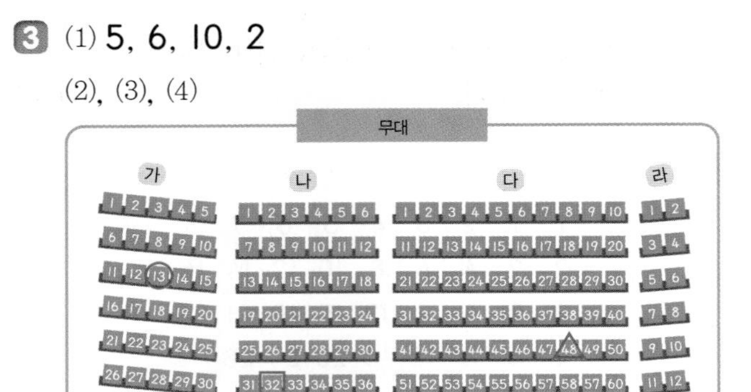

1 (4) 3−9−15−21−27 ➡ 6씩 커집니다.

3 (1) 각 구역에서 뒤로 갈수록 한 줄에 있는 의자의 수만큼 커지는 규칙이 있습니다.

(2) 가 구역에서 이동하여 앞에서 셋째 줄의 셋째 자리인 13번을 찾아가면 됩니다.

(3) 나 구역에서 이동하여 앞에서 여섯째 줄의 둘째 자리인 32번을 찾아가면 됩니다.

(4) 다 구역에서 이동하여 앞에서 다섯째 줄의 여덟째 자리인 48번을 찾아가면 됩니다.

4 예

+	0	1	2	3
2	2	3	4	5
3	3	4	5	6
4	4	5	6	7
5	5	6	7	8

/ 예 ↙ 방향의 수들은 모두 같은 수입니다.

(표 위에서부터) 8, 11, 8, 11 / 1 / 1

1 (2) 노란색으로 색칠한 수는 8, 10, 12, 14, 16으로 모두 짝수이고 ↘ 방향으로 2씩 커집니다.

2 (2) 주황색 선 위의 수는 15로 모두 같습니다.

(3) 초록색으로 색칠한 수는 9 (+2) 11 (+2) 13 (+2) 15 …로 2씩 커집니다.

따라서 30부터 2씩 커지는 수를 씁니다.

3 오른쪽으로 갈수록, 아래로 내려갈수록 1씩 커집니다.

4 내가 만드는 문제

오른쪽, 아래, ↘ 방향, ↙ 방향 등 여러 방향으로 수의 규칙을 바르게 썼는지 확인합니다.

개념 적용 -3 덧셈표에서 규칙 찾기

166~167쪽

1 (1)

+	1	2	3	4	5	6	7	8	9
4	5	6	7	8	9	10	11	12	13
5	6	7	8	9	10	11	12	13	14
6	7	8	9	10	11	12	13	14	15
7	8	9	10	11	12	13	14	15	16
8	9	10	11	12	13	14	15	16	17

(2) ㉠, ㉣

2 (1)

+	2	4	6	8	10	12	14	16
1	3	5	7	9	11	13	15	17
3	5	7	9	11	13	15	17	19
5	7	9	11	13	15	17	19	21
7	9	11	13	15	17	19	21	23
9	11	13	15	17	19	21	23	25

(2) 같습니다에 ○표 (3) 30, 32, 34

3 (1)

8	9	
9	10	11
10	11	12

(2)

10	11	12	13
		13	14
12	13		15
	14		16

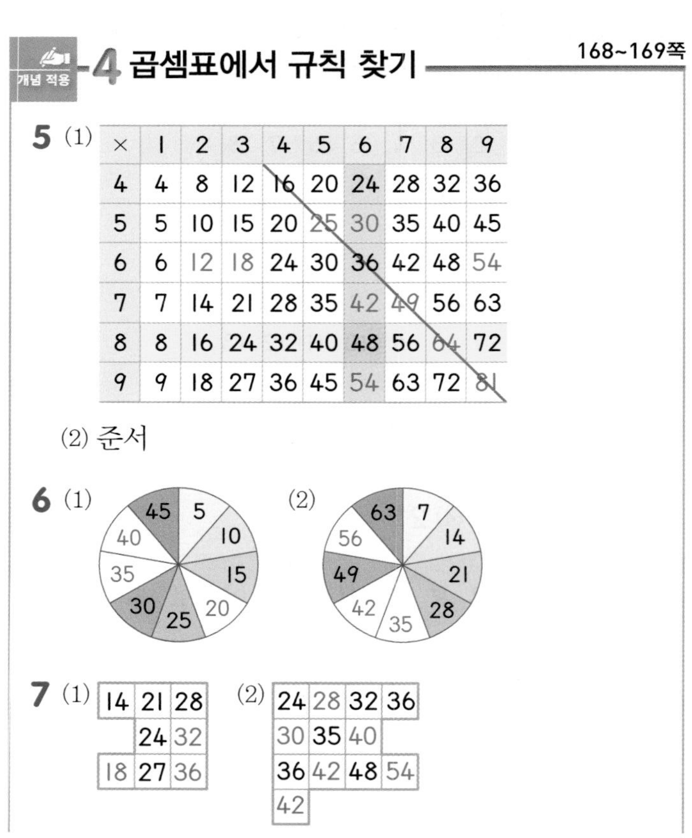

개념 적용 -4 곱셈표에서 규칙 찾기

168~169쪽

5 (1)

×	1	2	3	4	5	6	7	8	9
4	4	8	12	16	20	24	28	32	36
5	5	10	15	20	25	30	35	40	45
6	6	12	18	24	30	36	42	48	54
7	7	14	21	28	35	42	49	56	63
8	8	16	24	32	40	48	56	64	72
9	9	18	27	36	45	54	63	72	81

(2) 준서

6 (1)

(2)

7 (1)

14	21	28
	24	32
18	27	36

(2)

24	28	32	36
30	35	40	
36	42	48	54
42			

8

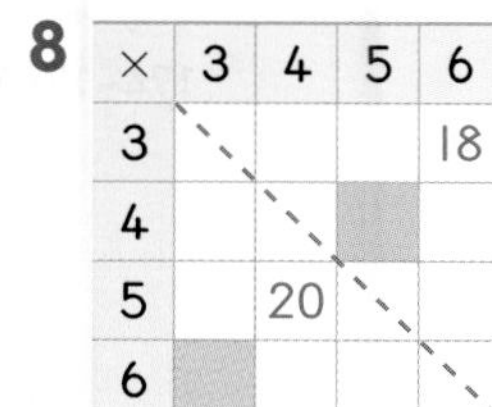

×	3	4	5	6
3				18
4				
5		20		
6				

9 예

×	5	6	7	8
1	5	6	7	8
2	10	12	14	16
3	15	18	21	24
4	20	24	28	32

/ 예 오른쪽으로 갈수록 같은 수만큼씩 커집니다.

(표 위에서부터) 12, 25, 12, 30 / 2 / 5

5 (2) 준서: 빨간색으로 칠한 부분은 6단 곱셈구구로 모두 짝수입니다.

6 (1) 5씩 커지므로 5단 곱셈구구입니다.
(2) 7씩 커지므로 7단 곱셈구구입니다.

7 각 단의 수는 오른쪽으로 갈수록 단의 수만큼 커집니다.

8 곱셈표를 점선을 따라 접었을 때 만나는 수는 서로 같습니다.

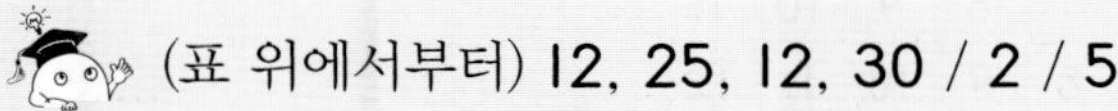

×	5
4	

➡

×	4
5	20

×	3
6	

➡

×	6
3	18

내가 만드는 문제

9 오른쪽, 아래 등 여러 방향으로 수가 어떻게 변하는지 규칙을 바르게 썼는지 확인합니다.

개념 적용 -5 생활에서 규칙 찾기 170~171쪽

10

11

12 15

13 18일

14 16번

15 예

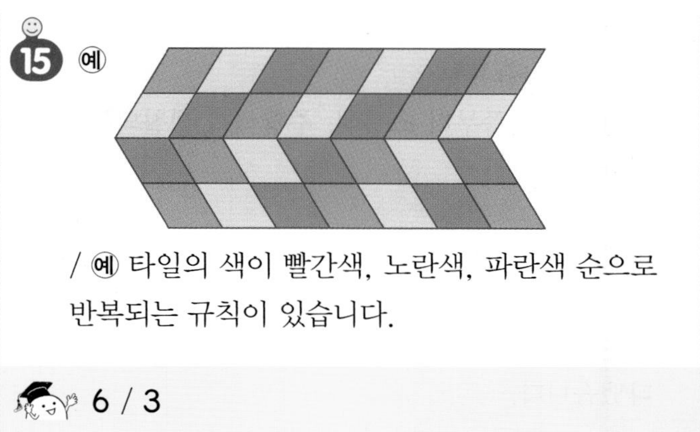

/ 예 타일의 색이 빨간색, 노란색, 파란색 순으로 반복되는 규칙이 있습니다.

6 / 3

10 신호등은 초록색, 노란색, 빨간색 순으로 신호등의 색깔이 반복되는 규칙입니다.

11 시계가 나타내는 시각은 2시, 2시 30분, 3시, 3시 30분이므로 30분씩 지난 시각을 나타내는 규칙이 있습니다. ➡ 마지막 시계에 4시를 나타냅니다.

12 7시 →(15분) 7시 15분 →(15분) 7시 30분 →(15분) 7시 45분 →(15분) 8시 →(15분) 8시 15분

13 달력에서 같은 요일은 7일마다 반복되므로 둘째 목요일은 $4+7=11$(일), 셋째 목요일은 $11+7=18$(일)입니다.

14 한 줄에 의자가 7개씩 있으므로 한 열이 늘어날 때마다 의자의 번호는 7씩 커집니다.
따라서 다열 둘째 자리는 $9+7=16$(번)입니다.

내가 만드는 문제

15 몇 가지 색깔을 정하여 규칙적으로 색칠합니다.

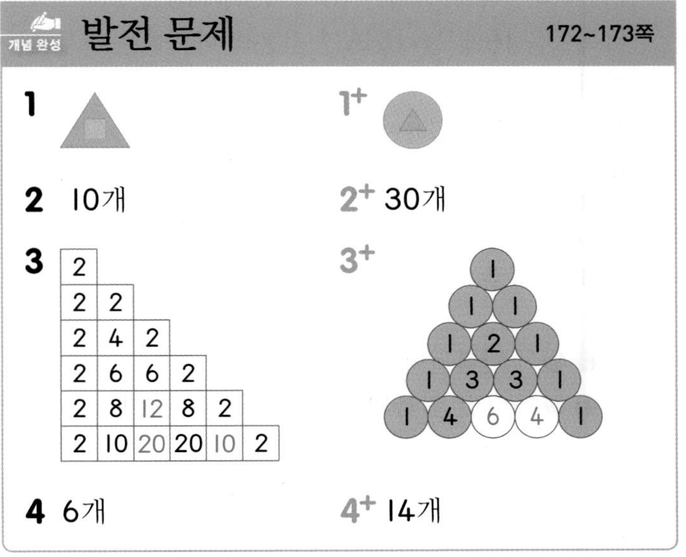

개념 완성 발전 문제 172~173쪽

1

1+

2 10개

2+ 30개

3

2					
2	2				
2	4	2			
2	6	6	2		
2	8	12	8	2	
2	10	20	20	10	2

3+

4 6개

4+ 14개

1 바깥쪽 모양은 △과 □이 반복되고, 안쪽 모양은 □과 △이 반복됩니다.
색깔은 바깥쪽부터 초록색, 주황색이 색칠되는 규칙입니다.

1+ 바깥쪽 모양은 □, ○, △이 반복되고, 안쪽 모양은 ○, △, □이 반복됩니다.
색은 □은 노란색, ○은 빨간색, △은 초록색으로 나타냈습니다.

2 1개 ➡ 4개 ➡ 7개이므로 쌓기나무가 3개씩 늘어나는 규칙입니다.
따라서 다음에 이어질 모양에 쌓을 쌓기나무는 모두 $7+3=10$(개)입니다.

2+

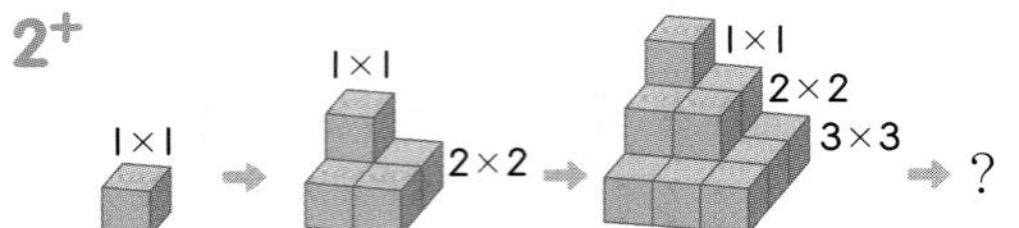

3층으로 쌓은 쌓기나무는 $1+4+9=14$(개)입니다. 4층으로 쌓으려면 3층으로 쌓은 것에 아래로 쌓기나무를 $16(=4\times4)$개 더 쌓아야 하므로 다음에 이어질 모양에 쌓을 쌓기나무는 모두 $14+16=30$(개)입니다.

3 위의 두 수를 더하면 아래 오른쪽 수가 됩니다.
➡ $6+6=12$, $8+12=20$, $8+2=10$

3+ 위의 두 수를 더하면 아래 가운데 수가 됩니다.
➡ $3+3=6$, $3+1=4$

4 검은색 바둑돌이 첫째, 넷째, 일곱째에 나오므로 3씩 커집니다. 다음 번에는 10째, 13째, 16째에 나오므로 바둑돌을 16개 늘어놓으면 검은색 바둑돌은 모두 6개입니다.

다른 풀이 | ●○○이 반복됩니다.
●○○이 5번 반복되면 15개이므로 16째에는 검은색 바둑돌이 놓입니다.
따라서 바둑돌을 16개 늘어놓으면 검은색 바둑돌은 모두 $5+1=6$(개)입니다.

4+ ○●●이 반복됩니다.
○●●이 7번 반복되면 21개이므로 22째에는 흰색 바둑돌이 놓입니다.
따라서 바둑돌을 22개 늘어놓으면 검은색 바둑돌은 모두 $2\times7=14$(개)입니다.

6단원 단원 평가

174~176쪽

1 ♥

2

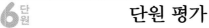

2	1	2	2	1	2	2	1
2	2	1	2	2	1	2	2
1	2	2	1	2	2	1	2

3

4

5

+	3	4	5	6	7
3	6	7	8	9	10
4	7	8	9	10	11
5	8	9	10	11	12
6	9	10	11	12	13
7	10	11	12	13	14

6 ㉠ 오른쪽으로 갈수록 1씩 커지는 규칙이 있습니다.

7 ㉠ 아래로 내려갈수록 5씩 커지는 규칙이 있습니다.

8 42

9 ㉢

10 10개

11

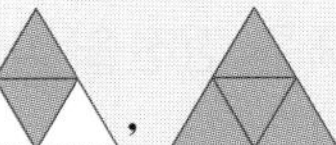

12 2개씩

13 7개

14

	14	15	16
14	15	16	17
15	16	17	

15 ㉠ 평일은 30분 간격으로, 주말은 20분 간격으로 버스가 출발합니다.

16

×	3	4	5	6
5	15	20	25	30
6	18	24	30	36
7	21	28	35	42
8	24	32	40	48

17 29번

18 7개

19 10시 30분

20 ㉠ 오른쪽으로 갈수록 1씩 커지는 규칙이 있습니다. / ㉠ 아래로 내려갈수록 7씩 커지는 규칙이 있습니다.

1 ♥, ■가 반복되면서 ♥가 1개씩 늘어납니다.

2 ▲, ●, ▲이 반복됩니다.

3 색칠된 칸이 시계 방향으로 1칸씩 움직입니다.

4 삼각형 3개가 오른쪽으로 한 줄씩 늘어납니다.

6 예 홀수와 짝수가 번갈아 가며 나옵니다.

7 예 홀수와 짝수가 번갈아 가며 나옵니다.

8 $6\times7=42$, $7\times6=42$

9 ㉢ ↙ 방향으로 12, 7, 2이므로 ↙ 방향으로 갈수록 5씩 작아집니다.

10 아래층으로 내려갈수록 쌓기나무가 1개, 2개, 3개로 1개씩 늘어납니다. 따라서 4층으로 쌓을 때 1층에 놓이는 쌓기나무는 4개이므로 쌓기나무는 모두 $1+2+3+4=10$(개)가 필요합니다.

11 1칸, 2칸, 3칸, 4칸의 순서로 색칠합니다.

13 다음에 이어질 모양에 쌓을 쌓기나무는 모두 $5+2=7$(개)입니다.

14 같은 줄에서 오른쪽으로 갈수록 1씩 커집니다. 같은 줄에서 아래로 내려갈수록 1씩 커집니다.

15 6시 30분에서 30분이 지나면 7시가 되고, 6시 30분에서 20분이 지나면 6시 50분이 됩니다.

16

×	3	①	5	②
③	15		25	
6		24		36
④		28	35	
8			40	48

③×3=15 ➡ ③=5
6×①=24 ➡ ①=4
6×②=36 ➡ ②=6
④×5=35 ➡ ④=7

나머지 칸에는 두 수의 곱을 써넣습니다.

17 아래로 내려갈수록 11씩 커지고 $7+11+11=29$이므로 29번입니다.

18 ○●○이 반복됩니다. ○●○이 6번 반복되면 18개이므로 19째는 흰색 바둑돌, 20째는 검은색 바둑돌이 놓입니다. 따라서 바둑돌을 20개 늘어놓으면 검은색 바둑돌은 모두 $6+1=7$(개)입니다.

서술형

19 예 7시 30분, 8시 30분, 9시 30분으로 1시간씩 지납니다. 따라서 □ 안에 알맞은 시각은 10시 30분입니다.

평가 기준	배점
시계가 1시간씩 지나는 규칙을 설명했나요?	3점
마지막 시계는 몇 시 몇 분인지 구했나요?	2점

서술형

20

평가 기준	배점
규칙을 한 가지 설명했나요?	2점
또 다른 규칙을 설명했나요?	3점

1 네 자리 수

개념 적용 2쪽

1 수직선을 보고 □ 안에 알맞은 수를 써넣으세요.

910 920 930 940 950 960 970 980 990 1000

1000은 980보다 □만큼 더 큰 수입니다.

어떻게 풀었니?

수직선에서 한 칸을 뛰어 세면 10만큼 더 커진다는 걸 알았니?
980부터 몇 칸 뛰어 세면 1000이 되는지 알아보자!

910 920 930 940 950 960 970 980 ① 990 ② 1000

980부터 2 칸 뛰어 세었더니 1000이 되었네.
아~ 1000은 980보다 20 만큼 더 큰 수구나!

2 40 3 70

4

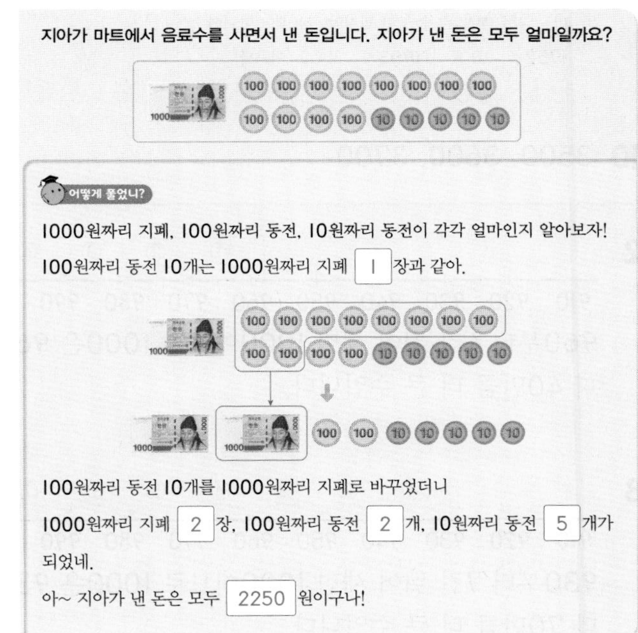
지아가 마트에서 음료수를 사면서 낸 돈입니다. 지아가 낸 돈은 모두 얼마일까요?

어떻게 풀었니?

1000원짜리 지폐, 100원짜리 동전, 10원짜리 동전이 각각 얼마인지 알아보자!
100원짜리 동전 10개는 1000원짜리 지폐 1 장과 같아.

100원짜리 동전 10개를 1000원짜리 지폐로 바꾸었더니
1000원짜리 지폐 2 장, 100원짜리 동전 2 개, 10원짜리 동전 5 개가 되었네.
아~ 지아가 낸 돈은 모두 2250 원이구나!

5 3460원

6

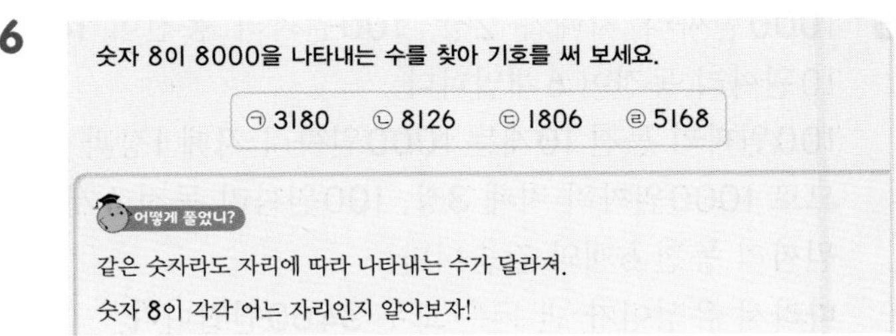
숫자 8이 8000을 나타내는 수를 찾아 기호를 써 보세요.

㉠ 3180 ㉡ 8126 ㉢ 1806 ㉣ 5168

어떻게 풀었니?

같은 숫자라도 자리에 따라 나타내는 수가 달라져.
숫자 8이 각각 어느 자리인지 알아보자!

	천의 자리	백의 자리	십의 자리	일의 자리		나타내는 수
㉠	3	1	8	0	➡	80
㉡	8	1	2	6	➡	8000
㉢	1	8	0	6	➡	800
㉣	5	1	6	8	➡	8

아~ 숫자 8이 8000을 나타내는 수를 찾아 기호를 쓰면 ㉡ 이구나!

7 ㉣　　**8** ㉡

9

보기 의 수를 한 번씩만 사용하여 □ 안에 알맞게 써넣으세요.

보기: 1800　2000

1752 < □, 1903 < □

어떻게 풀었니?

수직선에서 수의 위치를 알아보자!

1752　1903

1700　1800　1900　2000

수직선에서 오른쪽에 있을수록 큰 수야.

보기 의 수 중에서 1752보다 큰 수는 1800, 2000 이고

1903보다 큰 수는 2000 이야.

아~ 그럼 보기 의 수를 한 번씩만 사용해야 하니까

1752 < 1800, 1903 < 2000 이구나!

10 3500, 3600, 3700

2

910　920　930　940　950　960　970　980　990　1000 (960부터 ①②③④)

960부터 4칸 뛰어 세면 1000이므로 1000은 960보다 40만큼 더 큰 수입니다.

3

910　920　930　940　950　960　970　980　990　1000 (930부터 ①②③④⑤⑥⑦)

930부터 7칸 뛰어 세면 1000이므로 1000은 930보다 70만큼 더 큰 수입니다.

5 1000원짜리 지폐가 2장, 100원짜리 동전이 14개, 10원짜리 동전이 6개입니다.
100원짜리 동전 10개는 1000원짜리 지폐 1장과 같으므로 1000원짜리 지폐 3장, 100원짜리 동전 4개, 10원짜리 동전 6개와 같습니다.
따라서 유성이가 낸 돈은 모두 3460원입니다.

7 숫자 5가 나타내는 수를 각각 구하면
㉠ 6435 ➡ 5　㉡ 5420 ➡ 5000
㉢ 2758 ➡ 50　㉣ 9506 ➡ 500
따라서 숫자 5가 500을 나타내는 수는 ㉣입니다.

8 숫자 3이 나타내는 수를 각각 구하면
㉠ 1369 ➡ 300　㉡ 7238 ➡ 30
㉢ 3045 ➡ 3000　㉣ 4093 ➡ 3
따라서 숫자 3이 30을 나타내는 수는 ㉡입니다.

10 3457보다 큰 수는 3500, 3600, 3700입니다.
3528보다 큰 수는 3600, 3700입니다.
3690보다 큰 수는 3700입니다.
보기 의 수를 한 번씩만 사용해야 하므로 3457보다 큰 수에 3500, 3528보다 큰 수에 3600, 3690보다 큰 수에 3700을 씁니다.

쓰기 쉬운 서술형　6쪽

1 800, 200, 200 / 200원

1-1 300원

2 6000, 50, 8, 6058, 6058, 육천오십팔 / 6058, 육천오십팔

2-1 2407개

2-2 5205

2-3 3740원

3 1, 7040, 7140, 7140 / 7140

3-1 8720

4 큰에 ○표, 8, 3, 8531 / 8531

4-1 3479

5 3, 0, 1, 2 / 0, 1, 2

5-1 3개

1-1 ㉠ 100이 6개이면 600, 10이 10개이면 100이므로 700입니다. ---- ❶
1000은 700보다 300만큼 더 큰 수입니다. ---- ❷
따라서 1000원이 되려면 300원이 더 있어야 합니다. ---- ❸

단계	문제 해결 과정
①	100이 6개, 10이 10개인 수를 구했나요?
②	1000은 ❶에서 구한 수보다 얼마나 더 큰 수인지 구했나요?
③	1000원이 되려면 얼마가 더 있어야 하는지 구했나요?

2-1 ㉠ 1000이 2개이면 2000, 100이 4개이면 400, 1이 7개이면 7이므로 2407입니다. ---- ❶
따라서 구슬은 모두 2407개입니다. ---- ❷

단계	문제 해결 과정
①	1000이 2개, 100이 4개, 1이 7개인 수를 구했나요?
②	구슬은 모두 몇 개인지 구했나요?

2-2 ㉠ 100이 12개인 수는 1000이 1개, 100이 2개인 수와 같습니다. ---- ❶
따라서 1000이 4개, 100이 12개, 1이 5개인 수는 1000이 5개, 100이 2개, 1이 5개인 수와 같으므로 5205입니다. ---- ❷

단계	문제 해결 과정
①	100이 12개인 수를 1000이 ■개, 100이 ▲개인 수로 나타냈나요?
②	1000이 4개, 100이 12개, 1이 5개인 수를 구했나요?

2-3 ㉠ 10이 14개인 수는 100이 1개, 10이 4개인 수와 같습니다. ---- ❶
1000이 3개, 100이 6개, 10이 14개인 수는 1000이 3개, 100이 7개, 10이 4개인 수와 같으므로 3740입니다. ---- ❷
따라서 현우가 가지고 있는 돈은 모두 3740원입니다. ---- ❸

단계	문제 해결 과정
①	10이 14개인 수를 100이 ■개, 10이 ▲개인 수로 나타냈나요?
②	1000이 3개, 100이 6개, 10이 14개인 수를 구했나요?
③	현우가 가지고 있는 돈은 모두 얼마인지 구했나요?

3-1 ㉠ 천의 자리 수가 1씩 커지므로 1000씩 뛰어 센 것입니다. ---- ❶
5720에서 출발하여 1000씩 뛰어 세면
5720—6720—7720—8720이므로 ㉠에 알맞은 수는 8720입니다. ---- ❷

단계	문제 해결 과정
①	몇씩 뛰어 센 것인지 알았나요?
②	규칙에 따라 뛰어 세어 ㉠에 알맞은 수를 구했나요?

4-1 ㉠ 가장 작은 수를 만들려면 천의 자리부터 작은 수를 차례로 놓습니다. ---- ❶
수 카드의 수를 작은 수부터 차례로 쓰면 3, 4, 7, 9이므로 만들 수 있는 가장 작은 수는 3479입니다. ---- ❷

단계	문제 해결 과정
①	가장 작은 수를 만드는 방법을 설명했나요?
②	만들 수 있는 가장 작은 수를 구했나요?

5-1 ㉠ 천의 자리 수가 같고 십의 자리 수를 비교하면 $1<2$이므로 □ 안에는 6보다 큰 수가 들어갈 수 있습니다. ---- ❶
따라서 □ 안에 들어갈 수 있는 수는 7, 8, 9로 모두 3개입니다. ---- ❷

단계	문제 해결 과정
①	천의 자리부터 수의 크기를 비교하여 □의 범위를 구했나요?
②	□ 안에 들어갈 수 있는 수는 모두 몇 개인지 구했나요?

1 단원 수행 평가 12~13쪽

1 4000, 사천
2 ㉣
3 ②, ④
4 5289, 오천이백팔십구
5 ③, ⑤
6 2753, 3153, 3253
7 8750에 ○표
8 6000원
9 4개
10 2036

2 ㉠, ㉡, ㉢ 1000
㉣ 991

3 백의 자리 숫자를 알아봅니다.
① 7613 ➡ 6
② 4709 ➡ 7
③ 8157 ➡ 1
④ 6724 ➡ 7
⑤ 5972 ➡ 9

4 1000이 5개 ➡ 5000
100이 2개 ➡ 200
10이 8개 ➡ 80
1이 9개 ➡ 9
5289

5 숫자 4가 나타내는 수를 알아봅니다.
① 6412 ➡ 400 ② 4358 ➡ 4000
③ 7046 ➡ 40 ④ 9314 ➡ 4
⑤ 5743 ➡ 40

6 백의 자리 수가 1씩 커지므로 100씩 뛰어 센 것입니다.

7 천의 자리 수를 비교하면 7961이 가장 작습니다.
8674와 8750의 백의 자리 수를 비교하면 $6<7$이므로 $8674<8750$입니다.
따라서 가장 큰 수는 8750입니다.

8 7월 8월 9월 10월
3000원 – 4000원 – 5000원 – 6000원

9 천의 자리, 백의 자리 수가 각각 같고 일의 자리 수를 비교하면 $3>1$이므로 □ 안에는 6과 같거나 6보다 큰 수가 들어갈 수 있습니다.
따라서 □ 안에 들어갈 수 있는 수는 6, 7, 8, 9로 모두 4개입니다.

서술형
10 예 가장 작은 수를 만들려면 천의 자리부터 작은 수를 차례로 놓습니다.
수 카드의 수를 작은 수부터 차례로 쓰면 0, 2, 3, 6이고, 천의 자리에 0이 올 수 없으므로 만들 수 있는 가장 작은 수는 2036입니다.

평가 기준	배점
가장 작은 수를 만드는 방법을 설명했나요?	4점
만들 수 있는 가장 작은 수를 구했나요?	6점

2 곱셈구구

개념 적용 14쪽

1

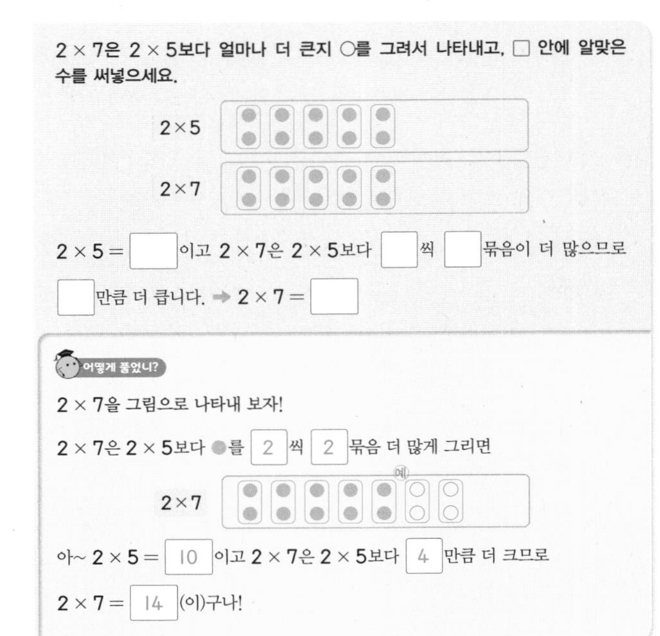

2 × 7은 2 × 5보다 얼마나 더 큰지 ○를 그려서 나타내고, □ 안에 알맞은 수를 써넣으세요.
2×5
2×7
2 × 5 = □이고 2 × 7은 2 × 5보다 □씩 □묶음이 더 많으므로
□만큼 더 큽니다. ➡ 2 × 7 = □
어떻게 풀었니?
2 × 7을 그림으로 나타내 보자!
2 × 7은 2 × 5보다 ●를 2씩 2묶음 더 많게 그리면
예
2×7
아~ 2 × 5 = 10이고 2 × 7은 2 × 5보다 4만큼 더 크므로
2 × 7 = 14(이)구나!

2 예 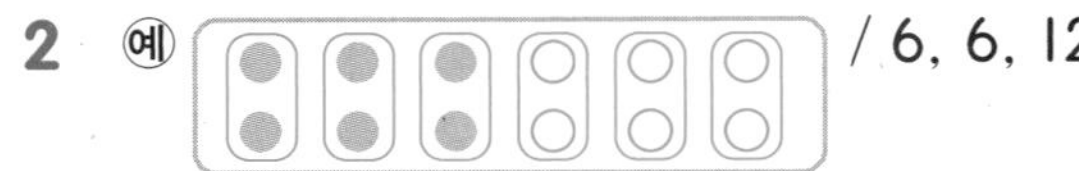 / 6, 6, 12

3

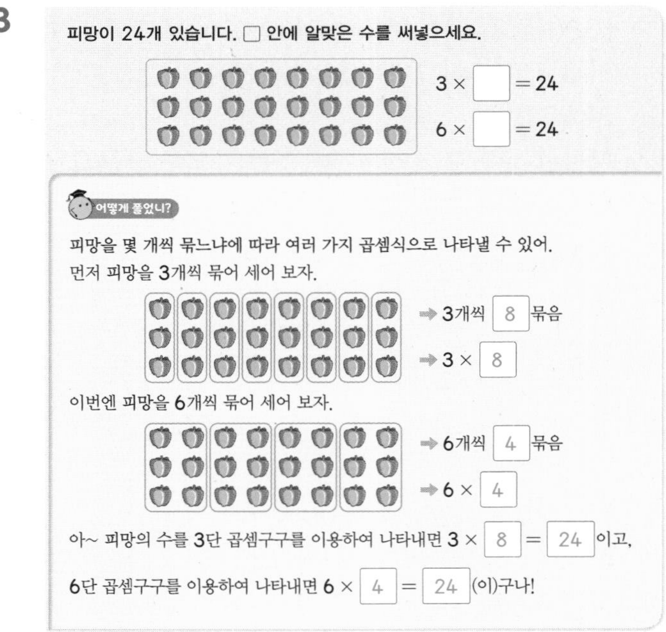

피망이 24개 있습니다. □ 안에 알맞은 수를 써넣으세요.
3 × □ = 24
6 × □ = 24
어떻게 풀었니?
피망을 몇 개씩 묶느냐에 따라 여러 가지 곱셈식으로 나타낼 수 있어.
먼저 피망을 3개씩 묶어 세어 보자.
➡ 3개씩 8묶음
➡ 3 × 8
이번엔 피망을 6개씩 묶어 세어 보자.
➡ 6개씩 4묶음
➡ 6 × 4
아~ 피망의 수를 3단 곱셈구구를 이용하여 나타내면 3 × 8 = 24이고,
6단 곱셈구구를 이용하여 나타내면 6 × 4 = 24(이)구나!

4 6, 18 / 2, 18

5

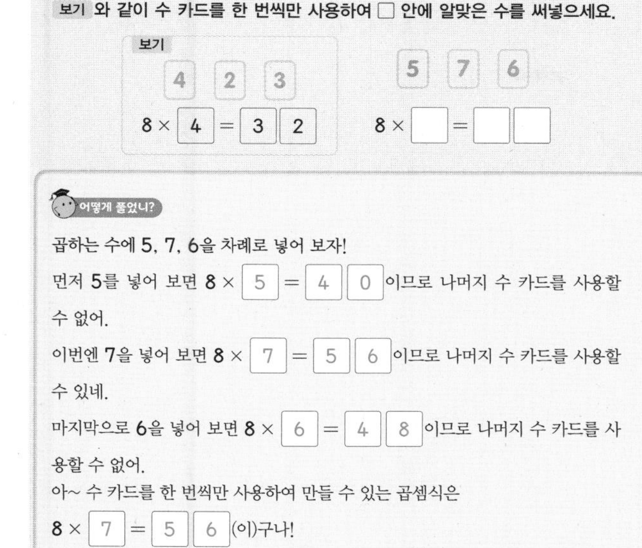

6 9, 3, 6　　7 9, 5, 4

8

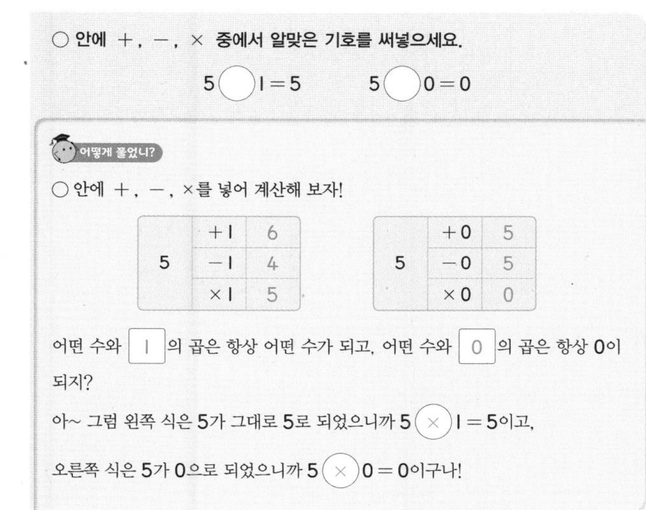

9 (1) − (2) × (3) ×

10 ㉡

---

2 2×6은 2×3보다 2씩 3묶음 더 많으므로 6만큼 더 큽니다.

4 • 공을 3개씩 묶어 세면 6묶음이므로 공의 수를 3단 곱셈구구를 이용하여 나타내면 $3\times6=18$입니다.
• 공을 9개씩 묶어 세면 2묶음이므로 공의 수를 9단 곱셈구구를 이용하여 나타내면 $9\times2=18$입니다.

6 곱하는 수에 3을 넣어 보면 $4\times3=12$이므로 나머지 수 카드를 사용할 수 없습니다.
곱하는 수에 9를 넣어 보면 $4\times9=36$이므로 나머지 수 카드 3, 6을 사용할 수 있습니다.

7 곱하는 수에 4를 넣어 보면 $6\times4=24$이므로 나머지 수 카드를 사용할 수 없습니다.
곱하는 수에 5를 넣어 보면 $6\times5=30$이므로 나머지 수 카드를 사용할 수 없습니다.
곱하는 수에 9를 넣어 보면 $6\times9=54$이므로 나머지 수 카드 4, 5를 사용할 수 있습니다.

9 (1) $7-7=0$
(2) $7\times1=7$
(3) $7\times0=0$

10 ㉠ $3\times1=3$
㉡ $1-1=0$
㉢ $8\times0=0$
따라서 ○ 안에 알맞은 기호가 다른 하나는 ㉡입니다.

쓰기 쉬운 서술형 18쪽

1 5, 5, 40, 8, 8, 40 / 40개
1-1 42개
2 5, 0, 5, 0, 5 / 5점
2-1 12점
3 36, 36, 4, 4 / 4
3-1 3
4 큰에 ○표, 6, 7, 8, 9, 6 / 6
4-1 3
5 5, 30, 30 / 30송이
5-1 36살
5-2 57개
5-3 21개

1-1 예 방법 1 7×6의 곱으로 구합니다.
➡ $7\times6=42$ ··· ❶
방법 2 7×5의 곱에 7을 더하여 구합니다.
➡ $35+7=42$ ··· ❷

단계	문제 해결 과정
①	구슬의 수를 알아보는 한 가지 방법을 설명했나요?
②	구슬의 수를 알아보는 다른 한 가지 방법을 설명했나요?

2-1 예 0점짜리: $0 \times 1 = 0$(점), 1점짜리: $1 \times 6 = 6$(점), 2점짜리: $2 \times 3 = 6$(점), 3점짜리: $3 \times 0 = 0$(점) ···· ❶

따라서 수연이가 얻은 점수는 $0+6+6+0=12$(점)입니다. ···· ❷

단계	문제 해결 과정
①	0점, 1점, 2점, 3점짜리 과녁에 맞힌 점수를 각각 구했나요?
②	수연이가 얻은 점수를 구했나요?

3-1 예 $4 \times 6 = 24$이므로 $\square \times 8 = 24$입니다. ···· ❶
$3 \times 8 = 24$이므로 $\square = 3$입니다. ···· ❷

단계	문제 해결 과정
①	4×6을 계산했나요?
②	□ 안에 알맞은 수를 구했나요?

4-1 예 $8 \times 2 = 16$이므로 $\square \times 4 < 16$입니다. $4 \times 4 = 16$이므로 $\square \times 4$가 16보다 작으려면 □ 안에는 4보다 작은 수가 들어가야 합니다. ···· ❶
따라서 □ 안에 들어갈 수 있는 수는 1, 2, 3이므로 이 중에서 가장 큰 수는 3입니다. ···· ❷

단계	문제 해결 과정
①	□의 범위를 구했나요?
②	□ 안에 들어갈 수 있는 수 중 가장 큰 수를 구했나요?

5-1 예 은우 나이의 4배를 곱셈식으로 나타내면 $9 \times 4 = 36$입니다. ···· ❶
따라서 은우 아버지의 나이는 36살입니다. ···· ❷

단계	문제 해결 과정
①	은우 아버지의 나이를 구하는 곱셈식을 세웠나요?
②	은우 아버지의 나이를 구했나요?

5-2 예 초콜릿이 8개씩 9봉지 있었으므로 처음에 있던 초콜릿은 $8 \times 9 = 72$(개)입니다. ···· ❶
그중 15개를 먹었으므로 먹고 남은 초콜릿은 $72 - 15 = 57$(개)입니다. ···· ❷

단계	문제 해결 과정
①	처음에 있던 초콜릿 수를 구했나요?
②	먹고 남은 초콜릿 수를 구했나요?

5-3 예 두발자전거의 바퀴는 $2 \times 6 = 12$(개)입니다. ···· ❶
세발자전거의 바퀴는 $3 \times 3 = 9$(개)입니다. ···· ❷
따라서 자전거 바퀴는 모두 $12 + 9 = 21$(개)입니다. ···· ❸

단계	문제 해결 과정
①	두발자전거의 바퀴 수를 구했나요?
②	세발자전거의 바퀴 수를 구했나요?
③	자전거 바퀴는 모두 몇 개인지 구했나요?

2단원 수행 평가 24~25쪽

1 20 / 5, 20

2 (수직선 0, 5, 10, 15) / 12

3 5, 3, 15 / 3, 5, 15

4

×	3	4	5	6
3	9	12	15	18
4	12	16	20	24
5	15	20	25	30
6	18	24	30	36

/ 6, 4, 24

5 24, 32, 56 **6** ㉢

7 ㉣ **8** 30점

9 3개 **10** 32개

1 쿠키가 한 접시에 4개씩 5접시 있으므로 $4+4+4+4+4=20$ 또는 $4 \times 5 = 20$입니다.

2 3×4는 3씩 4번 뛰어 센 것이므로 12입니다.

3 • 5개씩 묶으면 3묶음이므로 $5 \times 3 = 15$입니다.
• 3개씩 묶으면 5묶음이므로 $3 \times 5 = 15$입니다.

4 $4 \times 6 = 24$이므로 곱이 24인 것을 찾으면 6×4입니다.

5 8×7은 8×3에 8×4를 더하여 구할 수 있습니다.

6 ㉠ $1 \times 0 = 0$ ㉡ $3 \times 0 = 0$
㉢ $5 \times 1 = 5$ ㉣ $0 \times 5 = 0$

7 ㉣ 7×6은 6×7의 곱으로 구할 수 있습니다.

8 5점씩 6번 얻었으므로 $5 \times 6 = 30$(점)을 얻었습니다.

9 $9 \times 6 = 54$이므로 $9 \times \square$가 54보다 크려면 □ 안에는 6보다 큰 수가 들어가야 합니다.
따라서 □ 안에 들어갈 수 있는 수는 7, 8, 9로 모두 3개입니다.

서술형
10 예 (오리 8마리의 다리 수)$=2 \times 8 = 16$(개)
(염소 4마리의 다리 수)$=4 \times 4 = 16$(개)
따라서 농장에 있는 오리와 염소의 다리는 모두 $16 + 16 = 32$(개)입니다.

평가 기준	배점
오리의 다리 수를 구했나요?	4점
염소의 다리 수를 구했나요?	4점
오리와 염소의 다리는 모두 몇 개인지 구했나요?	2점

3 길이 재기

⊕ 개념 적용 26쪽

1 길이를 잘못 나타낸 것을 찾아 기호를 쓰고, 몇 cm인지 바르게 써 보세요.

㉠ 7m = 700cm ㉡ 3m 64cm = 364cm
㉢ 5m 30cm = 530cm ㉣ 2m 8cm = 28cm

어떻게 풀었니?

1m = 100cm라는 걸 이용해서 단위를 cm로 나타내 보자!
㉠ 7m는 [700] cm로 나타낼 수 있어.
㉡ 3m = [300] cm이므로 3m 64cm는 [364] cm로 나타낼 수 있어.
㉢ 5m = [500] cm이므로 5m 30cm는 [530] cm로 나타낼 수 있어.
㉣ 2m = [200] cm이므로 2m 8cm는 [208] cm로 나타낼 수 있어.
아~ 길이를 잘못 나타낸 것은 [㉣]이고 바르게 쓰면 [208] cm이구나!

2 태하, 470cm

3 정민이는 밧줄의 길이를 줄자로 재어 150cm라고 말했습니다. 길이 재기가 잘못된 까닭을 써 보세요.

어떻게 풀었니?

길이를 잴 때는 물건의 한끝이 자의 눈금 0에 맞추어져 있는지 확인해야 해.
밧줄의 양끝의 눈금을 살펴보자!
밧줄의 왼쪽 끝의 눈금이 [10] 이고, 오른쪽 끝의 눈금이 [150] 이야.
밧줄의 왼쪽 끝의 눈금이 [0] 이/가 아니므로 오른쪽 끝의 눈금 150을 그대로 읽으면 (돼 , (안 돼)).
아~ 길이 재기가 잘못된 까닭은 밧줄의 한끝을 줄자의 눈금 0에 (맞추었기 , (맞추지 않았기)) 때문이구나!

4 1m 60cm

5 두 길이의 합은 몇 m 몇 cm일까요?

419cm　3m 6cm

어떻게 풀었니?

두 길이의 단위를 같게 바꾼 후 더해 보자!
3m 6cm를 cm 단위로 바꿔도 되지만 결과를 몇 m 몇 cm로 나타내야 하니까 419cm의 단위를 바꾸는 게 좋아.
100cm = 1m니까 419cm = [4] m [19] cm야.
이제 m는 m끼리, cm는 cm끼리 더하면 돼.

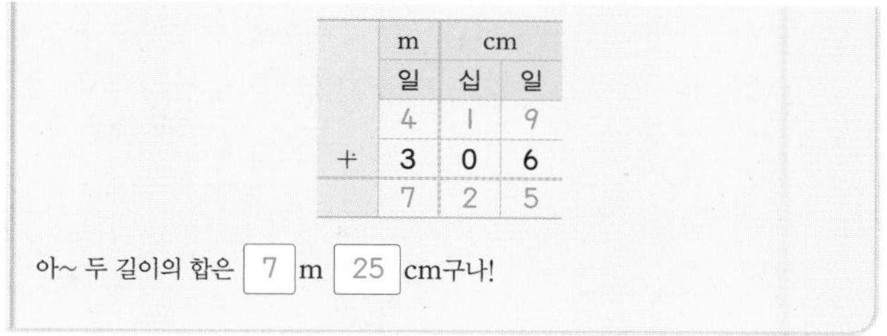

	m	cm	
	일	십	일
	4	1	9
+	3	0	6
	7	2	5

아~ 두 길이의 합은 [7] m [25] cm구나!

6 730cm　**7** 9m 19cm

8 동우는 길이가 8m 52cm인 색 테이프를 가지고 있고, 세빈이는 길이가 3m 18cm인 색 테이프를 가지고 있습니다. 두 사람이 가지고 있는 색 테이프의 길이의 차는 몇 m 몇 cm일까요?

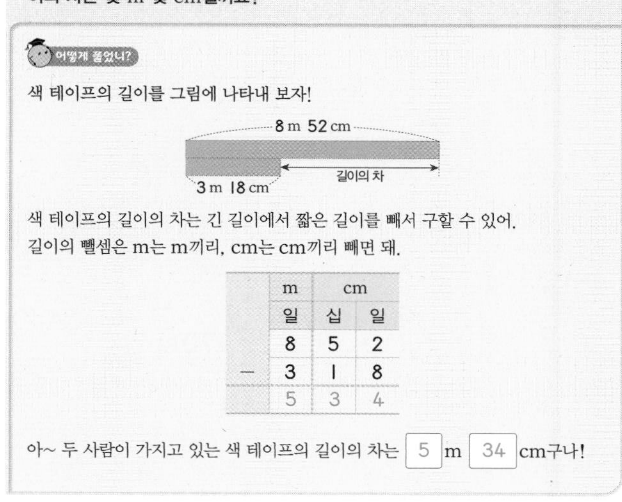
어떻게 풀었니?

색 테이프의 길이를 그림에 나타내 보자!

색 테이프의 길이의 차는 긴 길이에서 짧은 길이를 빼서 구할 수 있어.
길이의 뺄셈은 m는 m끼리, cm는 cm끼리 빼면 돼.

	m	cm	
	일	십	일
	8	5	2
−	3	1	8
	5	3	4

아~ 두 사람이 가지고 있는 색 테이프의 길이의 차는 [5] m [34] cm구나!

9 6m 43cm

---

2 태하: 4m 70cm = 400cm + 70cm = 470cm

4 줄넘기의 왼쪽 끝의 눈금이 20이고, 오른쪽 끝의 눈금이 180입니다.
➡ 10cm가 16칸이므로 줄넘기의 길이는 160cm입니다.
➡ 160cm = 1m 60cm

6 2m 7cm = 207cm
➡ 523cm + 207cm = 730cm

7 304cm = 3m 4cm이므로
6m 15cm > 3m 40cm > 3m 4cm입니다.
따라서 가장 긴 길이와 가장 짧은 길이의 합은
6m 15cm + 3m 4cm = 9m 19cm입니다.

9
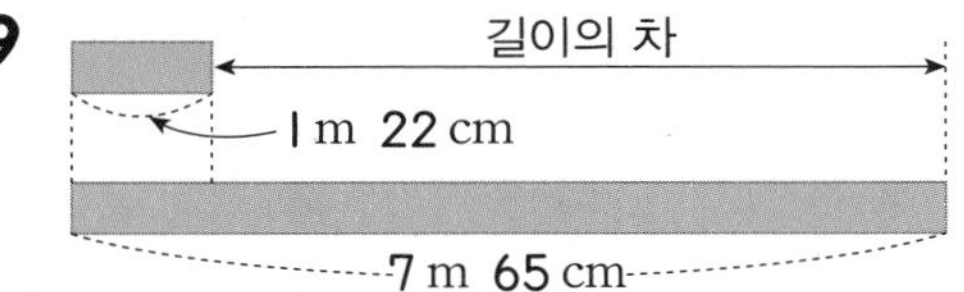

(주혁이가 가지고 있는 색 테이프의 길이)
−(윤서가 가지고 있는 색 테이프의 길이)
=7m 65cm−1m 22cm=6m 43cm

쓰기 쉬운 서술형 30쪽

1 153, <, 153, 분홍색 / 분홍색 끈
1-1 현주
2 110, 1, 10 / 1m 10cm
2-1 1m 40cm
3 1, 68, 1, 68, 2, 70 / 2m 70cm
3-1 1m 4cm
3-2 8cm
3-3 2m 65cm
4 2, 90, 2, 90, 2, 60 / 2m 60cm
4-1 4m 25cm
5 5, 10, 민주 / 민주
5-1 성빈

1-1 예 134cm=1m 34cm이므로
1m 34cm>1m 32cm>1m 29cm입니다. ···· ❶
따라서 키가 가장 큰 사람은 현주입니다. ···· ❷

단계	문제 해결 과정
①	키의 단위를 같게 나타내 키를 비교했나요?
②	키가 가장 큰 사람은 누구인지 구했나요?

2-1 예 밧줄의 왼쪽 끝이 자의 눈금 0에 맞추어져 있으므로 오른쪽 끝이 가리키는 자의 눈금을 읽으면 140cm입니다. ···· ❶
따라서 밧줄의 길이는 1m 40cm입니다. ···· ❷

단계	문제 해결 과정
①	밧줄의 왼쪽 끝의 자의 눈금을 확인하고 오른쪽 끝의 자의 눈금을 읽었나요?
②	밧줄의 길이를 구했나요?

3-1 예 ㉮ 끈의 길이는 235cm=2m 35cm입니다. ···· ❶
따라서 ㉯ 끈의 길이는
2m 35cm−1m 31cm=1m 4cm입니다. ···· ❷

단계	문제 해결 과정
①	㉮ 끈의 길이를 몇 m 몇 cm로 나타냈나요?
②	㉯ 끈의 길이를 구했나요?

3-2 예 128cm=1m 28cm이므로
1m 36cm>1m 33cm>1m 28cm입니다. ···· ❶
따라서 키가 가장 큰 사람과 가장 작은 사람의 키의 차는 1m 36cm−1m 28cm=8cm입니다. ···· ❷

단계	문제 해결 과정
①	키의 단위를 같게 나타내 키를 비교했나요?
②	키가 가장 큰 사람과 가장 작은 사람의 키의 차를 구했나요?

3-3 예 지수의 키는 138cm=1m 38cm입니다. ···· ❶
민호의 키는 1m 38cm−11cm=1m 27cm입니다. ···· ❷
따라서 지수와 민호의 키의 합은
1m 38cm+1m 27cm=2m 65cm입니다. ···· ❸

단계	문제 해결 과정
①	지수의 키를 몇 m 몇 cm로 나타냈나요?
②	민호의 키를 구했나요?
③	지수와 민호의 키의 합을 구했나요?

4-1 예 (색 테이프 두 장의 길이의 합)
=2m 35cm+2m 35cm=4m 70cm ···· ❶
➡ (이어 붙인 색 테이프의 전체 길이)
=(색 테이프 두 장의 길이의 합)
−(겹쳐진 부분의 길이)
=4m 70cm−45cm=4m 25cm ···· ❷

단계	문제 해결 과정
①	색 테이프 두 장의 길이의 합을 구했나요?
②	이어 붙인 색 테이프의 전체 길이를 구했나요?

5-1 예 어림한 높이와 실제 높이의 차를 각각 구하면 서하는 15cm, 정우는 10cm, 성빈이는 5cm입니다. ···· ❶
따라서 실제 높이에 가장 가깝게 어림한 사람은 성빈입니다. ···· ❷

단계	문제 해결 과정
①	어림한 높이와 실제 높이의 차를 구했나요?
②	가장 가깝게 어림한 사람을 찾았나요?

3단원 수행 평가 36~37쪽

1 (1) 602 (2) 3, 70　　2 3m

3 1m 80cm　　4 <

5 (1) 7m 67cm (2) 3m 35cm

6 ㉠, ㉣　　7 소연

8 학교, 8m 40cm　　9 2m 21cm

10 3m 32cm

1 (1) 6m 2cm=600cm+2cm=602cm
(2) 370cm=300cm+70cm=3m 70cm

2 기린의 키는 약 1m의 3배 정도이기 때문에 약 3m입니다.

3 줄넘기의 왼쪽 끝이 자의 눈금 0에 맞추어져 있으므로 오른쪽 끝이 가리키는 눈금을 읽으면
180cm=1m 80cm입니다.

4 416cm=4m 16cm이므로
4m 16cm<4m 61cm입니다.

5 m는 m끼리, cm는 cm끼리 계산합니다.

6 5층 건물의 높이, 비행기의 길이는 5m가 넘습니다.

7 자른 끈의 길이와 2m 50cm의 차를 각각 구하면 은하는 20cm, 소연이는 15cm입니다.
20cm>15cm이므로 자른 끈의 길이가 2m 50cm에 더 가까운 사람은 소연입니다.

8 94m 80cm>86m 40cm이므로 학교가
94m 80cm−86m 40cm=8m 40cm 더 가깝습니다.

9 (선물을 포장하는 데 사용한 색 테이프의 길이)
=(처음 색 테이프의 길이)−(남은 색 테이프의 길이)
=3m 54cm−1m 33cm=2m 21cm

서술형
10 예 107cm=1m 7cm
(이어 붙인 끈의 길이)
=(빨간색 끈의 길이)+(파란색 끈의 길이)
=1m 7cm+2m 25cm=3m 32cm

평가 기준	배점
107cm가 몇 m 몇 cm인지 구했나요?	4점
이어 붙인 끈의 길이를 구했나요?	6점

4 시각과 시간

개념 적용 38쪽

1

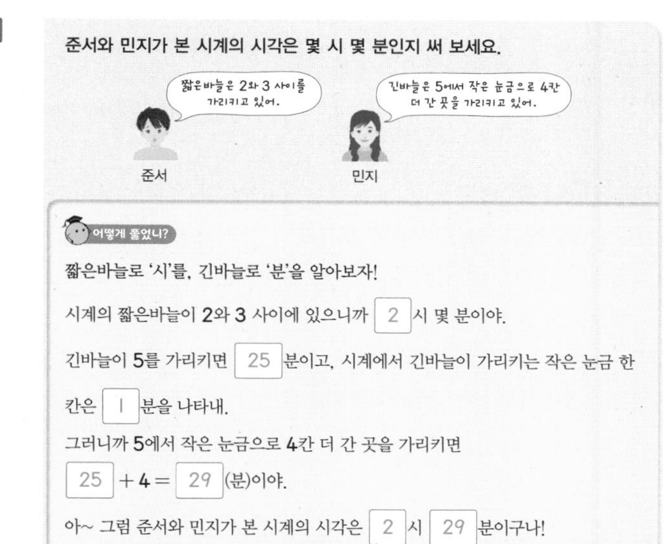
준서와 민지가 본 시계의 시각은 몇 시 몇 분인지 써 보세요.

짧은바늘은 2와 3 사이를 가리키고 있어.
긴바늘은 5에서 작은 눈금으로 4칸 더 간 곳을 가리키고 있어.
준서
민지

어떻게 풀었니?

짧은바늘로 '시'를, 긴바늘로 '분'을 알아보자!

시계의 짧은바늘이 2와 3 사이에 있으니까 [2]시 몇 분이야.

긴바늘이 5를 가리키면 [25]분이고, 시계에서 긴바늘이 가리키는 작은 눈금 한 칸은 [1]분을 나타내.

그러니까 5에서 작은 눈금으로 4칸 더 간 곳을 가리키면

[25]+4=[29](분)이야.

아~ 그럼 준서와 민지가 본 시계의 시각은 [2]시 [29]분이구나!

2 12, 42

3

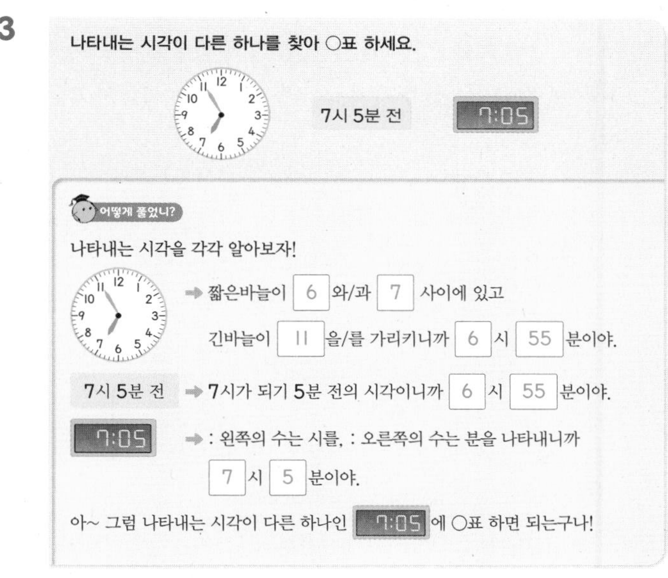
나타내는 시각이 다른 하나를 찾아 ○표 하세요.

7시 5분 전
7:05

어떻게 풀었니?

나타내는 시각을 각각 알아보자!

➡ 짧은바늘이 [6]와/과 [7] 사이에 있고
긴바늘이 [11]을/를 가리키니까 [6]시 [55]분이야.

7시 5분 전 ➡ 7시가 되기 5분 전의 시각이니까 [6]시 [55]분이야.

7:05 ➡ : 왼쪽의 수는 시를, : 오른쪽의 수는 분을 나타내니까
[7]시 [5]분이야.

아~ 그럼 나타내는 시각이 다른 하나인 7:05에 ○표 하면 되는구나!

4 

5

축구 경기가 7시에 전반전을 시작하여 45분 동안 경기를 하고 15분 동안 쉬었습니다. 후반전 경기가 시작되는 시각을 구해 보세요.

어떻게 풀었니?

축구 경기는 전반전과 후반전으로 나뉘는데 전반전과 후반전 사이에 쉬는 시간이 있어.
축구 경기가 전반전을 시작하여 쉬는 시간이 끝날 때까지 시간 띠에 색칠해 보자!

먼저 축구 경기가 시작하여 전반전이 끝날 때까지 시간 띠에 색칠하면

7시 10분 20분 30분 40분 50분 8시

이어서 쉬는 시간이 끝날 때까지 시간 띠에 색칠하면

7시 10분 20분 30분 40분 50분 8시

아~ 그럼 후반전 경기가 시작되는 시각은 8 시구나!

6 3시 20분 **7** 7시 45분

8

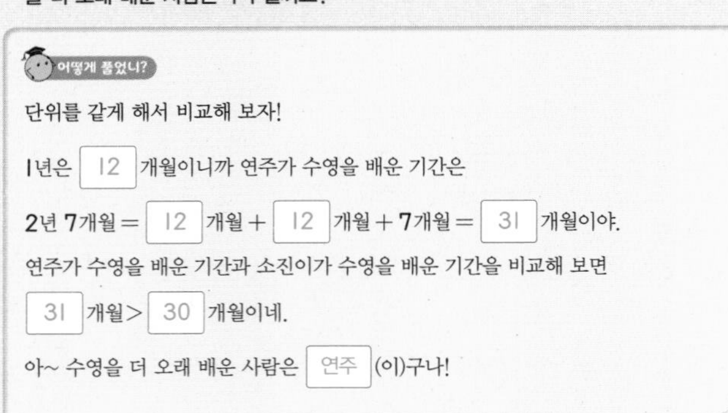
수영을 연주는 2년 7개월 동안 배웠고, 소진이는 30개월 동안 배웠습니다. 수영을 더 오래 배운 사람은 누구일까요?

어떻게 풀었니?

단위를 같게 해서 비교해 보자!

1년은 12 개월이니까 연주가 수영을 배운 기간은

2년 7개월 = 12 개월 + 12 개월 + 7개월 = 31 개월이야.

연주가 수영을 배운 기간과 소진이가 수영을 배운 기간을 비교해 보면

31 개월 > 30 개월이네.

아~ 수영을 더 오래 배운 사람은 연주 (이)구나!

9 현우 **10** 진우, 3개월

---

2 짧은바늘: 12와 1 사이 ➡ 12시

긴바늘: 8에서 작은 눈금으로 2칸 더 간 곳

➡ 40+2=42(분)

따라서 은희와 선우가 본 시계의 시각은 12시 42분입니다.

6

2시 30분 3시 20분

40분 10분

7

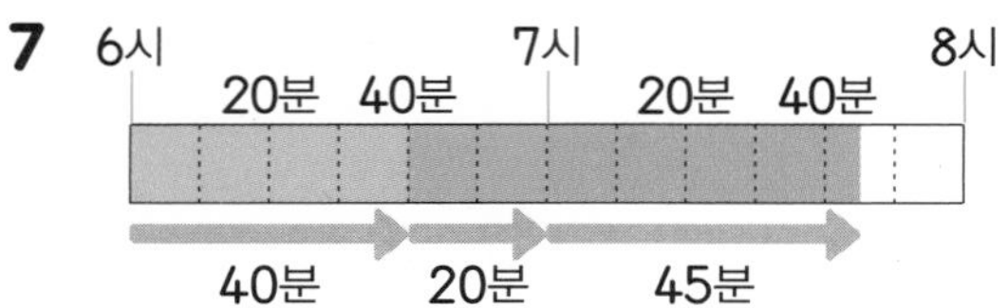

9 2년 5개월=12개월+12개월+5개월=29개월

➡ 28개월<29개월이므로 현우가 태권도를 더 오래 배웠습니다.

10 3년 4개월=12개월+12개월+12개월+4개월

=40개월

➡ 40개월>37개월이므로 진우가 바둑 학원을 40−37=3(개월) 더 오래 다녔습니다.

쓰기 쉬운 서술형 42쪽

1 6, 7, 4, 6, 20 / 6시 20분

1-1 10시 17분

2 8, 50, 8, 55, 민주 / 민주

2-1 현지

3 10, 50, 40, 40 / 40분

3-1 1시간 15분

3-2 1시간 20분

3-3 1시간 25분

4 1, 3, 4 / 4시간

4-1 9시간 30분

5 9, 2, 금 / 금요일

5-1 화요일

1-1 예 시계의 짧은바늘이 10과 11 사이에 있고, 긴바늘이 3에서 작은 눈금으로 2칸 더 간 곳을 가리킵니다. ---- ❶

따라서 거울에 비친 시계가 나타내는 시각은 10시 17분입니다. ---- ❷

단계	문제 해결 과정
①	시계의 짧은바늘과 긴바늘이 가리키는 곳을 알았나요?
②	거울에 비친 시계가 나타내는 시각을 구했나요?

2-1 예 주하가 잠자리에 든 시각은 9시 55분이고, 현지가 잠자리에 든 시각은 9시 50분입니다. ---- ❶

따라서 잠자리에 더 일찍 든 사람은 현지입니다. ---- ❷

단계	문제 해결 과정
①	주하와 현지가 잠자리에 든 시각을 구했나요?
②	잠자리에 더 일찍 든 사람을 구했나요?

3-1 예 7시 35분 —1시간 후→ 8시 35분 —15분 후→ 8시 50분 ---- ❶

따라서 희진이가 운동을 한 시간은 1시간 15분입니다. ---- ❷

단계	문제 해결 과정
①	7시 35분부터 8시 50분까지는 몇 시간 몇 분인지 구하는 과정을 썼나요?
②	희진이가 운동을 한 시간을 구했나요?

3-2 예 영화가 끝난 시각은 5시 40분입니다. ---- ❶

4시 20분 $\xrightarrow{\text{1시간 후}}$ 5시 20분 $\xrightarrow{\text{20분 후}}$ 5시 40분 ---- ❷

따라서 현서가 영화를 본 시간은 1시간 20분입니다. ---- ❸

단계	문제 해결 과정
①	영화가 끝난 시각을 구했나요?
②	현서가 영화를 본 시간은 몇 시간 몇 분인지 구하는 과정을 썼나요?
③	현서가 영화를 본 시간을 구했나요?

3-3 예 1교시가 시작하는 시각은 9시 10분이고, 2교시가 끝나는 시각은 10시 35분입니다. ---- ❶

9시 10분 $\xrightarrow{\text{1시간 후}}$ 10시 10분 $\xrightarrow{\text{25분 후}}$ 10시 35분 ---- ❷

따라서 1교시가 시작할 때부터 2교시가 끝날 때까지 걸리는 시간은 1시간 25분입니다. ---- ❸

단계	문제 해결 과정
①	1교시가 시작하는 시각과 2교시가 끝나는 시각을 알았나요?
②	1교시가 시작할 때부터 2교시가 끝날 때까지 걸리는 시간을 구하는 과정을 썼나요?
③	1교시가 시작할 때부터 2교시가 끝날 때까지 걸리는 시간을 구했나요?

4-1 예 어제 오후 10시 $\xrightarrow{\text{2시간 후}}$ 밤 12시 $\xrightarrow{\text{7시간 30분 후}}$ 오늘 오전 7시 30분 ---- ❶

따라서 민호가 잠을 잔 시간은 9시간 30분입니다. ---- ❷

단계	문제 해결 과정
①	어제 오후 10시부터 오늘 오전 7시 30분까지는 몇 시간 몇 분인지 구하는 과정을 썼나요?
②	민호가 잠을 잔 시간을 구했나요?

5-1 예 3월은 31일까지 있습니다. ---- ❶

7일마다 같은 요일이 반복되므로 31일과 같은 요일의 날짜는 24일, 17일, 10일, 3일입니다. ---- ❷

따라서 3월의 마지막 날은 3일과 같은 요일인 화요일입니다. ---- ❸

단계	문제 해결 과정
①	3월의 날수를 알았나요?
②	3월의 마지막 날과 같은 요일의 날짜를 구했나요?
③	3월의 마지막 날은 무슨 요일인지 구했나요?

4단원 수행 평가 48~49쪽

1 8, 23

2 (시계 그림)

3 5, 50 / 6, 10

4 5번

5 2바퀴

6 ③

7 17, 오전에 ○표, 7, 15

8 2시간 20분

9 수요일

10 6시간 30분

3 5시 50분은 6시가 되기 10분 전의 시각이므로 6시 10분 전입니다.

4 수진이가 7월에 발레 학원에 가는 날은 2일, 9일, 16일, 23일, 30일로 모두 5번입니다.

5 긴바늘을 한 바퀴 돌리면 한 시간이 지납니다.
멈춘 시계가 나타내는 시각은 9시 30분입니다.
따라서 9시 30분이 11시 30분이 되려면 긴바늘을 2바퀴만 돌리면 됩니다.

6 ① 2시간 10분=120분+10분=130분
② 14일=7일+7일=2주일
③ 1일 6시간=24시간+6시간=30시간
④ 200분=180분+20분=3시간 20분
⑤ 3년 1개월=36개월+1개월=37개월

7 시계의 짧은바늘이 한 바퀴 도는 데 걸리는 시간은 12시간입니다.

8 오전 10시 40분 $\xrightarrow{\text{1시간 20분 후}}$ 낮 12시 $\xrightarrow{\text{1시간 후}}$ 오후 1시
따라서 윤아가 집에서 할머니 댁까지 가는 데 걸린 시간은 2시간 20분입니다.

9 10월은 31일까지 있습니다.
10월 10일이 화요일이므로 17일, 24일, 31일도 화요일입니다.
따라서 11월 1일은 수요일입니다.

서술형
10 예 오전 10시 $\xrightarrow{\text{2시간 후}}$ 낮 12시 $\xrightarrow{\text{4시간 30분 후}}$ 오후 4시 30분
따라서 서윤이가 동물원에 있었던 시간은 6시간 30분입니다.

평가 기준	배점
오전 10시부터 오후 4시 30분까지는 몇 시간 몇 분인지 구하는 과정을 썼나요?	6점
서윤이가 동물원에 있었던 시간을 구했나요?	4점

5 표와 그래프

➕ 개념 적용 50쪽

1 유진이와 친구들이 동전 던지기를 하여 그림 면이 나오면 ○표, 숫자 면이 나오면 ×표를 하였습니다. 조사한 자료를 보고 표로 나타내 보세요.

이름 \ 회	1	2	3	4	5	6
유진	○	×	○	×	×	×
소희	×	○	○	○	×	○
지수	○	×	×	○	○	×

그림 면이 나온 횟수

이름	유진	소희	지수	합계
횟수(회)				

어떻게 풀었니?

표의 제목을 보고 그림 면이 나온 횟수를 조사했다는 걸 알았니?
각각 그림 면이 나온 횟수를 세어 보면
유진이는 [2]회, 소희는 [4]회, 지수는 [3]회이고,
세 사람이 그림 면이 나온 횟수의 합은 [2]+[4]+[3]=[9](회)야.
아~ 표의 빈칸에 [2], [4], [3], [9]을/를 차례로 쓰면 되는구나!

2

공이 들어간 횟수

이름	성연	주하	은석	합계
횟수(회)	3	4	2	9

3 세진이와 친구들이 한 달 동안 읽은 책 수를 조사하여 표로 나타냈습니다. ×를 이용하여 그래프로 나타내 보세요.

한 달 동안 읽은 책 수

이름	세진	재윤	진희	유영	합계
책 수(권)	1	2	4	6	13

어떻게 풀었니?

책 수를 가로로 나타낸 그래프를 그릴 때는 기호를 왼쪽부터 오른쪽으로, 한 칸에 하나씩 빈칸 없이 그려야 해!
한 칸이 한 권을 나타내는 그래프로 나타낼 때 유영이가 읽은 책 수를 나타내려면 적어도 [6]칸이 필요해.
아~ 표를 보고 각각 한 달 동안 읽은 책 수만큼 ×를 그리면 되는구나!

한 달 동안 읽은 책 수

유영	×	×	×	×	×	×
진희	×	×	×	×		
재윤	×	×				
세진	×					
책 수(권) / 이름	1	2	3	4	5	6

4

한 달 동안 읽은 책 수

6				○
5				○
4			○	○
3			○	○
2		○	○	○
1	○	○	○	○
책 수(권) / 이름	세진	재윤	진희	유영

5 소한이네 반 학생들의 혈액형을 조사하여 표로 나타냈습니다. 학생 수가 같은 혈액형은 무엇과 무엇일까요?

혈액형별 학생 수

혈액형	A형	B형	O형	AB형	합계
학생 수(명)	5	4	4	3	16

어떻게 풀었니?

표에서 혈액형별 학생 수를 알아보자!
A형은 [5]명, B형은 [4]명, O형은 [4]명, AB형은 [3]명이야.
아~ 학생 수가 같은 혈액형은 [B]형과 [O]형이구나!

6 봄, 겨울 **7** 24명

8 지연이네 반 학생들이 좋아하는 음식을 조사하여 그래프로 나타냈습니다. 알 수 없는 내용을 찾아 기호를 써 보세요.

㉠ 가장 많은 학생들이 좋아하는 음식
㉡ 좋아하는 학생 수가 3명보다 적은 음식
㉢ 지연이가 좋아하는 음식

좋아하는 음식별 학생 수

4		○	
3	○	○	
2	○	○	○
1	○	○	○
학생 수(명) / 음식	만두	돈가스	피자

어떻게 풀었니?

그래프를 보고 알 수 있는 내용을 알아보자!
㉠ 가장 많은 학생들이 좋아하는 음식은 [돈가스]야.
㉡ 좋아하는 학생 수가 3명보다 적은 음식은 [피자]야.
㉢ 지연이가 좋아하는 음식은 조사한 자료를 봐야 알 수 있어.
아~ 그래프를 보고 알 수 없는 내용을 찾아 기호를 쓰면 [㉢]이구나!

9 ㉡

---

6 6명보다 많은 것에 6명은 포함되지 않습니다.
좋아하는 학생 수가 6명보다 많은 계절은 7명인 봄과 8명인 겨울입니다.

7 (합계)=6+4+8+6=24(명)

9 ㉠ 가장 적은 학생들이 좋아하는 운동은 피구입니다.
㉡ 민서가 좋아하는 운동은 그래프를 보고 알 수 없고 조사한 자료를 봐야 알 수 있습니다.
㉢ 좋아하는 학생 수가 4명보다 많은 운동은 축구입니다.

쓰기 쉬운 서술형 54쪽

1 4, 5

1-1 예 농구와 배구의 ○를 아래에서 위로 빈칸 없이 채우지 않았습니다. ---- ❶

2 8, 5, 8, 5, 13 / 13명

2-1 4명

2-2 바이올린, 9명

2-3 3명

3 햄버거, 햄버거 / 햄버거

3-1 과학책

3-2 봄, 겨울

3-3 A형, O형, B형, AB형

4 9, 4, 5, 18, 18, 7 / 7명

4-1 8명

1-1

단계	문제 해결 과정
①	그래프를 보고 잘못된 부분을 설명했나요?

2-1 예 프랑스에 가고 싶은 학생은 10명이고, 베트남에 가고 싶은 학생은 6명입니다. ---- ❶
따라서 프랑스에 가고 싶은 학생은 베트남에 가고 싶은 학생보다 $10-6=4$(명) 더 많습니다. ---- ❷

단계	문제 해결 과정
①	프랑스에 가고 싶은 학생 수와 베트남에 가고 싶은 학생 수를 각각 구했나요?
②	프랑스에 가고 싶은 학생은 베트남에 가고 싶은 학생보다 몇 명 더 많은지 구했나요?

2-2 예 배우고 싶은 악기별 학생 수를 비교하면 $9>7>6$입니다. ---- ❶
따라서 가장 많은 학생들이 배우고 싶은 악기는 바이올린이고, 9명입니다. ---- ❷

단계	문제 해결 과정
①	배우고 싶은 악기별 학생 수를 비교했나요?
②	가장 많은 학생들이 배우고 싶은 악기를 찾고, 몇 명인지 구했나요?

2-3 예 좋아하는 색깔별 학생 수를 비교하면 $8>7>6>5$이므로 좋아하는 학생 수가 가장 많은 색깔은 하늘색이고, 가장 적은 색깔은 노란색입니다. ---- ❶
따라서 좋아하는 학생 수가 가장 많은 색깔과 가장 적은 색깔의 학생 수의 차는 $8-5=3$(명)입니다. ---- ❷

단계	문제 해결 과정
①	좋아하는 학생 수가 가장 많은 색깔과 가장 적은 색깔을 찾았나요?
②	좋아하는 학생 수가 가장 많은 색깔과 가장 적은 색깔의 학생 수의 차를 구했나요?

3-1 예 그래프에서 /의 수가 가장 적은 책은 과학책입니다. ---- ❶
따라서 가장 적은 책은 과학책입니다. ---- ❷

단계	문제 해결 과정
①	그래프에서 /의 수를 비교했나요?
②	가장 적은 책을 구했나요?

3-2 예 그래프에서 ∨의 수가 가을보다 많은 계절은 봄, 겨울입니다. ---- ❶
따라서 좋아하는 학생 수가 가을보다 많은 계절은 봄, 겨울입니다. ---- ❷

단계	문제 해결 과정
①	그래프에서 ∨의 수를 비교했나요?
②	좋아하는 학생 수가 가을보다 많은 계절을 모두 구했나요?

3-3 예 그래프에서 ○의 수가 많을수록 학생 수가 많습니다. ---- ❶
따라서 학생 수가 많은 혈액형부터 차례로 쓰면 A형, O형, B형, AB형입니다. ---- ❷

단계	문제 해결 과정
①	그래프에서 ○의 수를 비교했나요?
②	학생 수가 많은 혈액형부터 차례로 썼나요?

4-1 예 (사과와 복숭아를 좋아하는 학생 수)
=7+6=13(명) ···· ❶
전체 학생 수가 29명이므로
(귤과 포도를 좋아하는 학생 수)
=29−13=16(명)입니다. ···· ❷
따라서 8+8=16이므로 귤을 좋아하는 학생은 8명입니다. ···· ❸

단계	문제 해결 과정
①	사과와 복숭아를 좋아하는 학생 수를 구했나요?
②	귤과 포도를 좋아하는 학생 수를 구했나요?
③	귤을 좋아하는 학생 수를 구했나요?

5단원 수행 평가 60~61쪽

1 좋아하는 채소별 학생 수

채소	고구마	오이	당근	합계
학생 수(명)	4	3	2	9

2 좋아하는 채소별 학생 수

4	○		
3	○	○	
2	○	○	○
1	○	○	○
학생 수(명) / 채소	고구마	오이	당근

3 그래프 **4** 29명

5 4명 **6** 놀이공원

7 ㉢ **8** 7명

9 좋아하는 곤충별 학생 수

사슴벌레	V	V	V	V		
잠자리	V	V	V	V	V	
나비	V	V	V	V	V	V
곤충 / 학생 수(명)	1	2	3	4	5	6

10 예 ① 민주네 반 학생은 모두 26명입니다.
② 휴대 전화를 받고 싶은 학생은 8명입니다.

1 좋아하는 채소별 학생 수를 세어 표를 완성합니다.

2 좋아하는 채소별 학생 수만큼 ○를 그립니다.

3 표: 조사한 자료의 종류별 수나 자료의 전체 수를 알기 쉽습니다.
그래프: 수량의 많고 적음을 비교하기 쉽습니다.

4 (전체 학생 수)=9+7+8+5=29(명)

5 강아지: 9명, 물고기: 5명
➡ 9−5=4(명)

6 그래프에서 /의 수가 가장 많은 장소는 놀이공원입니다.

7 ㉠ 그래프의 가로를 보면 놀이공원, 박물관, 과학관, 미술관입니다.
㉡ 그래프에서 /의 수가 7개보다 적은 장소는 박물관, 미술관입니다.
㉢ 진우가 체험 학습으로 가고 싶은 장소는 알 수 없습니다.

8 (피자, 만두, 햄버거를 좋아하는 학생 수)
=7+4+5=16(명)
➡ (떡볶이를 좋아하는 학생 수)=23−16=7(명)

9 (나비와 사슴벌레를 좋아하는 학생 수)
=6+4=10(명)
➡ (잠자리를 좋아하는 학생 수)=15−10=5(명)

서술형 **10**

평가 기준	배점
표를 보고 알 수 있는 내용 한 가지를 썼나요?	5점
표를 보고 알 수 있는 다른 내용 한 가지를 썼나요?	5점

6 규칙 찾기

⊕ 개념 적용 62쪽

1

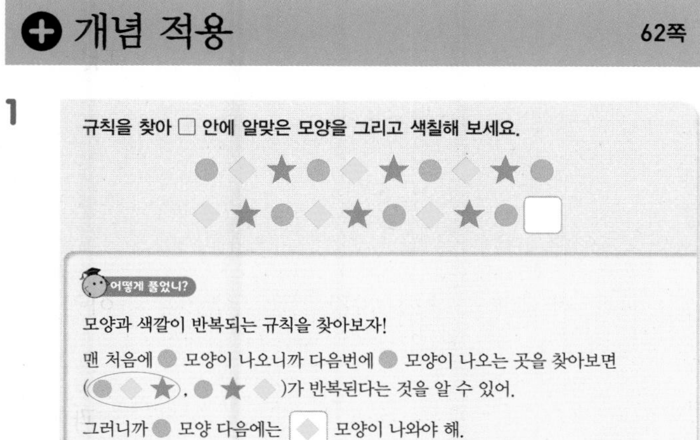

규칙을 찾아 □ 안에 알맞은 모양을 그리고 색칠해 보세요.

어떻게 풀었니?

모양과 색깔이 반복되는 규칙을 찾아보자!

맨 처음에 ● 모양이 나오니까 다음번에 ● 모양이 나오는 곳을 찾아보면 (● ◆ ★), ● ★ ◆)가 반복된다는 것을 알 수 있어.

그러니까 ● 모양 다음에는 [◆] 모양이 나와야 해.

아~ 그럼 □ 안에 알맞은 모양은 [◆] 이구나!

2 ●　　**3** ■

4

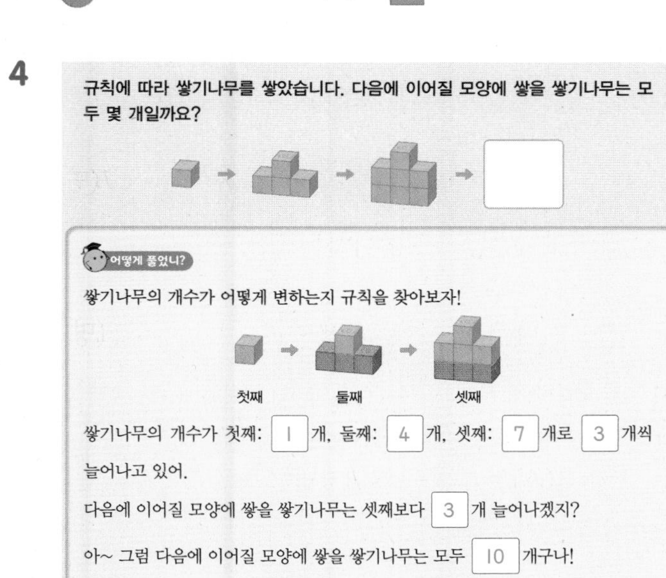

규칙에 따라 쌓기나무를 쌓았습니다. 다음에 이어질 모양에 쌓을 쌓기나무는 모두 몇 개일까요?

어떻게 풀었니?

쌓기나무의 개수가 어떻게 변하는지 규칙을 찾아보자!

쌓기나무의 개수가 첫째: [1]개, 둘째: [4]개, 셋째: [7]개로 [3]개씩 늘어나고 있어.

다음에 이어질 모양에 쌓을 쌓기나무는 셋째보다 [3]개 늘어나겠지?

아~ 그럼 다음에 이어질 모양에 쌓을 쌓기나무는 모두 [10]개구나!

5 14개

6

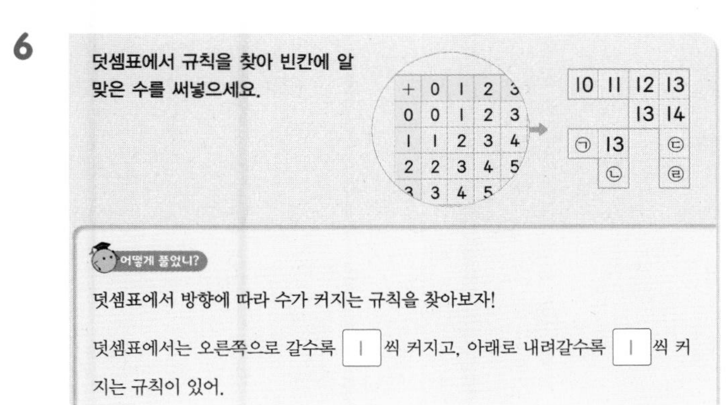

덧셈표에서 규칙을 찾아 빈칸에 알맞은 수를 써넣으세요.

+	0	1	2	3
0	0	1	2	3
1	1	2	3	4
2	2	3	4	5
3	3	4	5	

	10	11	12	13
			13	14
㉠	13			㉢
	㉡			㉣

어떻게 풀었니?

덧셈표에서 방향에 따라 수가 커지는 규칙을 찾아보자!

덧셈표에서는 오른쪽으로 갈수록 [1]씩 커지고, 아래로 내려갈수록 [1]씩 커지는 규칙이 있어.

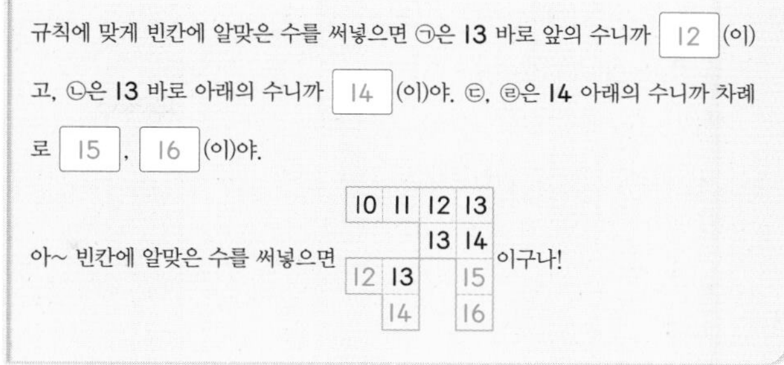

규칙에 맞게 빈칸에 알맞은 수를 써넣으면 ㉠은 13 바로 앞의 수니까 [12](이)고, ㉡은 13 바로 아래의 수니까 [14](이)야. ㉢, ㉣은 14 아래의 수니까 차례로 [15], [16](이)야.

아~ 빈칸에 알맞은 수를 써넣으면

	10	11	12	13
			13	14
12	13			15
	14			16

이구나!

7

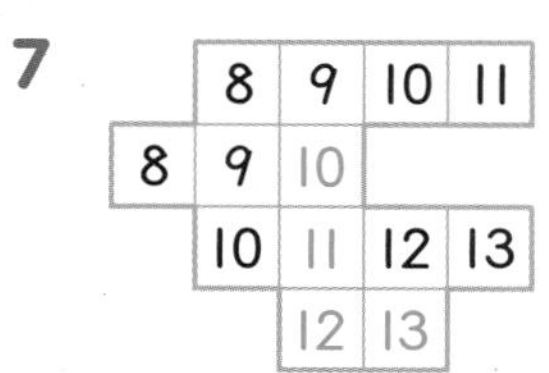

	8	9	10	11
8	9	10		
	10	11	12	13
		12	13	

8

오른쪽 곱셈표를 점선을 따라 접었을 때 초록색, 주황색 칸과 각각 만나는 칸에 알맞은 수를 써넣으세요.

×	3	4	5	6
3				
4				
5				
6				

어떻게 풀었니?

먼저 초록색 칸과 주황색 칸에 알맞은 수를 구해 보자!

세로줄과 가로줄에 있는 두 수를 곱해서 만든 게 곱셈표야.

초록색 칸에 알맞은 수는 4 × [5] = [20]이고

주황색 칸에 알맞은 수는 6 × [3] = [18](이)야.

곱셈표에서 점선을 따라 접었을 때 만나는 수는 서로 (같아, 달라).

아~ 그럼 초록색 칸과 만나는 칸에 알맞은 수는 [20]이고, 주황색 칸과 만나는 칸에 알맞은 수는 [18](이)구나!

9

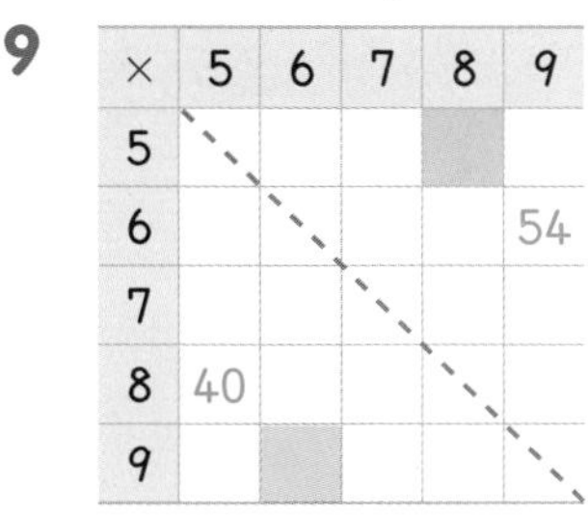

×	5	6	7	8	9
5					
6					54
7					
8	40				
9					

2 ●, ★, ♥가 반복됩니다.

3 모양은 □, △, ○가 반복되고, 색깔은 노란색, 초록색이 반복됩니다.

5 첫째: 2개, 둘째: 5개, 셋째: 9개이므로 쌓기나무가 3개, 4개, ... 늘어나는 규칙입니다.
따라서 다음에 이어질 모양에 쌓을 쌓기나무는 모두 9+5=14(개)입니다.

9 초록색 칸: $5\times8=40$, 주황색 칸: $9\times6=54$
곱셈표에서 점선을 따라 접었을 때 만나는 수는 서로 같으므로 초록색 칸과 만나는 칸에 알맞은 수는 40이고, 주황색 칸과 만나는 칸에 알맞은 수는 54입니다.

쓰기 쉬운 서술형 66쪽

1 초록색, 보라색, 보라색 / 보라색

1-1 ★

1-2 ◆◆◆

1-3 (그림)

2 2, 5, 7, 16 / 16개

2-1 15개

3 8, 12, 4, 10, 12, 10, 2 / 2

3-1 6

4 5, 5, 45, 8, 8, 56 / 45, 56

4-1 36, 63

5 1, 9, 7, 9, 9, 25 / 25번

5-1 30번

1-1 예 ♥, ★, ★이 반복됩니다. ---- ❶
따라서 □ 안에 알맞은 모양은 ★입니다. ---- ❷

단계	문제 해결 과정
①	규칙을 찾았나요?
②	□ 안에 알맞은 모양을 그렸나요?

1-2 예 ◆ 3개와 6개가 반복됩니다. ---- ❶
따라서 □ 안에는 ◆를 3개 그려야 합니다. ---- ❷

단계	문제 해결 과정
①	규칙을 찾았나요?
②	□ 안에 알맞은 모양을 그렸나요?

1-3 예 색칠한 칸이 시계 방향으로 1칸씩 움직입니다. ---- ❶
따라서 마지막 그림에 알맞게 색칠하면 (그림)입니다. ---- ❷

단계	문제 해결 과정
①	규칙을 찾았나요?
②	마지막 그림에 알맞게 색칠했나요?

2-1 예 아래층으로 내려갈수록 쌓기나무가 1개씩 늘어납니다. ---- ❶
따라서 5층으로 쌓으려면 쌓기나무는 모두 $1+2+3+4+5=15$(개) 필요합니다. ---- ❷

단계	문제 해결 과정
①	규칙을 찾았나요?
②	필요한 쌓기나무의 수를 구했나요?

3-1 예 ㉠$=3+9=12$, ㉡$=7+3=10$, ㉢$=9+7=16$입니다. ---- ❶
따라서 가장 큰 수는 16, 가장 작은 수는 10이므로 가장 큰 수와 가장 작은 수의 차는 $16-10=6$입니다. ---- ❷

단계	문제 해결 과정
①	㉠, ㉡, ㉢에 알맞은 수를 구했나요?
②	㉠, ㉡, ㉢에 알맞은 수 중 가장 큰 수와 가장 작은 수의 차를 구했나요?

4-1 예 28에서 아래로 4만큼 커졌으므로 4단 곱셈구구입니다. ➡ ㉠$=36$ ---- ❶
㉠$=36$에서 오른쪽으로 9만큼 커졌으므로 9단 곱셈구구입니다. ➡ ㉡$=63$ ---- ❷

단계	문제 해결 과정
①	㉠에 알맞은 수를 구했나요?
②	㉡에 알맞은 수를 구했나요?

5-1 예 오른쪽으로 갈수록 1씩 커지고, 아래로 내려갈수록 8씩 커집니다. ---- ❶
가열 여섯째 의자의 번호는 6번입니다. ---- ❷
따라서 라열 여섯째 의자의 번호는 $6+8+8+8=30$(번)입니다. ---- ❸

단계	문제 해결 과정
①	규칙을 찾았나요?
②	가열 여섯째 의자의 번호를 구했나요?
③	서아가 앉을 의자의 번호를 구했나요?

6단원 수행 평가 72~73쪽

1 3, 4

2 

3 

4

×	3	4	5	6
3	9	12	15	18
4	12	16	20	24
5	15	20	25	30
6	18	24	30	36

/ 예 아래로 내려갈수록 5씩 커집니다.

5 ㉡

6

11	12	13	14
12	13	14	15
13	14	15	16
14	15	16	17

7 

8 10개

9 10개

10 예 ① 오른쪽으로 갈수록 3씩 커집니다.
② 아래로 내려갈수록 3씩 커집니다.
③ ↘ 방향으로 갈수록 6씩 커집니다.

2 ✿, ●가 반복되면서 ●가 하나씩 늘어납니다.

3 색칠한 칸이 시계 반대 방향으로 1칸씩 움직입니다.

5 ㉡ 아래로 내려갈수록 7씩 커집니다.

6 • 같은 줄에서 오른쪽으로 갈수록 1씩 커집니다.
• 같은 줄에서 아래로 내려갈수록 1씩 커집니다.

7 1시 30분, 2시, 2시 30분으로 30분씩 지납니다. 따라서 마지막 시계에는 3시를 그려 넣습니다.

8 첫째: 1개, 둘째: 4개, 셋째: 7개이므로 쌓기나무가 3개씩 늘어납니다. 따라서 다음에 이어질 모양에 쌓을 쌓기나무는 모두 7+3=10(개)입니다.

9 아래층으로 내려갈수록 상자가 1개씩 늘어납니다. 따라서 4층으로 쌓으려면 상자는 모두 1+2+3+4=10(개) 필요합니다.

서술형
10

평가 기준	배점
덧셈표에서 찾을 수 있는 규칙 두 가지를 썼나요?	6점
덧셈표에서 찾을 수 있는 다른 규칙 한 가지를 더 썼나요?	4점

1~6 단원 총괄 평가 74~77쪽

1 (1) 350 (2) 7, 8

2 7315, 칠천삼백십오

3 6, 50 / 7, 10

4 ④

5 4792 - 4892 - 4992 - 5092 - 5192

6

+	5	6	7	8
5	10	11	12	13
6	11	12	13	14
7	12	13	14	15
8	13	14	15	16

/ 예 아래로 내려갈수록 1씩 커집니다.

7 <

8 휴대 전화, 장난감, 옷

9 1명

10 31일

11 ㉢

12 18일, 금요일

13 1m 13cm

14 8명

15 3점

16 7개

17 2m 79cm

18 8시 10분

19 3057

20 3시간 30분

1 (1) 3m 50cm=300cm+50cm=350cm
(2) 708cm=700cm+8cm=7m 8cm

2 1000이 7개 ➡ 7000
100이 3개 ➡ 300
10이 1개 ➡ 10
1이 5개 ➡ 5
7315

3 6시 50분은 7시가 되기 10분 전의 시각이므로 7시 10분 전입니다.

4 숫자 8이 나타내는 수를 알아봅니다.
① 2584 ➡ 80 ② 5438 ➡ 8
③ 9852 ➡ 800 ④ 8109 ➡ 8000
⑤ 1780 ➡ 80

5 100씩 뛰어 세면 백의 자리 수가 1씩 커집니다.

7 4×8=32, 7×5=35
➡ 32<35

8 그래프에서 ○의 수가 많은 선물부터 차례로 쓰면 휴대 전화, 장난감, 옷입니다.

9 사과: 8명, 포도: 7명
➡ 8−7=1(명)

10 8월은 31일까지 있으므로 주하가 운동을 한 날은 모두 31일입니다.

11 ㉠ 6×4=24 ➡ 24+6=30
㉡ 6+6+6+6+6=30
㉢ 6×5는 6×3과 6×2를 더한 것과 같습니다.

12 1주일은 7일이고, 7일마다 같은 요일이 반복됩니다.
따라서 민주의 생일인 4월 11일 금요일부터 1주일 후는 11+7=18(일)이고 금요일입니다.

13 627 cm=6 m 27 cm이므로
6 m 32 cm>6 m 27 cm>5 m 19 cm입니다.
➡ 차: 6 m 32 cm−5 m 19 cm=1 m 13 cm

14 (한식, 중식, 일식을 좋아하는 학생 수)
=7+6+5=18(명)
➡ (양식을 좋아하는 학생 수)=26−18=8(명)

15 1×3=3, 0×2=0이므로 민호가 얻은 점수는
3+0=3(점)입니다.

16 첫째: 1개, 둘째: 3개, 셋째: 5개이므로 쌓기나무가 2개씩 늘어납니다.
따라서 다음에 이어질 모양에 쌓을 쌓기나무는
5+2=7(개)입니다.

17 (분홍색 끈의 길이)
=(노란색 끈의 길이)+1 m 34 cm
=1 m 45 cm+1 m 34 cm=2 m 79 cm

18 버스는 30분마다 출발합니다.
따라서 4회에 버스가 출발하는 시각은 7시 40분에서 30분 후인 8시 10분입니다.

서술형
19 예 가장 작은 수를 만들려면 천의 자리부터 작은 수를 차례로 놓습니다.
수 카드의 수의 크기를 비교하면 0<3<5<7이고, 천의 자리에 0이 올 수 없으므로 만들 수 있는 가장 작은 수는 3057입니다.

평가 기준	배점
가장 작은 수를 만드는 방법을 설명했나요?	2점
만들 수 있는 가장 작은 수를 구했나요?	3점

서술형
20 예 오전 11시 $\xrightarrow{\text{1시간 후}}$ 낮 12시 $\xrightarrow{\text{2시간 30분 후}}$ 오후 2시 30분
따라서 민경이가 박물관에 있었던 시간은 3시간 30분입니다.

평가 기준	배점
오전 11시부터 오후 12시 30분까지는 몇 시간 몇 분인지 구하는 과정을 썼나요?	3점
민경이가 박물관에 있었던 시간을 구했나요?	2점

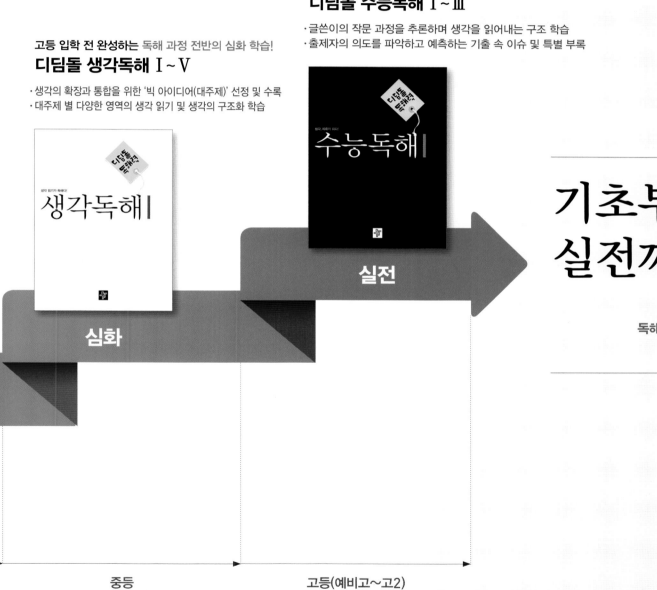

다음에는 뭐 풀지?

다음에 공부할 책을 고르기 어려우시다면, 현재 성취도를 먼저 체크해 보세요.
최상위로 가는 맞춤 학습 플랜만 있다면 내 실력에 꼭 맞는 교재를 선택할 수 있어요!
단계에 따라 내 실력을 진단해 보고, 다음 학습도 야무지게 준비해 봐요!

첫 번째, 단원평가의 맞힌 문제 수 또는 점수를 모두 더해 보세요.

단원	맞힌 문제 수 OR	점수 (문항당 5점)
1단원		
2단원		
3단원		
4단원		
5단원		
6단원		
합계		

※ 단원평가는 각 단원의 마지막 코너에 있는 20문항 문제지입니다.

두 번째, 첫 번째의 합계로 나에게 꼭 맞는 교재를 찾아보세요.

맞힌 문제 수	점수	이번 학기 진도&심화	다음 학기 예습
103~120	515~600	최상위 수학S OR 최상위 수학	디딤돌 초등수학 기본+응용 OR 디딤돌 초등수학 기본+유형
참 잘 했어요! 개념이 탄탄히 잡혀 있으니 '최상위 수학'으로 심화 학습을 진행해요. 이제는 나도 상위권! 다음 학기에는 '기본+응용'이나 '기본+유형'으로 예습을 진행하고 개념을 확실히 다지면서 최상위 도전을 준비해 봐요.			
85~102	425~510	디딤돌 초등수학 기본+유형 OR 디딤돌 초등수학 기본+응용	디딤돌 초등수학 기본
잘 하고 있어요! 개념을 잘 이해했지만 확실히 내 것으로 만들기 위한 개념 학습이 좀 더 필요해요. '기본+유형'이나 '기본+응용'으로 개념을 확실히 다지면서 문제 해결력을 길러 보세요. 다음 학기에는 이번 학기와 같은 '기본'으로 기본기를 탄탄히 해 보세요.			
84 이하	420 이하	디딤돌 초등수학 기본, 디딤돌 연산	디딤돌 초등수학 원리
개념 이해를 위한 노력이 좀 더 필요해요! '기본'으로 다시 한 번 복습을 진행하고, '디딤돌 연산'으로 기본 실력을 다져 보세요. 다음 학기에는 한 단계 낮은 '원리'로 예습을 진행하면서 차근차근 개념을 익혀 보세요.			

※ 난이도가 높은 문제들에서 오답이 발생함을 기준으로 작성한 것입니다.
위 교재들의 난이도와 특징을 참고하셔서 자녀별 오답 유형에 따라 교재를 선택하셔도 무방합니다.

★ 디딤돌 플래너 만나러 가기

디딤돌 초등수학 교재의 용도 및 난이도 안내

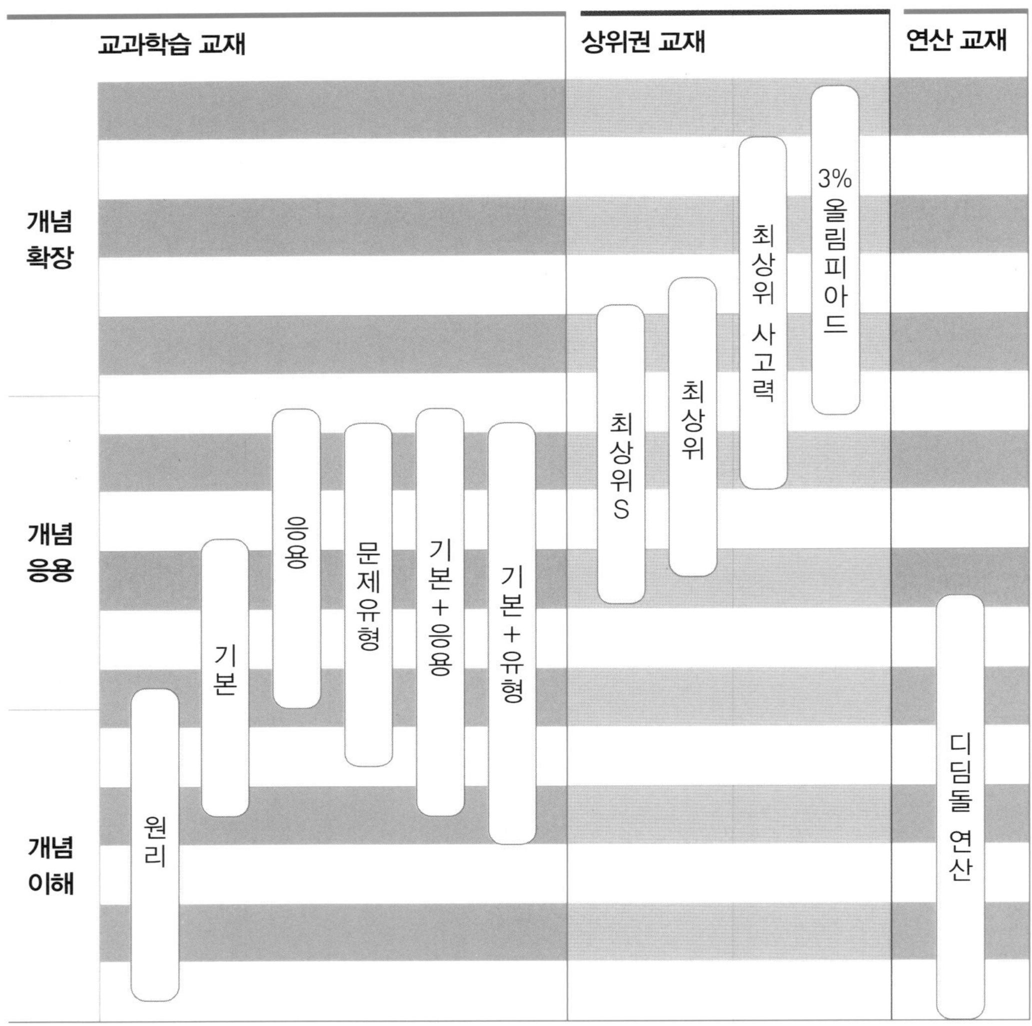

정답과 풀이는 디딤돌 초등 홈페이지(http://www.didimdol.co.kr)에서도 확인할 수 있습니다.

정가 16,500원

63410

9 788926 164136

ISBN 978-89-261-6413-6

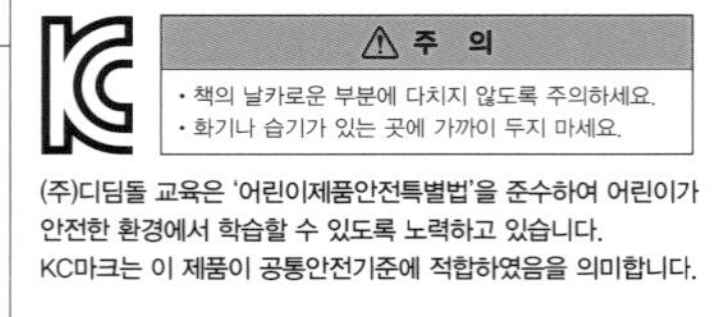